実験医学別冊

ES・iPS細胞実験スタンダード

Standard protocols on ES/iPS cells

中辻憲夫 Norio Nakatsuji ［京都大学物質-細胞統合システム拠点］◆監修
末盛博文 Hirofumi Suemori ［京都大学再生医科学研究所］◆編集

再生・創薬・疾患研究のプロトコールと臨床応用の必須知識

羊土社
YODOSHA

表紙画像解説

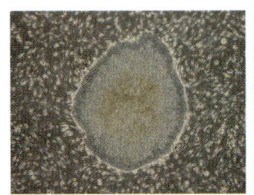  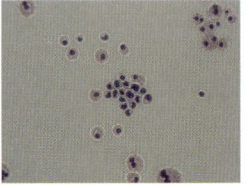

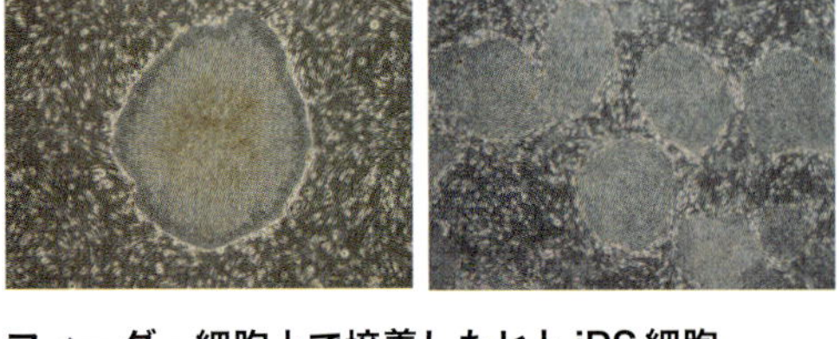

フィーダー細胞上で培養したヒトiPS細胞
画像提供：沖田圭介

誘導赤血球系細胞の形態
詳細は本文Ⅲ-2（p150図3）参照

【注意事項】本書の情報について

　本書に記載されている内容は，発行時点における最新の情報に基づき，正確を期するよう，執筆者，監修・編者ならびに出版社はそれぞれ最善の努力を払っております．しかし科学・医学・医療の進歩により，定義や概念，技術の操作方法や診療の方針が変更となり，本書をご使用になる時点においては記載された内容が正確かつ完全ではなくなる場合がございます．また，本書に記載されている企業名や商品名，URL等の情報が予告なく変更される場合もございますのでご了承ください．

序

　ES細胞やiPS細胞など，ヒト多能性幹細胞株は，無制限の増殖を続ける能力と多種類の組織細胞への多分化能を併せもつことによって，遺伝形質など均一な特性をもつ多種類のヒト細胞を無尽蔵に供給可能であり，医学や創薬への広範な応用が期待されている．また培養下で疾患遺伝子などを改変した加工細胞株を作出して広範な研究と応用に利用できる．正常に近い機能をもつ各種の有用なヒト細胞を均一な品質で大規模に生産し供給することは，多能性幹細胞株の存在によって初めて可能になった．その意味で，多能性幹細胞は自然が与えてくれた，人類にとってきわめて貴重な細胞リソースである．

　現在，米国と英国などではヒトES細胞株を用いた臨床試験が開始されて，網膜変性疾患については有望な結果が報告されている．また世界の製薬企業などが多能性幹細胞の創薬応用に乗り出しつつある．しかしながら，今後ヒトES・iPS細胞株が医療と創薬に実用化されるためには，現在進行中である最初の臨床応用ケースの成功，および創薬開発への有用性確認をまずは行ったのち，これまで以上に実用化に向けた技術開発を進める必要がある．

　すなわち，これまでの研究段階技術に加えて，実用化をめざした画期的な技術開発が必要であり，特に多数の患者に対する医療として確立するためには，治療効果の達成に加えて，安全性や信頼性の高レベル確保，さらにコストの削減が求められる．これを実現するためには，細胞株樹立とゲノム変異などの品質管理，細胞株の維持増殖と大量生産から，目的有用細胞種への分化誘導，分化細胞の品質管理，最適な細胞移植技術など多段階で多種類の学際的な技術開発が必要となる．この実験医学別冊『ES・iPS細胞実験スタンダード』が多種類の技術開発の基礎となるべき実験スタンダードを集めた重要な技術リソースとして活用されることを期待している．

＊本書の出版も近づいたときに，マウス体細胞を多能性幹細胞に初期化できる画期的な方法，STAP細胞の論文発表があった．樹立法は異なるが，従来のES・iPS細胞株と同じ培養法や分化誘導法を適用することになる可能性が高く，本書で集められた技術リソースを活用する分野がさらに拡がることを期待している．

2014年1月

京都大学物質–細胞統合システム拠点
中辻憲夫

ES・iPS細胞 実験スタンダード

再生・創薬・疾患研究のプロトコールと臨床応用の必須知識

目次

- ◆ 序 .... 中辻憲夫 3

I 基本編

1 ES細胞とiPS細胞が描く過去と未来 .... 八代嘉美 8

〈基礎研究にあたって〉

2 ヒトES・iPS細胞を「つくる」「使う」ときに
知っておくべきこと .... 青井貴之 14

3 細胞の入手法と利用法 .... 中村幸夫 21

4 分化誘導系構築のためのストラテジー .... 升井伸治 31

〈臨床応用に向けて〉

5 ヒトES・iPS細胞を「臨床に移行する」ときに知っておくべきこと
.... 青井貴之 38

6 GMPに準拠した細胞プロセシングにおける
無血清培地組成の考え方 .... 菅 三佳, 古江-楠田美保 44

7 GMPに準拠した培養施設 .... 上田利雄, 松山晃文 53

8 ヒトES・iPS細胞に由来する再生医療製品の
造腫瘍性をどう見るか？ .... 中島啓行, 安田 智, 佐藤陽治 61

II ES・iPS細胞実験の基本プロトコール

1 2i培養法を用いたマウスES細胞樹立法 ……………… 大塚　哲, 丹羽仁史 …… 70

2 iPS細胞株の作製 …………………………………………………… 沖田圭介 …… 79
　A. 線維芽細胞からのiPS細胞株作製　B. 末梢血からのiPS細胞株作製

3 ヒトES・iPS細胞の継代法と凍結法 …………………………………… 藤岡　剛 …… 94

4 ES・iPS細胞のフィーダーフリー培養法 …………… 宮崎隆道, 川瀬栄八郎 …… 106

5 ES・iPS細胞の特性解析と品質管理 ………………… 平井雅子, 末盛博文 …… 115
　A. 未分化性維持と多分化能の調べ方　B. 核型解析　C. 感染性因子の制御

III 分化誘導のプロトコール

1 造血幹細胞への分化誘導 ………………………………… 鈴木直也, 大澤光次郎 …… 134

2 ヒトES・iPS細胞からの赤血球分化誘導 ……………………………… 寛山　隆 …… 144

3 ヒトES・iPS細胞を用いた血小板への分化誘導
　　　　　　　　　　　　　　　　　　　　　　　　　　中村　壮, 江藤浩之 …… 153

4 血管内皮細胞への分化誘導 …………………… 松永太一, 幾野　毅, 山下　潤 …… 163
　A. マウスES細胞から血管内皮細胞への分化誘導
　B. ヒトiPS細胞から血管内皮細胞への分化誘導

5 ヒトiPS細胞からキラーT細胞への分化誘導 ……… 増田喬子, 河本　宏 …… 179

6 ヒトES・iPS細胞からの心筋細胞への分化誘導
　　　　　　　　　　　　　　　　　　　　　　　　　　湯浅慎介, 福田恵一 …… 188

7 ヒトiPS細胞から骨格筋細胞への効率的な分化誘導
　　　　　　　　　　　　　　　　　　　　　　　　　　庄子栄美, 櫻井英俊 …… 194

8 ES・iPS細胞から神経幹細胞への分化誘導 ………… 岡田洋平, 岡野栄之 …… 202

9 大脳皮質神経細胞への分化誘導 ………… 近藤孝之, 井上治久, 高橋良輔 …… 217

- 10 ドパミン神経細胞への分化誘導とモデル動物への移植
  ……………………………………………………………………… 菊地哲広，高橋　淳 … 226
- 11 ヒト臓器の人為的構成に基づく肝細胞の分化誘導
  ……………………………………………………… 武部貴則，関根圭輔，谷口英樹 … 235
- 12 骨への分化誘導 ………………………… 松本佳久，池谷　真，戸口田淳也 … 246
- 13 始原生殖細胞への分化誘導 ……………… 中木文雄，林　克彦，斎藤通紀 … 258
- 14 腫瘍細胞からのiPS細胞作製と分化誘導 ………… 荒井俊也，黒川峰夫 … 275

IV 疾患モデル細胞・トランスジェニック

- 1 遺伝子改変法① 部位特異的組換え酵素システム …… 大塚正人，角田　茂 … 288
  A. コンディショナルノックアウト　B. コンディショナルノックイン　C. RMCE法
- 2 遺伝子改変法② HAC/MAC ……………… 香月康宏，阿部智志，押村光雄 … 300
- 3 遺伝子改変法③ トランスポゾンによるゲノム改変
  ……………………………………………………… 堀江恭二，國府　力，竹田潤二 … 316
- 4 遺伝子改変法④ TALENによる遺伝子ターゲティング
  …………………………………………… 李　紅梅，佐久間哲史，堀田秋津，山本　卓 … 324

V 創薬スクリーニング

- 1 ヒト多能性幹細胞を用いた疾患研究と創薬開発の展開
  ……………………………………………………………………… 近藤孝之，井上治久 … 338
- 2 iPS細胞由来組織細胞を用いた毒性試験 ………… 水口裕之，高山和雄 … 345

- ◆ 索　引 ……………………………………………………………………… 351

I 基本編

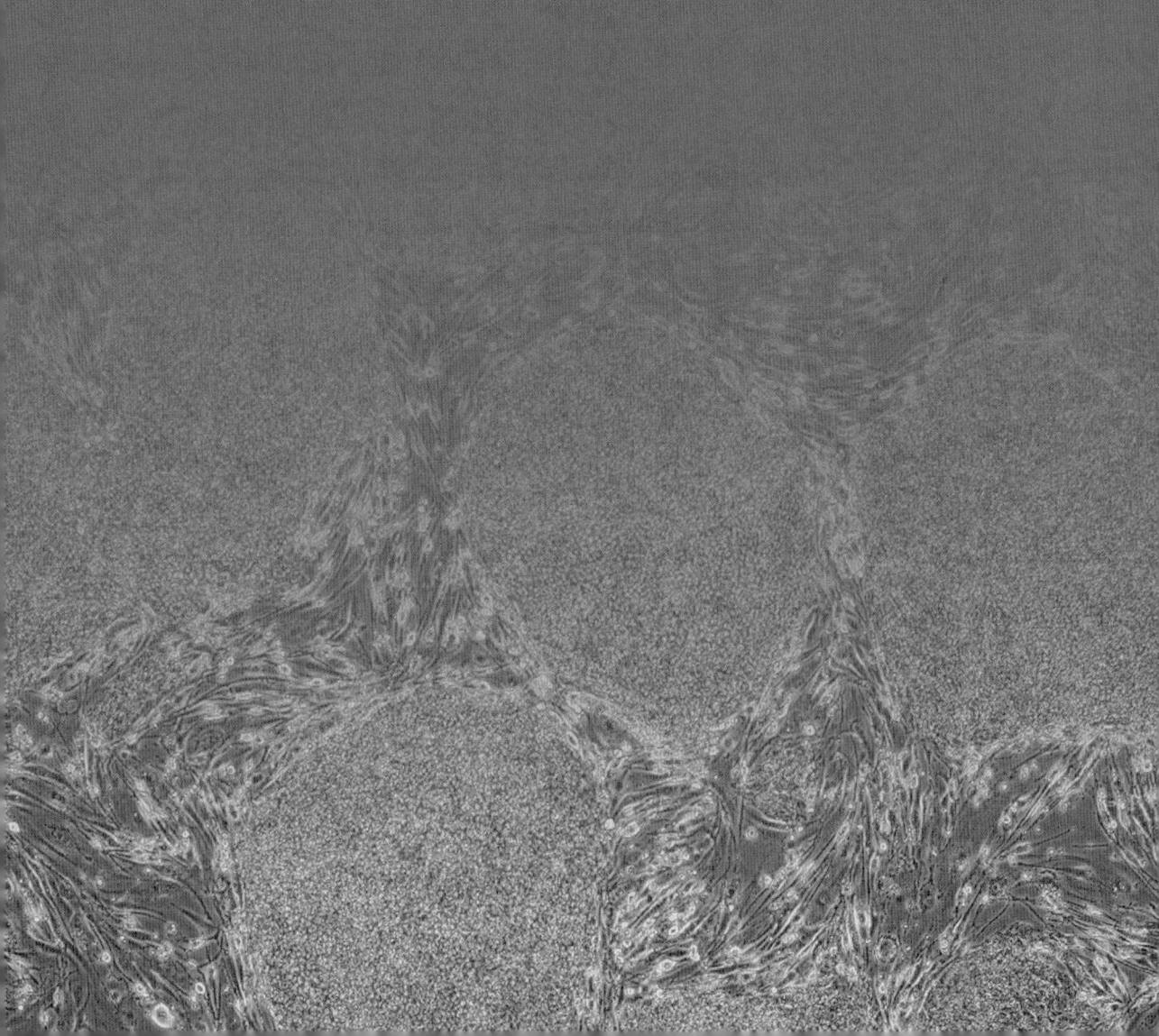

Ⅰ 基本編

1 ES細胞とiPS細胞が描く過去と未来

八代嘉美

ES細胞とiPS細胞は，さまざまな種類の細胞へと分化する多能性をもち，自分自身と同じ性状を維持したまま分裂することができる自己複製能を併せもつ多能性幹細胞である．この能力は発生学研究から疾患研究まで幅広く応用され，かつ再生医療という新しい医療概念を支えている．ES細胞が誕生して以来30年余，いまだに不明な点も多い．今後も多能性幹細胞研究はES・iPS細胞を車の両輪とし，さらなるフロンティアを切り開いていくだろう．

はじめに

ES細胞（Embryonic Stem Cell：胚性幹細胞）と**iPS細胞**（Induced Pluripotent Stem Cell：人工多能性幹細胞）は，さまざまな種類の細胞へと分化する多能性と，自分自身と同じ性状を維持したまま分裂することができる自己複製能を併せもつ細胞として定義される．マウスのテラトーマ由来の細胞である**EC**（Embryonal Carcinoma：胚性がん細胞）**細胞の樹立**を振り出しに，多能性幹細胞の研究は飛躍的な進歩を遂げてきた．1981年にはマウスで，1998年にはヒトでES細胞が樹立され，そして今日，われわれはマウス・ヒトのiPS細胞を手にしている．当初，EC細胞研究は初期胚発生の模倣という発生生物学的な興味から注目された．だが多能性幹細胞（Pluripotent Stem Cells：PSCs）の研究が進展していく中で，例えばES細胞を用いた遺伝子改変マウスの作出のように，**研究ツール**としての役割のほか，高齢化社会の進展などで大きく注目される**再生医療**の中核的な存在として，現在の生命科学にとってなくてはならない存在となった（図1）．本項では，PSCs研究の歴史とES，iPS細胞の現状を整理しつつ，こうした研究の将来を展望する．

多能性幹細胞研究の歴史

幹細胞という言葉を初めて用いたのは，発生学者のErnst Haeckelで，1868年に生物の「家系図（Stammbäum）」の頂点にある単細胞生物（Stammzell）を名付けたものとされる．その後，Theodor BoveriやValentin Häckerらが，回虫やミジンコの発生過程の観察から成体の中で生殖細胞を供給し続ける存在を発見し，今日の用法と近い形に再定義を行った[1]．

このように，幹細胞は発生学研究と密接な関係をもつものであったが，EC細胞もやはりそうした中で生まれた細胞である．テラトーマ（teratoma）という単語は「怪物」という

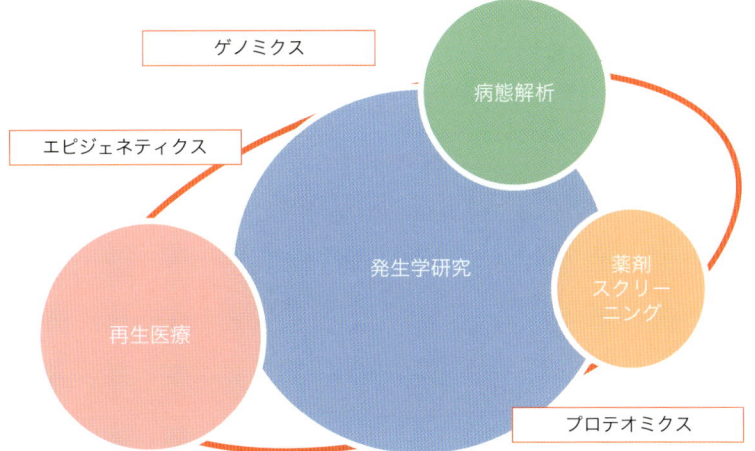

図1　PSC研究の俯瞰図
発生学研究を源流に，再生医療や病態解析，薬剤スクリーニングといったさまざまな
研究が生まれ，それらがさらに連携し合う．エピジェネティクスやゲノミクスなどの
オミクス研究がさらなる正のスパイラルを形成していく

　ラテン語terasと腫瘍を意味する接尾語omaからなる言葉であるが，その腫瘍の中身はいわゆる三胚葉性の組織を形成するものであり，最も端的な例では組織中に歯や毛髪を発見することすらある．1970年にBrenda KahanとBoris Ephrussiがマウステラトーマから細胞株を樹立して多分化能を確認し[2]，さらにBeatrice MintzとKarl Illmenseeはこの細胞をマウスの胚盤胞に注入し，組織のうちにモザイク状に取り込まれた**キメラマウス**をつくり出せることを示した[3]．キメラマウスの重要な点は，EC細胞由来の生殖細胞をもち，EC細胞由来の遺伝子を子孫に伝えることができた点にある．これによってEC細胞が全系譜の細胞へと分化できることが証明され，キメラ作製技術は後年マウスES細胞の樹立によって，遺伝子改変動物の作出に貢献したMartin Evansのノーベル賞につながることとなる．ともあれ，現在においてなおこれらの手法はPSCs研究の基盤といえるものであり，現在のPSCs研究興隆の源泉はすでにこのときに準備されたものといえるかもしれない．

ES細胞とiPS細胞

　EC細胞の研究の流れの結果，1981年にEvansが樹立したのがES細胞である[4]．EC細胞が腫瘍由来の細胞であるのに対し，ES細胞は受精して数日（マウスであれば3日，ヒトであれば5日）の正常な胚盤胞から取り出されたものであるため，**EC細胞同様の性質**をもつ一方，EC細胞由来の次世代マウスが高頻度でテラトーマを発症したのに比べ，ES細胞ではこうしたことも生じなかった．さらに1998年に至り，James ThomsonらがヒトES細

EC細胞同様の性質：多分化能，半永久的な自己複製能，キメラ作製能

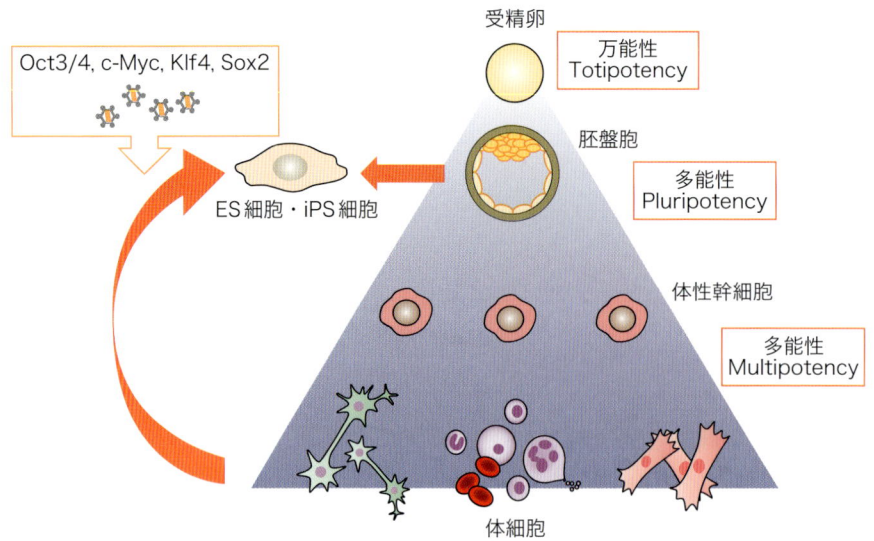

図2 各種細胞の「序列」
受精卵を頂点に，細胞がもつ分化能は低下していく．これまで，この一方向性を遡らせることができるのは未受精卵への核移植のみと考えられてきたが，山中ファクターはこの一方向性を遡らせることを可能にした

胞の樹立に成功すると[5]，単なる発生学研究のツールだけではなく，その分化能や旺盛な分裂能を活かした変性疾患などの治療のリソース，すなわち**再生医療**へとつなげる文脈が大きく取り上げられることとなる（図2）．

だが，ヒトES細胞を再生医療へと用いるためには大きく2つの障壁があった．1つは，**初期胚から細胞を取り出すことに対する倫理上の問題**，もう1つは新たに樹立したES細胞は，移植を受ける患者にとっては他者の細胞であるため，**拒絶によって移植片が生着せず，移植が成立しない可能性**である．そうした問題には**核移植クローン**（Somatic-cell Nuclear Transfer: SCNT）によるES細胞の作出という手法も考えられうるが，体細胞の再プログラムという手法でこの問題に挑んだのが山中伸弥らであった．

山中らは，データベースに登録された遺伝子プロファイルを用いて，ES細胞および各種体細胞間で in silico **ディファレンシャルディスプレイ**を行った．さらに，ES細胞や初期発生における未分化性にかかわる報告と総合し，最終的に**Oct3/4，c-Myc，Klf4，Sox2**という4つの遺伝子（山中ファクター）を体細胞に組み込むことで，ES細胞様の細胞，つまりiPS細胞へと再プログラムすることが可能であると報告した．マウスでの成功が2006年であったが[6]，早くも2007年にはヒトでの成功が報告され[7]，ヒトES細胞が抱える2つの問題点を克服したヒトiPS細胞が，一躍PSCs研究の中心部に踊り出ることとなったのである．

ディファレンシャルディスプレイ：ディファレンシャルディスプレイとは，複数の試料間での遺伝子発現量の比較をmRNAレベルで行う技術である．この技術を用いて発現量に差のある遺伝子を同定することで，比較する細胞の間の性質の違いに関係する遺伝子を検出することができる．

組織・臓器・器官発生研究のリソースとしてのPSCs

　ヒトの場合，各組織・器官の初期発生機序を分子レベルで詳細に解析することは困難であるが，PSCsはその由来や性質から，ヒトのボディプランニングの一部を模倣できる性質をもつ．そうした性質は初期胚と似た構造をもつ**胚様体**（Embryoid Body：EB）を形成させることによって引き出すことができる．PSCsをLIFを除いた培地で浮遊培養すると三次元構造を形成し，胚体内胚葉や原始外胚葉へと分化していく（浮遊培養法）．こうした手法によって空間的制御と遺伝子ネットワークを解明することで得られてきた知見は多い．さらに，浮遊培養法を深化させたというべき笹井芳樹らの**無血清凝集浮遊培養法**は下垂体や眼杯といった立体的な構造を取る組織の一部を再現することにも成功している[8)9)]．一方，谷口英樹らは，iPS細胞から肝臓原基を誘導させることに成功している．これはiPS細胞から誘導した内胚葉細胞とHUVEC，間葉系細胞を共培養し，さらにマトリゲルを添加することによって立体的な原基を形成させたもので，マウス体内の血管系と接続することに成功している（Ⅲ-11参照）[10)]．このように，PSCsは今後もマイクロデバイスやさまざまなバイオマテリアルと組み合わせることで，器官発生に関するさまざまな知見を生み出していくと考えられる．

　また，in vitroによるアプローチ以外には，中内啓光らによるマウス・ラットという異種間キメラの作製ならびに**胚盤胞補完法**による臓器形成の成功があり[11)]，将来的には大型動物の胚盤胞をホストにしたヒト・異種動物キメラの作出が期待されている．本法については移植のリソースとして語られることが多いが，個体発生の中で器官がどのように形成されていくかを観察するツールとしても，きわめて有力なものになるだろう．

再生医療のリソースとしてのPSCs

　前項でPSCsは発生モデルとして有力であると述べた．見方を変えれば，疾患によって失われた組織や細胞をin vitroで再現できるということでもあり，こうした研究は再生医療と密接にリンクしている．わが国ではヒトES細胞研究に関して厳しい倫理審査が課せられており，ES細胞を用いた臨床研究も長い間認められてこなかった．そうした日本の状況を打開することがiPS細胞樹立の大きな目的にもなっているが，欧米においては2010年よりES細胞を用いた臨床研究が行われている．よく知られている例では，亜急性期の脊髄損傷に対しES細胞由来の神経前駆細胞を移植するもの，加齢黄斑変性症およびスタルガルト病にES細胞由来の網膜を移植するもの，などがある．

　一方，わが国ではiPS細胞研究のアドバンテージを生かし，高橋政代らがiPS細胞を用いた滲出型の加齢黄斑変性症に対する臨床研究を開始しようとしている．これは世界ではじめてのヒトへの応用（First in Human Clinical：**FIH**）であり，ともすれば革新的な治療技術の導入に消極的であったわが国においてはきわめて珍しい事例である．さらに，江藤浩之らによる血小板産生，岡野栄之らによる脊髄損傷治療（神経前駆細胞），高橋淳らによるパーキンソン治療（ドパミン産生ニューロン）など，iPS細胞由来細胞を誘導し，移植する

アプローチが準備されつつある（Ⅲ-3，Ⅲ-8，Ⅲ-10参照）．これらはまだ「細胞レベル」の移植によって，失われた生体機能を補完しようというアプローチであり，腎臓などの形態が意味をもつ臓器に関しては適用しがたい面がある．こうした場合，in vitroでの立体的臓器構築が完成するまでは，中内らの異種動物による臓器形成は大きな意味をもつだろう．

病態解析のリソースとしてのPSCs

再生医療のようなアプローチだけでは治療できない疾患も多いが，こうした疾患に対してもPSCsは非常に有力な研究ツールである．例えば高齢者が発症する神経変性疾患の場合，若年期には正常な細胞が時間をかけて変性した結果現れるため，受診時にはすでに多くの正常細胞が失われた状態となり，その過程を観察することが困難である．また，脳などの部位は外部からアクセスすることがきわめて困難であった．しかし，患者からiPS細胞を樹立し，病変部の細胞へと分化させることによって，**アクセスできない細胞をin vitroで観察することができ，病変がどのように進展するかを経時的に追跡することができる**．

例えば，井上治久と岩田修永らは，家族性（若年性）アルツハイマー症の原因遺伝子であるアミロイド前駆体タンパク質（APP）に遺伝子変異（APP-E693Δ変異）をもつ患者と，孤発性（高齢発症）アルツハイマー症の患者からiPS細胞を作製し，大脳の神経系細胞に分化誘導させ，解析を行った．その結果，これまで家族性アルツハイマー症で確認されてきたアミロイドβの蓄積を再現することができ，さらにアミロイドβが細胞内に蓄積することで，小胞体ストレスと酸化ストレスを引き起こし，細胞死を生じやすくしていること，また孤発性アルツハイマー症でも同様のメカニズムをもつ患者が存在し，これらの患者の細胞ではDHAによる処置で酸化ストレスを低減できることを示している[12]．

このほか，岡野栄之らと服部信孝らのグループは，家族性パーキンソン病の原因遺伝子であるPARK2に変異をもつ患者からiPS細胞を樹立し，これまでPARK2変異型のパーキンソン病患者ではほとんど報告されてこなかったαシヌクレインの蓄積を見出すなどの成果をあげている[13]．このように，PSCsによる病態解析はゲノム情報のみで理解できる変異のみならず，タンパク質の局在の変化などで起こる変異も理解することができるため，将来的には出生後のごく早期にiPS細胞を樹立しゲノム情報と組み合わせた解析によって，予防的に投薬を行う**先制医療**の確立も期待される．

また，斎藤通紀らのグループは，マウスPSCsから始原生殖細胞へと誘導する遺伝子を同定し，マウスの体内で配偶子へと成熟させることに成功している（Ⅲ-13参照）[14]．ヒトでの応用は生命倫理に反するという声もあるが，不妊症のメカニズムの理解には，今後重要となるアプローチであることに疑いはない．

薬剤のスクリーニングツールとしてのPSCs

疾患の治療という面では薬剤の副作用を知ることも重要な視点である．これまで，副作

用スクリーニングには株化されたさまざまな細胞株や，ES細胞由来の細胞などが用いられている．ただ，ヒト細胞株に多いがん細胞由来のものは正常な細胞とは性質が異なることが多く，ES細胞由来細胞は非常に有用ではあるもの，頻用される株は海外由来のものが多く，日本人由来株はきわめて少ない．また日本においてES細胞を大量に樹立することは困難であるために，人種差による反応性の違いが生じてしまうなどの制約がある．ある種の抗生物質は別の薬と併用した場合や，特定の遺伝的背景をもった人たちに投与した場合などでQT延長症などの重大な心臓疾患を引き起こすことが知られ，死に至る症例も報告されている．福田恵一らは，実際にヒトのiPS細胞から分化させた心筋を薬理学検査に用いたことを報告しており[15]，さまざまな遺伝的背景をもった人からiPS細胞を樹立してスクリーニングに用いることで，このような副作用を回避することができると期待される．

おわりに

本項では，PSCs研究についての研究の流れをまとめてきた．ES細胞が誕生してからわずか30年余の間で，人工的に多能性幹細胞を誘導可能な時代に至っている．ただ日本においてはiPS細胞研究が急ピッチで進んでいるが，諸外国ではES細胞研究もまた有力な研究である．例えばアメリカのグループは核を取り除かない卵子を用いてSCNTを行い，3倍体のES細胞を樹立している[16]．この方法は再生医療のリソースとしては適さないが，疾患研究のためのリソースにはなりうるだろう．また最近になって，SCNT法によるES細胞（2倍体）の作出が成功したとの報告もなされ[17]，SCNT-ES細胞とiPS細胞の間で，エピゲノムの比較ができる時代もやってくることと思われる．今後もES細胞とiPS細胞がお互いを補完し合い，PSCs研究の両輪となって生命科学を牽引していくことが期待される．

文献

1) Ramalho-Santos, M. & Willenbring, H. : Cell Stem cell, 1: 35-38, 2007
2) Kahan, B. W. & Ephrussi, B. : J. Natl. Cancer Inst., 44: 1015-1036, 1970
3) Mintz, B. & Illmensee, K. : Proc. Natl. Acad. Sci. USA, 72: 3585-3589, 1975
4) Evans, M. J. & Kaufman, M. H. : Nature, 292: 154-156, 1981
5) Thomson, J. A. et al. : Science, 282: 1145-1147, 1998
6) Takahashi, K. & Yamanaka, S. : Cell, 126 : 663-676, 2006
7) Takahashi, K. et al. : Cell, 131: 861-872, 2007
8) Suga, H. et al. : Nature, 480: 57-62, 2011
9) Eiraku, M. et al. : Nature, 472: 51-56, 2011
10) Takebe, T. et al. : Nature, 499: 481-484, 2013
11) Kobayashi, T. et al. : Cell, 142: 787-799, 2010
12) Kondo, T. et al. : Cell Stem Cell, 12: 487-496, 2013
13) Imaizumi, Y. et al. : Mol. Brain, 5: 35, 2012
14) Nakaki, F. et al. : Nature, 501: 222-226, 2013
15) Tanaka, T. et al. : Biochem. Biophys. Res. Commun., 385: 497-502, 2009
16) Noggle, S. et al. : Nature, 478: 70-75, 2011
17) Tachibana, M. et al. : Cell, 153: 1228-1238, 2013

I 基本編 〈基礎研究にあたって〉

2 ヒトES・iPS細胞を「つくる」「使う」ときに知っておくべきこと

青井貴之

ヒトES・iPS細胞は医学および生物学の発展に大きく貢献する可能性がある一方で，生命倫理などにおけるいくつかの問題点を有する．ヒトES細胞を「つくる」「使う」にあたっては，「ヒトES細胞の樹立及び分配に関する指針」「ヒトES細胞の使用に関する指針」を遵守しなければならない．ヒトiPS細胞を「つくる」「使う」にあたっては，ヒトES細胞の場合のような指針は存在しないものの，いくつかの知っておくべき，あるいは遵守すべき指針などが存在する．関連する規制を正しく理解し，これを遵守しつつヒトES・iPS細胞を用いる研究を展開することが重要である．

はじめに

ヒトES・iPS細胞は，無限の増殖能とさまざまな種類の細胞へ分化することができる分化多能性とを有する細胞株である．これらの特徴的な能力のゆえに，病態研究や創薬，そして再生医療への応用が大きく期待されているが，同時に，これらの細胞株の特徴ゆえに生じる懸念事項も存在する．

本項では，ヒトES・iPS細胞を用いる研究に着手するにあたって，主に規制の面で必ず知っておかなければならない事柄，ならびに対応しなければならない事柄について整理する．

ヒトES・iPS細胞を用いる際に注意すべき事柄の概要と本項で取り扱う範囲

ヒトES・iPS細胞を用いるにあたって注意を払い，守られるべきものとして，一般的に，①**ドナー**（安全，意思決定権やプライバシー），②**再生医療におけるレシピエント**（安全と意思決定権），③**生命の尊厳**（胚や生殖細胞の扱いなど），④**生物多様性**がある．本項では，ヒトES細胞，ヒトiPS細胞のそれぞれについて，「つくる」および「使う」場合の必要事項について取り扱い，臨床への移行についてはI-5に譲る（図1）．

	ヒト ES 細胞		ヒト iPS 細胞	
	つくる	使う	つくる	使う
ドナー	決定権 プライバシー		安全 決定権 プライバシー	決定権 プライバシー
レシピエント （再生医療）	(I-5)	(I-5)	(I-5)	(I-5)
生命の尊厳	胚の使用	個体生成 胚への導入 生殖細胞		生殖細胞
生物多様性			遺伝子組換え生物	

図1　ヒトES・iPS細胞を用いる際に注意すべき事項のうち本項で扱う範囲（□で示した）

ヒトES細胞をつくる

　ヒトES細胞を樹立するにあたっては、「ヒトES細胞の樹立及び分配に関する指針」（文部科学省告示第百五十六号）の第一章〜第三章を参照し、これに従わなければならない。現時点までに同指針に沿ってわが国でヒトES細胞の樹立が行われたのは、京都大学再生医科学研究所での5株と国立成育医療センター研究所での7株のみである。また、海外において同指針と同等の基準により樹立されたものであると認められているのは、米国2機関、シンガポールとスウェーデン各1機関で樹立された計31株である。

　以下に、同指針の目次に沿う形でその要点を述べる。

第一章：総則

　ここでは種々の語の定義がなされている。「胚」「ヒト胚」「ヒト受精胚」「人クローン胚」「ヒトES細胞」「分化細胞」「樹立」などの基本的な用語の定義がここに示されている。また、「人クローン胚を作成し、作成した人クローン胚を用いてヒトES細胞を樹立すること」を第二種樹立と呼び、これを除く「ヒト受精胚を用いてヒトES細胞を樹立すること」を第一種樹立と呼ぶ。これまでにわが国で樹立されているのは第一種樹立のみである。

　また、「ヒト胚及びヒトES細胞を取り扱う者は、ヒト胚が人の生命の萌芽であること並びにヒトES細胞がヒト胚を滅失させて樹立されたものであること及びすべての細胞に分化する可能性があることに配慮し、人の尊厳を侵すことのないよう、誠実かつ慎重にヒト胚及びヒトES細胞の取扱いを行うものとする」ことが明記されているほか、ES細胞の樹立のためのヒト胚は無償で提供されるものとする、と定められている。

第二章：ヒトES細胞の樹立等

ここでは、「樹立の要件等」として、ヒトES細胞樹立の要件、樹立のために用いられる胚に関する要件、樹立機関における胚の取り扱いに関する要件が示されている。続いて、「樹立等の体制」として、樹立機関の基準とその業務、樹立機関の長と樹立責任者および倫理委員会について定められている。また、「樹立の手続」として、樹立責任者が作成した樹立計画書を樹立機関の長が倫理委員会の意見を聞いて承認し、文部科学大臣の確認を受けなければならないとしている。

第三章：ヒトES細胞の樹立に必要なヒト受精胚等の提供

樹立に必要なヒト受精胚（第一種樹立）や未受精卵など（第二種樹立）の提供に関して、提供機関の基準や倫理審査委員会の構成要件ほか、インフォームドコンセントの手続きやその説明内容および確認、提供者の個人情報の保護について示されている。

ヒトES細胞を使う

ヒトES細胞を使用するにあたっては、「ヒトES細胞の使用に関する指針」（文部科学省告示第八十七号）を参照し、これに従わなければならない。これまでに70を超える使用計画が文部科学大臣によって受理されている。以下に、同指針の目次に沿う形でその要点を述べる。

第一章：総則

ヒトES細胞は医学及び生物学の発展に大きく貢献する可能性がある一方で、生命倫理上の問題を有するとしている。上述の樹立・分配指針と同様に、用語の定義に続き、「ヒトES細胞に対する配慮」として、「ヒトES細胞を取り扱う者は、ヒトES細胞が、人の生命の萌芽であるヒト胚を滅失させて樹立されたものであること及びすべての細胞に分化する可能性があることに配慮し、誠実かつ慎重にヒトES細胞の取扱いを行うもの」としている。

第二章：使用の要件等

使用の要件として、その使用目的について示されている。また、「行ってはならない行為」として、ヒトES細胞からの個体生成やヒト胚へのヒトES細胞の導入、ヒト胎児へのヒトES細胞の導入、ヒトES細胞から生殖細胞への分化を行う場合に当該生殖細胞を用いてヒト胚を作製すること、の4点を禁じている。使用機関はヒトES細胞の分配や譲渡をすることも禁じられているが（分配機関がこれらを行う）、「使用機関において遺伝子の導入その他の方法により加工されたヒトES細胞を当該使用機関が分配又は譲渡する場合については、この限りでない」としている。つまり、ヒトES細胞を分化させて得られた分化細胞については、使用機関が分配または譲渡することが可能である。

第三章：使用の体制

使用機関の基準など，使用機関の長の業務，使用責任者および倫理審査委員会に関することが定められている．例えば，倫理委員会の構成として医学生物学のみならず法律，生命倫理および一般の立場の者を入れることや，男女が各2名以上含まれること，機関外の者が含まれること，などが記されている．

第四章：使用の手続

樹立責任者が作成した樹立計画書を樹立機関の長が倫理委員会の意見を聞いて承認し，文部科学大臣へ届け出なければならないとしている．また，進行状況や終了についての報告について定められている．

第五章：分化細胞の取り扱い等

まず，ヒトES細胞から作成した分化細胞を譲渡する際には，譲渡先にこれがヒトES細胞に由来するものであることを知らせることとしている．

次に，ヒトES細胞からの生殖細胞分化について定めている．生殖細胞は基礎的研究に用い，これによってヒト胚を作成してはならない．使用機関が作成した生殖細胞を他の機関へ譲渡することは可能であるが，譲渡先がさらに他の機関へ譲渡することはできないことを，契約などによって確保しておかなければならない．

ヒトiPS細胞をつくる

ヒトiPS細胞の樹立に関しては，ヒトES細胞のように詳細な指針は存在せず，より多くの機関で比較的容易に樹立が行われうる状況にある．ただし，以下に述べる事項には充分注意しなければならない．

1．ドナーから採取した組織細胞を用いる場合

1）ヘルシンキ宣言

健常者あるいは何らかの疾患を有するドナーから採取した細胞や組織などを用いて研究が行われることも多いであろう．この場合，ヘルシンキ宣言を遵守する必要がある．これは，世界医師会で採択された宣言で，人間を対象とする医学研究の倫理的原則を示したものである．多くの指針などはこのヘルシンキ宣言をその考え方の基盤としている．ぜひ，全文を一読することを勧める．

ヘルシンキ宣言
http://dl.med.or.jp/dl-med/wma/helsinki2008j.pdf

ヘルシンキ宣言の対象はヒト細胞や組織を用いた研究にとどまらず，ヒト由来の試料およびデータの研究を含み，研究被験者の福祉が他のすべての利益よりも優先することが根

本原理である．そのために，被験者の自己決定権，プライバシーおよび個人情報の秘密保持を行うべきとしている．適切なインフォームドコンセントがこれを保証するもので，ヒト由来の試料の収集，分析，保存/再利用に対する説明と同意がなされなければならない．研究の計画と作業内容は，研究計画書の中に明示される必要があり，倫理委員会を設置して研究内容について審議を行い，承認を得たのちに研究を実施するべきとしている．

2）ヒトゲノム・遺伝子解析研究に関する倫理指針

ドナーから体性幹細胞を採取した場合や，採取した体細胞からiPS細胞を作成した場合，遺伝子解析が行われることが多い．この際には，「ヒトゲノム・遺伝子解析研究に関する倫理指針」を遵守しなければならない．なお，この指針の上位には「個人情報の保護に関する法律」がある．

> ヒトゲノム・遺伝子解析研究に関する倫理指針
> http://www.lifescience.mext.go.jp/files/pdf/n1115_01.pdf

> 個人情報の保護に関する法律
> http://www.caa.go.jp/seikatsu/kojin/houritsu/houritsu.pdf

この指針では，匿名化が原則であるとしている．匿名化には，対応表を残す連結可能匿名化と対応表を破棄する連結不可能匿名化の2つがあることに留意せねばならない．個人情報管理者を置き，指針に従って匿名化および個人情報の管理が行われなければならない．平成25年の指針改正以前には，匿名化の際の対応表を破棄することを原則としていたが，改正後の指針では，コホート研究における長期的な観察を可能にするために対応表は厳重に管理したうえで試料などの提供先へ追加情報などを提供できるように見直された．

また，倫理委員会の構成メンバーについての要件も示されている（初めて本指針の対象となる研究を開始する機関においては，要件を満たす委員会の招集に難渋する場合もあるので，早めに対応を始めておくべきである）．

遺伝情報の開示についても本指針に示されている．健常と思われた提供者の遺伝子解析を行ったところ重篤な疾患に関与する遺伝子異常が偶然発見される可能性も考えられるが，このような場合の対応方法なども示されている．

また，提供された貴重な試料やそこから得られたデータなどがより有効に広く活用されるためにはバンク化は重要なことであるが，本指針ではバンクへの提供の同意に関しても言及している．

2. iPS細胞樹立のための遺伝子導入に用いるプラスミドを大腸菌により増幅する場合／ウイルスベクターを用いる遺伝子導入によりiPS細胞を樹立する場合

ウイルスベクターを用いる場合や，大腸菌を宿主としてプラスミド（ウイルス/非ウイルス）を増幅する場合には，「遺伝子組換え生物等の使用等の規制による生物の多様性の確保

に関する法律（カルタヘナ法）」が適用される．

> カルタヘナ法説明書
> http://www.lifescience.mext.go.jp/bioethics/carta-expla.html

　これを読むにあたって留意すべきことは，この法律の目的が生物の多様性の確保を図ることにあるという点である．しばしばこれが，研究を実施する者の安全性を確保するための法律であるという誤解がなされるようであるが，そのような認識のもとにカルタヘナ法を読むと理解が困難な点がある．
　この法律では，研究目的での遺伝子組換え生物などは「第二種使用」と定義されている．そこで「研究開発等に係る遺伝子組換え生物等の第二種使用等に当たって執るべき拡散防止措置等を定める省令」と「研究開発段階における遺伝子組換え生物等の第二種使用等の手引き」を参照し，適切な拡散防止措置を執ったうえで実験を実施しなければならない．

> 研究開発等に係る遺伝子組換え生物等の第二種使用等に当たって執るべき
> 拡散防止措置等を定める省令
> http://www.lifescience.mext.go.jp/bioethics/data/anzen/syourei_02.pdf

> 研究開発段階における遺伝子組換え生物等の第二種使用等の手引き
> http://www.lifescience.mext.go.jp/files/pdf/n815_01.pdf

　例えば，レトロウイルスもしくはレンチウイルスベクター（増殖力欠損株）を用いてiPS細胞を誘導する場合にはP2レベルの拡散防止措置を行う．これらの省令・手引きにはその際に，施設などについて満たすべき事項や実験の実施にあたって遵守すべき事項が具体的に記載されているので，これにすべて従わなければならない．本規制は罰則規定を伴うことにも留意すべきである．

ヒトiPS細胞を使う

　ヒトiPS細胞の場合には，ヒトES細胞のような使用全般にかかる指針は存在しないが，以下に述べる事項に留意しなければならない．

1. ヒトiPS細胞から生殖細胞への分化誘導を行う場合

　生殖細胞への分化誘導に関して，ES細胞では使用指針の中で定められているが，iPS細胞では以下の関連指針が定められている．

> ヒトiPS細胞又はヒト組織幹細胞からの生殖細胞の作成を行う研究に関する指針
> http://www.lifescience.mext.go.jp/files/pdf/n1146_03.pdf

> ヒトiPS細胞又はヒト組織幹細胞からの生殖細胞作成における研究計画実施の手引き
> http://www.lifescience.mext.go.jp/files/pdf/n851_01.pdf

上記の指針では生殖細胞は「ヒトの発生，分化及び再生機能の解明」「新しい診断法，予防法若しくは治療法の開発又は医薬品等の開発」に資する基礎的研究に用いられることとされ，研究機関内の規則の制定や倫理審査委員会構成の要件，大臣への届出などの手続き，作成した生殖細胞でヒト胚を作成しないこと，などが定められている．

2. その他の留意事項

iPS細胞の使用に関しては上述の生殖細胞以外に公的指針などで定められているものはないが，iPS細胞には必ずその元となる体細胞の提供者が存在しており，この提供者の意思を尊重し権利を守ることが必要である．具体的には，インフォームドコンセントの内容と整合する行為のみを行うことである．特に，樹立したiPS細胞を他の機関へ分配・譲渡する場合や，バンクなどへ寄託して不特定多数の使用者に供される場合，あるいは，営利機関によって何らかの商業的利益に繋がる用途で用いられる場合などについて注意が必要である．

おわりに

ヒトES・iPS細胞は，医学に大きく貢献する可能性をもつものであるが，このような科学は社会の中で適切に位置づけられてこそ，真に役立つといえるものである．このための具体的な方策を体系化したものが種々の規制である．関連する規制を正しく理解し，これを遵守しつつ研究を展開することが重要である．

I 基本編〈基礎研究にあたって〉

3 細胞の入手法と利用法

中村幸夫

ES・iPS細胞を用いた研究を行うにあたっては，まずはES・iPS細胞を入手する必要がある．入手する方法としては，自らが樹立するか，他の研究者が樹立した細胞株を入手するかに大別されるが，ここでは後者の他の研究者が樹立した細胞株を入手する方法に関して概説する．また，細胞株がひとたび入手できた後には，その細胞をどのように扱っても実験再現性を有する材料として使用できるわけではない．入手した細胞の特性を維持するための工夫が必要である．そこで，細胞の特性維持に関する方法に関しても概説する．

はじめに

細胞材料を用いた研究は生命科学研究の全分野において，きわめて基本的な研究であり，また必要不可欠な研究となっている．しかしながら，細胞を入手して利用することの全体的な体制の標準化（培養細胞を用いた研究の標準化）は未だに発展途上にあると言っても過言ではない．特に，ES・iPS細胞のように，細胞特性の維持には特段の注意を払う必要性がある細胞に関しては，細胞を入手して利用することの全体的な体制の標準化がきわめて重要である．最初に，培養細胞を用いた研究の標準化における細胞バンクの役割に関して概説し，その後に，各種ES・iPS細胞の入手方法を紹介する．

細胞バンクの役割

1. 背景

かつて，細胞バンクのような機関がしっかりと整備されていなかった時代には，細胞株樹立者が他の不特定多数の研究者に自分が樹立した細胞株を直接提供していた．さらには，そうした細胞の第三者への提供も制限なく繰り返され，HeLa細胞（1951年に世界で最初に樹立された子宮頸がん由来細胞株）のような汎用細胞株は，世界中の多くの研究室で維持され利用され続けることとなった．それはそれで，研究の発展に一定の貢献をしたわけであるが，一方で，標準化が実施されていない細胞材料が世界中に蔓延するという事態を引き起こした．

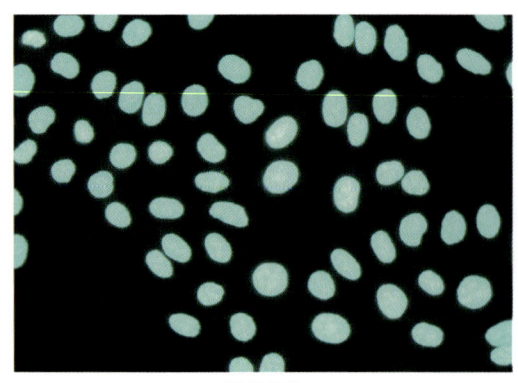 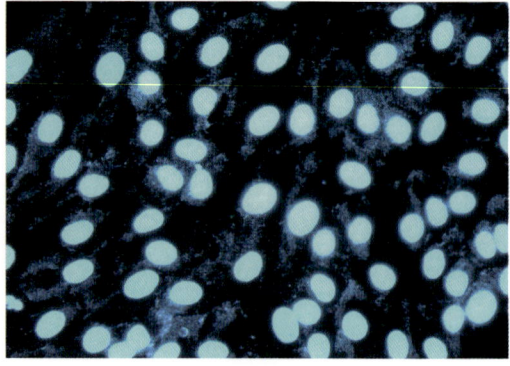

陰性細胞　　　　　　　　　　　　陽性細胞

図1　マイコプラズマ汚染検査
検査細胞を培養した培養上清液をVero細胞の培養系に加えて1週間程度培養してから，DNA染色剤でVero細胞を染色した写真．陰性細胞では細胞核のみが染まっているが，陽性細胞では細胞核以外に細胞質も染まっており，細胞質に微生物由来のDNAが存在することを示している．そして，そのほとんどはマイコプラズマ感染である

2. 細胞の標準化

　細胞の標準化とは，実験再現性が担保された細胞を整備するということである．最も初歩的な事例としては微生物汚染がある．微生物汚染を起こした細胞の特性は元の細胞特性からは逸脱し，実験再現性を有しないことは明白である．細菌や真菌の汚染に関しては，汚染された時点で実験を継続することが不可能となり，そのような実験結果を論文などで発表することがないために，あまり重大な問題ではない．一方で，マイコプラズマ汚染はきわめて深刻な問題である．なぜならば，マイコプラズマに感染された細胞の多くは死滅することなく，増殖を続けるからである．マイコプラズマに感染されたことで，むしろ増殖能が高くなる細胞もある．事実，理化学研究所バイオリソースセンター細胞材料開発室（以下，理研細胞バンク）で**寄託**を受けた細胞の30％近くがマイコプラズマに汚染されている（図1）．
　また，他の細胞株にHeLa細胞が**クロス・コンタミネーション**した結果として生じる誤認細胞の存在も古くから指摘されていた．しかし，この誤認細胞をハイスループットかつ比較的低コストで検出する方法がなかった．今世紀に入り，現在では犯罪捜査などでも利用されている遺伝子多型解析〔マイクロサテライト多型解析，Short Tandem Repeat多型解析（STR多型解析）〕が細胞の識別にも有用であることが判明し，これによりようやく目処

寄託：寄託とは，細胞の知的財産権（所有権等のすべて）は寄託者（細胞株樹立者）が保有したまま，細胞を増やして分配する行為のみを細胞バンク機関に移管することである．細胞の知的財産権も含めて細胞バンクに移管する「譲渡」とは異なる．欧米に比べて大きな遅れをとっていた細胞バンク事業であるが，寄託制度の整備によって，日本の細胞バンク事業は急速な発展を遂げることができた．

クロス・コンタミネーション（cross contamination）：2種類の細胞を同時に培養している際に，両方の細胞が同じ培養液で培養可能な場合には，同じ培養瓶の培養液を使用することが多いかと思う．しかし，この行為は，一方の細胞が他方の細胞に混じる（コンタミする）可能性を惹起する．そして，新たに混じった細胞の方の増殖活性が高いと，やがて新たに混じった細胞が培養系を凌駕し，元の細胞は消滅する．これが，カルチャー・クロス・コンタミネーションである．培養液は細胞毎に別々に準備し（小分けして使用），カルチャー・クロス・コンタミネーションを予防することが重要である．

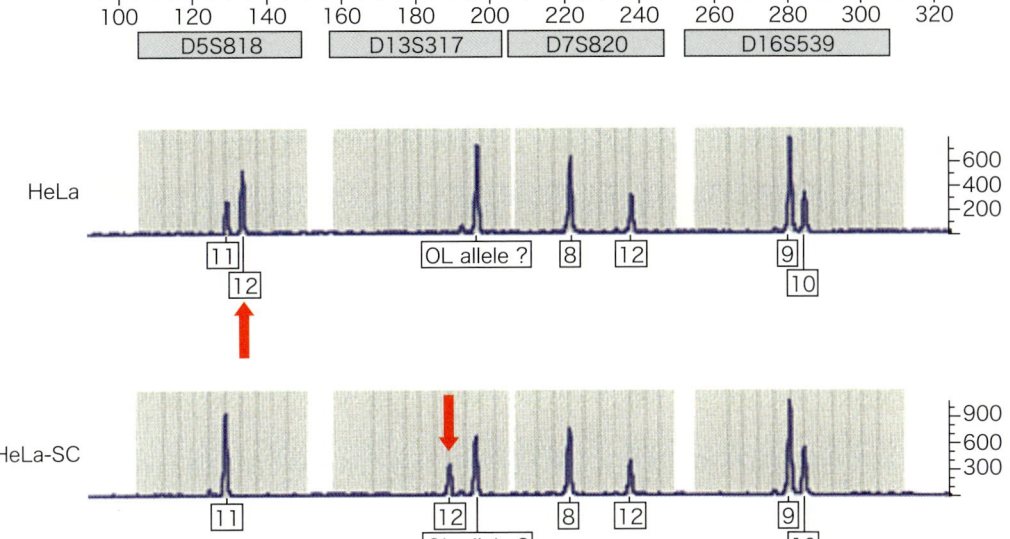

図2 細胞誤認検査としてのShort Tandem Repeat多型解析
HeLa細胞とその亜株（HeLa-SC）との解析結果．実際には8ローカスの多型を解析するが，図には4ローカスの結果を示す．各ローカスには父親由来と母親由来の2ピークが検出される．ただし，父親由来と母親由来のShort Tandem Repeatが同じ長さの場合には1ピークのみが検出される．HeLa細胞とその亜株（HeLa-SC）との間でも100％合致するわけではない（長期培養中に生じた変異によるもの：赤矢印）

がつくようになった（図2）[1][2]．

　細胞バンク機関の第一義的な必要性は，研究コミュニティに急増している細胞株に関して，これを一元的に管理することで，樹立者（提供者）の負担を軽減できること，また，利用研究者が複数の細胞株を入手する際に複数の樹立者（提供者）に依頼することなく，多種類の細胞株を細胞バンクから一度に入手できるようになるという利用者の利便性向上にある．しかし，現在では，細胞バンク機関において細胞株の標準化を実施し，研究コミュニティが標準化された細胞株のみを研究に使用する体制を整備することも大きな使命となっている．

3. 誤認細胞の排除

　前項記載の進展を踏まえて，世界中のメジャーな細胞バンクは，すべてのヒト細胞株に関してSTR多型解析を実施するようになった．その結果，HeLa細胞のクロス・コンタミネーションに限局せず，独自の細胞株と考えられ使用されてきたさまざまな細胞株が，他の細胞株の誤認細胞であることが次々に判明した[3]〜[5]．前述の通り，研究者間の細胞の相互提供は世界中を席巻していたため，特定の細胞が他の細胞の誤認ではないか否かを解析しようとすれば，世界中に存在するすべての細胞株を対象に解析を実施する必要がある．そこで，世界中のメジャーな細胞バンクが連携協力し，誤認細胞を研究コミュニティから排除するための努力を続けている[6]．下記のホームページも参照してほしい．

> ATCC® Standards Development Organization
> http://standards.atcc.org/kwspub/home/the_international_cell_line_authentication_committee-iclac_/

■ マウスES細胞株の入手方法

1. マウスES細胞株

　マウスES細胞株の樹立が論文発表されたのは1981年のことであった．言うまでもなく，これは細胞培養研究の歴史に残る金字塔であった．その後，ES細胞における遺伝子相同組換え技術が発見され，遺伝子欠損マウスなどの変異マウス作製方法として応用され，20世紀終盤の遺伝子解析研究に多大な貢献をすることとなった．当該技術が，ES細胞株の樹立という細胞培養技術の発展によって成し遂げられたという事実に注目してほしい．

　少し前までは，129系統マウスに由来するマウスES細胞株が主流であった．言い方を変えれば，理由は不明であったが，他の系統マウスからは高品質なES細胞株を樹立することが不能であった．しかし，最近になり，これまた培養技術の進歩・発展により，他の系統マウスからも比較的容易に高品質なES細胞株を樹立することが可能となった．

　理研細胞バンクでは，C57BL/6Nに由来し生殖細胞への分化（germline transmission）も可能な細胞株も提供している．マウスES細胞の入手方法に関しては下記のホームページを参照してほしい．

> CELL BANK- 動物ES細胞及び生殖細胞由来の多能性幹細胞
> http://www.brc.riken.jp/lab/cell/aes/

2. 遺伝子改変マウスES細胞株

　遺伝子欠損マウスなどの変異マウス作製を目的に樹立されたES細胞の中には，*in vitro* における分化誘導研究にも有用な細胞株が多い．数はあまり多くないが，理研細胞バンクではそのような遺伝子改変マウスES細胞株も提供している（上記のホームページに含まれている）．

　理研細胞バンクでは，奈良先端科学技術大学院大学の石田靖雅の開発した遺伝子トラップ法 UPATrap によって樹立された遺伝子改変マウスES細胞株も提供している．当該細胞株に関しては下記のホームページを参照してほしい．

> The Gene-trap Mouse ES cell clones
> http://www2.brc.riken.jp/lab/mouse_es/

動物 iPS 細胞株の入手方法

1. 山中研で樹立されたマウス iPS 細胞株

マウス iPS 細胞株の樹立技術は 2006 年に発表された[7]．そして，当該発表内容が 2012 年のノーベル医学生理学賞の受賞に到ったことは周知の通りである．理研細胞バンクでは，2006 年に発表された当該マウス iPS 細胞株およびその後に山中研にて樹立され発表されたマウス iPS 細胞株を含めて山中研から寄託を受け，提供を実施している．下記のホームページを参照してほしい．

> CELL BANK- 動物 iPS 細胞（APS）
> http://www.brc.riken.jp/lab/cell/aps/

2. 山中研以外で樹立された動物 iPS 細胞株

理研細胞バンクでは，マウスについてはこれまでのところ山中研以外で樹立されたマウス iPS 細胞株の寄託は受けていないが，ウサギ由来の iPS 細胞株の寄託を受け提供を実施している．上記のホームページを参照してほしい．ラット iPS 細胞株の寄託も最近受け入れた．

ヒト ES 細胞株の入手方法

1. 国内で樹立されたヒト ES 細胞株

日本ではヒト ES 細胞株の「樹立」「分配（細胞バンク事業）」「研究」のすべてに関して，文部科学大臣の確認を得ることが必要である．詳細に関しては本書の I-2 で説明がなされている．下記のホームページも併せて参照してほしい．

> ライフサイエンスの広場　生命倫理・安全に対する取組
> http://www.lifescience.mext.go.jp/bioethics/hito_es.html

理研細胞バンクは，2008 年に文部科学大臣の確認を得た現在のところ日本国内唯一のヒト ES 細胞株分配機関である．京都大学再生医科学研究所で樹立された 5 株，国立成育医療研究センターで樹立された 3 株の寄託を受け，提供を実施している．下記のホームページを参照してほしい．

> CELL BANK- ヒト ES 細胞（HES）
> http://www.brc.riken.jp/lab/cell/hes/

2. 海外で樹立されたヒトES細胞株

　海外で樹立されたヒトES細胞株を日本国内で使用することも可能であるが，日本の法令・指針を勘案して問題がない細胞株に限定される．既にいくつかの海外樹立ヒトES細胞株が日本国内での使用を認められている．例えば，ウィスコンシン大学で樹立されたヒトES細胞株はWiCell社から入手できる．下記のホームページを参照してほしい．

> WiCell社 HP
> http://www.wicell.org/

ヒトiPS細胞株の入手方法

1. 山中研で樹立されたヒトiPS細胞株

　マウスiPS細胞株の樹立が報告された直後には，ヒトiPS細胞株の樹立にはまだもう少し時間が必要であろうと予想していた研究者も多かったが，マウスiPS細胞株発表の翌年2007年に，ヒトiPS細胞株の樹立成功も発表された[8]．その後，山中研内でも樹立方法の改変が多種多様に行われているが，山中研で樹立され論文発表されたヒトiPS細胞株のすべては理研細胞バンクに寄託され，提供を実施している．下記のホームページを参照してほしい．

> CELL BANK-ヒトiPS細胞（HPS）
> http://www.brc.riken.jp/lab/cell/hps/

2. 山中研以外で樹立されたヒトiPS細胞株

　ヒトiPS細胞株に関しては，山中研以外で樹立された細胞株の寄託も複数の機関から受けている．上記のホームページを参照してほしい．

疾患特異的iPS細胞株の入手方法

　iPS細胞株樹立技術は，再生医療分野において注目されているのみでなく，疾患研究および創薬研究分野でも大きな注目を集めている．例えば，脳変性疾患の患者がいた場合，研究のために脳細胞を取り出すようなことは不可能である．しかし，当該患者の体細胞（血液，皮膚など）からiPS細胞を樹立し，樹立したiPS細胞から脳神経細胞を誘導すれば，当該脳神経細胞は「疾患モデル細胞」として疾患研究や創薬研究に使用することが可能である．

　文部科学省「再生医療の実現化プロジェクト（平成15～24年度）」，「疾患特異的iPS細胞を活用した難病研究（平成24年度～）」などの大型プロジェクトにおいて，国家プロジェクトとして疾患特異的iPS細胞株の樹立が進められており，今後疾患特異的iPS細胞株が急

増することが確実である．理研細胞バンクはこうした疾患特異的iPS細胞株の寄託を受ける現在のところ国内唯一の細胞バンクとして，細胞の寄託を受け，提供を実施している．細胞によっては利用機関の機関内倫理審査・承認作業が必要なものもある．下記のホームページを参照してほしい．

CELL BANK−疾患特異的iPS細胞の提供開始
http://www.brc.riken.jp/lab/cell/hps/hps_diseaselist.shtml

細胞の知的財産権

昔は，前述の細胞の標準化のみならず細胞の知的財産権ということも蔑にされていた．しかし，最近では研究者が所属する機関には知的財産権を管理する部門が設置されることも多くなり，細胞の知的財産権も厳密に管理されるようになってきた．そうした事情もふまえ，理研細胞バンクで寄託を受ける際には，寄託者と理研とで必ず寄託同意書（Material Transfer Agreement：MTA）を締結している．また，理研細胞バンクから細胞を提供する場合には，理研と利用機関との間で提供用のMTAを締結している．こうしたMTA締結は，細胞株開発者（樹立者）の知的財産権を守ることが最大の目的である．

なお，iPS細胞樹立技術に関しては京都大学が知的財産権を保有しており，現在はiPSアカデミアジャパン株式会社が管理をしている．営利機関がiPS細胞を利用することに関しては，自前で樹立した細胞の利用であれ，他機関で樹立された細胞の利用であれ，iPSアカデミアジャパン株式会社の承認が必要となっている．下記のホームページを参照してほしい．

iPSアカデミアジャパン株式会社HP
http://www.ips-cell.net/j/index.php

細胞の利用方法

1．標準化細胞とは何か

細胞の標準化は大きく2種類に分けられる．個々の細胞株の標準化と，特定細胞集団の標準化である．前者は，例えばHeLa細胞に関していえば，HeLa細胞（子宮頸がん由来細胞）としての細胞特性を保持しており，微生物汚染もされておらず，かつ他の細胞と誤認されてもいないような細胞が標準細胞株ということになる．後者は，「ES・iPS細胞というからには，染色体が正常に保持されており（図3），未分化マーカー（SSEA-4, Tra-1-60, Tra-1-81, Oct3/4, Nanogなど）を発現しており（図4），胚様体形成実験やテラトーマ形成実験において外胚葉，中胚葉，内胚葉由来のすべての組織を確認できる，というような細胞特性を有する細胞であること」という意味での標準化である．ES・iPS細胞の標準化に

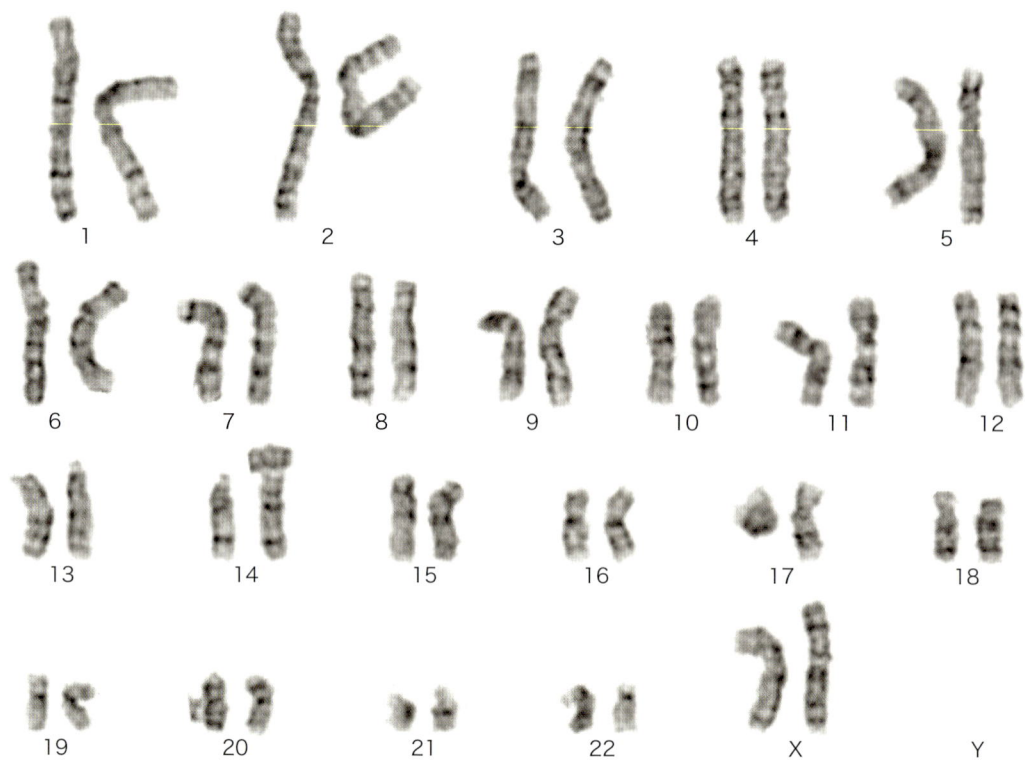

図3　染色体解析（G Band法）
山中研で樹立されたヒトiPS細胞株（253G1）の解析結果．女性由来であり，46XXの正常染色体数を有している

関しては，ここに記載した解析のみならず，他のさまざまなオミクス解析（遺伝子発現解析，エピジェネティクス解析，メタボローム解析など）を導入することで，より高度な標準化を図ることが求められている．

2. 標準化細胞の維持

　世界中の細胞バンクは標準化された細胞株を提供することを心がけているが，細胞バンクが標準化細胞を提供するだけでは，細胞培養研究の全体の標準化は成し遂げられない．すなわち，ユーザーサイドにおいても標準化細胞を維持する努力が払われなければ，標準化細胞を利用した研究とはならないのである．

　細胞バンクからお願いしていることは，「必要もないのに細胞をだらだらと長期間培養しないように」ということである．長期培養をしていると，細胞に何らかの変異が蓄積していくことは不可避である．また，マイコプラズマ汚染の機会も増えることになる．事実，ES・iPS細胞は比較的変異を起こしにくいといわれている細胞であるが，長期培養後（数十パッセージ継代後）には，染色体異常などが生じることが明白となっている．

　細胞バンクから細胞を入手した際には，初期のストック（凍結保存細胞）を5本程度作製し，一度融解して培養を始めた細胞を長期に継続使用することは避け，定期的に初期のストックを融解して使用することを推奨する．実際に，かなり多くのジャーナルが，細胞

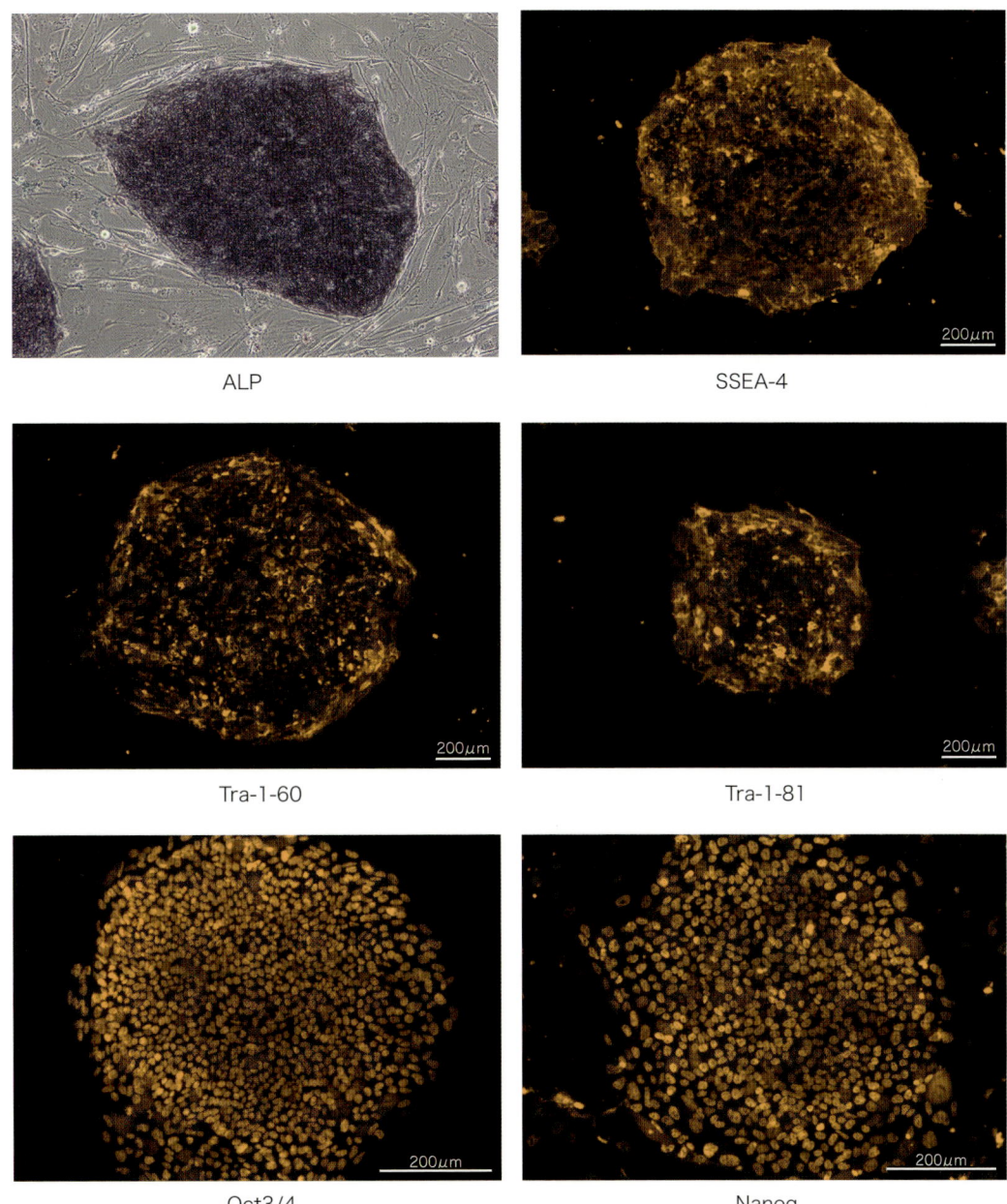

図4 ヒトiPS細胞の未分化マーカー解析
ALPはアルカリフォスファターゼ活性．SSEA-4, Tra-1-60, Tra-1-81は細胞表面分子の免疫染色結果．Oct3/4, Nanogは核内分子の免疫染色結果

バンクから入手後6カ月以内に限定して，細胞の再バリデーション（再検証）を免除している．言い方を変えると，細胞バンクから入手後6カ月以上を経過した細胞は信任されていない，ということである．こうした対応が少し厳しすぎると思われる研究者もいるかもしれないが，細胞のバリデーションなしで実験再現性のない細胞がコミュニティに蔓延し

表　本項内で取り上げたURL一覧

目的	種名	細胞の種類	サイト名	URL
細胞の入手	マウス	ES細胞	CELL BANK	http://www.brc.riken.jp/lab/cell/aes/
		遺伝子改変ES細胞	TheGeneTrapMouse ES cell clone	http://www2.brc.riken.jp/lab/mouse_es/
		iPS細胞	CELL BANK	http://www.brc.riken.jp/lab/cell/aps/
	ヒト	ES細胞	CELL BANK	http://www.brc.riken.jp/lab/cell/hes/
			WiCell社	http://www.wicell.org/
		iPS細胞	CELL BANK	http://www.brc.riken.jp/lab/cell/hps/
		疾患特異的iPS細胞	CELL BANK	http://www.brc.riken.jp/lab/cell/hps/hps_diseaselist.shtml
【参考】		誤認細胞について	ATCC Standards Development Organazation	http://standards.atcc.org/kwspub/home/the_international_cell_line_authentication_committee-iclac_/
		安全に対する取り組み	ライフサイエンスの広場	http://www.lifescience.mext.go.jp/bioethics/hito_es.html
		知的財産について	iPSアカデミアジャパン社	http://www.ips-cell.net/j/index.php

てしまった過去の事実を教訓とすれば，コミュニティとしてこれを受け入れることが，細胞培養研究の標準化へとつながるものと考える．

おわりに

　最近では，ES・iPS細胞を用いて三次元培養を行うことで，従来の二次元培養では取得不能であった細胞が誘導可能であることも報告されている．20世紀終盤の遺伝子工学技術の発展に類する勢いで，21世紀に入ってからの細胞工学技術は急速な進展を遂げている．今現在わかっているようなES・iPS細胞の応用方法はまだきわめて初歩的なものであり，今後さらに多種多様に発展していく可能性を秘めている．将来の最先端研究に向けて，まずはES・iPS細胞の培養法を習得することを推奨する．

◆ 文献
1）Masters, J. R. et al. : Proc. Natl. Acad. Sci. USA, 98: 8012–8017, 2001
2）Yoshino, K. et al. : Hum. Cell, 19: 43–48, 2006
3）Cases of mistaken identity : Science, 315: 928–9310, 2007
4）Identity crisis. : Nature, 457: 935–936, 2009
5）Katsnelson, A. : Nature, 465: 537, 2010
6）Masters, J. R. et al. : Nature, 492: 186, 2012
7）Takahashi, K. & Yamanaka, S. : Cell, 126: 663–676, 2006
8）Takahashi, K. et al. : Cell, 131: 861–872, 2007

◆ 参考図書
1）目的別で選べる細胞培養プロトコール（中村幸夫／編），羊土社，2012
2）改訂培養細胞実験ハンドブック（黒木登志夫／監，中村幸夫，許 南浩／編），羊土社，2008

Ⅰ 基本編〈基礎研究にあたって〉

4 分化誘導系構築のためのストラテジー

升井伸治

分化誘導系の構築は，発生生物学的知見を手がかりに，さまざまな分化条件の検討を行って，マーカーの発現を指標に系を至適化するプロセスである．しかし，発生に必要なシグナルは複雑で未知の部分が大きく，一筋縄で上手くいくわけではないのが現状である．本項では，新しく分化誘導系を構築する際に，一般に考慮される点を概説する．

はじめに

　ES・iPS細胞を用いた研究では，再生医療と疾患モデリングが注目を集めており，両者とも，その進捗は**分化誘導系の構築**に大きく依存する．ES・iPS細胞は，初期胚に挿入すれば，すべての細胞に分化するから，*in vitro* においても，*in vivo* と同じシグナルを与えれば，確実に目的細胞（作出したい細胞）に分化すると考えることができる．したがって，分化誘導系の構築にあたっては，生体内シグナルに近づけることを理論的根拠として分化条件の検討を行い，目的細胞の分化効率の上昇および細胞機能の獲得を狙う．ところが，生体内のシグナルは，膨大な分子種の複雑な組み合わせで構成されており，現時点ではそれらの一端が明らかになっているにすぎない．そのため，結果として必ずしも質のよい目的細胞が得られるとは限らないのが現状である．

　他方，異なるアプローチも報告されている．1つは**ダイレクトリプログラミング**で，体細胞（線維芽細胞など）において，転写因子を強制発現することで，直接に目的細胞を得る手法である[1]．実験としては，ES・iPS細胞を用いた場合と比べ，出発材料と分化刺激が異なるだけで，培養条件の至適化などのステップは同じである．もう1つは，ES・iPS細胞から臓器をも作出可能な手法として，**胚盤胞補完法**が知られる[2]．この手法では，特定の細胞や臓器を遺伝子操作によってできなくした宿主胚盤胞に，ドナーES・iPS細胞を挿入することで，いわばES・iPS細胞が置換することによって，目的細胞（臓器）が得られる．マウスの胚盤胞を宿主として，ラットES・iPS細胞由来の膵臓作出が報告されている．ヒトES・iPS細胞に適用する場合には，ヒトと動物のキメラ胚が構築できるかがキーになるとされる．これらの手法は本項ではふれない．

分化機構についての基礎知識

　初期胚の多能性幹細胞（内部細胞塊，ES・iPS細胞に相当）は，周囲の環境からさまざま

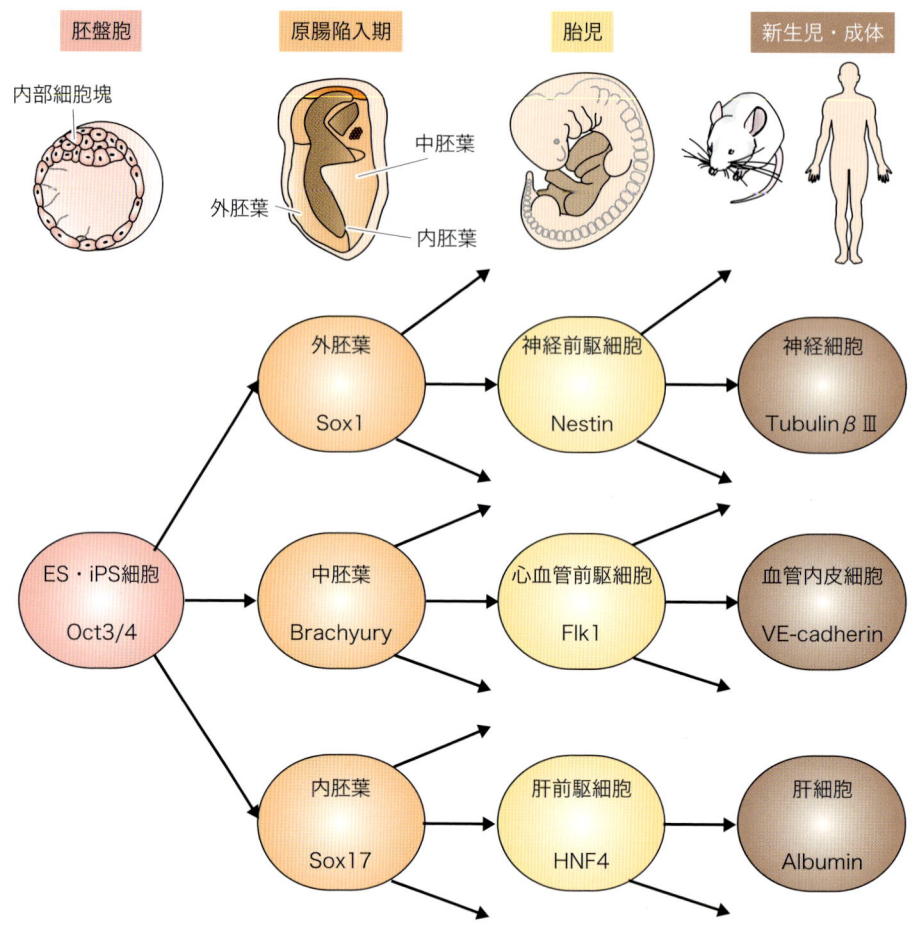

図1　*in vitro* 分化の概念図
in vitro において，ES・iPS 細胞は *in vivo* の分化過程と似た段階を経る．各胚葉の例となる細胞について，中間段階の分化細胞とマーカー遺伝子の名称を示した．実際に用いるマーカーなどの詳細は，実践編各項を参照されたい

なシグナルを受け，外・中・内胚葉へと分化し，いくつかの分化段階を経て，最終的に個体を構成する細胞へと分化する（図1）．細胞外からのシグナルを担う分子として，例えば成長因子では Wnt や TGFβ スーパーファミリー（Activin や BMP を含む）などがよく知られる．これらの分子がもたらすシグナルは，細胞内のシグナル伝達経路を介し，転写因子の活性に伝達される（図2）．例えば Wnt による GSK3β を介した β-Catenin の活性化や，TGFβ による ALK を介した SMAD の活性化などがよく知られる．これら活性化された転写因子は，核内に存在する他の転写因子と協働し，分化の開始や維持を行う．転写因子は，ゲノム中に 2,000 種類程度存在しており，そのうち数百種類が，細胞ごとに異なる組み合わせで発現している．発現している転写因子のうち少数は（数個程度と考えられている），発現プロファイル決定に非常に大きな役割を果たしており，例えばその遺伝子をノックアウ

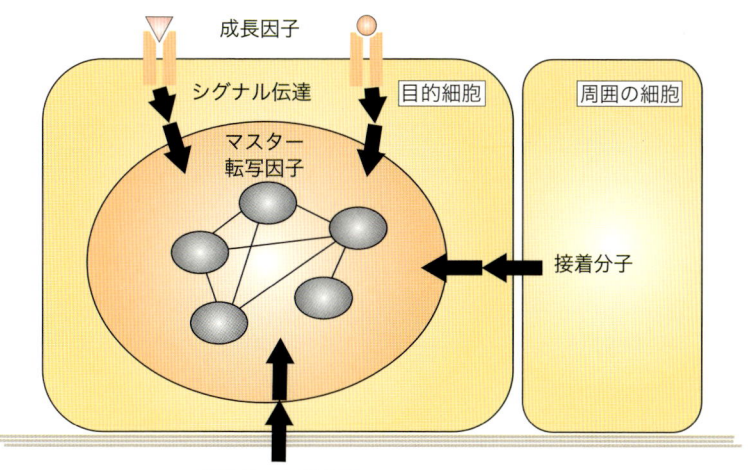

図2　分化状態制御の概念図
成長因子，接着分子および細胞外マトリクスからのシグナルは，シグナル伝達経路を経て核内の転写因子の活性に伝達される．分化誘導系では，分化段階ごとに至適化されたシグナルの組み合わせを入力し，目的細胞への分化を行う

トすると分化を維持できなくなったり（Bリンパ球におけるPax5），あるいはそれを強制発現すると特定の細胞へと分化を誘導する（線維芽細胞におけるMyoD1の強制発現による筋肉細胞への分化）．

　こうした転写因子は**マスター転写因子**（またはコア転写因子）とも呼ばれ，それぞれの細胞内で相互に発現を活性化することで，分化状態を安定化させているとみられる[1)3)]．WntやTGFβのシグナルによって活性化された転写因子は，マスター転写因子によってその標的遺伝子座にリクルートされ，協働して転写活性化を行うことが知られる[4)]．したがって，分化誘導の際には，シャーレの中の細胞においてマスター転写因子の発現がみられるかどうかが，ワークしていることの大きな指標の1つになる．

用いる細胞：マウスかヒトか

　最終的にヒト分化細胞を得ることが目的の場合，初めからヒトES・iPS細胞を用いる場合と，いったんマウスES・iPS細胞を用いて分化条件を確定し，これをヒトES・iPS細胞に適用する場合とがある．それぞれに長所と短所がある．

　現在一般的に用いるヒトES・iPS細胞は，**primed型**と呼ばれる性質をもち，マウスのEpiSC（Epiblast Stem Cells：ES細胞と比べて少し発生段階の進んだ多能性幹細胞）と同等とされる．bFGF依存的に増殖し，扁平なコロニーを形成するのが特徴である[5)]．これに対し，マウスES・iPS細胞は，**naïve型**と呼ばれ，LIF依存的に増殖し，盛り上がったコロニーを形成する．naïve型細胞は，至適化された培養液（2i培地にLIFを加えたもの）中に

表 マウス ES・iPS 細胞を用いる長所

- Ground state に維持できることで、株間の差が少なく再現性が得られやすい
- 発生生物学的解析知見が多いため、これを利用することで分化系が構築しやすい
- 成熟化までの期間が短いため、ヒト細胞に比べ短期間で解析でき、分化条件の検討が容易
- 得られた目的細胞については機能検証を入念に行う必要があるが、マウスの場合、自家移植であるから移植後の解析が容易

おいて、Ground state と呼ばれるきわめて未分化な状態に一様に収束する[5]。

ふつうに考えれば、マウス ES・iPS 細胞で得られた分化条件がヒト ES・iPS 細胞へ必ずしも適応できるとは限らないから、初めからヒトで行った方が期間が短くて済む。確かにその通りなのだが、表に述べるように、マウスを用いる場合の長所も多い。

また、マウス ES・iPS 細胞の場合、相同組換え効率が高いことから、ゲノム改変（ノックインなどのレポーター株作製）が容易であることも知られる。もっともマウス以外のゲノム改変の技術（TALEN や CRISPR）は急速に進歩しており、ヒト ES・iPS 細胞のレポーター株作製もさほど困難ではなくなってきているとみられる。

アッセイ系の構築

ES・iPS 細胞の分化誘導系においては、たとえ首尾よく目的細胞が誘導されていたとしても、シャーレ中の全細胞集団中におけるその割合は、低いのが一般的である。すなわち、さまざまな（ばらばらな）分化細胞が混沌と存在する中から、誘導された目的細胞を見つけ出し、その誘導効率を評価あるいは FACS などで選択する必要がある。そこで、何らかの遺伝子（または遺伝子産物）をマーカーとして用いる。この際には、発生生物学的知見に基づいて、目的細胞に特異的に発現する遺伝子を採用する。単一の遺伝子では誘導の検出に充分でないことも多く（発現特異性がさほど高くないなど）、複数のマーカー遺伝子を組み合わせて用いることもある。

マーカーの種類としては、表面抗原（抗体で検出）や、分化機構についての基礎知識で述べた理由からマスター転写因子など（蛍光タンパク質遺伝子を挿入したレポーター遺伝子座を作製し、蛍光を検出）が用いられる。マスター転写因子遺伝子の発現量は、その他の遺伝子の発現量と比較して、分化に関与しない培養条件の変化による変動を受けにくいとみられており[6]、実験ブレを減らすことでアッセイを容易にするといえる。一方、目的細胞を再生医療に用いることを想定する場合には、将来的には表面抗原を用いた細胞選別が必要になる。いったん、レポーター遺伝子座を用いた実験系で分化誘導系を確立し、その後、同等の効率で目的細胞を検出・選別できる表面抗原を同定する戦略を採る場合もある。

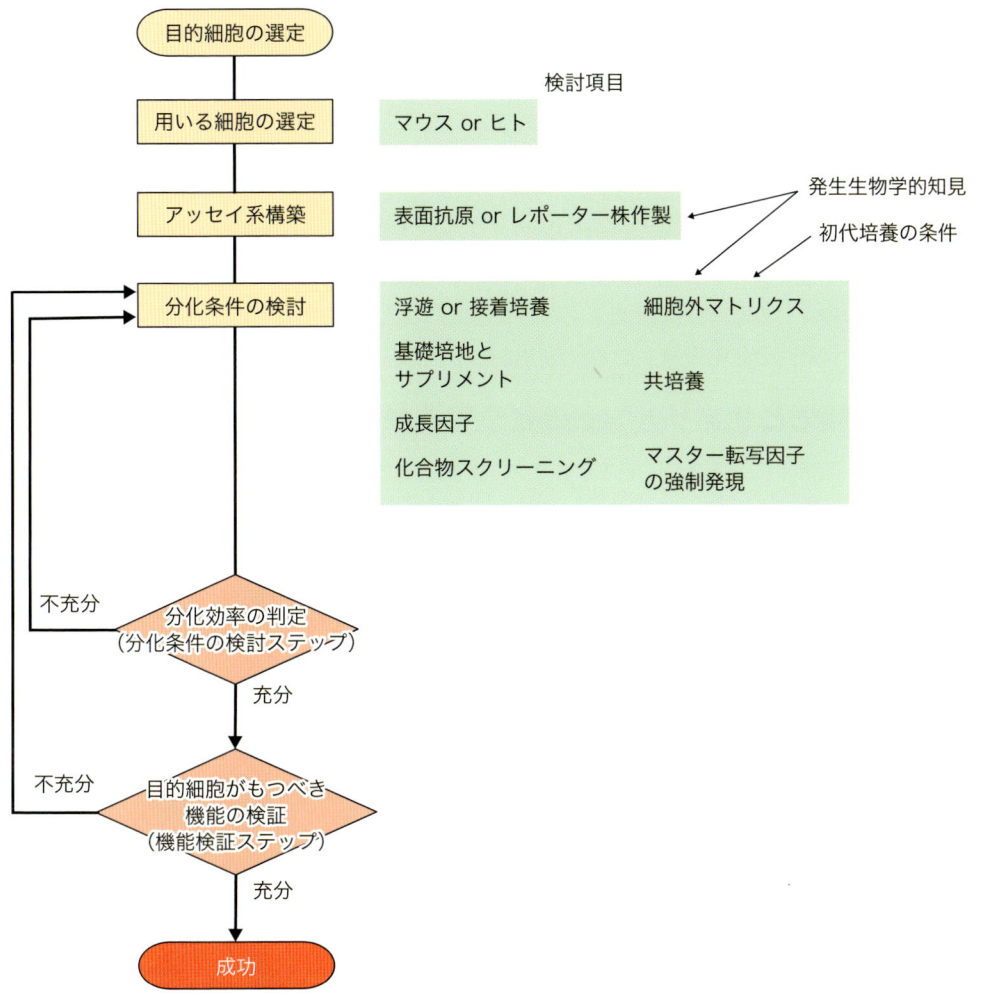

図3 分化誘導系構築のフローチャート
各ステップにおける検討項目を右に示した．分化条件の検討ステップではマーカー陽性細胞の出現効率で判定し，機能検証ステップではもつべき機能（例えば神経細胞では活動電位など）で判定する．目的細胞の用途に見合うように，判定の閾値を設定する

分化条件の検討

　以下の項目について，分化段階ごとに組み合わせを検討し，最終的に最も分化効率の高い条件を決定する（図3）．すべての条件を検討するのは困難だから，まずは目的細胞に似た系列の細胞についての文献を参考にするのもよいだろう．得られた目的細胞は，in vivoの細胞の機能と同等であることを，in vitroで検証し，あるいはマウスへ移植し in vivo での機能検証を行う．具体例はⅢの各項を参考にされたい．

1. 浮遊か接着か

　　ES・iPS細胞に分化を開始させるために，**胚様体**を形成させる場合（浮遊培養）と，**2次元培養**を用いる場合とがある．胚様体とは，ES・iPS細胞を浮遊培養すると形成される，胚に似た構造をもつ凝集塊で，内・中・外胚葉細胞の分化がみられる．2次元培養の場合，平面に播種したのちActivinなどの成長因子を添加し，細胞集団を均一に特定の胚葉へと分化させる．胚様体の場合，分化シグナルの入力は，未知のシグナルも含めて細胞自身が行ってくれるため手軽だが，外部からの積極的な制御が効きにくいともいわれる．2次元培養の場合，細胞集団に分化シグナルを確実に与えることができ，分化効率が上がる場合も多い．中間の分化段階まで2次元培養を行ってから，その後浮遊培養に切り替える例もある．

2. 基礎培地とサプリメントはどうするか

　　細胞種ごとにアミノ酸やビタミン，無機塩などの至適濃度は異なる．DMEM（Dulbecco's Modified Eagle Medium）は最も一般的に使われる基礎培地だが，その他にもDMEM/F-12，RPMIなど，組成がさまざまに異なる基礎培地がある．さらに，これらに加えるサプリメントとして，血清，KSR，インスリン，B27などがある．

3. どの成長因子を加えるか

　　成長因子とは分化誘導効率に非常に大きな影響を与える因子である．ノックアウトマウスなどの発生生物学的知見をもとに，ES・iPS細胞から目的細胞までの分化段階ごとに，必要とされる因子をある程度推測しておくことが望ましい．特に，目的細胞の初代培養の際に必要とされる成長因子などが判明していれば，それを取り入れる．濃度によっても作用が異なる場合があるため，数点異なる濃度を検討したほうがよい．また，成長因子と同様に，レチノイン酸やデキサメタゾンなどのホルモンも大きな作用を示すことが知られる．

4. 化合物スクリーニングの必要性はあるか

　　化合物スクリーニングとは合成あるいは天然化合物のライブラリーをスクリーニングする手法である．成長因子の場合にもいえることだが，スクリーニングの際には，なるべく多くの化合物を用いることが望ましい．個人研究レベルでは大きなサイズのライブラリーを準備することは難しいが，例えば新学術領域研究「がん研究分野の特性等を踏まえた支援活動」が配布している標準阻害剤キット（https://scads.jfcr.or.jp/kit/kit.html）を利用するのも選択肢の1つだろう．成長因子の作用を置換できる化合物も多いため，大量の目的細胞を調製する（例えば移植用など）必要がある場合，価格面からこうした化合物の同定が行われることもある．

5. 細胞外マトリクスをどのように構成するか

　　細胞外マトリクスとしてコラーゲン，ラミニン，フィブロネクチンなどが知られる．分化誘導系の構築においては，便宜上，単一の分子を用いることが多いが，*in vivo*においては，細胞外マトリクスは多種類の分子によって構成され，そこにトラップされた成長因子なども含めて，複雑なシグナルを入力するとみられる．実際，さまざまな細胞の培養に用

いられるマトリゲル〔マウスEngelbreth-Holm-Swarm（EHS）肉腫抽出物，BD Biosciences社〕は，ラミニンやコラーゲンなど多種類で構成される．

6. 共培養するかどうか

共培養とは目的細胞とは別の細胞と一緒に培養し，多種類のシグナル入力を期待する手法である．例えばES・iPS細胞の培養におけるフィーダー細胞のマウス線維芽細胞（MEF），血液細胞の分化に用いるOP9細胞が知られる．分泌された分子群の作用に期待し，別の細胞の培養上清（コンディションド・メディウム）を用いる手法もある．

7. マスター転写因子の強制発現は効果的か

マスター転写因子は細胞の分化を大きく制御することは既に述べた．これを利用して，目的細胞のマスター転写因子を強制発現することで，分化を促進させる例が近年報告されている（Ⅲ-7参照）[7)8)]．

おわりに

一般に，ES・iPS細胞の in vivo 分化によって作出した細胞は，未熟な段階である場合が多く，成人のものと同等の機能をもつ細胞を得ることは難しいとされる[9)]．この原因はよくわかっていないが，入力されるシグナルが不足であること，および in vivo と比べて分化にかけている期間が短いことが考えられている（ただ，未熟な細胞が，移植した生体内で成熟化した例もあることから，再生医療に用いる場合には，問題を回避できる可能性もあるだろう）．このように，分化誘導系の構築は，メカニズムが未知（分化が細胞まかせ）の部分が大きいことから，決して確実に進むものではない．それゆえに，各研究者の知恵と腕の見せ所といえる．

◆ 文献

1) Lee, T. I. & Young, R. A. : Cell, 152: 1237-1251, 2013
2) Kobayashi, T. et al. : Cell, 142 : 787-799, 2010
3) Hikichi, T. et al. : Proc. Natl. Acad. Sci. USA, 110: 6412-6417, 2013
4) Mullen, A. C. et al. : Cell, 147: 565-576, 2011
5) Cahan, P. & Daley, G. Q. : Nat. Rev. Mol. Cell Biol., 14: 357-368, 2013
6) Marks, H. et al. : Cell, 149: 590-604, 2012
7) Zhang, Y. et al. : Neuron, 78: 785-798, 2013
8) Tanaka, A. et al. : PLoS One, 8: e61540, 2013
9) Cohen, D. E. & Melton, D. : Nat. Rev. Genet., 12: 243-252, 2011

I 基本編〈臨床応用に向けて〉

5 ヒトES・iPS細胞を「臨床に移行する」ときに知っておくべきこと

青井貴之

ヒトES・iPS細胞を臨床に移行するには，薬事法のもとに行われる治験と，医師法のもとに行われる臨床研究という2つの道筋がある．それぞれの制度的枠組みに関連する指針などが存在するが，いずれも，科学的知見に基づいて臨床試験やそれに続く医療の有効性および安全性を確保するための方策が示されたものである．2013年現在，再生医療に関する規制の見直しが行われているところだが，関連する規制の基本的考え方を理解し，全体像をつかみながら，最も適切な形で臨床開発を進めることが重要である．

はじめに

ヒトES・iPS細胞は，無限の増殖能とさまざまな種類の細胞へ分化することができる分化多能性とを有する細胞株であり，臨床医学への応用が期待されている．本項ではヒトES・iPS細胞に由来する分化細胞を患者へ移植する医療をめざすときに知っておくべき規制面での事柄について，紹介する[注意]．

臨床に移行するための2つ（＋1つ）の道筋と関連指針など

ヒトES・iPS細胞を臨床に移行するには2つの道筋がある．第一は，臨床研究から始まるもので，医療技術の開発を目的に主として医師によって行われるものである．臨床研究の成果は先進医療（特定の医療機関で行われる）を経て，技術料・手技料として保険収載への道が開かれている．この道筋は医師法に依拠している．

第二の道筋は，治験によるものである．これは製品開発を目的とし，企業または医師によって行われる．治験の成果は最終的にすべての医療機関で使用可能な医薬品の製造・販売となり，償還価格として保険収載される．薬事法に依拠して行われる．

わが国にはもう1つの道がある．一般に自由診療と呼ばれるもので，医師の裁量権のもとに，さまざまな医療行為が行われるものである（図1）．

注意：本項執筆時点（2013年秋）においては，関連する規制の見直しがまさに進行しているところであり，読者が本書を手にとるときには，新しい枠組みの中での取り組みが求められる可能性が高い．しかし，新しい規制の枠組みは，現行の規制を踏まえたうえでつくられつつあるものであり，一般的にも，ある規制を理解するにあたっては過去の経緯を知ることが大いに役立つことも多いことから，本項では執筆時点で運用されている規制を中心に記述することとする．

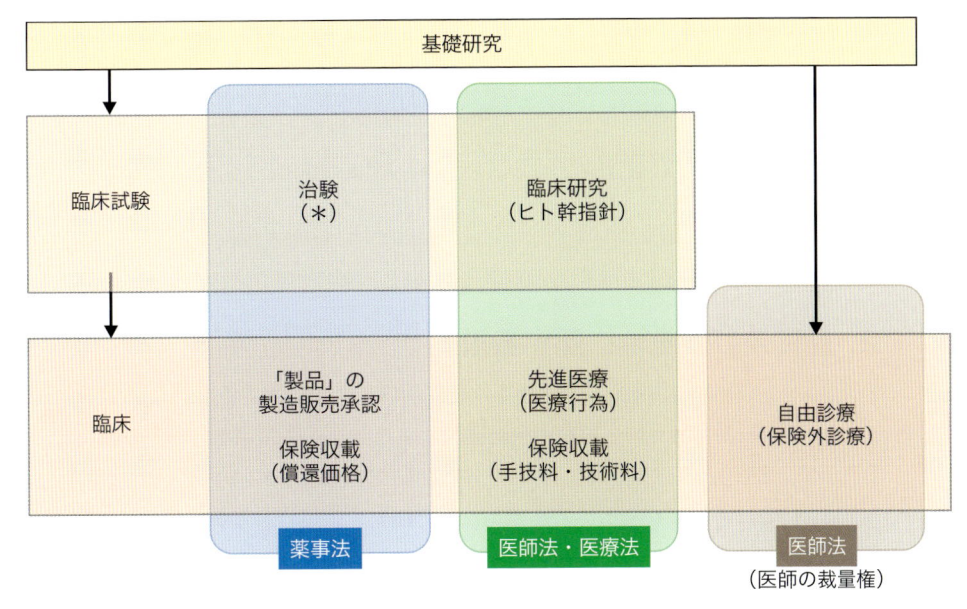

図1　ES・iPS細胞を臨床に移行するための現行規制の枠組み
＊：品質及び安全性に関する指針，生物由来原料基準，治験薬GMP，GCPほか

1. ヒト幹細胞を用いる臨床研究に関する指針

　「ヒト幹細胞を用いる臨床研究に関する指針」（平成25年厚生労働省告示第317号）はヒト幹細胞臨床研究が社会の理解を得て，適正に実施および推進されるよう，個人の尊厳および人権を尊重し，かつ，科学的知見に基づいた有効性および安全性を確保するために，ヒト幹細胞臨床研究にかかわるすべての者が遵守すべき事項を定めることを目的としている．平成18年に策定された同指針では，研究に参画する者の構成やその責務，倫理委員会設置などに言及した実施体制や，被験者へのインフォームドコンセント，細胞調製および移植段階における安全対策などについて示されている．

　平成22年11月1日の改正で，ヒト幹細胞の定義に，ヒト体性幹細胞に加えヒトiPS細胞とヒトES細胞を含むことが明記された．

　さらに同指針は，平成25年10月1日に全部改正が行われた．この改正での要点はまず，「臨床研究への使用の目的でヒト幹細胞等を調製又は保管する研究も対象とすることとした」ことである．これにより，ドナーを出発点として，iPS細胞の樹立，分化誘導を経て移植に至るまでの一連の研究計画の要件のみならず，iPS細胞樹立時点では目的とする疾患や患者が確定することなく，臨床使用目的でiPS細胞を樹立，保管しておくというスキームに関する要件も同指針の中で明示されたことになる．改正のもう1つの大きなポイントは，一部のヒトES細胞を用いた臨床研究を可能とする細則を設けたことである．ここでいう「一部のヒトES細胞」には，① 外国で樹立されたヒトES細胞で，文部科学省の「ヒトES細胞の樹立及び分配に関する指針」（平成21年文部科学省告示第百五十六号）と同等の基準に基づき樹立されたものと認められるもの，② 文部科学省の関連指針におけるヒトES細胞の臨

表1　原材料に関する基準

・「生物由来原料基準」	（平成15年厚生労働省告示210号）
・「異種移植の実施に伴う公衆衛生上の感染症問題に関する指針」	（医政研発第0709001号別添）
・「「異種移植の実施に伴う公衆衛生上の感染症問題に関する指針」に基づく3T3J2株及び3T3NIH株をフィーダー細胞として利用する上皮系の再生医療への指針について」	（医政研発第0702001号）

床利用に関する考え方が示された後に，新規に樹立するヒトES細胞が該当する．

2. 品質及び安全性に関する指針

「細胞・組織加工医薬品等の品質及び安全性に関する指針」（ヒトES細胞由来細胞，ヒト（自己）iPS（様）細胞由来細胞，ヒト（自己）体性幹細胞由来細胞，ヒト（同種）iPS（様）細胞由来細胞，ヒト（同種）体性幹細胞由来細胞の5指針）とは薬事法に則った治験を経てヒト幹細胞を用いる医薬品などを開発する場合の指針である．これは，平成12年に定められた「ヒト細胞・組織加工医薬品等の品質及び安全性確保に関する指針」が，平成20年に同種由来と自己由来に分かれ，さらにヒト（自己）指針から派生して①ヒト（自己）人工多能性幹細胞，②ヒト（自己）体性幹細胞，ヒト（同種）指針から派生して③ヒト胚性幹細胞，④ヒト（同種）人工多能性幹細胞，⑤ヒト（同種）体性幹細胞，に特化した5つの指針となったものである．

3. 原材料に関する基準

ヒト幹細胞を用いる医療を開発する場合，いうまでもなく原料はヒト細胞となる．また，ES細胞やiPS細胞などは，動物血清入りの培地を使用し，異種細胞をフィーダー細胞として用いる方法が研究においてとられてきた経緯があることから，これらの使用を技術的に排除できない場合は，生物由来の材料を用いることになる．

これらの原材料を適切に用いるために，いくつかの重要な指針があるので表1に挙げた．基本的にこれらは，薬事法上の治験に向かう道筋において明確に遵守が求められるものであるが，臨床研究での開発をめざす際にも必ず参照し，そこにある考え方を参考にすべきである．

異種フィーダー細胞を用いたヒト培養細胞の移植は，異種移植と定義される．「「異種移植の実施に伴う公衆衛生上の感染症問題に関する指針」に基づく3T3J2株及び3T3NIH株をフィーダー細胞として利用する上皮系の再生医療への指針について」のなかでは異種移植を実施する前提として，「ヒト細胞・組織の移植はすでに臨床の場で定着しているが，需要に対して供給がはるかに少ないので異種移植についての研究が進展してきたものの，フィーダー細胞に由来する病原体の移植患者への感染および伝播による公衆衛生学的な危険性を，現在の医学では完全に排除し得ないおそれがあるため，サーベーランス等感染症対策を充分に行うことができることが実施の前提となる」とされている．

すなわち，異種フィーダー細胞は"やむを得ず"使用される場合がある，ということである．しばしば，臨床用の細胞にフィーダー細胞の使用は可能か否かという議論を耳にする．

不可能ではないというのが正しい答えであろう．異種フィーダー細胞の使用が必須の細胞の細胞加工医薬品などであって，それを用いた治療を行うことの利益がリスクを上回ると考えられる場合に，人体への投与が認められる．しかし，同じ細胞に由来する細胞加工医薬品が異種フィーダーなしに同等の生物学的特性を達成できるならば，異種フィーダーの使用は回避されるべきものであろう．

4. 遺伝子治療用医薬品の品質及び安全性の確保に関する指針（薬発第1062号）

体細胞に遺伝子導入を行って樹立するiPS細胞の使用における，本指針の扱いについての明確な公式の結論は，現時点では出されていないと筆者は理解している．しかし，iPS細胞をはじめ，遺伝子導入を行った細胞を臨床に用いることをめざす際には，少なくとも本指針を"参照"することは遺伝子導入のプロセスについての品質管理において重要な参考になると筆者は考えている．指針5ページ，別記11ページに過ぎない文書であるので，関連する研究を推進する場合は一読すべきであろう．

5. 細胞・組織加工医薬品等の品質及び安全性の確認申請書の記載要領（薬食審査発0420第1号）

細胞・組織加工医薬品などの開発において，その品質および安全性を確保するため，「確認申請」が以前に行われていた．本記載要領は，この確認申請書に記載すべき内容について，具体的記入例を挙げて示したものである．平成23年に確認申請は廃止されたが，本記載要領は細胞・組織加工医薬品などの品質および安全性確保のためにはいかなる事項を明らかにする必要があるか，あるいは，いかなる事項を考慮しなければならないかについて参考になるものであり一読を勧める（図2）．

図2 品質及び安全性確認申請書にて必要とされたチェック事項

□ 起源又は発見の経緯及び外国等における使用状況
起源又は発見の経緯及び開発の経緯／特徴及び有用性／外国における使用状況／国内における臨床研究の状況
□ 製造方法
原材料及び製造関連物質／製造工程／加工した細胞の特性解析／最終製品の形態・包装／製造方法の恒常性及び妥当性／製造方法の変更／製造施設設備の概要／感染性物質の安全性評価
□ 最終製品の品質管理法
規格及び試験方法／試験方法のバリデーション／規格及び試験方法の妥当性／試験に用いた検体の分析結果
□ 細胞組織加工医薬品等の安定性
□ 細胞組織加工医薬品等の非臨床安全性試験
□ 細胞組織加工医薬品等の効力又は性能を裏付ける試験
□ 細胞組織加工医薬品等の体内動態
□ 臨床試験

種々の指針を参照し開発を進めるにあたって留意すべき点

広く誤解のある点だが，新規の医薬品などの開発に関する多数の事項のすべてについて，一般化できる「正解」がどこかにすでに存在しているわけではないことに留意すべきである．ここでまず，多くの指針において「はじめに」として書かれていることを引用する．

「本分野における科学的進歩や経験の蓄積は日進月歩である．本指針を一律に適用したり，本指針の内容が必要事項すべてを包含しているとみなすことが必ずしも適切でない場合もある．したがって，個々の医薬品などについての試験の実施や評価に際しては，本指針の目的を踏まえ，その時点での学問の進歩を反映した合理的根拠に基づき，ケース・バイ・ケースで柔軟に対応することが必要である」．

例えば，原材料として○○は用いることが認められるか否かという，開発者にとっては重大な関心事項について，認められるらしいとか認められないらしいなどということが語られることはしばしばあるし，規制当局は○○の使用について，このように考えているようだなどということも耳にする．ケース・バイ・ケースで科学的に検討がなされずに，このような噂のようなものを頼りにすることは，意味がないばかりでなく，道を誤る危険にすらなりうる．

発信者が責任を負うことのない不確かな情報に惑わされずに開発を進めるには，具体的な開発計画やデータをもって，直接，規制当局と議論を行うのが最も重要である．臨床研究をめざすのであれば厚生労働省医政局研究開発振興課に問い合わせることになるし，治験をめざす，あるいは臨床研究を経て将来的に治験を視野に入れる場合には，医薬品医療機器総合機構（PMDA）が行っている薬事戦略相談制度（後述）やその他の対面助言制度を積極的に利用すべきである．とくにPMDAの対面助言については相談内容の記録も残るので，その後の開発のより確かな足がかりにすることができる．繰り返しになるが，実際の規制当局以外から聞く規制当局の考えなる噂に決して振り回されるべきではない．

なお，相談の際には，開発者側は開発する製品について最も多くを知り，最も深く検討を行った者として充分な科学的データや考えをもって，規制の専門家であるPMDAと議論し，正しい道筋をつくってゆくことをめざすものと心得るべきあって，正解を教えてもらいに行くという態度で臨むべきものではない．

薬事戦略相談制度

薬事戦略相談制度は以下の2つのことを目的として平成23年より開始された．
①日本発の革新的医薬品・医療機器の創出に向けて，有望なシーズ発見後の大学・研究機関，ベンチャー企業を主な対象とし，医薬品・医療機器候補選定の最終段階から臨床開発初期（POC（Proof of Concept）試験（前期第II相試験程度）まで）に至るまでに必要な試験・治験計画策定などに関する相談への指導・助言を行うこと．
②従来，確認申請制度で対応してきたヒトまたは動物由来の細胞・組織を加工した医薬品・

医療機器の開発初期段階からの品質および安全性に係る相談への指導・助言.

本制度は,「開発を進めてきたものの不充分な点がありそれが臨床試験着手の段階で初めて指摘を受け,そこで立ち止まったり,あるいは,部分的にせよ逆戻りする」という事態を回避し,臨床試験に入るのに適切な品質・安全性の確保に向けて,開発の初期段階から進めるために有用と考えられる.

また大学やベンチャー企業などが利用しやすいよう,一定の要件(一定額以上の研究費を国から受けていないことや,中小企業であることなど)を満たせば,低額で相談を受けることができる.具体的には,医薬品の場合通常 1,498,000 円であるのが,149,800 円になる.これらの額は,本当に開発をめざす研究機関や企業にとっては無駄な回り道を避けるための必要経費としては妥当なものではないかと筆者は感じている.

PMDA のホームページ
http://www.pmda.go.jp/operations/shonin/info/consult/yakujisenryaku.html

おわりに

2013 年 4 月には再生医療推進法が成立し,同年秋現在,再生医療に関連した薬事法の改正案と再生医療等安全性確保法案が国会で審議されている.これらの法案が成立すれば,新たな枠組みのもとに関連する指針などが策定された後,施行されると見込まれる(図 3).本項で述べた内容にもさまざまな変更が生じる可能性が高いが,大切なことは,ES・iPS 細胞という新しい技術を臨床に移行するための基本的考え方を理解し,関連する規制の全体像や流れをつかむことである.本項がその一助となれば幸いである.

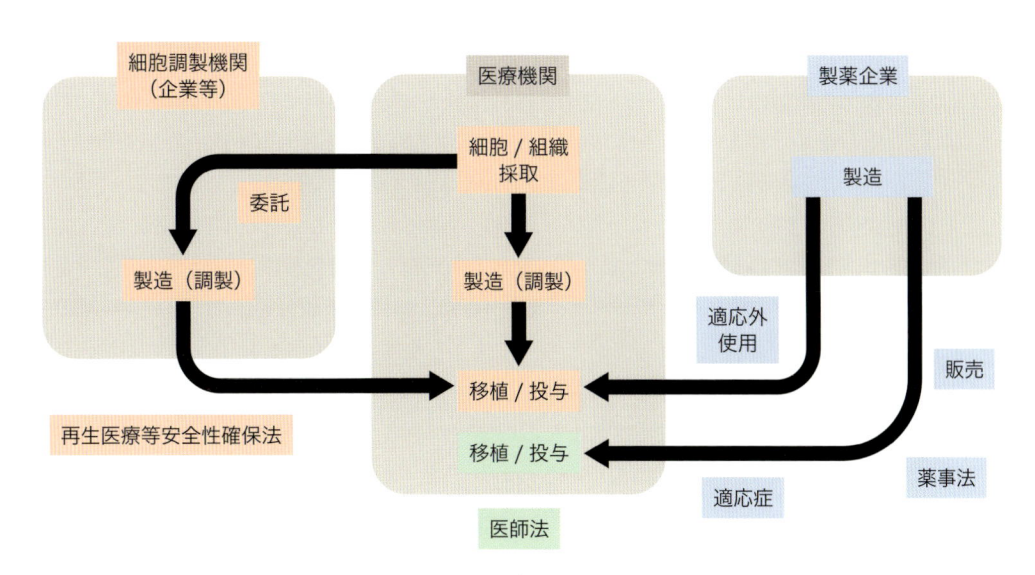

図 3 再生医療に関する規制の新しい枠組み(見込み,筆者の理解による)
再生医療等安全性確保法(新法),医師法,薬事法の規制を受ける部分をそれぞれ赤,緑,青で示した

I 基本編〈臨床応用に向けて〉

6 GMPに準拠した細胞プロセシングにおける無血清培地組成の考え方

菅 三佳, 古江-楠田美保

ヒトES・iPS細胞とその加工品（分化誘導した組織幹細胞や組織）などの安全性と品質を保証し，安定に供給していくことが今後の重要な課題である．病原体混入のリスクを低減させるため，また，再現性高い研究結果を得るため，できるだけ精製された成分や合成成分を用いた既知の組成からなる培養条件が求められている．本項では，細胞治療をめざした細胞プロセシングの構築に向けて，ヒトES・iPS細胞培養に用いるマテリアルや培地組成の考え方について提案する．

はじめに

ヒトES[1]・iPS細胞[2][3]とその加工品（分化誘導した組織幹細胞や組織）などの安全性と品質をいかに保証し，これらを安定に供給していくかが，臨床応用に向けての今後の重要課題とされている．これまでに経験のない治療法であるため，さまざまなリスクが考えられる．がん化の可能性が最大の関心事ではあろうが，それはすぐに解決できる問題ではないだろう．現状で解決すべき課題は，**病原体混入リスクの軽減**および**再現性確保**の2点に絞られるのではないだろうか．この2点は一見別の観点からの課題であるように見えるが，かなり共通している．

一般的なヒト株化細胞やマウスES細胞などの培養と比較すると，ヒトES・iPS細胞の培養は格段に難しい．そもそもヒトES・iPS細胞は不安定で変わりやすい性質を有しており，未分化状態のヒトES・iPS細胞を維持培養していく過程で，一部の細胞集団が自発的に分化したり，増殖の速い異常クローンが出現するなど，しばしば不均一な細胞集団となる．当然のことながら，不均一な細胞集団を使用すると結果の再現性は低下する．このことは，基礎研究を進めるうえでも，臨床・産業応用するうえでも大きな問題となっている．これまで，ヒトES・iPS細胞には，ウシ血清あるいは，血清代替成分，マウス由来フィーダー細胞を用いた培養条件が使われてきた[4]．血清，血清代替成分およびフィーダー細胞には未知の因子が含まれ，ロット差がある．このような培養条件がヒトES・iPS細胞研究の再現性が低い原因の1つにもなっている．また，血清，血清代替成分およびフィーダー細胞にはウイルスや未知の病原体が含まれる可能性がある．病原体混入のリスクを低減させるため，また，再現性高い研究結果を得るため，できるだけ精製された成分や合成成分を用いた既知の組成からなる培養条件が求められている．

近年，フィーダーを用いない，既知の組成からなる培養条件が次々に報告されている．著者らも2008年にヒトES細胞用のフィーダーフリー・無血清培地hESF9を開発し[5]，さら

にES・iPS細胞を安定に培養できるよう改良を進めている[6)7)]．未知の因子を含む培養条件を用いた研究結果を，既知の組成からなる培養条件を用いた結果へと反映させる作業は容易ではない．研究者としての立場から，ヒトES・iPS細胞が医薬品などとしてヒトの治療に使用される際の安全性・再現性を担保していく重要性について考慮すると，シーズ探索の段階からヒトES・iPS細胞の培養条件を考える必要がある．本項では，細胞治療をめざした**細胞プロセシング**の構築に向けて，ヒトES・iPS細胞培養に用いるマテリアルや培地組成の考え方について提案する．

GMPとは

医薬品のGMP（good manufactureing practice：医薬品の製造管理および品質管理の基準に関する省令）は高品質の製品を一定の品質で反復継続的に製造していくための基準である．英国などでは，すでに再生医療製品のGMPが**annex2**に収載されている．①ヒトによる間違いを最小限に抑える，②細胞の汚染や品質低下を防ぐ，③高い品質を保つしくみをつくることを目的とし，細胞の培養に関係する従事者，設備，原材料，製品，試験，文書などの義務，取扱い，実施方法を管理する．このような基準は，研究室においても有用であり，将来，臨床応用を目指す可能性があるならば，基礎研究であっても臨床応用を考慮して，上述の点を充分留意し，目的に応じた培養条件を選択されたい．その他医薬品GMPを参考にして，使用するマテリアルをロットごとに品質管理していくことや，すべての作業を標準化し，詳細な手順書（SOP）を作成し，同時に培養技術者を教育し，培養技術の向上を図っていくことも重要である．

ヒトES・iPS細胞は株間の差がある

ヒトES・iPS細胞株は細胞株間による差が大きく，培養する際はそれぞれの細胞株の特徴を理解して扱っていかなければならない．

例えば，コラゲナーゼやトリプシンなどの分散液に対する感受性が細胞株によって異なり，増殖速度や遺伝子発現，分化能などの細胞特性もバラエティーに富んでいるため，継代の方法やタイミングが株によって異なる．また，培養条件によっても感受性が変わる．一方，コラゲナーゼやトリプシンにもロット差がある．したがって，再現性ある結果を得るためには，コラゲナーゼなどのロットが変わった際は，実際に使用する細胞や培養条件を用いて分散液の活性を確認してから使用する必要がある．酵素ではないEDTA・4Naのような化学物質による細胞分散が望ましいが，細胞によってはダメージが大きい場合もある．現状においては，すべてのヒトES・iPS細胞株に対応するユニバーサルな培養条件や培

細胞プロセシング：細胞を用いた治療のために使う細胞の調製，培養，加工などの工程．
EU GMPの補足文書 Annex 2（ヒト用生物学的製剤の製造）：近年の製造技術の発展や生物学的製剤の範囲の拡大に伴い大幅に改定され，2013年1月31日に施行された．再生医療製品を含む先進治療のための医薬製造物（advanced therapy medicinal products: ATMPs）に対するGMPガイドラインを規定している．

養方法はなく，その株ごとに継代するタイミング，方法，培地など，その安定性を確認しながら策定する必要があり，株が異なれば培養の手順書（SOP）も別途作成することが望ましいと考えられる．

■ フィーダー細胞を用いる培養条件とフィーダーフリーによる培養条件

1. フィーダー細胞

ヒトES・iPS細胞を未分化状態で維持するために，従来はブタ由来のゼラチンでコーティングした培養容器とマウス胎仔由来線維芽細胞（mouse embryonic fibroblasts：MEF）をγ線照射やマイトマイシンC処理により不活化したものをフィーダー細胞として用いて培養してきた．その他に，ネオマイシン抵抗性（Neo^r）発現ベクターおよびLIF発現ベクターを安定的に組み込んだSTO細胞（SNL細胞，あるいはSNL 76/7 STO細胞，ECACC 07032801）などもフィーダー細胞として使用されている[3]．また，ヒト由来に限定した培養条件をめざしてヒト組織由来細胞もフィーダー細胞として使用される．これらのヒトまたは動物由来の細胞については，感染性物質混入のリスクが高いことなどから，研究を行ううえでも安全性に問題ないことを確認する必要がある．

2. フィーダーフリー

フィーダー細胞を用いた培養法では，多くのヒトES・iPS細胞株が安定して培養できる一方，操作が煩雑であり，また，フィーダー細胞にはロット差があるうえ，未知の因子や病原体混入の可能性がある．これらのフィーダー細胞に代わって，近年，マトリゲルなどの細胞外マトリクス（ECM），動物由来あるいはヒト由来ビトロネクチン，ラミニン，フィブロネクチンが使われている．マトリゲルは，基底膜を過剰産生する特殊なマウス腫瘍（Engelbreth-Holm-Swarm：EHS肉腫）から抽出したラミニンやコラーゲンなどの複数のECMを主成分とし，TGF-β，EGF，IGF，FGF-2などの増殖因子も含有する混合物である．Ludwigら[8]，フィーダーフリーの培養に適したmTeSR™1培地（Stemcell Technologies社）を開発する際に，マトリゲルに含まれるECMの各成分を単独，あるいは組み合わせて，どの成分がヒトES細胞の未分化維持と増殖に有効であるかを検討した．その結果，コラーゲンⅣ，フィブロネクチン，ラミニンおよびビトロネクチンの組み合わせが最も有効であることを見出した．さらに，Mummeryらは，mTeSR™1培地を用いた場合には，ビトロネクチン単独でマトリゲルと同等に有効であり，その効果がインテグリン$\alpha5V\beta1$を介したシグナルによるものであることを報告している．宮崎ら[9]，ヒトES細胞にはインテグリン$\alpha6\beta1$が多く発現しており，これに特異的に作用するヒト型のラミニンのうちラミニン511がヒトES細胞の培養に有用であることを報告した．しかし，培地条件が異なるとECMの作用も異なる可能性があることに留意しなければならない．ES・iPS細胞における未分化維持機構は複雑にクロストークしており，各ECMからの刺激が必

ずしも従来の培養条件と同じように伝達されない可能性もある．著者らは，マウスES細胞の無血清培養下においてはI型コラーゲンおよびゼラチンと，ファイブロネクチンおよびラミニンでは未分化維持シグナルの伝達経路が異なることを見出している[10]．ヒトES・iPS細胞においても同様のことが予測される．各ECMからどのようなシグナルがどのように伝達され，ES・iPS細胞の未分化維持あるいは分化のメカニズムに作用していくのかを培養条件ごとに詳細に解明していく必要がある．

基礎培地とサプリメント

1. 従来のヒトES・iPS細胞用培地

ヒトES細胞の培養には，従来は緩衝剤HEPESを含まない培地を使用していた．HEPESはもともと一般的な培養細胞に対して毒性があり，ロット差もあることが知られているためである．しかし，HEPESを使用しない場合には緩衝作用が弱くなり，pHの変化も大きくなる．ヒト幹細胞は，弱酸性には強いがアルカリ性には弱いので，近年はHEPESを使用している例が多い．

サプリメントとして，ウシ血清の成分は細胞の増殖に有効であるが，分化誘導因子も含まれるため，これを用いてES細胞を培養すると分化細胞も多く出現していた．また，血清による培養は染色体異常を誘引するという報告もある[11]．2000年にAmitら[4]によってウシ血清の代わりにKnockOut Serum Replacement™〔KSR, Gibco社（当時）〕を用いた無血清培養条件が報告されて以来，DM/F12あるいはKnockOut DM/F12などの基礎培地にKSRと線維芽細胞増殖因子（FGF-2）を添加したものが使用されている．KSRは，無血清（serum-free）であるが全組成は公表されておらず，動物由来成分を含むためロット差があり，ロットチェックが必要となる．また，解凍後2週間を超えたものは品質が保証されていない．

2. 無血清培養法の開発の歴史と課題

無血清培養法は，1975年にGordon H.Sato博士[12]より提言された．細胞の増殖を促進するのは血清に含まれるホルモン，増殖因子，接着因子などであり，これらの因子を基礎培地に加えることにより血清を代替できるという概念に基づいている．有用な因子のみを適正な濃度で基礎培地に添加して使用することにより，再現性の高い研究結果が得られ，細胞の増殖や分化のメカニズムを解明できる[13]．臨床用細胞を培養する場合に，病原体混入リスクの軽減にも通じる重要な考え方である．

1979年に，神経細胞培養用としてN2サプリメント（インスリン，トランスフェリン，プロゲステロン，セレニウム，プトレッシン）[14]が開発され，その後，5因子（インスリン，トランスフェリン，エタノールアミン，2-メルカプトエタノール，セレン酸）あるいは6因子（5因子にオレイン酸を加えたもの）に改良された[15]．その結果，神経細胞だけでなく，さまざまな細胞の無血清培養が可能となった．一方，1993年にPriceらによって，

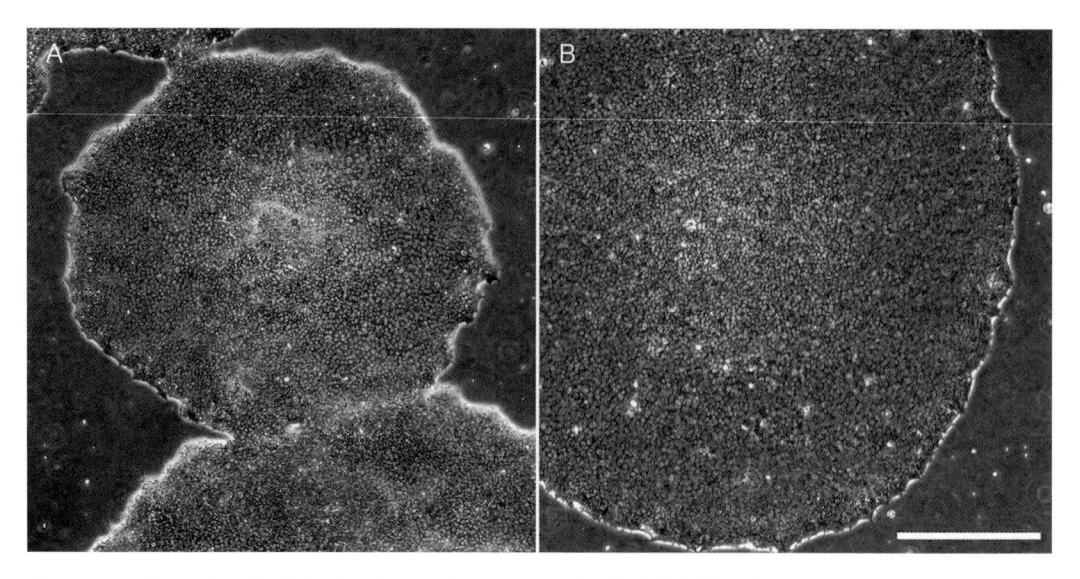

図 フィーダーフリー培養におけるヒトES・iPS細胞の位相差顕微鏡像
A) hESF-9a2i培地で培養したヒトES細胞H9. B) hESF-FX培地で培養したヒトiPS細胞Tic（JCRB1331）
Bar=500μm

インシュリンを含む20因子から構成されているB27サプリメント[16]が開発されたが，濃度は非公開である．現在では多くの基礎培地やサプリメントが市販されるようになったが，組成が非公開の場合も多い．既知の組成からなる培地に既知の因子を添加することにより，細胞の増殖や分化に必要な因子の要求性を正確に解析することが可能である．また，さまざまなリスクを科学的に検証するためには，全組成が明らかな培地を使用していくことが必要である．

3. 無血清培地に求められる組成公開

現在，すべての組成およびその濃度が公開されているヒトES・iPS細胞培養用のフィーダーフリー・無血清培地は，Thomsonらのグループにより開発されたmTeSR™1[8]，TeSR™2，E8培地[17]，また，STEMPRO® hESC SFM（ライフテクノロジーズ社）[18]，著者らが開発したhESF9培地[5,6]とhESF-FXだけであり，このうちTeSR™2，E8培地，hESF-FXは動物由来成分不含（ゼノフリー）である．また，著者らのhESFシリーズは，必要最低限の組成からなるため，添加因子の影響が高感度に解析でき，分化促進因子に対する応答性もよいため，ヒトES・iPS細胞の分化誘導にも使用できる（図）．

しかし，これらの培地を用いても，現状ではすべての細胞株を誰もが簡単に培養できるわけではない．その主な原因は，ヒトES・iPS細胞の未分化維持や分化におけるメカニズムが充分に解明されていないことによる．FGF-2だけでなく，アクチビンA，TGF-βやWnt，IGFなどが未分化状態の維持に関与していることが明らかとなっているが，これらの因子は分化にも関与し，さらにクロストークしている[19,20]．現状で広く使用されている細胞株に対して安定した未分化維持培養が行えるのはmTeSR™1と思われるが，添加因子な

どの解析や分化誘導にはhESF9が向いている．これらの培養条件には，それぞれ特徴があり，そのメリットとデメリットをふまえ，培養方法を選択する必要があるだろう．また，その培地・細胞株ごとのノウハウの蓄積が必要だと考えられる．

原材料の問題

　培養に用いる原材料においては，動物由来成分，ヒト由来成分，植物由来成分，合成物質が挙げられる．動物由来成分であるマウス由来フィーダー細胞やウシ血清，ウシアルブミン，KSR，マウス由来マトリゲル，ブタ由来コラゲナーゼ，ブタ由来ゼラチン，ウシ由来フィブロネクチン，ウシ由来トランスフェリンなどの動物由来成分を用いる場合には，たとえ製造元のメーカーによって品質確認された市販品であっても，ロット差があり，さらに輸送経路で品質の低下が起こる可能性もあり，実際に使用する細胞を用いて生物活性の確認が必要である場合が多い．

　病原体確認検査項目は企業によって異なり，不足するようであれば追加して検査する必要がある．また，動物由来成分のヒトES・iPS細胞への取り込みも懸念される．マウスフィーダー細胞とKSRを用いた従来法による培養過程で動物由来成分がヒトES細胞に取り込まれ，本来ヒトでは発現しないシアル酸を含む糖鎖成分Neu5Gc（N-Glycolylneuraminic acid）がヒトES細胞表面に発現することが報告され，大きな問題となった[21]．著者らも，ヒトiPS細胞において同様にNeu5Gcが取り込まれることを報告している[22]．無血清培養を数継代行えばNeu5Gcが減少することが明らかとなったが[23]，どれだけ減少すれば安全なのかは不明である．また，検出されていない成分が取り込まれている可能性も否定できない．動物細胞や動物由来成分の混入がどれほど人体に影響するのか，あるいはどこまで除去すれば医薬品などとして安全と判断できるのか，臨床データの蓄積もなく，医学的にも公衆衛生学的にもまだはっきりしていない．しかし，すべての動物由来成分を植物由来成分や合成試薬などその他の由来成分に替えることは現状では不可能であり，海外での事例なども含めて，実際に臨床データを蓄積していく必要があると思われる．

　ヒト由来成分の場合，輸血や臓器移植などの臨床データの蓄積があり，拒絶反応や感染性病原体の混入の可能性など起こりうるリスクは予測できる．輸血の例を見ると，1952年に初めて血清肝炎が報告されたが，B型肝炎ウイルスの検出試薬が開発され，1971年以降は輸血後肝炎が低減した．非A非B型肝炎と呼ばれていたC型肝炎も，1989年に抗体の検出試薬が開発され，血液製剤による肝炎ウイルスの感染の危険性は大幅に低下した．さらに，1997年以降，HBV，HCV，HIVに対する核酸増幅試験が用いられるようになって輸血後肝炎のリスクはかなり低減された．現行で検出できるウイルスなど病原体の確認検査を行うことにより，かなりリスクは低減されるものと思われる．

　培地にかかわる上述のような問題点を解決するため，**既知の物質よりなるすべての組成が明らかな無血清あるいは合成培地を用いた培養条件**（defined culture condition）は，品質管理しやすい．近年は，ヒト型のリコンビナントECMなどやリコンビナント剥離剤も市

表　培養に使う原材料について必要と考えられる安全性検査項目

	使用するマテリアルの例	由来	検査対象	検査方法	検出可能な病原体例
	ES・iPS細胞		一般的な株化細胞の検査項目	マイコプラズマ試験，無菌試験，染色体検査，細胞認証試験	
フィーダー細胞	ヒト由来線維芽細胞	ヒト	ヒト病原体	ウイルスDNA/RNA検出試験（PBRT）	ヒト免疫不全ウイルス（HIV 1/2），成人T細胞白血病ウイルス（HTLV-I/II），A型肝炎ウイルス（HAV），B型肝炎ウイルス（HBV），C型肝炎ウイルス（HCV），EBウイルス（EBV），サイトメガロウイルス（CMV），ヒトヘルペスウイルス（HHV-6，7，8），ヒトパルボウイルスB19，西ナイルウイルス，レオウイルス1,3
				BSE（ウシ海綿状脳症）／TSE（伝達性海綿状脳症）検査	異常プリオン
	MEF SNL	マウス	一般的な株化細胞の検査項目	マイコプラズマ試験，無菌試験，染色体検査，細胞認証試験	
			マウス病原体	レトロウイルス被膜の電子顕微鏡解析による検出，細胞培養アッセイ（PG-4 S+L−），PBRT	マウスレトロウイルス，レトロウイルス様被膜
			異常なグリコフォーム	※ヒトの体内でどのような影響があるかは不明だが，ヒトES・iPS細胞に取り込まれることは明らかである	
培地ならびにサプリメント	DMEM/F12など	合成試薬	必要なし		
	血清（FBS）	ウシ	ウシ病原体	狂牛病非発生国産の使用 細胞培養アッセイ（9 CFR 113）および免疫染色検出	ウシ病原体ウイルス
				BSE（ウシ海綿状脳症）／TSE（伝達性海綿状脳症）検査	異常プリオン
	代替血清（KSR）	動物	※組成が非公開，動物由来成分含有	動物由来成分としてのすべての検査，ならびにリコンビナント製品と同様の検査	
	ウシトランスフェリン	動物	ウシ血清に同じ		
	ヒトトランスフェリン	ヒト	ヒトフィーダー細胞に同じ		
	リコンビナント-FGF-2*，リコンビナント-アクチビンA，IGF-1*，リコンビナント-ヒト型インシュリン*，リコンビナント-ヒト型トランスフェリンなど	リコンビナント	変異原性	変異原性試験（遺伝子突然変異，染色体異常），DNA損傷（致死，遺伝子発現，DNA鎖切断，DNA付加体など），生殖細胞遺伝毒性試験（マウス特定座位試験，優勢致死試験，遺伝性転座試験等），細胞形質転換試験	
	ROCK阻害剤試薬	化合物			
	EDTA	化合物			
剥離剤	TrypLE	リコンビナント			
	アキュターゼ	非公開			
	ディスパーゼ	植物			
	トリプシン	ブタ	ブタ病原体	細胞培養アッセイ（9 CFR 113）および免疫染色検出	ウシ病原体ウイルスに準ずる
細胞外基質	ゼラチン，コラーゲン	ブタ			
	マトリゲル	マウス	マウスフィーダー細胞（MEF，SNL）に同じ		

	使用するマテリアルの例	由来	検査対象	検査方法	検出可能な病原体例
細胞外基質	フィブロネクチン, ラミニン, ビトロネクチン	ヒト	ヒトフィーダー細胞に同じ		
	フィブロネクチン	ウシ	FBSに同じ		
	ラミニン511, ビトロネクチン, フィブロネクチン	リコンビナント	変異原性		

これらの検査項目は臨床用細胞培養としての承認に必要な項目としてではなく，あくまでリスクを考慮した項目を列挙した．
*：臨床試薬有，文献24をもとに作成

販されている．しかし，合成試薬やリコンビナントタンパク質であっても精製過程で異種生物成分が混入する可能性もある．また，これらの試薬はアミノ酸の繰り返し配列をもつことが多く，抗原性をもつリスクがあることも考慮しておかねばならない．

どんな原材料であっても，100％安全ということはない．必要と考えられる安全性検査項目を表に挙げる．臨床応用する段階になって，安全性や再現性を担保することができなければ，基礎研究の成果が反映できない事態も起こる．将来にわたってのリスクとベネフィットを考えて，科学的証拠に基づいた情報を広く発信していかねばならない．また，培地を販売する企業の利益を守るために組成や精製方法が非公開となっている製品もしばしばある．このことは，基礎研究において科学的に現象を解明することを妨げている．医学・生命科学研究の発展のためにも，公開できる制度の整備が望まれる．

GMPの考え方を基礎研究の現場でも活用することが重要

上述したように，ヒトES・iPS細胞は不安定で形質も変わりやすいため，未分化性や多能性の保持のみならず，染色体などを定期的に確認し，細胞そのものの品質を一定に保つ必要がある．また，培養過程を詳細に観察記録し，ヒトES・iPS細胞の形質が変化した場合には，培養過程を検証し，その原因を排除できるようにしなければならない．一定の品質を保つことこそが安定した再現性の高い実験結果を生むという事実は，何もヒトES・iPS細胞研究に限ったことではない．このような品質管理と再現性の高い実験結果を実現するワークフローは，GMPの考え方に沿ったものであり，基礎研究の現場でも活用されるべきものである．基礎研究の成果をそのまま滞りなく臨床で応用できるようにするためにも，研究者は将来を充分に見据え現場で研究に取り組むべきである．この研究分野は，未解明の部分も多いため，限りなく安全性を求めて研究を滞らせるのではなく，現在の科学水準からリスクとベネフィットのバランス，経済性を考慮して研究を進める必要があるだろう．

臨床用ヒトES・iPS細胞の培養に使用する培地成分・原材料について，「使えるか？」ではなく，「使うべきか？」を真摯に考え，研究に取り組んでいくべきではないだろうか．

◆ 謝辞

本項を執筆するにあたって，京都大学再生医科学研究所末盛博文准教授，また，日本PDA製薬学会元理事松田岳彦氏に感謝の意を表す．なお，本研究は，厚生労働省厚生労働科学研究費補助金を受けて実施した．

◆ 文献

1) Thomson, J. A. et al. : Science, 282: 1145-1147, 1998
2) Takahashi, K. & Yamanaka, S. : Cell, 126: 663-676, 2006
3) Takahashi, K. et al. : Cell, 131: 861-872, 2007
4) Amit, M. et al. : Dev. Biol., 227: 271-278, 2000
5) Furue, M. K. et al. : Proc. Natl. Acad. Sci. USA, 105: 13409-13414, 2008
6) Na, J. et al. : Stem Cell Res., 5: 157-169, 2010
7) Kinehara, M. et al. : PLoS One, 8: e54122, 2013
8) Ludwig, T. E. et al. : Nat. Biotechnol., 24: 185-187, 2006
9) Miyazaki, T. et al. : Biochem.Biophys. Res. Commun., 375: 27-32, 2008
10) Hayashi, Y. et al. : Stem Cells, 25: 3005-3015, 2007
11) Loo, D. T. et al. : Science, 236: 200-202, 1987
12) Sato, G. : Biochemical Actions of Hormones. Academic, 391-396, 1975
13) Barnes, D. & Sato, G. : Cell, 22: 649-655, 1980
14) Bottenstein, J. et al. : Methods Enzymol., 58: 94-109, 1979
15) Sato, J. D. et al. "in Basic Cell Culture: A Practical Approach, 2nd Edn." (ed J. M. Davis), pp.227-274, Oxford University Press, 2002
16) Brewer, G. J. et al. : J. Neurosci. Res., 35: 567-576, 1993
17) Chen, G. et al. : Nat. Methods, 8: 424-429, 2011
18) Wang, L. et al. : Blood, 110: 4111-4119, 2007
19) Vallier, L. et al. : Dev. Biol., 275: 403-421, 2004
20) Avery, S. et al. : Stem Cells Dev., 15: 729-740, 2006
21) Martin, M. J. et al. : Nat. Med., 11: 228-232, 2005
22) Hayashi, Y. et al. : PLoS One, 5: e14099, 2010
23) Heiskanen, A. et al. : Stem Cells, 25: 197-202, 2007
24) 国立医薬品食品衛生研究所変異遺伝部HP http://nihs.go.jp/gaiyou/heniiden.html

I 基本編〈臨床応用に向けて〉

7 GMPに準拠した培養施設

上田利雄, 松山晃文

近年, 再生医療の発展とともに, 細胞調製施設をもつ公的機関やアカデミアが多くなってきたが, 適切に衛生管理, 清浄度管理が行えている施設は少ないと思われる. 空調システムや構造設備に関する的確な管理方法が記されたマニュアルが存在しないのも, 一因と考える. 本項では, 空調システムや構造設備に関する基本構造の説明および具体的な管理方法について概説する.

はじめに

細胞調製施設は, 各種幹細胞やES・iPS細胞などから作製する再生医療製品を製造するためには欠かせない施設であるが, その構造や, 運用方法については案外知られていないのが現状である. 施設の運用を間違えると, 細胞の調製段階でクロス・コンタミネーションが発生し, 苦心して調製した細胞を廃棄しなければならないなど, 時間的ロスや資金的にも厳しいものがある.

製造施設

1. 汚染防止

細胞製剤に対する汚染防止の原則は, 次の3つに尽きる.
1) もち込まない
2) 拡散させない
3) 増加させない

これら3つの原則を満足させるには, 構造設備の完備, 衛生管理, 作業員の教育と作業管理を確立し, 遵守していく以外, 方法はない（表1）.

表1 汚染防止のために確立すべきこと

- 動線を考慮した作業室の配置, 製造機器の配置・管理, 空調設備の適切管理（構造設備の完備）
- 施設の消毒方法の確立, 消毒効果の確認方法および原材料の搬入方法の確立, 感染性廃棄物の適切な処理方法の確立（衛生管理）
- 教育の年間スケジュールに基づき, 衛生管理教育および製造管理教育を行い, 適切な作業方法を確立・遵守する（作業員の教育訓練と作業管理）

表2　清浄度区分の一覧

細胞培養加工施設内	清浄度クラス		
作業室	FED-STD-209D	EU-GMP・日本薬局方	ISO146441-1
居室（管理室）	一般空調〜10万相当	一般空調＝グレードD	ISOクラス8〜9
前室	10万相当〜10万	グレードD〜グレードC	ISOクラス8
パスルーム	10万相当〜10万	グレードD〜グレードC	ISOクラス8
一次更衣室	10万相当〜10万	グレードD〜グレードC	ISOクラス8
二次更衣室	10万〜1万	グレードC〜グレードB	ISOクラス7〜8
脱衣室	10万相当〜10万	グレードD〜グレードC	ISOクラス8
準備室	10万〜1万	グレードC〜グレードB	ISOクラス7〜8
陰圧系バッファゾーン	10万〜1万	グレードC〜グレードB	ISOクラス7〜8
操作室	1万	グレードB	ISOクラス7

2. 作業室の清浄度区分

　　　細胞調製施設内のゾーニング（エリア分け）を決定するうえで重要な項目として，**清浄度区分**がある．この清浄度区分により，人と物品（製品や原材料など）の動線や気流方向も左右されるため，適切に設定する必要がある．細胞調製施設における一般的な清浄度区分の例を表2に示す．

　　清浄度区分で，清浄度が高い方がよいからといって，全エリアをFED-STD-209Dのクラス1万エリアにした場合，換気回数を維持するための電気量や室温，湿度を維持するための冷水，温水などの使用量を考えると，コスト高になる．また，環境測定を行う場合，クラス1万エリアとクラス10万エリアとでは，クラス1万エリアの方が，測定頻度や測定ポイント数が増え，管理基準も厳しくなり，維持管理するには技術的にも経済的にも負担が増す．こうしたことから製品の品質を維持しながら，用途に応じた適切なクラス設定を行う必要がある．

空調システム

　　細胞製剤は，その特徴として滅菌工程がないことが挙げられる．滅菌工程がない細胞製剤の無菌性，安全性については，製造工程での影響が大きく，構造設備における工夫や配慮が必要となる．細胞調製施設の構造設備は，建築法や消防法などの数々の法規をも満足させるとともに，品質のよい製品を製造する施設として重要な位置づけとなっている．細胞調製施設の構造設備の中で，クロス・コンタミネーション防止を考えるとき，最も重要な設備として，空調システムが挙げられる．

清浄度区分：清浄度は，FED-STD-209や日本薬局方，ISO146441-1などの基準があるが，立法フィートや立法メーターの中の0.5μm以上の微粒子の数により，クラスやグレードに分けられる．清浄度区分は，上記の基準に従い，細胞調製施設の各作業室が要求する清浄度により区分される．

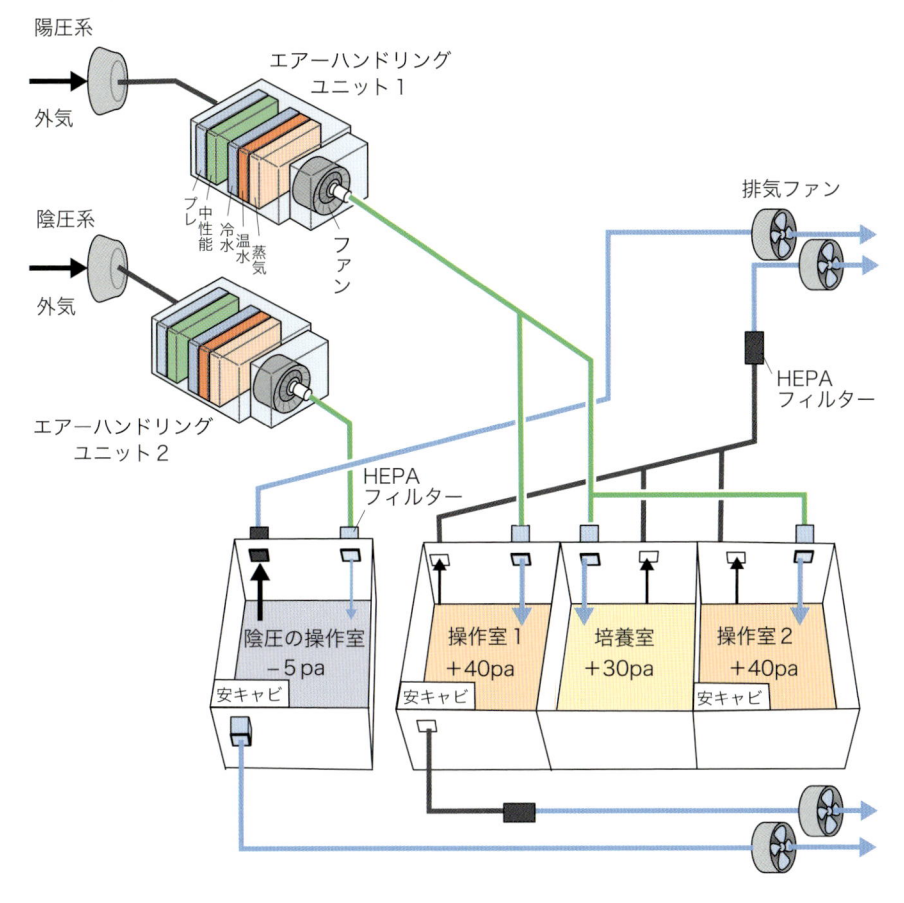

図1　空調システムの概略図
HEPAフィルターは，JIS Z 8122で「定格風量で粒径が0.3μmの粒子に対して99.97%以上の粒子補修率を有し，初期圧力損失が245Pa以下の性能をもつ」超高性能エアーフィルターとされる

1. 原理

　　細胞調製施設で用いられている空調機は，エアーハンドリングユニットと呼ばれる比較的規模の大きな空調機が多い（図1）．外部熱源設備から供給される冷水，温水，蒸気などを用いて，外気をプレフィルターと中性能フィルターに通した後，空気の温度や湿度を調節して室内に供給する．

2. 陽圧のクリーンルーム

　　HEPAフィルターから，クリーンルーム室内に供給される空気量と，排気される空気量との差が，プラスであれば，陽圧のクリーンルームとなる．陽圧であるため，空気の流れは，室内から外への流れとなる．陽圧管理のクリーンルームは，2つのタイプがある．隣接している着衣室に対して，室圧が高いタイプと室圧が低いタイプである．
　　着衣室に対して室圧が高いタイプの長所は，空気が着衣室方向に流れるため，着衣室で

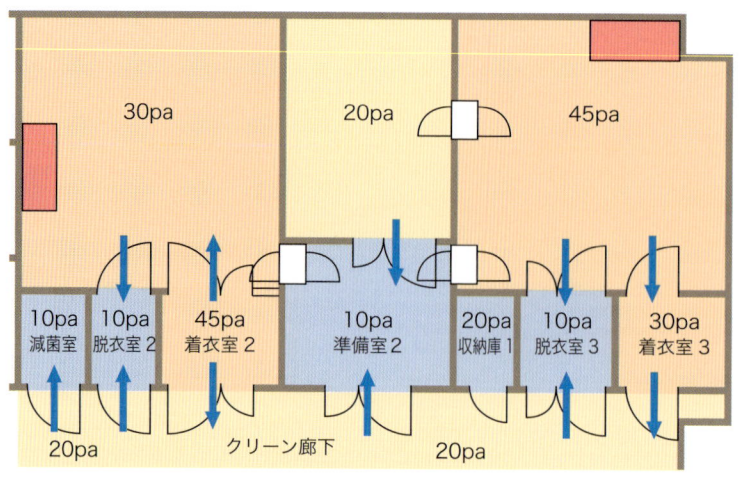

図2 陽圧のクリーンルームの例

発生した塵埃などを封じ込めることができる．短所は，クリーンルームで発生した塵埃などが着衣室に流れ込むため，感染の危険がある検体は取り扱うことが難しい点である．着衣室に対して室圧が低いタイプの長所は，着衣室からクリーンルーム方向へ，空気を押し込めることができるため，擬陽性の検体を処理することが可能である点で，短所は，着衣室で発生した塵埃が，クリーンルームに流れ込む点である．この欠点は，着衣行為で発生した塵埃が収まるまで，着衣室で待機し，その後，クリーンルームに入室することで解消できる（図2）．

3. 陰圧のクリーンルーム

陽圧のクリーンルームとは逆で，クリーンルーム室内に供給される空気量と，排気される空気量との差が，マイナスであれば，陰圧のクリーンルームとなる．いわゆる封じ込めのクリーンルームで，室外に漏れると危険なベクターや感染性の検体が取り扱われる．陰圧のクリーンルームでは，ウイルスによる汚染も考えられるため，ガス滅菌対応の施設が多い．ベクターや感染性の検体が取り扱われる環境であるため，クリーンルームの陰圧に加え，汚染された空気が外部に漏れ出さないよう，バッファーエリアを設け，空気を押し込めている．陰圧のクリーンルームに付帯している脱衣室の室圧は，陰圧のクリーンルームより，さらに低く設定する必要がある．これは，脱衣行為で発生する塵埃や作業衣に付着している感染性の異物が，陰圧のクリーンルームに流れ込むのを防止するとともに，脱衣室に設置されているオートクレーブから発生する蒸気のミストが，陰圧のクリーンルームに流れ込むのを防止するためである．陰圧のクリーンルームと脱衣室の室圧が逆転している施設があるが，クロス・コンタミネーションの危険性から，好ましい状態ではない（図3）．

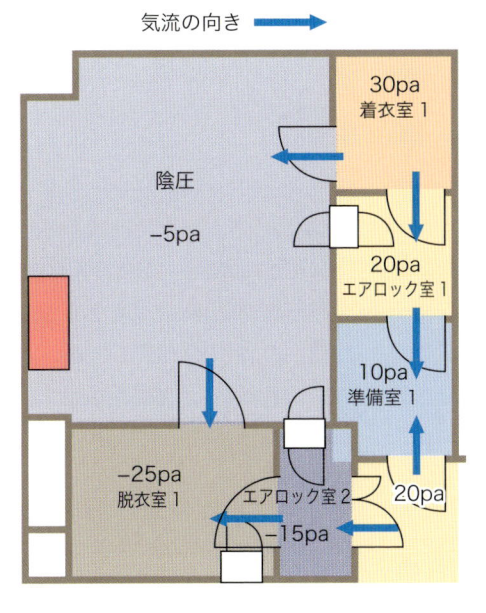

図3 陰圧のクリーンルームの例

4. 温湿度制御

　一般医薬品の錠剤や高分子系の薬剤は，吸湿するとひび割れ，膨潤，変色，カビの発生などのリスクがあるが，細胞製剤は，室内環境に直接暴露される時間が短いため，一般医薬品の湿度条件〔30～50％RH（relative humidity）〕よりは，高め（35～65％RH）でも支障はないと考えるが，65％RHを超えると，カビが発生しやすくなる．

　温度管理も，製品への影響よりは，作業員の快適性が主となる．通常は22±3℃で管理することが多いが，無菌衣の重ね着などで，汗をかかないよう配慮する必要がある．

5. 換気回数と清浄度

　細胞調製施設内の換気回数と清浄度には，密接な関係がある．室内の換気量は，室内容積に相当する空気量が，1時間あたり何回入れ替わったかで表す．これを，換気回数（回/時）という．室内に存在する浮遊微粒子は，HEPAフィルターを通過したごく少量の浮遊微粒子と，室内で発生する浮遊微粒子からなり，取り入れた外気に含まれる浮遊微粒子，フィルター効率，循環空気率，送風空気量の関数で表される．経験値から，クラス1万程度の換気回数は40～50回，クラス10万程度では20回前後が望ましい．

6. 差圧

　細胞調製施設内の管理区域は，異物混入，クロス・コンタミネーション防止，微生物汚染防止の目的で，各作業室，作業区域に気圧差（以後，差圧）を設け，気流方向を決定する必要がある．GMP対策上，室間差圧および気流方向は重要な項目である．隣接する2室間の差圧は，2室の清浄度により異なるが，10～15pa程度の差で設計されるのが通常で

ある．差圧計の設置場所は，HEPAフィルターからの気流の影響を受けやすいため，風速（動圧）を感知しない場所に設置するのが望ましい．

防虫防鼠対策

異物が混入したものや，微生物汚染された製品は，不良製品として取り扱われ，これを防止するために，細胞調製施設においては，高度な衛生管理が要求される．菌汚染を含め，異物混入対策として，重要な項目に防虫防鼠対策がある．製造施設として，製造上不必要な動物は排除されるべきで，特に昆虫や鼠に関しては，非衛生的な動物とされ，それら個体の排泄物や，個体が接触した箇所から，製品へのコンタミがないように充分注意すべきである．

1. 昆虫相調査

細胞調製施設の防虫対策を立てるにあたり，クラス10万までの全エリアに捕虫トラップを設置し，春夏秋冬に捕獲される昆虫の種類，数および捕獲場所の調査を行う（図4）．捕獲された昆虫の生態から，細胞調製施設内で発生しているのか，人や資材に付着し，もち込まれた昆虫なのか，または，細胞調製施設外から侵入してきた昆虫なのかが把握でき，適切な防虫対策をとることができる．また，侵入してきた昆虫に関し，侵入箇所を特定することにより，施設の不具合箇所の発見と，補修計画を立てることが可能となる（図5）．

防虫対策の基本項目
①特定の昆虫を対象にするのではなく，細胞調製施設内のすべての昆虫を対象とする
②前記，昆虫相調査から得られたデータをもとに，採るべき対策と優先順位を決定する
③対策として，物理的対策，化学的対策（殺虫剤），衛生管理，作業員教育を効果的に組合せて実施する
④昆虫の大規模な発生や，殺虫施工が困難な箇所などがあれば，必要に応じて，専門業者に相談し，指導を受ける
⑤防虫対策の効果を量的に確認し，評価する

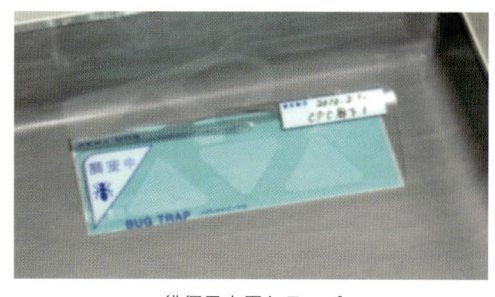

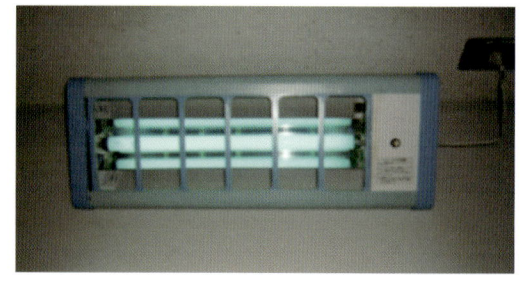

徘徊昆虫用トラップ　　　　　　　　　飛来昆虫用ライトトラップ（粘着式）

図4　昆虫相調査のためのトラップ例

I 細胞調製施設内に生息する昆虫

細胞調製施設内部で世代を繰り返す昆虫で，徘徊昆虫が多い．原材料や製品に混入するチャンスが高く，なかには単為生殖するものもおり，細胞調製施設内では絶滅対策が必要である．

代表的な昆虫として，コナチャタテムシ・トビムシ・ダニ・ヒメマキムシ・カツオブシムシ・シミなどがいる．

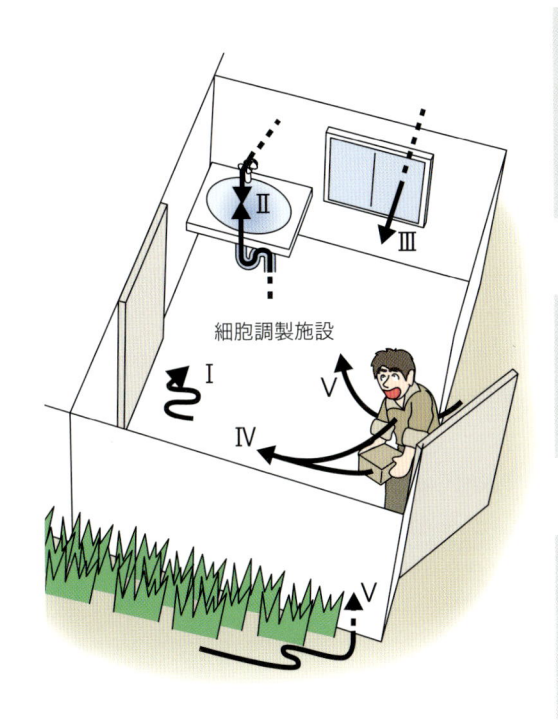

II 排水系から侵入する昆虫

浄化槽やピット，排水溝から発生する昆虫で，トイレの壁などでよく見かける．細胞調製施設内には，排水管から侵入してくることが多く，発生源の多くが，不潔なところであるため，侵入すると，コンタミを引き起こす原因となる．

代表的な昆虫として，チョウバエ・ユスリカ・ニセケバエなどがいる．

III 飛来侵入する昆虫

飛来する昆虫については，細胞調製施設外の水田，雑草地，河川，樹木などで発生するもの多く，自然が相手だけに対策が難しい．飛来昆虫に関しては，発生している場所に近づかないこと，細胞調製施設に入れないこと，入ったものは，捕捉・殺虫することが重要である．

代表的な昆虫として，クロバネキノコバエ・タマバエ・ヨコバエ・カメムシ・キクイムシ・ユスリカなどがいる．

IV 人・資材などに付着してもち込まれる昆虫

原材料や人に付着して，細胞調製施設にもち込まれる昆虫で，主にダンボールやクッション材に付着しているケースが多い．人に関しては，服や髪の毛，所持品などに付着し，更衣室を経て侵入するケースが多い．

代表的な昆虫として，コナチャタテムシ・シミ・タカラダニがいる．

V 細胞調製施設周辺の土壌や緑地から侵入する昆虫

建物の外周の土壌や緑地で見かけることが多い昆虫で，多くは，歩行で細胞調製施設に侵入する．細胞調製施設内部と外部との接点である，パスルームや搬入口のドアの隙間をなくすことが大切である．

代表的な昆虫として，ダンゴムシ・ゲジ・ヤスデ・ハサミムシ・ワラジムシ・ケラがいる．

図5 昆虫の細胞調製施設内の侵入および発生箇所別分類

2. 物理的対策

物理的な対策として，細胞調製施設の製造施設や資材保管場所などの密閉化と侵入防止化がある．侵入防止化の純黄色蛍光灯の設置とライトトラップの設置は，相反する性質を利用している．細胞調製施設内では，この2種類の光を上手く利用することで，防虫管理を行っている．

3. 化学的対策

化学的対策として多く用いられるのが殺虫剤である．細胞調製施設で用いられる殺虫剤に求められるのは，残留性が少なく，比較的安全な殺虫剤である．この条件に合うのが，**ピレスロイド系殺虫剤**である．

細胞調製施設内の手洗い場など，排水系から発生する昆虫の駆除に有効な薬剤として，昆

虫成長制御剤がある．このタイプの殺虫剤は，人や家畜に対して毒性が少なく，臭気もほとんどない．この殺虫剤は，少量をピットなど，幼虫が生息している水系に投入することで，幼虫の成長を阻害し，駆除できる．商品名：スミラブ粒剤（主成分：ピリプロキシフェン）が広く使われている．

ピレスロイド系殺虫剤，昆虫成長制御剤以外の薬剤として，有機塩素系殺虫剤，有機リン系殺虫剤，カーバーメイト系殺虫剤があるが，各殺虫剤の使用にあたっては，目的に合った有効成分，製剤の種類，処理方法などを吟味し，選択することが重要である．

4. 効果の評価

物理的対策および化学的対策を実施した後の評価は，対策後，昆虫相調査を行い，客観的に評価を行う．対策前後の捕獲数の差から，防除率を求めて，効果の評価を行う．

おわりに

大学など研究機関では，再生医療に関する多くの論文が出され，製造に関する知識が蓄積されていると考えるが，それが細胞製剤として，世の中に普及していくレベルかというと，必ずしもそうではなく，製品化や事業化するには構造設備や管理方法に関し，ハードルは高いと考える．

空調システムや衛生管理方法について説明したが，ハードだけではなく，それを動かし，管理するソフトも重要であり，ハードとソフトの両輪が機能することが重要と考える．ハードとソフトの下で品質管理された製造を行い，再生医療の実現化に期待したい．

ピレスロイド系殺虫剤：ピレスロイド系殺虫剤とは，除虫菊に含まれる有効成文を主とした殺虫剤で，各誘導体が広く殺虫剤として利用されている．

I 基本編〈臨床応用に向けて〉

8 ヒトES・iPS細胞に由来する再生医療製品の造腫瘍性をどう見るか？

中島啓行，安田 智，佐藤陽治

ヒト多能性幹細胞を加工して製造される再生医療製品（ヒト多能性幹細胞加工製品）は、従来の方法では治療困難な疾病・損傷に対するブレークスルーとして期待を集めている．その開発においては想定されるリスク評価や品質・安全性確保に対する方策が求められる．特に造腫瘍性の評価が重要な課題であるが、ヒト多能性幹細胞加工製品の造腫瘍性試験のガイドラインは今のところ存在しない．ヒト多能性幹細胞加工製品の造腫瘍性試験は製造工程上の目的別に3つに分けられ、その目的に応じて各種造腫瘍性関連試験法を選択する必要がある．本項では、製品の品質・安全性評価における造腫瘍性関連試験の考え方とその適用について概説する．

はじめに

ヒト多能性幹細胞に分化誘導などの加工を施した**再生医療製品**は、従来の方法では治療が困難な疾病・損傷に対するブレークスルーとして期待されており、国内外で研究開発が盛んに行われている．このような、一昔前には想定されていなかった全く新しい製品の開発においては、想定されるリスクの評価法や品質・安全性確保のための基盤技術の整備が必須である．ヒト由来の胚性幹細胞（ES細胞）や人工多能性幹細胞（iPS細胞）といった多能性幹細胞は**造腫瘍性**をもっていることから、多能性幹細胞を用いて製造される製品においては造腫瘍性の評価と品質管理が重要な課題となっている．しかしながら、移植による治療目的で患者に投与するヒト由来の生細胞を対象にした造腫瘍性試験のガイドラインは、今のところ存在しない．本項では、ヒト多能性幹細胞を用いた再生医療の実現において不可避である造腫瘍性評価の現状と課題について概説する．

ヒト多能性幹細胞の造腫瘍性

多能性幹細胞は無限の自己複製能とあらゆる種類の細胞へと分化できる分化多能性によって定義される．その能力は、免疫不全マウスに移植した場合にテラトーマ（奇形腫）と呼ばれる腫瘍を形成することによって確認されるが、これは同時に、ヒト多能性幹細胞を製造基材とする再生医療製品（ヒト多能性幹細胞加工製品）は、未分化なヒト多能性幹細胞

再生医療製品：再生医療・細胞治療に使用されることが目的とされている物のうち、ヒトまたは動物の細胞に培養その他の加工を施したもの．細胞・組織加工製品とも呼ばれる．

造腫瘍性：動物に移植された細胞集団が増殖することにより、良性または悪性の腫瘍を形成する能力．

表1　多能性幹細胞に由来する再生医療製品の造腫瘍性に影響を及ぼす要因の例

多能性幹細胞に起因する要因	その他の要因
・目的細胞への分化の難しさ ・原材料となる体細胞の種類* ・初期化の方法* ・初期化因子の残存* ・細胞増殖の条件（培地・添加物など） ・ゲノムの安定性およびインテグリティ	・投与部位 ・投与細胞数 ・目的細胞の種類（特定の液性因子の分泌など） ・製造工程における処理（分化誘導・純化など） ・患者の免疫状態 ・共時投与物（マトリゲルなど）の有無

*iPS細胞の場合のみ

の残留・混入により腫瘍を形成する可能性があることを示している．ヒトES細胞を用いた研究では，線維芽細胞と懸濁したわずか数百個のES細胞の投与によって免疫不全マウス（SCIDマウス）に腫瘍が形成されることが報告されている[1]．

　現在，高効率の分化誘導法や残存する多能性幹細胞の除去法などが精力的に研究されているが，100％の純度で目的細胞を調製・製造することは非常に困難である．したがって，製品にどれくらい未分化な多能性幹細胞が残存しているのか，最終製品は投与部位で造腫瘍性をもつのか，といった点を適切な試験系を用いて評価することが，実用化に向けての必須事項である．

1. 造腫瘍性の2つのリスク

　「造腫瘍性のリスク」は，安全性上の視点から大きく2つ，すなわち「腫瘍による物理的障害のリスク」と「悪性腫瘍形成のリスク」に分けられる．「腫瘍による物理的障害」とは，腫瘍形成により周辺組織が圧迫などを受けることによる障害で，関節再生・脊髄損傷再生などのケースで問題となる．この場合はたとえ良性であっても腫瘍自体がリスクファクターとなる．一方，「悪性腫瘍形成」は，腫瘍の悪性度がリスクファクターとなる．

　実は，ヒトES/iPS細胞が免疫不全マウス内で増殖分化して形成される奇形腫は多くの場合，良性であり，正常2倍体のヒトES細胞を免疫不全マウスに移植して悪性腫瘍が発生したという報告はない．しかしながら，ヒト由来iPS細胞に関しては，免疫不全マウスに投与した場合に悪性腫瘍が形成されたという報告が存在する[2]．再生医療製品の製造基材としてのヒト多能性幹細胞に内在する奇形腫悪性化にかかわる因子・機序の詳細は明らかではないが，iPS細胞樹立時の細胞初期化過程は，悪性形質転換の研究で従来用いられてきた発がんフォーカス形成試験（*in vitro*での遺伝子導入による悪性肉腫形成試験）との類似性が指摘され，共通の機序の存在が提唱されている[3]．

2. 造腫瘍性に影響を及ぼす要因

　ヒト多能性幹細胞由来の再生医療製品の中に残存する未分化細胞の造腫瘍性には，さまざまな要素，すなわち，目的細胞への分化の難しさのほか，ヒトiPS細胞の場合には，原材料となる体細胞の種類や初期化因子残存の有無[2]など製造基材としての多能性幹細胞に付随する要因と，投与部位，投与細胞数，製造工程における処理，患者の免疫状態，マトリゲルなどの共時投与物の有無といった要因とが影響しうる（表1）．したがって，**最終製品**

の造腫瘍性に影響する製造基材（多能性幹細胞）の品質特性プロファイルは目的とする最終製品ごとに異なり，不適格な製造基材をどのような評価法で事前に排除するか，その方策も最終製品ごとに明らかにする必要がある．

造腫瘍性試験国際ガイドライン

　前述の通り，多能性幹細胞加工製品の造腫瘍性評価は，再生医療の実現における重要な課題であるが，現在，再生医療製品を対象とした造腫瘍性試験ガイドラインは存在しない．細胞の造腫瘍性試験に関する国際的なガイドラインとして唯一存在するのは，世界保健機関（WHO）の生物薬品標準化専門委員会第47次報告（1998）（Technical Report Series No. 878：TRS 878）にある Annex I「生物薬品製造用の in vitro 基材としての動物細胞の使用の要件」[4)5)] である（以下，WHO TRS 878 とする）．

　WHO TRS 878 にある造腫瘍性試験の目的は，セル・バンクの造腫瘍性の程度を品質特性指標として把握し，その変化を細胞特性上の異常発生の検知のために利用することにある．ただし，ここで注意しなければならないのは，この試験の適用対象は生物薬品（ワクチンやタンパク質製剤など）を製造する際に用いられる動物由来細胞株であり，ヒトに投与される再生医療製品およびその製造基材は対象としていない点である．**WHO TRS 878 の試験は，あくまで細胞株のセル・バンクという均一な細胞集団の造腫瘍性評価を対象にしているため，ごくわずかに混入する未分化・造腫瘍性細胞に起因する再生医療製品の造腫瘍性の評価を目的とした場合，そのまま転用することには感度などの面で無理がある．**混入するごく少数の未分化・造腫瘍性細胞に起因する再生医療製品の造腫瘍性を評価するにはWHO TSR 878 よりも感度を上げるなど，目的に応じた適切な評価系の開発が必要となる．

ヒト多能性幹細胞加工製品の造腫瘍性試験

　ヒト多能性幹細胞加工製品の製造における造腫瘍性試験は，目的別に次の3つが存在しうる（図）．
①**製造基材となる細胞の品質管理のための造腫瘍性試験**
②**製造工程（中間製品）評価のための造腫瘍性試験**
③**最終製品の安全性評価のための造腫瘍性試験**
　①および②は品質試験，③は非臨床安全性試験という位置づけとなる．
　細胞集団の造腫瘍性あるいは細胞集団中の造腫瘍性細胞の検出には，表2に示す in vitro/in vivo 試験法が知られており，これらを組み合わせることで，それぞれの目的に応じた評価が可能であると考えられる．次に，上記3種の造腫瘍性試験の特徴と方法について，WHO

WHO TRS 878 にある造腫瘍性試験の概要：「ヌードマウスなどの動物10匹に 10^7 個の細胞を投与して16週間（1998年版では12週間）観察する．陽性対照としてはHeLa細胞などを用いる」というもの．

ヒト多能性幹細胞加工製品の製造工程　　　　　　　実用化

- 製造基材となる細胞の品質管理のため
  - □ セル・バンクの造腫瘍性が規定の範囲内にあるか

- 製造工程評価のため
  - □ どのくらいヒト多能性幹細胞が残存しているか
  - □ 目的外細胞として造腫瘍性細胞が含まれているか

- 最終製品の安全性評価のため
  - □ どのくらいヒト多能性幹細胞が残存しているか
  - □ 目的外細胞として造腫瘍性細胞が含まれているか
  - □ 投与細胞が生着する微小環境で腫瘍を形成するか

図　造腫瘍性試験が必要な3つの目的と各段階での懸念事項

TRS 878との関連も含めて述べる．

1. 製造基材となる細胞の品質管理のための造腫瘍性試験

　製造基材となる多能性幹細胞の品質管理のための造腫瘍性における懸念事項は，「セル・バンクの造腫瘍性が規定の範囲内にあるか」という点にある．多能性幹細胞加工製品の製造基材であるヒトES・iPS細胞バンクの造腫瘍性の程度に大幅な変化が生じた場合，既知あるいは未知のウイルス感染，変異原性物質やストレスによる遺伝子変異・発がん遺伝子活性化など，原因はいずれにせよ，細胞特性に何らかの異常が起こったということが示唆される．つまり，ヒトES・iPS細胞バンクの造腫瘍性を細胞特性指標の1つとして評価すれば，ヒトES・iPS細胞バンクの異常を検出し，品質管理に活用することができる．その評価方法については，セル・バンクという均一な細胞集団を対象とするため，WHO TRS 878の方法を準用することが可能であると考えられる．

2. 製造工程（中間製品）評価のための造腫瘍性試験

　ヒト多能性幹細胞加工製品の中間製品となる細胞集団には，「目的細胞」，「目的細胞の前駆細胞」，「残存多能性幹細胞」および「その他の目的外細胞」の4種類が含まれている可能性がある．したがって，

①**どのくらいヒト多能性幹細胞が残存しているか**
②**目的外細胞として造腫瘍性細胞が含まれているか**

という2点が，製造工程（中間製品）評価における造腫瘍性の懸念事項となる．

1）どのくらいヒト多能性幹細胞が残存しているか

　①については，未分化多能性幹細胞特異的なマーカーを指標としたフローサイトメトリーや定量RT-PCRによる評価が可能である．この評価法の利点は感度が高い点にあり，われわれは初代培養ヒト体細胞中にヒトiPS細胞を添加して評価した結果，フローサイトメトリーでは0.1％，定量RT-PCRの場合には0.002％の存在比のヒトiPS細胞を検出すること

表2 主な造腫瘍性関連試験の能力と限界

in vivo 試験法

試験法	測定事項	目的	利点	欠点
ヌードマウスへの移植	腫瘍形成	造腫瘍性細胞の検出	定量化の方策が整備 (WHO TRS 878)	時間(数週間〜数カ月)・費用がかかる 膵がん,乳がん,グリア細胞腫,リンパ腫,白血病細胞に由来する細胞株は腫瘍を形成しない わずかに含まれる造腫瘍性細胞を検出できない
NOD-SCIDマウスへの移植			ヌードマウスよりも高感度	時間(数週間〜数カ月)・費用がかかる 定量化の方策が未整備 胸腺腫を自然発症
NOG/NSGマウスへの移植			INOD-SCIDよりも高感度/胸腺腫なし	時間(数週間〜数カ月)・費用がかかる 定量化の方策が未整備

in vitro 試験法

試験法	測定事項	目的	利点	欠点
細胞増殖特性解析(所定培養期間を超えた培養)	細胞増殖速度	不死化細胞の検出	簡便・安価 ヌードマウスよりも高感度(不死化していても腫瘍形成のないケース)	わずかな不死化細胞の混入の検出には時間がかかる
フローサイトメトリー	細胞マーカータンパク質発現	造腫瘍性細胞・未分化細胞の検出	短時間(〜1日)・簡便 ときには軟寒天コロニー試験よりも高感度 細胞を識別・分離・回収できる	特定のマーカー発現細胞だけしか検出できない(=マーカー(−)の造腫瘍性細胞を見逃すおそれ) ゲートの掛け方で結果がばらつく
qRT-PCR	細胞マーカー遺伝子発現		短時間(〜1日)・簡便 ときにはフローサイトメトリーよりも高感度	特定のマーカー発現細胞だけしか検出できない(=マーカー(−)の造腫瘍性細胞を見逃すおそれ)
軟寒天コロニー形成試験	コロニー形成	足場非依存的増殖の検出	*in vivo* 試験より短時間(数週間〜1カ月程度) 安価 ときにはヌードマウスよりも高感度	浮遊系細胞に使用できない わずかに含まれる造腫瘍性細胞を検出できない ヒトES/iPS細胞は検出不能(分散誘導性細胞死)
核型分析	染色体の数・サイズ・形	染色体異常の検出	技術的に確立	相関性の問題(染色体異常⇔造腫瘍性) わずかに含まれる造腫瘍性細胞を検出できない
染色体CGHおよびアレイCGH	ゲノムDNAのコピー数異常			
蛍光 *in situ* ハイブリダイゼーション(FISH)分析	特定遺伝子の位置・コピー数			

ができることを明らかにしている[6].

2) 目的外細胞として造腫瘍性細胞が含まれているか

一方,②を検出するための試験系としては,細胞増殖特性解析(増殖曲線による不死化細胞の検出)や,軟寒天コロニー形成試験による足場非依存性増殖細胞の検出が挙げられる.われわれは軟寒天コロニー形成試験において,ヒトテラトカルシノーマ細胞を1%の検出限界で検出可能であることを報告している.しかしながら,ヒト多能性幹細胞はシングルセルにまで分散させるとアポトーシスを起こすという特異な性質をもつため,残存するヒト多能性幹細胞の検出(①)に,軟寒天コロニー形成試験は不向きである[4].

また,②の評価に *in vivo* の方法を活用することも可能である.しかしながら,均一な細

胞集団を対象としたWHO TRS 878にある造腫瘍性試験では，正常細胞中にわずかに混入する未分化・造腫瘍性細胞を検出するには感度が低く，結果が偽陰性になってしまう恐れが高いため，より感度の高い系を用いる必要がある．そこで有力な選択肢として挙げられるのが，Rag2-γC double-knockout（DKO）[7]，NOD/SCID/γC^{null}（NOG）[8]，NOD/SCID/IL2rgKO（NSG）[9]などの重度免疫不全マウス系統を利用する検出系である．これらのマウスはT細胞，B細胞およびNK細胞を欠失しており，ヌードマウスなどの従来の免疫不全マウスと比べてヒトの細胞や組織の生着性が高く，ヒトがん細胞を非常に高い効率で生着させることが可能といわれている[10)11)]．われわれがNOGマウスにマトリゲルと懸濁したHeLa細胞を皮下投与し，腫瘍形成に必要な細胞数を検討した結果，WHO TRS 878にある造腫瘍性試験に比べ，2,000倍以上の感度の上昇が認められた（投稿準備中）．重度免疫不全マウス系を利用した試験系開発における課題としては，a）試験系の検出限界・感度・精度，b）陽性・陰性コントロールのあり方，c）投与細胞数，d）観察期間，e）投与経路，f）投与方法，g）ヌードマウスとの比較，などを検討していく必要がある．

3. 最終製品の安全性評価のための造腫瘍性試験

ヒト多能性幹細胞加工製品の最終製品には，中間製品と同じく，「目的細胞」，「目的細胞の前駆細胞」，「残存多能性幹細胞」，および「その他の目的外細胞」の4種類が含まれている可能性がある．ただし中間製品の場合とは異なり，最終製品の造腫瘍性試験においては，生着部位での腫瘍形成能を考察できることが要求される．そのため，

①どのくらいヒト多能性幹細胞が残存しているか
②目的外細胞として造腫瘍性細胞が含まれているか
③投与細胞が，生着する微小環境で腫瘍を形成するか

ということが最終製品における造腫瘍性の懸念事項となる．①，②については，中間製品評価の場合と同様，多能性幹細胞のマーカータンパク質/マーカー遺伝子の検出（①），不死化細胞の検出や足場非依存性増殖細胞の検出（②）などでそれぞれ評価が可能であると考えられる．

一方，③については，in vivo造腫瘍性試験による評価が必要となる．その場合に考慮すべき点として，a）試験系の検出限界，b）陽性・陰性コントロールのあり方，c）投与細胞数，d）観察期間，e）投与部位，f）例数などが挙げられる．特に，投与部位に関しては，生着部位の違いによって腫瘍形成能や，腫瘍のタイプが異なる恐れがあるため，可能な限りヒトでの投与部位に相当する部位にするべきである（表2，図）．

4. 新技術による造腫瘍性評価の可能性

ヒト多能性幹細胞は，細胞株と培養条件によっては遺伝子・染色体に異常が生じることが報告されている[12)13)]．そのため，ヒト多能性幹細胞加工製品および製造基材であるヒトES・iPS細胞の造腫瘍性評価に次世代シーケンサーを使えないかという議論がある．

1）次世代シーケンサーによる造腫瘍性評価

全ゲノムシーケンスや全エキソンシーケンスのデータを用いて遺伝子変異を網羅的に検出し，造腫瘍性細胞の混入を検知する，というのがその狙いである．しかしながら，こうしたアプローチは現実的にはあまり用をなさない．主な理由は，**ヒト多能性幹細胞加工製品の安全性との因果関係が明瞭な遺伝子変異の具体例は乏しく，個々の最終製品の安全性の指標としてどのような変異の検出が有用なのか明らかではない**からである．感度面でも，次世代シーケンサーでは細胞集団中の1％未満のみが保持しているようなマイナーな変異を検出するのは難しく，充分とはいえない．

また，ヒトES・iPS細胞由来製品の造腫瘍性を評価するうえでは，「製造基材となる幹細胞の造腫瘍性と最終製品の造腫瘍性との相関・因果関係は未解明である」という点に最大の注意が必要である．すなわち，**臨床適用に際しては，原材料や製造基材ではなくあくまで最終製品としてのヒトES・iPS細胞由来製品の造腫瘍性評価が最も重要であることに常に留意しなければならない**．したがって，製造基材としての多能性幹細胞のシーケンスデータ中のどの遺伝子を確認対象にするかによっては，最終製品による腫瘍形成への寄与がきわめて低い遺伝子変異しか含まないような多能性幹細胞までも不適切として排除してしまうことになり，合理性が失われる恐れもある．

2）先端技術による評価における注意点

この例のように，新しい技術が開発されても，「先端的技術だから」という理由のみでは，それをただちに製品の品質・安全性評価に適用することはできない．その技術による試験の結果を受けた後に，製品開発，製造および臨床の場において具体的にどういう判断が可能なのかが明らかでなければ，「手元にある当該製品の安全対策」としては意味をなさないということに注意が必要である．つまり現状では，遺伝子変異を指標にして造腫瘍性細胞の混入を検知しようとするならば，発がんリスクと非常に高い相関があることが既知である特定の遺伝子変異に限定し，より高感度かつ高精度で検出する方法を開発する方がむしろ有用である．

なお，再生医療製品の開発における次世代シーケンサーの可能性としては他に例えば，製造基材であるES・iPS細胞の同一性評価を目的とした利用（STRなどの代替としての利用）や，製造基材ES・iPS細胞および製品中の細胞のゲノム不安定性の評価を目的とした利用（CGHなどの代替としての利用）が考えられる．それぞれにおける有用性を議論するためには，レギュラトリー・サイエンス研究，すなわち，各目的に応じた試験系の性能と限界についての科学的な理解が必須である．

おわりに

ヒト多能性幹細胞加工製品を含む再生医療製品を対象にした造腫瘍性試験ガイドラインはいまだに存在しない．現時点では，再生医療製品の中でも特に造腫瘍性に関して懸念の強い製品について，本項で挙げたタイプの異なる試験を複数実施し，総合的に判断すべき

であると考えられる．なお，個別の製品で示すべき具体的評価事項は，原材料・製造基材や製品の特性・対象疾患・リスクマネジメントプランなどを勘案して製品ごとに判断されるものである．適切な試験を組み合わせた結果・評価についても，ヒトでの結果を完全に保証するものではなく，各試験法の能力と限界を理解したうえで，リスク評価・リスクマネジメント立案およびインフォームド・コンセントの受領を行うことが重要である．

◆ 文献

1) Hentze, H. et al. : Stem Cell Res., 2: 198-210, 2009
2) Griscelli, F. et al. : Am. J. Pathol., 180: 2084-2096, 2012
3) Riggs, W. et al. : Stem Cells Dev., 22: 37-50, 2013
4) WHO Expert Committee on Biological Standardization, 47th Report, 1998（Technical Report Series No. 878）
5) World Health Organization : Recommendations for the evaluation of animal cell cultures as substrates for the manufacture of biological medicinal products and for the characterization of cell banks. Proposed replacement of TRS 878, Annex 1, 2010
　（http://www.who.int/biologicals/Cell_Substrates_clean_version_18_April.pdf）
6) Kuroda, T. et al. : PLoS One, 7: e37342, 2012
7) Garcia, S. et al. : Immunity, 11: 163-171, 1999
8) Ito, M. et al. : Blood, 100: 3175-3182, 2002
9) Ishikawa, F. et al. : Blood, 106: 1565-1573, 2005
10) Machida, K. et al. : J. Toxicol. Sci., 34: 123-127, 2009
11) Quintana, E. et al. : Nature, 456: 593-598, 2008
12) Ben-David, U. & Benvenisty, N. : Nat. Rev. Cancer, 11: 268-277, 2011
13) The International Stem cell Initiative : Nat. Biotechnol., 29: 1132-1144, 2011

II ES・iPS細胞実験の基本プロトコール

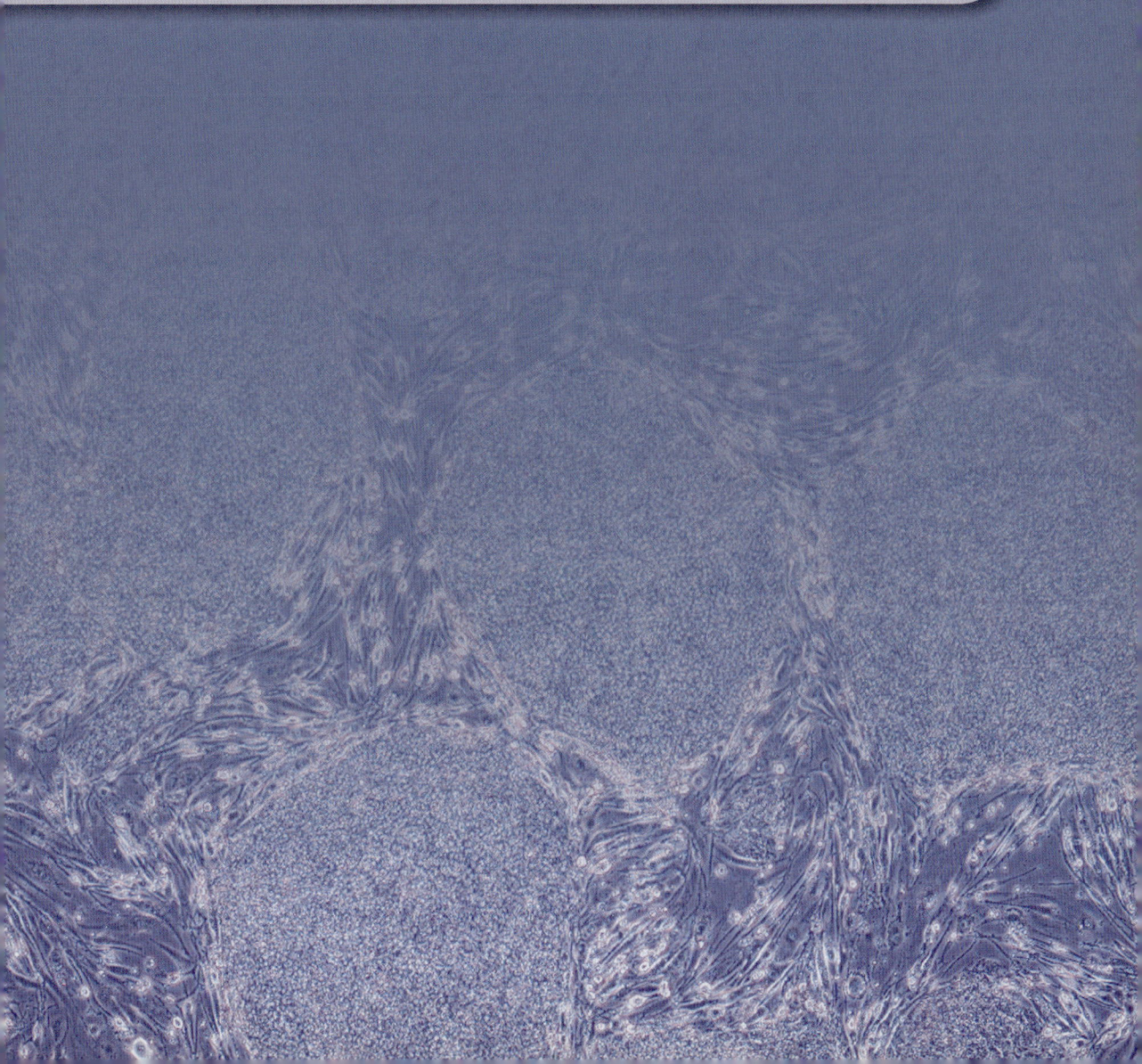

Ⅱ ES・iPS細胞実験の基本プロトコール

1 2i培養法を用いた マウスES細胞樹立法

大塚　哲，丹羽仁史

フローチャート

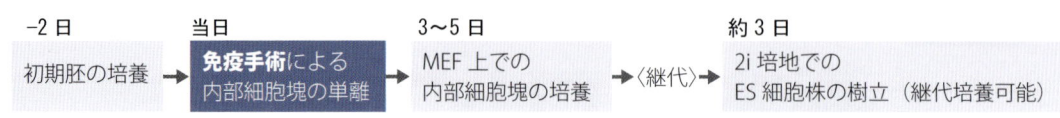

−2日	当日	3～5日		約3日
初期胚の培養	**免疫手術**による内部細胞塊の単離	MEF上での内部細胞塊の培養	〈継代〉	2i培地でのES細胞株の樹立（継代培養可能）

はじめに

　1981年，EvansらによってÏ世界で初めて胚性幹細胞（ES細胞）が樹立され，30年が経過した．ES細胞に遺伝子改変を施し，胚盤胞へ注入すると，その遺伝形質は生殖系列を通じて，次世代に受け渡される．この発見は，さまざまな遺伝学的解析を可能とし，forward geneticsの自然科学および医学領域への多大な貢献を果たしてきたことは周知の事実である．多くの研究者にとって，ES細胞は，遺伝子機能の解析のための強力なツールとして用いられてきた．一方で，ES細胞それ自身のもつ分化多能性についての研究も，われわれを含めた，多くのグループによって精力的になされ，未分化性を規定する転写因子ネットワークやシグナル経路の全貌が明らかにされつつある．ES細胞の未分化性維持には，正および負に制御するシグナル因子や転写因子が複雑に絡み合い絶妙なバランスを保つことで遂行されていると考えられる．

　従来ES細胞の樹立というと，未経験者にとって，手技的なものだけでなく精神的にも高いハードルがあったように思われる．実際，筆者らも，樹立条件の検討でかなり苦労した経験がある．特に，用いる血清のロット選択はきわめて重要であった．また，ES細胞が再現性よく，かつ安定的に樹立できたのは，129系統の遺伝的背景をもったマウスだけであった．B6系統やBalb/c系統からもES細胞株は樹立できたが，129系統に比べると樹立効率も低く，樹立されたES細胞株も不安定であった．また，従来の方法では決してES細胞が樹立されることのなかったマウス系統も少なからず存在し，例えば塩野義製薬の牧野が樹立した1型糖尿病の疾患モデルマウス（non-obese diabetic：NODマウス）は，医学的にきわめて重要な研究材料ではあるが，ES細胞株が樹立できないため，遺伝子改変NODマウスの作製が不可能で，病態の遺伝学的アプローチができないでいた．

　本項で紹介する，GSK3およびMEK inhibitor（2個のinhibitor）の組み合わせによる2i培養法はケンブリッジ大のSmithらのグループにより開発され，さまざまなマウス系統だけでなくラットからのES細胞株の樹立をも可能とした[1)2)]．これによって，これまでES細

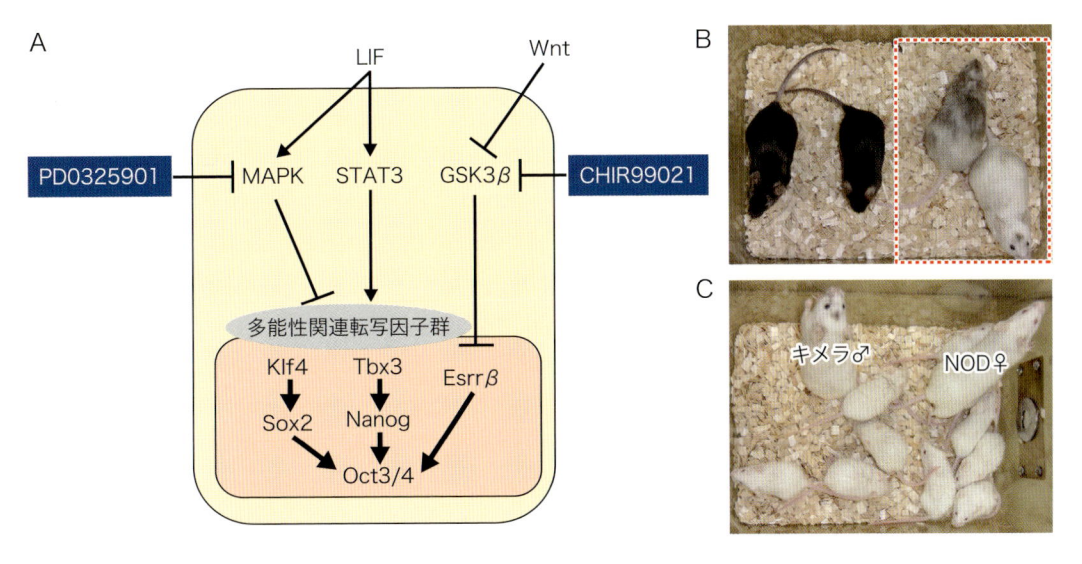

図1 2i培養法の基本原理

A) 2i培養法の基本原理．MAPキナーゼおよびGSK3シグナル経路の遮断によって，未分化性維持を支える転写因子ネットワークを維持している．B) NOD系統由来ES細胞を，B6（黒毛色）由来胚盤胞注入によって得られたキメラマウス個体（赤点線）．寄与しなかった胚由来の個体は，黒色となる．C) キメラ個体（♂）を野生型NOD（♀）と交配し，生殖系列伝達能を確認した．

胞を樹立する際に危惧されていた要因，すなわち血清のロット差やマウス系統差を考慮することなしに，ES細胞を新規に任意の系統から簡便に樹立することが可能となった．

原理

まず，図1Aに2i培養法の基本的な作用原理を示す．ES細胞の未分化維持に必須なシグナル解析から，MAPキナーゼ（MAPK）およびGSK3βが，未分化維持に対して抑制的に作用することが知られていた．阻害剤の組み合わせにより両者を抑制すると，ES細胞はきわめて均一な未分化集団として維持培養が可能であることが示された[1]．さらに，この均一性は，樹立されたES細胞株だけでなく，初期胚からの樹立過程においても同様で，ES細胞の樹立がきわめて容易になった．GSK3β阻害による未分化性維持の分子機構に関しては，詳細に調べられ，TCF3の抑制を介して未分化維持に対し作用していることが示されている[3]．一方で，MAPキナーゼ経路に関しては，その詳細なターゲット分子に関していまだ不明な点が多く，MAPキナーゼ阻害による分化細胞の割合の減少や，キメラ寄与率の上昇といった状況証拠が示されているに過ぎない[4]．

いずれにしても，2i培養法を用いてわれわれが樹立したNODマウス系統由来のES細胞は，B6系統（毛色は黒）への胚盤胞注入によるキメラ寄与率が高く，その後，生殖系列を経て次世代にNOD形質が伝達されることを確認できた（図1BC）．2i培養法を用いて樹立したES細胞株はきわめて安定に分化多能性を維持できている．

■ 準　備

- ☐ 実体顕微鏡
- ☐ CO_2 インキュベーター
- ☐ クリーンベンチ
- ☐ MEFを培養した4ウェルディッシュ
- ☐ MEFを培養した3.5 cm ディッシュ
- ☐ ガラスキャピラリー

1. 初期胚の回収と培養

- ☐ 交配プラグ確認後，1または3日目のマウス個体
- ☐ KSOM

  アークリソース社より購入可能．または他社製品，自家調製であっても胚培養検定済であれば使用可能．
- ☐ PD0325901（Stemgent社，#04-0006）

  DMSOに3 mMで溶解し，分注後−20℃で保存．
- ☐ CHIR99021（Stemgent社，#04-0004）

  DMSOに6 mMで溶解し，分注後−20℃で保存．
- ☐ M2培地（シグマ・アルドリッチ社，#M7167）
- ☐ 26G注射芯
- ☐ 1 mL注射シリンジ

培地の調製

- ☐ KSOM（2i添加）

		（最終濃度）
KSOM	10 mL	
3 mM PD0325901	3.3 μL	（1 μL）
3 mM CHIR99021	10 μL	（3 μL）
	10 mL	

2. 免疫手術による内部細胞塊の単離および培養

- ☐ プロテアーゼ（シグマ・アルドリッチ社，#P5147）

  Streptomyces griseus 由来，M2培地で最終濃度0.5 %（w/v）になるよう用事調製する．酸性タイロード溶液で代用可能．
- ☐ 抗マウス赤血球抗体（INTER-CELL TECHNOLOGIES社，#A3840）
- ☐ モルモット補体（Calbiochem社）

3. 2i培地での培養によるES細胞株の樹立と維持

試薬など
- □ マイトマイシン処理済みMEF
- □ 2i培地

  購入した培地[*1]に最終濃度1μM PD0325901, 3μM CHIR99021および100 Unit LIFを添加する．あるいは下記のように自家調製してもよい．

- □ Accutase® （シグマ・アルドリッチ社，#A6964）[*2]

培地の調製
2i培地の自家調製には次の試薬を準備する．
- □ DMEM/F12（ライフテクノロジーズ社，#10565-018）
- □ Neurobasal®（ライフテクノロジーズ社，#21103-049）
- □ ピルビン酸（ナカライテスク社，#06977-34）
- □ NEAA（ナカライテスク社，#06344-56）
- □ 2-ME
- □ LIF[*3]
- □ GMEM培地（シグマ・アルドリッチ社，#G6148）

  MilliQ水に溶解，フィルター滅菌[*4]．

- □ 2i培地の自家調製

  自家調製する場合は，以下の通りである．

		（最終濃度）
DMEM/F12	250 mL	
Neurobasal®	250 mL	
×100 ピルビン酸	5 mL	
×100 NEAA	5 mL	
2-ME	500 μL	(0.1 mM)
PD0325901 (3 mM)	168 μL	(1 μM)
CHIR99021 (3 mM)	500 μL	(3 μM)
LIF	50 μL	(100 Unit)
	約510 mL	

- □ 血清含有ES培地

  GMEM培地，もしくはG-MEM培地に以下を添加する[*5]．

		（最終濃度）
GMEM培地	400 mL	
血清	40 mL	(10%)
×100 ピルビン酸	4 mL	
×100 NEAA	4 mL	
2-ME	400 μL	(10^{-4}M)
LIF	400 μL	(10^3 Units)
	約450 mL	

[*1] Stem Cell Science社 SCS-SF-NB01．購入には英国本社へ問い合わせるか，国内では八洲薬品が輸入手配の代理を行っている．

[*2] または0.25%トリプシン/EDTA溶液（ナカライテスク社，#32777-44）．

[*3] 自家調製を行っているが，ESGRO（メルク社，#ESG1106）またはLIF human-recombinant（和光純薬工業社，#129-05601）で代用可能．

[*4] またはG-MEM培地（和光純薬工業社，#078-05525）も使用可能．

[*5] どちらの場合も，添加済み培地は，1カ月程度なら使用可能．

プロトコール

　ES細胞は，3.5日目のマウス初期胚の内部細胞塊から in vitro 培養系で，分化多能性を維持し，かつ無限増殖能を獲得した細胞群を安定的に増やすことで得られる．ES細胞樹立の際の基本的な手順は，従来の血清を含んだ培地でのES細胞樹立法と同様である．他の優れた著書（参考図書を参照）に詳細が記載されているので，本項では，われわれが通常用いている2iを用いたES細胞樹立法について詳細を紹介する．大まかな樹立の手順は以下の3項目からなる．

1. 初期胚の回収と培養
2. 免疫手術による内部細胞塊の単離および培養
3. 2i培地での培養によるES細胞株の樹立と維持

1. 初期胚の回収と培養

　回収するタイミングは8～16細胞期か胚盤胞のいずれかがよい．回収率は，8～16細胞期胚の方が高いので筆者はこちらを好んでいる．

A) 1.5日胚 8～16細胞期胚を用いる場合

❶ プラグ確認後，1.5日目のメス個体の卵管と子宮を5 mmほど残し摘出する

⬇

❷ 卵管采から26G注射芯を装着した1 mLシリンジを用いてM2培地で還流する

⬇

❸ 回収率を高めるために，子宮上部から約1 mLのM2培地で還流し，8細胞～桑実胚期の胚を回収する

B) 3.5日目の胚盤胞の場合

❶ 還流は子宮のみでよい

　この場合，子宮だけでなく卵管も残した状態で子宮・卵管を摘出しておくとよい．

⬇

❷ 子宮膣側から26G注射芯を装着した1 mLシリンジを挿入し，いったん子宮内部をM2培地で満たす[*1]

⬇

[*1] 子宮襞を引き延ばし，襞内に入り込んだ胚盤胞をM2培地中に浮遊させるようなイメージである．着床前の子宮壁は，胚盤胞の着床効率を上げるために襞構造が著しく発達する．このためいい加減に還流すると，胚の回収率は極端に低下する．たくさんの培地を注入しすぎると子宮壁が破れて，その後の還流ができなくなるので，子宮壁が薄くなる程度にしておく．

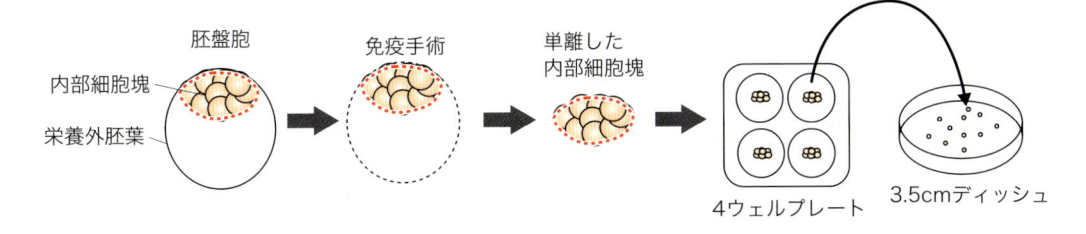

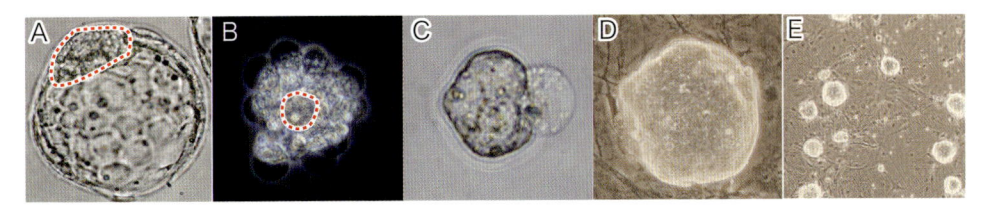

図2　免疫手術〜ES細胞樹立までの過程

免疫手術により胚盤胞から栄養外胚葉を除去し，内部細胞塊（赤線囲み）を単離し，2i培地で培養する．増殖した内部細胞塊を3.5cmディッシュへ継代培養する

❸ 子宮卵管側からM2培地で還流し，胚盤胞を回収する

❹ 実体顕微鏡下で回収された初期胚を確認し，マウスピペットを用いて回収し，KSOM（2i添加）中で，さらに2日間培養する

2i未添加培養胚に比べると，発育の乏しい栄養外胚葉が認められる（図2A）[4]*2

2. 免疫手術による内部細胞塊の単離および培養

❶ KSOM（2i添加）で培養後の胚盤胞をプロテアーゼ中へ移し，室温で30分間静置する*3

ハッチングしている胚はこの処理は必要ないので，別にまとめておく．透明帯が除去されているか，実体顕微鏡の反射板の角度を変えて確認しておく．

❷ KSOMにて洗浄し（3回），プロテアーゼを完全に洗い流す

❸ 透明帯除去済みおよびハッチングしている胚盤胞を，抗体溶液ドロップへ移し，インキュベーター内で30分間静置する

この間に，抗体は，胚盤胞の外側表面の栄養外胚葉のみに吸着される*4．この時点では，胚には変化はみられない．

❹ KSOMにて洗浄し（3回），未反応の抗体を完全に洗い流す

*2　栄養外胚葉系の細胞の増殖にはFGF-MAPKシグナルが重要であるとの報告があり，2i培地中では，MAPキナーゼ活性が著しく阻害されるため，発育の乏しい栄養外胚葉がみられるが，ES樹立には影響はみられない．また，この時点でのLIFの添加は必須ではない．

*3　酸性タイロード液でも透明帯除去は可能．むしろこちらを好む研究者も多くおられるようである．この場合，処理する時間は室温で1分以内に留めておく．酸性タイロード液は，反応が早く，栄養外胚葉も傷つけることがある．これに比べてプロテアーゼの場合，反応速度が遅く，少しくらい反応時間が長い場合でも，問題なくES細胞の樹立ができるため，筆者はプロテアーゼ溶液を好んで用いている．

*4　栄養外胚葉除去に適した抗体濃度は，事前に検定しておく必要がある．抗体価が低い場合，補体処理しても，栄養外胚葉が内部細胞塊の周りに残ってしまい，その後内部細胞塊のディッシュへの接着を阻害することがある．

❺ モルモット補体溶液へ移し，インキュベーター内で30分間静置する

免疫手術がうまくいっていれば，この時点で，破裂した栄養外胚葉が観察される（図2B）．

⬇

❻ KSOM培地で洗浄する

先端の細いガラスキャピラリーを装着したマウスピペットを使って何度かピペッティングする．これで破裂した栄養外胚葉を除去し，内部細胞塊のみを単離できる（図2C）．

3. 2i培地での培養によるES細胞株の樹立と維持

❶ 単離できた内部細胞塊を4ウェルプレートのMEF上に移し*5，培養を行う

単離できた内部細胞塊の状態にもよるが，数日で内部細胞塊が増殖し，播種可能な状態になるはずである（図2D）．

⬇

❷ 培地を吸引し，PBSで洗浄後，Accutase® 処理を行い細胞塊をバラバラにする*6

⬇

❸ 10倍量の血清を含んだES細胞培地（血清含有ES培地）を加え，軽くピペッティングする

⬇

❹ 細胞をバラし，15mLチューブに移し，遠心（1,000rpm（170G）で5分程度）する

⬇

❺ 2i培地で細胞ペレットを再懸濁し，全量を3.5cmディッシュへ移す

⬇

❻ 数日で，コロニーが育ち，継代培養可能な状態になる（図2E）

*5 2i培地中では，ES細胞のディッシュへの接着はきわめて弱く，ゼラチンコートでは培養中にコロニーが浮き上がってしまうことがある．樹立当初は，細胞数が少なく，ロスを防ぐためにもMEFの使用をおすすめする．

*6 トリプシンの場合，トリプシン添加後すぐに細胞隗が剥がれてくるので，細胞同士の接着が緩んだ頃に血清含んだES細胞培地を加えて，1mLマイクロピペットで数回ピペッティングし，細胞隗をバラす．Accutaseの場合，トリプシンに比べてマイルドに反応し，室温で5分程度（またはインキュベーター内で1～2分）置くときれいに剥がれる．どちらを使うかは，研究者の好みで使い分けるとよい．いずれにしても，1細胞ずつにきれいにバラした方がよい．

実験例

本項で紹介した2i培養法で樹立した129系統およびNOD系統由来のES細胞は2i培地中では，ほぼすべての細胞が未分化性を維持したまま安定して増殖する（図3AC）．それらを従来の血清を含んだ培地へ移すと，129系統由来のES細胞は増殖するのに対して，NOD系統由来のES細胞は細胞死または分化してしまい，維持できない（図3BD）．

2i培地でのES細胞集団は，原則としてすべての細胞が各々多能性をもつ．したがって，1個のES細胞を胚盤胞へ注入すると個体発生に寄与するはずである．ここでは，EGFP発

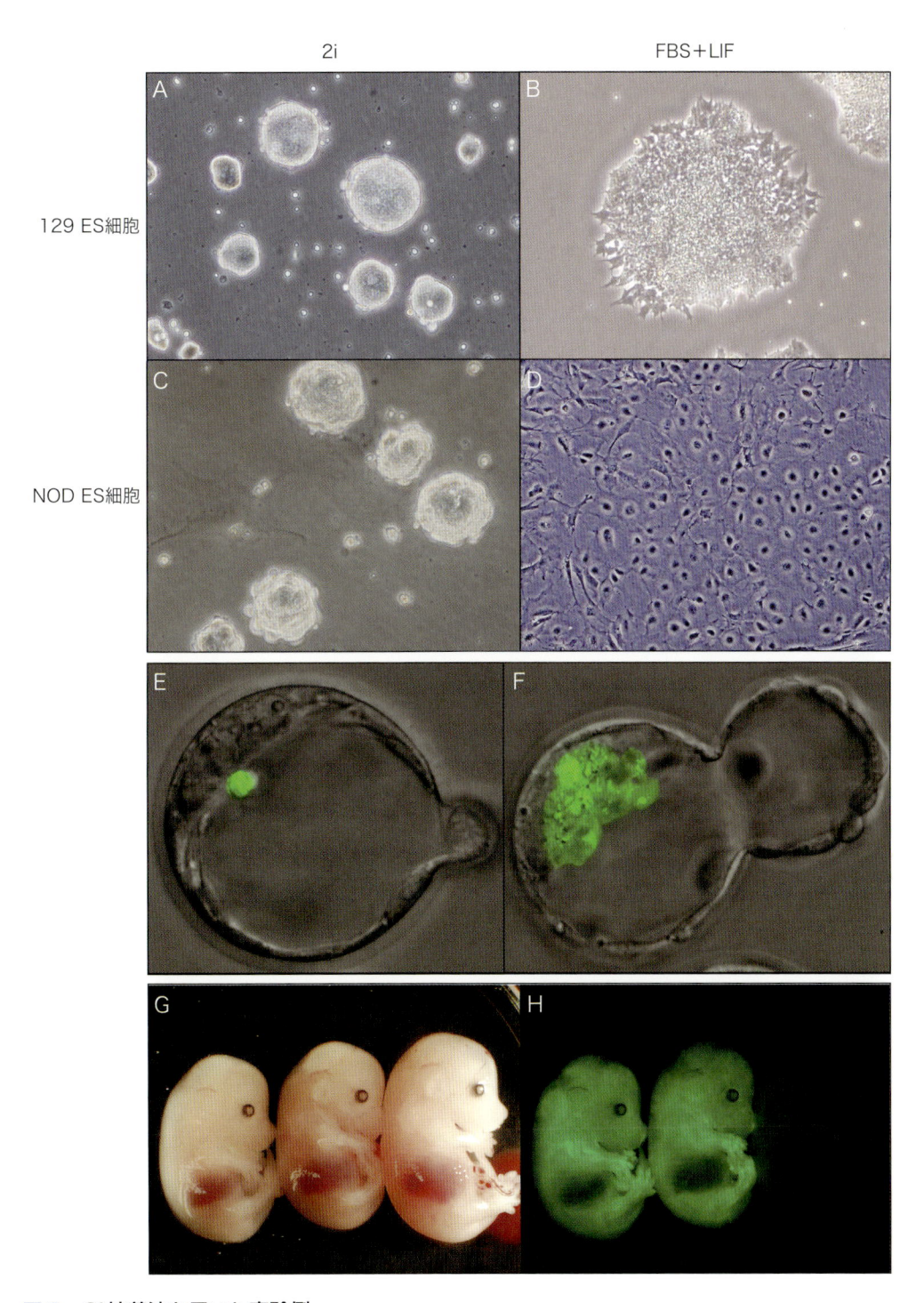

図3 2i 培養法を用いた実験例

2i 培養で樹立した ES 細胞株は，血清（FBS）を含んだ従来の培養条件での増殖と大きく異なり，自発的な分化がほとんどみられない．さらに，由来するマウス系統による差もほぼ認められない（A と C）．その他の解説は本文参照

現ES細胞を，1個だけ胚盤胞に注入した（図3E）．24時間KSOM中で培養すると，注入されたES細胞は内部細胞塊へ取り込まれ，増殖している（図3F）．また，1個のES細胞を注入した胚盤胞を偽妊娠マウスの子宮へ移植すると，全身にEGFPを発現したES細胞由来の細胞の寄与が認められる（図3GH）．

おわりに

　従来法ではマウスの遺伝的背景によって，ES細胞の樹立を許容する系と許容しない系統の存在は知られていたが，その説明はできなかった．2i培養法が開発されすべてのマウス系統から樹立が可能となったことで，ES細胞状態の許容性に関する研究が可能となった．それがヒトを含めた動物種の多能性の分子的な説明を可能とする一端になることを期待している．

　2i培養法はげっ歯類由来のES細胞株の樹立には，きわめて有効である．しかしながら，それ以外のサルやヒトからのES細胞株樹立に有効ではないようである．

　これまでのES細胞で得られた知見に基づき，近年iPS細胞の技術が確立され，医療応用をめざした再生医療分野の成果の蓄積は著しいものがある．ES細胞で培われた分化誘導系や未分化維持機構の分子メカニズムなどの知見とiPS細胞での両者の比較検討は，引き続き重要であることは疑いの余地がない．本項が，iPS細胞を使った応用領域とES細胞での基礎領域の橋渡しとして微力ながら貢献できればES研究者としてこれほどの喜びはない．

◆ 文献

1) Ying, Q. L. et al.：Nature, 453：519-523, 2008
2) Buehr, M. et al.：Cell, 135：1287-1298, 2008
3) Martello, G. et al.：Cell Stem Cell, 11：491-504, 2012
4) Nichols, J. et al.：Development, 136：3215-3222, 2009

◆ 参考図書

以下の文献では，マウス胎仔からのMEF作製法や，従来のES細胞樹立および培養法など，本項では省略されている部分についての詳細が記されている．参照していただきたい．

1) 『ポストゲノム時代の実験講座4』（中辻憲夫／編），羊土社，2001
2) 『Manipulating the Mouse Embryo：A Laboratory Manual 3rd edition』（Nagy, A. et al），Cold Spring Harbor Press, 2003
3) 『ザ・プロトコルシリーズ　ジーンターゲッティングの最新技術』（八木健／編），羊土社，2000

II ES・iPS細胞実験の基本プロトコール

2 iPS細胞株の作製

沖田圭介

フローチャート

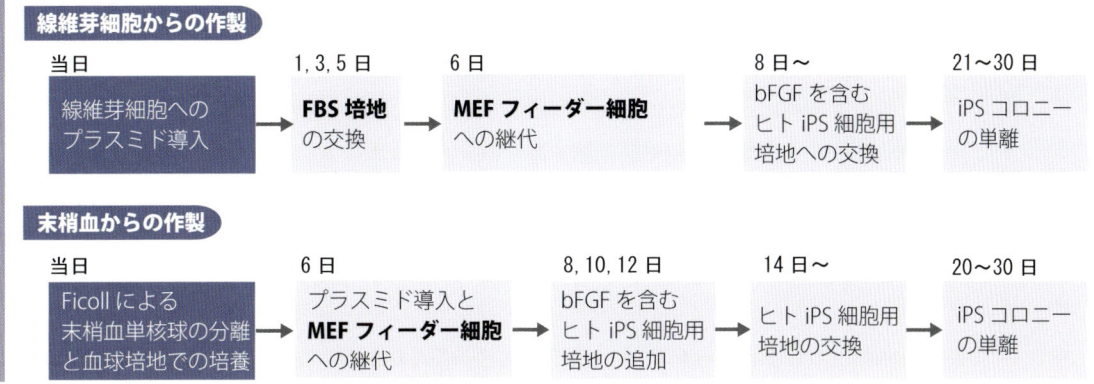

線維芽細胞からの作製

当日: 線維芽細胞へのプラスミド導入 → 1, 3, 5日: **FBS培地**の交換 → 6日: **MEFフィーダー細胞**への継代 → 8日～: bFGFを含むヒトiPS細胞用培地への交換 → 21～30日: iPSコロニーの単離

末梢血からの作製

当日: Ficollによる末梢血単核球の分離と血球培地での培養 → 6日: プラスミド導入と**MEFフィーダー細胞**への継代 → 8, 10, 12日: bFGFを含むヒトiPS細胞用培地の追加 → 14日～: ヒトiPS細胞用培地の交換 → 20～30日: iPSコロニーの単離

はじめに

マウスで初めて報告されたiPS細胞であるが[1]、その後の研究からラットやウサギ、ブタ、カニクイザル、ヒトなどさまざまな生物からも同様の方法での樹立が報告されている。Oct3/4をはじめとする多能性幹細胞の特性を司る転写因子の強制的な発現が、初期化の要であり、複数の方法が提唱されている。ここでは**プラスミドを用いてヒトの線維芽細胞と末梢血からiPS細胞を作製する方法**について解説する[2)3)]。

iPS細胞作製の5つの方法

iPS細胞の作製に用いる方法は大きく①ウイルスベクター、②DNAベクター、③RNAベクター、④タンパク質、⑤化合物、に分けられる。それぞれ一長一短がある。初期にマウスiPS細胞の作製に使われたレトロウイルスベクターは、iPS細胞の誘導効率が高いものの、そのゲノムに外来性遺伝子を挿入してしまう。そのため、内在性ゲノムの構造が壊されてしまうとともに、予期せず外来性遺伝子が発現することも認められている[4]。こうした点を解消するためにゲノムへの挿入のない（少ない）iPS細胞の誘導方法が開発されてきた。その1つがセンダイウイルスベクターを用いた方法である[5]。これはRNAゲノムをもつウイルスベクターであり、感染後に宿主の細胞質にRNAのまま増幅維持される。広く使われ

ているのは温度依存的に増幅能力が低下する変異をもつベクターであり，iPS細胞樹立後に高温で培養することで外来性RNAが細胞質より消失していく．また，遺伝子をコードするRNAを直接細胞に導入してiPS細胞を作製する方法も確立しつつある．さらにOCT3/4などのタンパク質を修飾し，直接細胞に導入する方法や，化合物のみでiPS細胞を作製する方法も報告されている．われわれは研究室での扱いが容易なDNAベクターであるプラスミドを用いた方法を開発しており，非常に再現性よくiPS細胞ができている[2)3)]．細胞への遺伝子の導入には電気穿孔法（エレクトロポレーション法）を用いている．

導入の概略

線維芽細胞は主に皮膚に由来する細胞であり，比較的よく増殖する．扱いが容易であり，疾患患者から分離した線維芽細胞も細胞バンクから手に入れることが可能である．遺伝子導入後に1週間程度培養し，フィーダー細胞上へと播種する．これをiPS細胞用の培地で培養することによって1カ月ほどでiPS細胞が得られる．線維芽細胞の増殖速度が速い場合はSNL76/7フィーダー上で，遅い場合はMEFフィーダー上でコロニーが多く得られる傾向がある．

末梢血には赤血球や顆粒球，血小板などが含まれているため，始めに密度勾配遠心法により単核球の精製を行う．その後に，サイトカイン存在下で6日ほど培養して，単核球中の幹細胞や前駆細胞の増殖を促す．培養後にプラスミドを導入した後，フィーダー細胞上に播種する．細胞が浮遊しているため，1週間程度は培地の交換は行わず，培地の追加のみを行う．およそ1カ月程度でiPS細胞のコロニーができてくる．また，凍結保存した末梢血単核球からの樹立も可能である．樹立された多くのiPS細胞はTCRやIGH遺伝子座に組換えをもたない．

A. 線維芽細胞からのiPS細胞株作製

準備

細胞および試薬
□ 線維芽細胞
  ヒト皮膚線維芽細胞を用意する．下記の会社および機関などから細胞を入手することが可能．
  Cell applications社（http://www.cellapplications.com/）
  Lonza社（http://www.lonza.com/Home.aspx）
  ATCC（American Type Culture Collection）（http://www.atcc.org/）

Coriell Cell Repositories（http://ccr.coriell.org/）
理研バイオリソースセンター（http://brc.riken.jp/）
医薬基盤研究所（http://www.nibio.go.jp/index.html）

☐ **MEF細胞**

マウス胎生13.5日胚より作製するmouse embryonic fibroblastである．作製方法は参考図書1に詳しく記載されている．リプロセル社（#RCHEFC003）やLonza社（#M-FB-481）など，いくつかの会社から市販もされている．マイトマイシンC処理などで細胞分裂を止めた後，フィーダーとして使用する[*1]．

☐ **SNL76/7細胞**[6)]

ECACC（European Collection of Cell Cultures）（http://www.phe-culturecollections.org.uk/collections/ecacc.aspx）より入手可能．マイトマイシンC処理などで細胞分裂を止めた後，フィーダーとして使用する．

☐ **初期化用プラスミドベクター**

米国非営利団体Addgene（http://www.addgene.org/Shinya_Yamanaka）より入手できる．pCE-hOCT3/4とpCE-hSK，pCE-hUL，pCE-mp53DD，pCXB-EBNA1の4種もしくは5種類を混ぜて使用する．pCEプラスミドはEpstein-barrウイルス由来のEBNA-1とOriP配列をもち，ヒト細胞内で増幅する．遺伝子導入効率の評価にはpCE-GFPやAmaxa kitに付属のpmaxGFPなどを利用するとよい．Epi5™ Episomal iPSC Reprogramming Kit（ライフテクノロジーズ社，#A15960）も利用可能．

☐ **DMEM（Dulbecco's modified eagle medium）（ナカライテスク社，#08459-64）**

☐ **PBS（D-PBS（-）without Ca and Mg, liquid）（ナカライテスク社，#14249-95）**

☐ **FBS（Fetal bovine serum）**

☐ **Penicillin/Streptomycin（ライフテクノロジーズ社，#15140-122）**

☐ **ヒト組換えbFGF（Recombinant basic fibroblast growth factor, human）（和光純薬工業社，#064-04541）**

☐ **BSA（Bovine serum albumin）（ICN社，#810-661）**

☐ **0.25％ Trypsin/ 1 mM EDTA solution（ライフテクノロジーズ社，#25200-056）**

☐ **Neon™ Transfection System 100 μL Kit（ライフテクノロジーズ社，#MPK10096）**

☐ **霊長類ES細胞用培地（リプロセル社，#RCHEMD001）**

[*1] われわれはマイトマイシンCを10 μg/mLとなるように培地に加え，2時間半の処理を行ってフィーダー細胞として用いている．

試薬の調製

☐ 1% BSA 溶液

0.22 μm フィルターを通して滅菌する．分注して−20℃で保存する．

		(最終濃度)
PBS	5 mL	
BSA	50 mg	(1%)
	約 5 mL	

☐ 0.1% BSA/PBS 溶液

分注して−20℃で保存する．

		(最終濃度)
PBS	4.5 mL	
1% BSA 溶液	500 μL	(0.1%)
	5.0 mL	

☐ 10% FBS 培地（線維芽細胞やMEF細胞用）

0.22 μm フィルターを通して滅菌する．4℃で1週間保存可能．

		(最終濃度)
FBS	50 mL	(10%)
Penicillin/streptomycin	2.5 mL	
DMEM	447.5 mL	
	500.0 mL	

☐ bFGF 溶液（10 μg/mL）

分注して−20℃で保存する．

		(最終濃度)
bFGF	50 μg	(10 μg/mL)
0.1% BSA/PBS 溶液	5 mL	
	約 5 mL	

☐ ヒトiPS細胞用培地

4℃で1週間保存可能．

10 μg/mL bFGF	0.2 mL
霊長類ES細胞用培地	500 mL

☐ プラスミドミックス A

3 μL ずつ分注して，−20℃で保存する．

pCE-hOCT3/4 (1 μg/μL)	6 μg
pCE-hSK (1 μg/μL)	6 μg
pCE-hUL (1 μg/μL)	6 μg
pCE-mp53DD (1 μg/μL)	6 μg

器具・機材

☐ 100 mm 培養ディッシュ（Corning社，#353803など）

☐ 6-, 24-, 96-ウェル培養プレート（Corning社，#353046，#353047，#351172など）

☐ 15, 50 mL チューブ（Corning社，#352196，#352070など）

- □ 1，5，10，25 mL プラスチックピペット（Corning社，#356521，#357543，#357551，#357525 など）
- □ 0.22 μm フィルター（メルク社，#SLGP033RS など）
- □ 10 mL シリンジ（テルモ社，#SS-10ESZ など）
- □ 自動細胞計測装置 Coulter counter Z2（ベックマン・コールター社）
- □ Pippette aid
- □ マイクロピペット，チップ
- □ 1.5 mL チューブ
- □ CO_2 インキュベーター
- □ 遺伝子導入装置
  Neon Transfection System MPK5000（ライフテクノロジーズ社）*2

*2 Nucleofector™ 2b 装置（Lonza社，#AAB-1001）などでも代用可能．

プロトコール

1. 線維芽細胞へのプラスミド導入 （0日目）

❶ 10% FBS 培地で 100 mm 培養ディッシュに線維芽細胞を培養しておく*1

⬇

❷ 6 ウェルプレートの 1 ウェルに 10% FBS 培地を 3 mL 入れて，CO_2 インキュベーターで 37℃ に温めておく

⬇

❸ 線維芽細胞の培養上清を吸引除去し，PBS10 mL を加える

⬇

❹ PBS を吸引除去し，ディッシュあたり 1 mL の 0.25% Trypsin/ 1 mM EDTA solution を加える

⬇

❺ 37℃ で 3 分間インキュベートする*2

⬇

❻ 10% FBS 培地を 4 mL 加え，ピペッティングにより細胞塊をバラバラにする

⬇

❼ 細胞数を測る*3

⬇

❽ 6×10^5 cells を 15 mL チューブに入れ，PBS を加えて 10 mL にする

*1 コンフルエントに近くなってきたら iPS 細胞誘導に用いる．

*2 長時間のトリプシン処理はエレクトロポレーション後の生存率を低下させる．

*3 100 mm 培養ディッシュ 1 枚から $1 \sim 2 \times 10^6$ を回収できる．

❾ 200 G で 5 分間遠心する

❿ この間に，以下のプラスミド溶液を作製する

Buffer R（Neon キットに付属）	100 μL
プラスミドミックス A	3 μL

⓫ Neon Kit 付属の Neon チューブに Buffer E2 を 3 mL 入れる

⓬ 遠心終了後，細胞の上清を 100 μL 程度残してアスピレーターで吸い取る

⓭ マイクロピペットを用いて，しっかりと上清を取り除く

⓮ プラスミド溶液に細胞を懸濁して，1.5 mL チューブに移す

⓯ Neon 100 μL tip で細胞懸濁液を吸い上げ，機器にセットする[*4]

⓰ 右記[*5]の条件でエレクトロポレーションを行う

⓱ すばやく温めておいた 6 ウェルプレートに播く[*6]

2. 培地交換 （1日目）

❶ 線維芽細胞の培養上清を吸引除去し，2 mL の新鮮な 10％ FBS 培地と交換する[*7]

3. フィーダー細胞の準備 （5日目）

100 mm ディッシュを 2 時間程度ゼラチンコートし，マイトマイシン C 処理をした MEF 細胞（0.8×10^6 cells/dish）もしくは SNL76/7 細胞（1.5×10^6 cells/dish）を播く．

4. フィーダー細胞への継代 （6日目）

❶ 遺伝子を導入した線維芽細胞の培地を吸引除去し，PBS を 2 mL 加える

❷ PBS を吸引除去し，0.3 mL/well の 0.25％ Trypsin/ 1 mM EDTA solution を加える

*4 泡を入れないように注意すること．

*5 Voltage : 1,650 V
Width : 10 ms
Pulse Number : 3

*6 細胞のプラスミド溶液への懸濁から播種までは 1 サンプルずつ，すばやく処理すること．

*7 以降，培地の交換は 2 日に 1 回行う．

❸ 37℃で3～5分間インキュベートする

❹ 10% FBS培地を2 mL加え，ピペッティングにより細胞塊をバラバラにする

❺ 細胞数を計測する[*8]

❻ 1×10^4 cells/ mLとなるよう調製する．10 mLの細胞懸濁液（1×10^5 cells）を100 mmディッシュのフィーダー細胞上に播く

❼ 37℃，5% CO_2で培養する

5. ヒトiPS細胞用培地への交換 （8日目～）

❶ 培地をヒトiPS細胞用培地に交換する[*9]

6. iPSコロニーの単離 （21～30日目）

❶ コロニーが成長し，肉眼で確認できるようになってきたら，分化が始まる前に拾う（～2 mm）

❷ 96ウェルプレートに200 μL/wellのヒトiPS細胞用培地を分注しておく

❸ P10のマイクロピペットを用い，実体顕微鏡下でコロニーを剥がす

❹ 拾ったコロニーを，1つずつ96ウェルプレートに移す

❺ ピペッティングによってコロニーが小塊となるまで崩す[*10]

❻ 24ウェルプレートのSNL76/7フィーダー細胞上に播き，300 μLのヒトiPS細胞用培地を加え，37℃，5% CO_2インキュベーターで80～90%コンフルエントとなるまで培養する
以後はSNL76/7フィーダー細胞上で継代を続ける．

[*8] この時点で$0.4～1 \times 10^6$個になっている．

[*9] 以降2日に1回培地を交換する．

[*10] 重要 コロニーはシングルセルの状態までバラバラにしないこと．

B. 末梢血からのiPS細胞株作製

準備

細胞や試薬

- [ ] ヒト血液

    適切な抗凝固剤（EDTAやヘパリン，ACD-A液など）を用いて採血する．ヒト単核球についてはCellular Technology Limited社（CTL-UP1など）やSanguine Biosciences社（PBMC-001）などから市販もされている．

- [ ] Ficoll-Paque PREMIUM（GEヘルスケア社，#17-5442-02）
- [ ] 0.5％-トリパンブルー染色液（ナカライテスク社，#29853-34）
- [ ] STEM-CELLBANKER（日本全薬工業，#CB043）
- [ ] StemSpan ACF（StemCell Technologies社，#09805）
- [ ] Recombinant human IL-3（PeproTech社，#200-03）
- [ ] Recombinant human IL-6（PeproTech社，#200-06）
- [ ] Recombinant human TPO（PeproTech社，#300-18）
- [ ] Recombinant human Flt3-Ligand（PeproTech社，#300-19）
- [ ] Recombinant human SCF（PeproTech社，#300-07）
- [ ] Amaxa Human CD34 Cell Nucleofector® Kit（Lonza社，#VAPA-1003）
- [ ] 初期化用プラスミドベクター
- [ ] 10％ FBS 培地
- [ ] 0.1％ BSA/PBS 溶液
- [ ] ヒトiPS細胞用培地

試薬の調製

- [ ] IL-3溶液（10 μg/mL）

    分注して−20℃で保存する．

		（最終濃度）
IL-3	2 μg	（10 μg/mL）
0.1％ BSA/PBS 溶液	200 μL	

- [ ] IL-6溶液（100 μg/mL）

    分注して−20℃で保存する．

		（最終濃度）
IL-6	5 μg	（100 μg/mL）
0.1％BSA/PBS 溶液	50 μL	

☐ TPO 溶液（300 μg/mL）

分注して−20℃で保存する．

		（最終濃度）
TPO	10 μg	（300 μg/mL）
0.1％BSA/PBS 溶液	33.3 μL	

☐ Flt3-Ligand 溶液（300 μg/mL）

分注して−20℃で保存する．

		（最終濃度）
Flt3-Ligand	10 μg	（300 μg/mL）
0.1％BSA/PBS 溶液	33.3 μL	

☐ SCF 溶液（300 μg/mL）

分注して−20℃で保存する．

		（最終濃度）
SCF	10 μg	（300 μg/mL）
0.1％BSA/PBS 溶液	33.3 μL	

☐ 血球培地

用事調製．

StemSpan ACF	10 mL
IL-6 溶液（100 μg/mL）	10 μL
SCF 溶液（300 μg/mL）	10 μL
TPO 溶液（300 μg/mL）	10 μL
Flt3 ligand 溶液（300 μg/mL）	10 μL
IL-3 溶液（10 μg/mL）	10 μL

☐ プラスミドミックス B

3 μL ずつ分注して，−20℃で保存する．

pCE-hOCT3/4（1 μg/μL）	6.3 μg
pCE-hSK（1 μg/μL）	6.3 μg
pCE-hUL（1 μg/μL）	6.3 μg
pCE-mp53DD（1 μg/μL）	6.3 μg
pCXB-EBNA1（1 μg/μL）	5 μg

器具・機材

☐ 6-, 24-, 96-ウェル培養プレート（Corning 社，#353046, #353047, #351172 など）

☐ 15, 50 mL チューブ（Corning 社，#352196, #352070 など）

☐ 1, 5, 10, 25 mL プラスチックピペット（Corning 社，#357520, #357543, #357551, #357525 など）

- □ Pippette aid
- □ ピペットマン，チップ
- □ 1.5 mL チューブ
- □ CO_2 インキュベーター
- □ Nucleofector™ 2b 装置（Lonza社，#AAB-1001）

プロトコール

1. Ficoll を用いた末梢血単核球の分離 （0日目）

❶ 遠心機を18℃に設定する[*1]

❷ Ficoll-Paque PREMIUM を 5 mL ずつ 15 mL チューブ 2 本に分注する

❸ 抗凝固剤を入れた血液 5 mL に対し，PBS 5 mL を加えて希釈し，Ficoll の上に 5 mL ずつ重層する[*2]

❹ 400G，18℃で30分間遠心する[*3]

❺ 遠心後，白く濁った中間層をマイクロピペットでゆっくりと回収し，新しい 15 mL チューブに移す[*4]

❻ 回収した単核球に対し，PBS 12 mL を加えてよくピペッティングをする

❼ 200G，18℃で10分間遠心する[*5]

❽ 上清をアスピレートして除く

❾ StemSpan ACF を 3 mL 加えて懸濁する

❿ 細胞懸濁液 10 μL を取り，トリパンブルーで染色して，血球計算盤でカウントする

末梢血 1 mL から，およそ 1×10^6 cells が回収できる．

*1 低温だと単核球の分離が悪くなる．

*2 このとき，界面を乱さないように管壁を伝わらせてゆっくりと加えること．

*3 加速，減速ともゆっくり行う．

*4 1本より 1 mL 程度回収できる．2本分をまとめて1本にする．Ficoll の入った下層は吸い取らないようにする．

*5 400G ではないことに注意．減速はゆっくり．

2. 単核球の培養

❶ 6ウェルプレートの1ウェルに血球培地を2 mL入れる

⬇

❷ 培地の蒸発防止用に,残りの5ウェルにPBSを2 mLずつ入れて,37℃に温めておく

⬇

❸ 単核球 3×10^6 cells を15 mLチューブに分注する

⬇

❹ 300G,18℃で10分間遠心する[*6]

⬇

❺ 上清をアスピレートする

⬇

❻ 温めておいた6ウェルプレートの血球培地に再懸濁する

⬇

❼ 37℃,5% CO_2 で6日間培養する.この間,培地交換はしない
余った単核球はSTEM-CELLBANKERなどで凍結保存可能.

[*6] 減速はゆっくり.

3. フィーダー細胞の準備 (5日目)

❶ 6ウェルプレートを2時間程度ゼラチンコートし,MEFフィーダー細胞(マイトマイシンC処理をしたもの)を 3×10^5 cells/wellで播く

4. 培養単核球へのプラスミド導入 (6日目)

❶ 血球培地を必要量作製しておく(1.5 mL/well)

⬇

❷ 培養単核球を軽くピペッティングして,15 mLチューブに回収する

⬇

❸ 細胞懸濁液10 μLをトリパンブルーで染めて,血球計算盤でカウントする
多くの場合,培養開始時から1/3程度に減少している.

⬇

❹ 200G,18℃で10分間遠心する[*6]

⬇

❺ この間に，以下のエレクトロポレーション溶液を作製する

Human CD34 Cell Nucleofector® Solution	81.8 μL
Supplement	18.2 μL
プラスミドミックスB	3 μL

❻ 遠心終了後，上清を100 μLほど残してアスピレートする

⬇

❼ その後，マイクロピペットを使って，上清をしっかりと取り除く

⬇

❽ エレクトロポレーション溶液に細胞を懸濁して，キュベットに移す[*7]

*7 泡を入れないこと．

⬇

❾ Nucleofector™ 2b装置にキュベットを差し込み，プログラムU-008でエレクトロポレーションを実施する

⬇

❿ 作製しておいた血球培地にすばやく移す

⬇

⓫ MEFフィーダー細胞を播種した6ウェルプレートに1.5 mL/wellで播く[*8]

*8 1ウェルあたり1〜5×10^4細胞くらいを目安に．

⬇

⓬ 37℃，5% CO_2 で培養する

5. 培地の追加　(8, 10, 12日目)

❶ ヒトiPS細胞用培地1.5 mLをディッシュの壁面に添わせるように，それぞれのウェルに追加する

6. ヒトiPS細胞用培地への交換　(14日目)

❶ 培地を吸引除去し，ヒトiPS細胞用培地1.5 mLをそれぞれのウェルに入れる[*9]

*9 以降，培地の交換は2日に1回行う．

7. iPSコロニーの単離　(20〜30日目)

前述した方法（A-6）と同様に行う．

8. 細胞内のプラスミドの検出

導入したプラスミドはiPS細胞の継代により，やがて失われていくが，まれにゲノム内に挿入されていることがある．のちの解析に支障をきたす恐れがあるため，ゲノムPCRにより細胞内のプラスミドを検出する．プライマーやPCR条件などは図1の通り[3)7)]．PCRのコントロールにはpCXLE-Fbx15-cont2（Addgene）などが利用できる．

```
Primer   プラスミド検出用  pEP4-SF1   : TTC CAC GAG GGT AGT GAA CC
                          pEP4-SR1   : TCG GGG GTG TTA GAG ACA AC
         ヒトゲノム検出用  hFbx15-2F  : GCC AGG AGG TCT TCG CTG TA
                          hFbx15-2R  : AAT GCA CGG CTA GGG TCA AA

PCR条件   94℃  2 分
         94℃  20 秒  ┐
         64℃  20 秒  ├ 30 サイクル
         72℃  40 秒  ┘
         72℃  3 分
```

図1　細胞内プラスミド検出のためのゲノムPCRの概要

⚠ トラブルへの対応

■iPS細胞ができない

→遺伝子導入効率が充分か，GFP発現ベクターなどを用いて確認する

線維芽細胞と末梢血のいずれでも30％以上あることが望ましい．細胞の生存率についても注意を払い，線維芽細胞の場合は増殖期の細胞を遺伝子導入に用いるようにする．一般的に継代数の進んだ線維芽細胞はiPS細胞の誘導効率が落ちるため，継代数の少ない細胞を使うことを考える．増殖速度が速い線維芽細胞では，iPS細胞のコロニーができる前に線維芽細胞がディッシュを埋め尽くしてしまうことがある．SNL76/7フィーダーを用いたり，継代時の細胞数を減らしたりすることで改善することがある．

→iPS細胞に適切な条件で培養できているかを確認する

例えば，使用しているフィーダーとヒトiPS細胞用培地で樹立済みのiPS細胞が培養できるかを確かめる．

→iPS細胞ができにくい，あるいは維持しにくいドナーがいる

別のドナーからの樹立を試す．

■拾ったiPS細胞のコロニーが生着しない

iPS細胞は単一細胞まで乖離させると，細胞死を起こす．拾った直後のピペッティングの回数を減らし，数十細胞くらいの塊を保持するようにする．96ウェルプレートで崩すのが難しい場合は，直接24ウェルプレートに入れて実体顕微鏡で見ながらピペッティングを行ってもよい．その際，フィーダー細胞を剥ぎ取らないように注意する．

■すべてのクローンでプラスミドが検出される

プラスミドは細胞内から徐々に消失していくが，消えるまでに10継代程度必要な場合がある．2～3継代目でのPCRは，明らかにプラスミドが大量に残っているクローンを検出して排除するスクリーニングとして用いる．残ったクローンについて，継代を進めて再度PCRを行う．また，検出されるレベルが今後予定している実験に対して支障があるかどうかも併せて判断する．

実験例

　線維芽細胞を使用した場合は10〜100個程度のコロニーが，末梢血を使用した場合は10〜30個程度のコロニーが得られる．多くの場合，境界が明瞭で扁平なコロニーが形成される（図2A）．線維芽細胞の場合は，しばしばiPS細胞にならなかった細胞が増殖してディッシュを覆うために，少し盛り上がったコロニーを形成する場合がある（図2B）．このようなコロニーでも単離した後には，扁平なコロニー形態を示す．3継代くらいまでは分化しやすい傾向があるので，早めの継代を心がける．一方で，iPS細胞になれなかった細胞もコロニーをつくる（図2C）．これらのコロニーでは，細胞間隙が広めに見えたり，周辺部に線維芽細胞状の細胞が認められたりする．iPS細胞かどうか，はっきりしない場合はとりあ

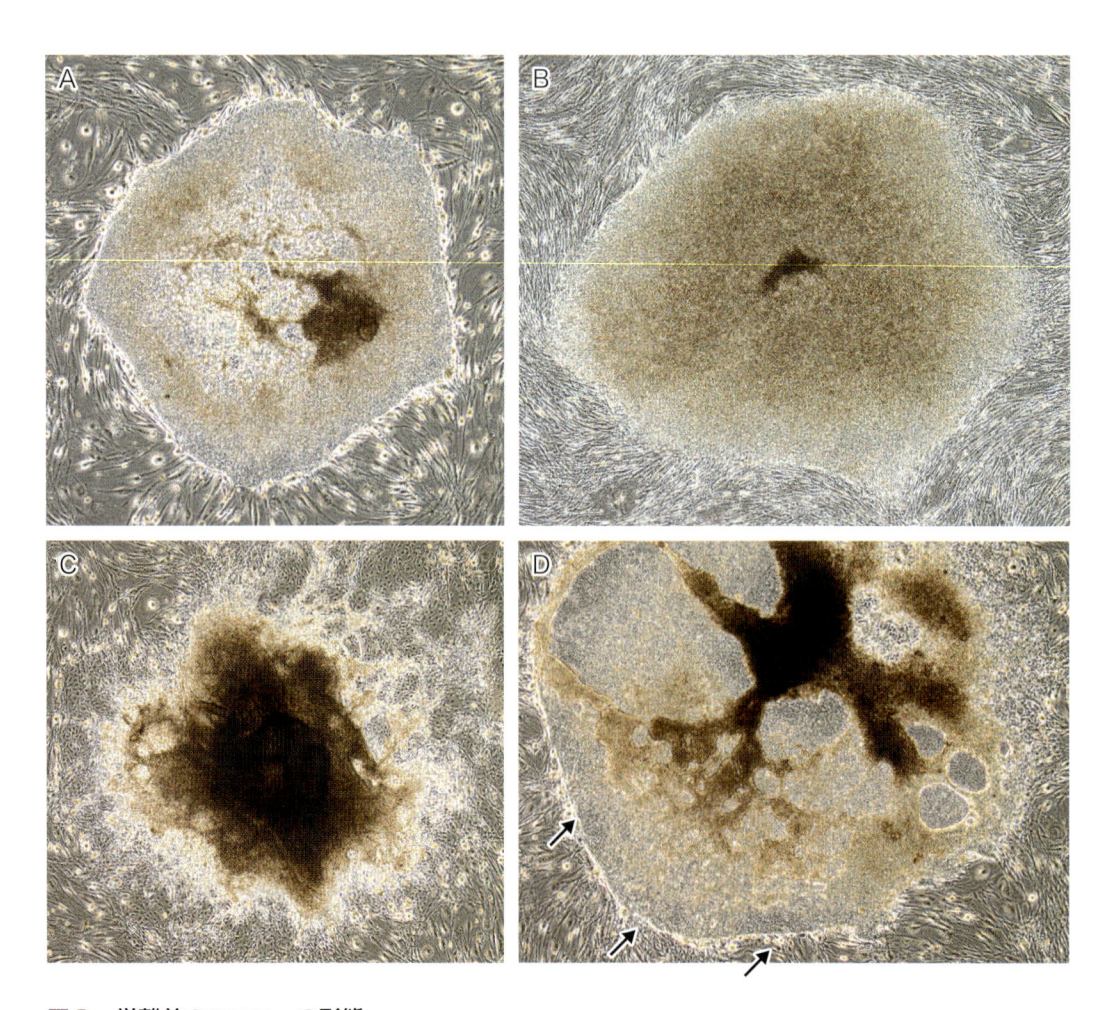

図2　単離前のコロニーの形態

A) iPS細胞様コロニー（中央が少し分化してきている）．B) 盛り上がった形態のiPS細胞コロニー周囲に線維芽細胞が増殖している．C) iPS細胞様ではないコロニー．D) コロニーの一部がiPS細胞様のコロニー．矢印部分がiPS細胞様である

えず単離してみるというのも1つの手だろう．また，コロニーの一部がiPS細胞であるようなコロニーも出現してくる（図2D）．うまく単離と継代をするとiPS細胞として樹立可能である．

おわりに

iPS細胞はつくる時代から，使う時代に入りつつある．iPS細胞を自作できれば，適切な対照群を設定できるなど，よりきめ細かい実験系をつくることができるだろう．また，世界的には疾患患者由来のiPS細胞バンクの構築も始まりつつあるので，こうしたバンクを利用するのも有用だと思われる．ここで紹介した方法を応用することで，不死化B細胞株からもiPS細胞を得ることができる[8]．いずれにせよ，どういった研究をするためにiPS細胞を使うのかを考え，それに適した方法をとっていくことが重要である．

◆ 文献

1) Takahashi, K. & Yamanaka, S. : Cell, 126: 663–676, 2006
2) Okita, K. et al. : Stem Cells, 31: 458–466, 2013
3) Okita, K. et al. : Nat. Methods, 8: 409–412, 2011
4) Okita, K. et al. : Nature, 448: 313–317, 2007
5) Fusaki, N. et al. : Proc. Jpn. Acad. Ser. B. Phys. Biol. Sci., 85: 348–362, 2009
6) McMahon, A. P. & Bradley, A. : Cell, 62: 1073–1085, 1990
7) Yu, J. et al. : Science, 324: 797–801, 2009
8) Choi, S. M. et al. : Blood, 118: 1801–1805, 2011

◆ 参考図書

1) 『Manipulating the Mouse Embryo : A Laboratory Manual, second edition.』，Cold Spring Harbor Press, 1994
2) 『目的別で選べる細胞培養プロトコール』（中村幸夫／編），羊土社，2012

II ES・iPS細胞実験の基本プロトコール

3 ヒトES・iPS細胞の継代法と凍結法

藤岡 剛

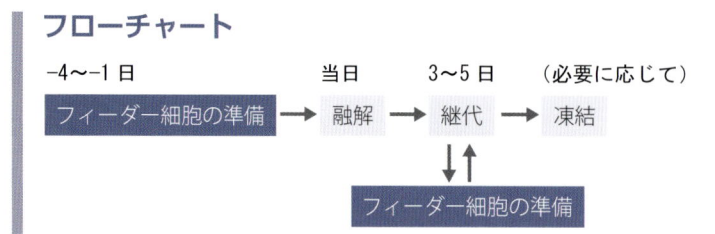

フローチャート

-4〜-1日　　　　　当日　　3〜5日　　（必要に応じて）

フィーダー細胞の準備 → 融解 → 継代 → 凍結
　　　　　　　　　　　　　　　↓↑
　　　　　　　　　　　　フィーダー細胞の準備

はじめに

　ES・iPS細胞を用いた研究を行ううえで，細胞の継代および凍結・融解操作は最も基本的な技術である．ヒトES細胞およびiPS細胞は世界各国の研究機関で無数の細胞株が樹立されており，培養の方法も樹立機関によってさまざまある．またヒトの場合，近交系マウスなどと異なり遺伝的バックグラウンドが多様であり，細胞株間で増殖速度や分化しやすさなどの性質が異なることが知られている．医療や創薬産業での利用をめざして，樹立方法・培養方法・分化誘導方法などの標準化を進めるための活動[1]が活発に行われているが，技術の進歩は日進月歩であり，培養方法の統一には至っていないのが現状である．培養方法のバリエーションの要素として，培養液の組成，フィーダー細胞使用の有無および細胞の種類，継代時の細胞の分散方法などが挙げられる．これらの要素が組み合わされたさまざまな培養法が使用されている[2)3)]が，未分化培養の安定性や継代操作の簡便性の観点から，マウス胚由来線維芽細胞（Mouse Embryonic fibroblast：MEF）などのフィーダー細胞を用い，コラゲナーゼやディスパーゼなどの酵素処理で継代する培養方法が幅広く用いられている．

　培養方法と並ぶ基本的な技術として細胞の凍結および融解方法が挙げられる．現在，さまざまな培養細胞が5〜20％のDMSOを含む凍結保存液を用い，1℃/min程度のスピードでゆっくり冷却する**緩慢冷却法**を用いて安定的に凍結・融解が可能になっているが，ヒトES・iPS細胞を緩慢冷却法で凍結した場合，融解後の生存率が低くなってしまうことが知られている．そのため，より高効率な凍結保存を実現する手段として，**ガラス化法**を用いた凍結保存法も利用されている．しかしながら，ガラス化法による凍結・融解方法の手順および作業上の注意点は，緩慢冷却法と大幅に異なるため，高効率で安定した凍結保存を実現するためには，より注意深く確実な操作が必要になる．

本項ではMEF細胞をフィーダーとして用いるヒトES・iPS細胞の培養方法および，ガラス化法を用いたES・iPS細胞の凍結・融解法について記載する．

準　備

- [ ] **マウス胚線維芽細胞（MEF）の凍結細胞**

    マウス胚から自作[4)5)]するか，市販のMEF細胞を入手する．
    例）オリエンタル酵母社やリプロセル社から販売されている．マイトマイシン処理済みのMEFや薬剤耐性マウスから作製したMEF，放射線処理済みのMEFもある[*1]．

- [ ] **フィーダー細胞培養培地**

    DMEM（Dulbecco's Modified Eagle Medium，高グルコース），10％FBSを混合．

- [ ] **ES・iPS細胞培養培地（細胞株に応じた，指定の培養液）**

- [ ] **マイトマイシンC溶液**

    マイトマイシンC（シグマ・アルドリッチ社，#M4287）．
    上記2 mgをPBS(−) 1 mLに融解後，分注し，−80℃で保存．最終濃度10 μg/mLで使用する．

- [ ] **0.25％トリプシン/0.05％EDTA**

- [ ] **ES・iPS細胞解離液（CTK溶液）[*2]**

2.5％トリプシン	10 mL
コラゲナーゼ type IV	10 mL
Knockout Serum Replacement	20 mL
0.1 M CaCl$_2$	1 mL
PBS(−)	59 mL
	100 mL

    分注後，−20℃で保存．融解後は4℃で1週間程度保存可．

- [ ] **ゼラチンコートディッシュ**

    培養容器底面を覆うように0.1％ゼラチン溶液を添加し，室温〜37℃で30分以上静置する．使用直前にゼラチン溶液を除去してから使用する．

- [ ] **PBS(−)**

- [ ] **凍結保存液（DAP213）**

Acetamide	0.59 g
DMSO	1.42 mL
Propylene glycol	2.2 mL
ES・iPS細胞培養培地	6.38 mL
	10.00 mL

    上記組成で作製後，ポアサイズ0.22 μmのフィルターで濾過滅菌する．−80℃で保存し，解凍後数週間程度は4℃で保存可．

[*1] ES・iPS細胞株によっては，フィーダー細胞としてSTO系のセルライン（例：SNL76/7細胞，ECACCまたは日本国内代理店のDSファーマバイオメディカル社から入手可）も用いられている．本項ではMEF細胞を用いた培養方法について記載する．SNL76/7細胞を用いた培養方法については文献6を参照．

[*2] CTK溶液以外に，ディスパーゼ溶液やコラゲナーゼ溶液なども用いられている．解離液の種類によって細胞の剥がれ方や処理時間が異なる．

プロトコール

1. フィーダー細胞の準備

MEF細胞の融解

❶ 凍結したMEF細胞を37℃の恒温槽で素早く融解する

⬇

❷ 培地9 mLが入った遠心管に，融解したMEF細胞を回収する

⬇

❸ 細胞を遠心（200G, 3分）後，上清を取り除く
マイトマイシン処理済みまたは放射線処理済みのMEFを用いる場合は，以下❹以降に続く．

⬇

❹ フィーダー細胞培養培地に懸濁し，3×10^6 cells/dish前後になるように100 mmディッシュに播種する[*1]

⬇

❺ CO_2インキュベーター（37℃, 5％ CO_2）中で，コンフルエントになるまで培養する[*2]

マイトマイシン処理

❶ コンフルエントになったMEF細胞にマイトマイシンC溶液を最終濃度10 μg/mLになるように添加し，よく混ぜる
MEF細胞は対数増殖期で活発に増殖している細胞を用いる．

⬇

❷ CO_2インキュベーター内に静置し，2時間培養する

⬇

❸ マイトマイシンCを含んだ培地を除き，PBS(−)で2回洗浄する

⬇

❹ 新たなフィーダー細胞培養培地に培地交換し，CO_2インキュベーターで6時間以上培養する[*3]

フィーダー細胞の播種

❶ マイトマイシン処理済みのMEF細胞ディッシュを用意する

⬇

❷ 培地を取り除き，PBS(−)で2回洗浄する

⬇

❸ トリプシン/EDTAで1〜2分間処理する

[*1] MEF細胞を融解後，1〜2日でコンフルエントになるように播種数を調整する．薄く播きすぎると増殖が悪くなり，フィーダー作製後のES・iPS細胞の支持能も低下する．

[*2] コンフルエントの状態で，5×10^6 cells前後になる．

[*3] マイトマイシンCは細胞分裂を阻害するので，フィーダーとしてES・iPS細胞の培養に使用するまでに，確実に除去しておく必要がある．

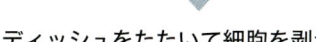

❹ ディッシュをたたいて細胞を剝がし，フィーダー細胞培養培地に懸濁して遠心管に回収する

❺ 細胞懸濁液の一部を採取し，血球計算盤を用いて細胞数をカウントする

❻ 遠心（200G，3分）後，上清を除去し，適量の培地に希釈する

❼ $3〜5 \times 10^5$ cells/dish（60 mm ディッシュ）前後になるように播種する[*4]

❽ CO_2インキュベーターで1〜2日培養後，フィーダー細胞として使用する（図1）

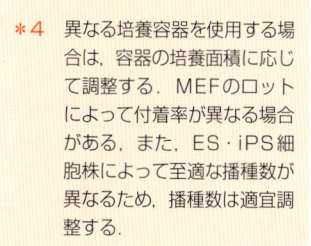

[*4] 異なる培養容器を使用する場合は，容器の培養面積に応じて調整する．MEFのロットによって付着率が異なる場合がある．また，ES・iPS細胞株によって至適な播種数が異なるため，播種数は適宜調整する．

図1　フィーダー細胞ディッシュの状態
MEF細胞の播種密度の例．細胞間に隙間がある状態

2. ヒトES・iPS細胞の融解（ガラス化法で凍結した細胞の融解方法）

❶ ES・iPS細胞培養培地10 mLが入った遠心チューブを，37℃

の恒温槽で温めておく

⬇

❷ ガラス化法で凍結したES・iPS細胞の凍結チューブを液化窒素で保冷し，クリーンベンチの傍の作業しやすい位置まで運ぶ*5

⬇

❸ 融解操作に必要な器具を，操作しやすい位置にセットする（図2）

*5 **重要** −150℃以下の超低温に保つ必要があるため，ドライアイスでの保冷は不可．融解操作前に凍結細胞の温度が上がってしまうとガラス化状態を保持できず，凍結細胞がダメージを受け，融解後の生存率が極端に低下してしまう．また，凍結保管場所から細胞を取出す際や，クリーンベンチへの輸送中も，温度が上がらないように充分注意する必要がある．

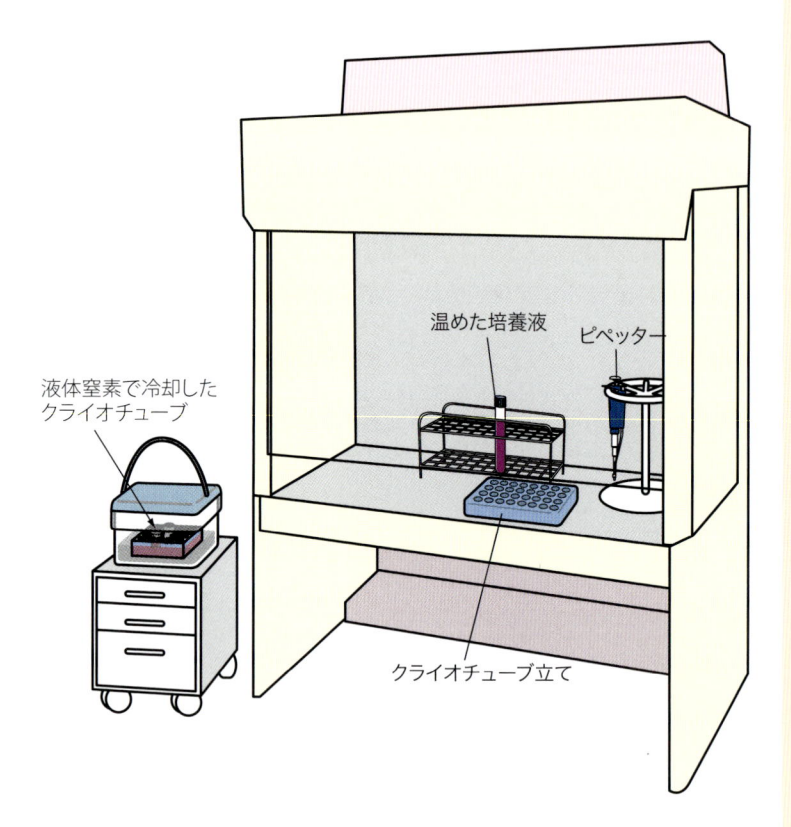

図2 融解時の機器配置

⬇

❹ 37℃に温めておいた培地を，クリーンベンチ内に入れる*6

⬇

❺ ピンセットを用いて凍結細胞を液化窒素から取り出し，37℃に温めておいた培地を1 mL，凍結チューブに加えてピペッティングを行い，急速に解凍する*7

⬇

❻ 細胞懸濁液を温めた培地の残りが入った遠心チューブに回収する

*6 凍結細胞を急速融解することが必要なため，温めた培地が冷めないうちに，以降の融解操作を開始すること．

*7 **重要** 融解後の生存率低下を防ぐためには，できる限り急速に融解・希釈することが，最も重要である．温めた培養

❼ 遠心（200G，3分）後，上清を除去し，新しいES・iPS細胞培地に懸濁する

❽ 事前に用意しておいたフィーダー細胞ディッシュ上に播種し，CO_2インキュベーター（37℃）に入れて培養を開始する
CO_2インキュベーターのCO_2濃度は，使用するES・iPS細胞培養培地の推奨濃度に設定する[*8].

❾ 融解翌日，ディッシュにコロニーが接着していることを確認後，培地交換を行う（図3）
ディッシュに接着できず，塊状で浮遊している細胞が多い場合は，上清を回収して遠心（200G，3分）後，新しい培地に交換し，再び元のディッシュに播き直して培養を行うとよい[*9].

液を凍結ペレットに吹き付けるようなイメージで作業するとよい．通常，10回程度（所要時間10秒程度）のピペッティングで完全に溶ける．

[*8] 融解後のES・iPS細胞の播種密度は，凍結した細胞と同じ培養スケールを目安に播種するとよい．

[*9] 通常3～4日でコンフルエントになる．次回の継代に間に合うように，フィーダー細胞をあらかじめ準備しておくこと．

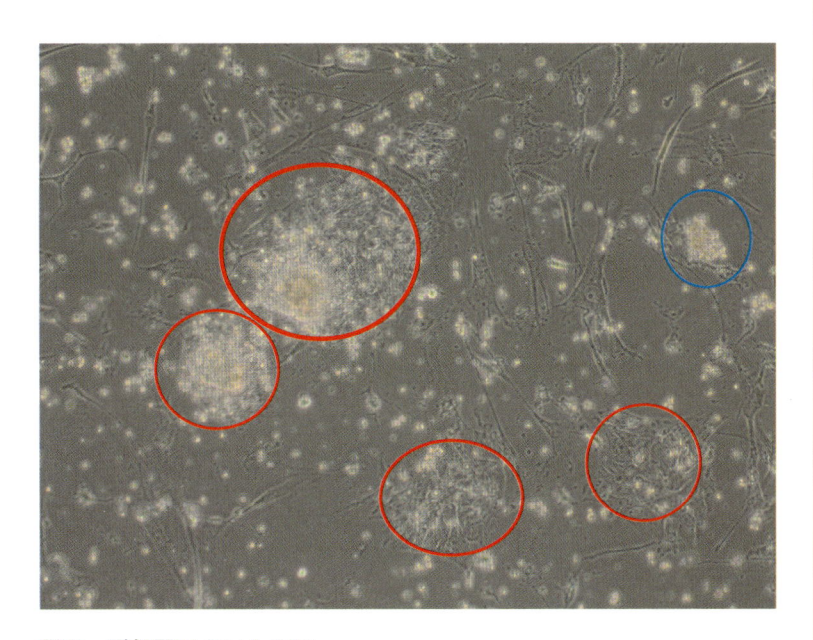

図3 融解翌日のヒトiPS
接着したヒトiPS細胞のコロニー（○内）と，死んで浮遊した細胞（○内）がみられる

❿ 以降，毎日培地交換を行う

3. ヒトES・iPS細胞の継代

❶ コンフルエントになったES・iPS細胞を準備する（図4）*10

❷ 培地を除去し，PBS(−)で1回洗浄する*11

❸ 5 mLの培地入りの遠心管を用意する

❹ ES・iPS細胞のディッシュにCTK溶液を0.5 mL添加し，ディッシュ底面になじませる

❺ CO_2インキュベーター中でコロニーの大部分が剥がれるまで，3〜7分前後処理する（図5）*12

❻ ディッシュにES・iPS細胞培養培地を1.5 mL加える

*10 継代のタイミングはコロニー内の細胞の密集具合を見て判断する．コロニー内の細胞が詰まりすぎると，細胞が分化したり，増殖できずに死細胞が発生したりするため，細胞が詰まりすぎず，活発に増殖しているタイミングで継代することが重要．

*11 PBS(−)に長時間浸すと，コロニー内の細胞間の接着が切断されてしまうため，軽く洗浄する程度でよい．

*12 コロニーの周辺部から，めくれるように剥がれてくる．細胞の量やフィーダー細胞の状態によって，細胞が剥がれるまでに要する時間が毎回変動

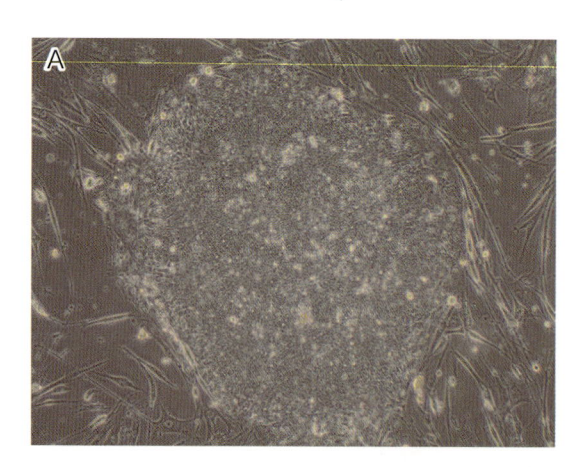

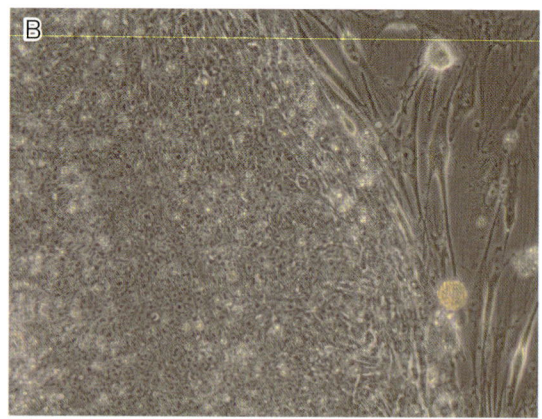

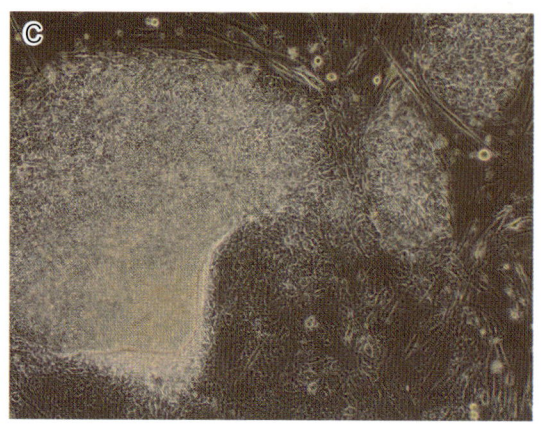

図4 よい状態のiPS細胞

A) MEFフィーダー上で培養したヒトiPS細胞．扁平でほぼ単層のコロニーを形成する．B) ヒトiPS細胞コロニーの拡大図．iPS細胞同士が密に接着し，細胞の体積の大部分を細胞核が占める．C) 分化したコロニーの例．コロニー辺縁に分化した細胞が見られる．オーバーグロースして分化したコロニーが多数出現してしまう前に，継代を行う

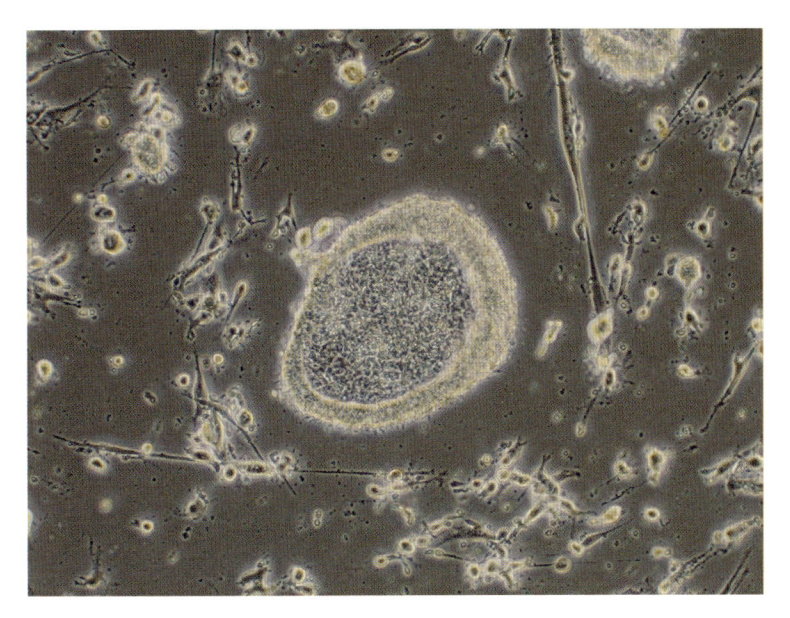

図5 ES・iPS細胞解離液（CTK溶液）で処理したヒトiPS細胞
コロニー周辺部からめくれるように剥がれてくる

するため，剥がれ具合を見て，処理時間を適宜調整する必要がある．

❼ 1000μLチップを使用して数回ピペッティングを行い，コロニーを100個前後からなる細胞塊にほぐした後，ES・iPS細胞培養培地入りの遠心管に回収する*13

❽ 遠心（200G，3分）後，上清を取り除く

❾ ES・iPS細胞培養培地に希釈する

❿ フィーダー細胞ディッシュの上清を除去後，ES・iPS細胞を播種する（図6）*14

⓫ CO_2インキュベーター中に静置して培養する

⓬ 以降，毎日培地交換を行う
培地交換を怠ると分化や細胞死を招くため，毎日培地交換を行う．

⓭ ES・iPS細胞が適当な密度まで育ったら，次回の継代を行う

*13 **重要** コロニーをほぐし過ぎて細胞塊を小さくしてしまうと，継代後に増殖できなくなってしまう場合がある．コロニーの分散に対する耐性は細胞株間で異なるため，まずは大きめの細胞塊の状態で継代して様子を見た後，最適なほぐし具合を検討するとよい．

*14 細胞の種類や培養条件のバランスによってES・iPS細胞の増殖具合が異なるため，継代時の最適な希釈倍率は状況によって異なる．まずは，1：3を目安に播種し，細胞の増殖具合を見て適宜，調整する．

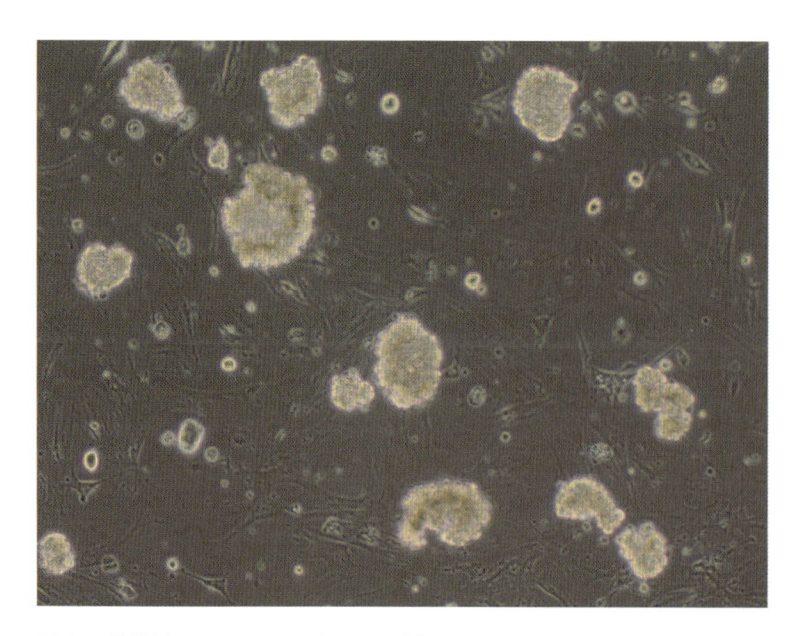

図6　継代時のコロニーの大きさの例

4. ヒトES・iPS細胞の凍結（ガラス化法）

❶ コンフルエントになったES・iPS細胞を準備する
　対数増殖期で活発に増殖している細胞を準備する．

⬇

❷ 培地を除去し，PBS(−)で1回，細胞を洗浄する

⬇

❸ 細胞解離液0.5 mLを添加し，ディッシュ全体になじませた後，CO_2インキュベーター中で3〜7分程度，インキュベートする*15

⬇

❹ ディッシュを数回叩いてコロニーの剥がれ具合を確認し，コロニーをほぐさずに塊状のまま剥がす*16

⬇

❺ 培地5mLを添加し，15 mL遠心チューブに回収する

⬇

❻ 遠心（200G，3分）後，上清を除去する

⬇

❼ 再び200G，3分間遠心し，チューブ側面に残った培養液を落とした後，P-1000マイクロピペットを用いて完全に除去し，細胞のペレットのみにする
　最終的に，200 μLというごく少量の凍結保存液で凍結するため，

*15　コロニーの周辺部から，めくれるように剥がれてくる．細胞の量やフィーダー細胞の状態によって，細胞が剥がれるまでに要する時間が毎回変動するため，剥がれ具合を見て，処理時間を適宜調整する必要がある．

*16　**重要** 継代時と異なり，凍結および融解時のピペッティング操作によってコロニーはより小さくなってしまうため，できる限り大きなコロニーのまま回収することが非常に重要である．

遠心チューブ側面に残った培地を完全に除去する必要がある．

⬇

❽ すばやく操作できる位置に，P-1000マイクロピペット，凍結保存液，クライオチューブ，液化窒素をセットする

凍結保存液は氷で冷やしておく（図7）*17．

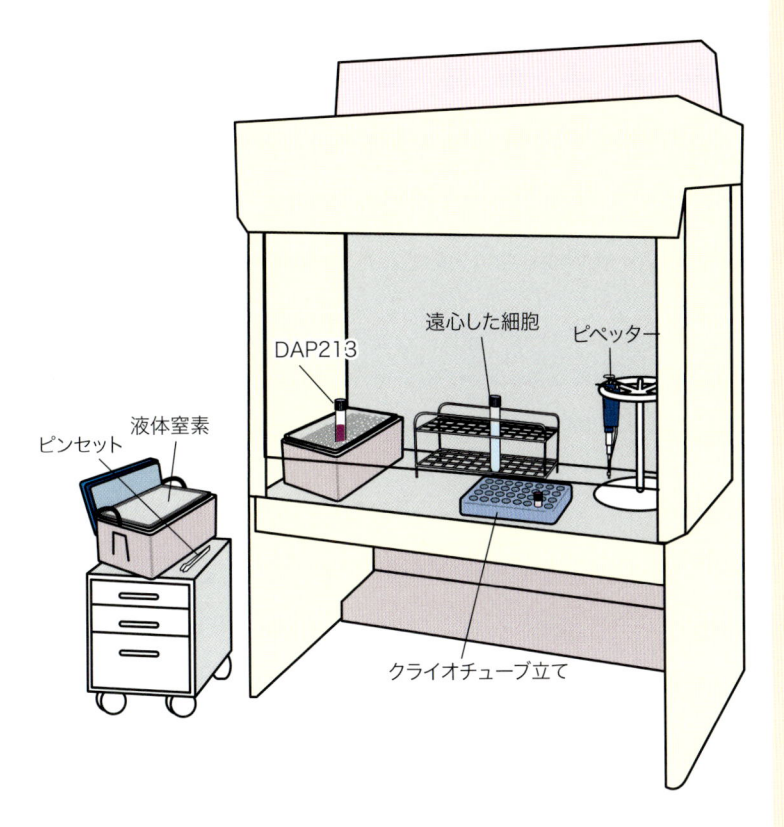

*17 重要 以降❾〜⓫までの工程を10〜15秒で完了すること．高効率な凍結保存を安定して実現するためには，この工程の厳密な時間管理が必須である．操作完了までの時間が早すぎると細胞の脱水が間に合わずにガラス化しにくくなり，遅すぎると凍結保存液の毒性によって細胞がダメージを受け，凍結保存の効率が極端に低下してしまう原因となる．実際に実験用のES・iPS細胞を凍結する前に，スムーズに操作できるように練習しておくとよい．

図7 凍結時の機器の配置

⬇

❾ P-1000マイクロピペットで，氷冷した凍結保存液（DAP213）を200μL量り取る

⬇

❿ 細胞を凍結保存液に懸濁後，1〜2回ピペッティングを行って懸濁した後，クライオチューブに移し，チューブのふたを閉める

⬇

⓫ クライオチューブをピンセットでつまんで，底部から2/3程度が沈むように液化窒素中に浸す

⬇

⑫ 液体窒素中で1分間保持し，内部まで完全に凍結させる

⬇

⑬ 液化窒素に浸したまま，凍結保管場所まで運搬する

ドライアイス上での運搬不可である．

⬇

⑭ 液化窒素タンクの気相もしくは−150℃以下のフリーザーで保存する*18

*18 **重要** 凍結したクライオチューブは必ず−150℃以下で，温度変化の少ない安定した環境で保管する必要がある．−80℃フリーザーではガラス化状態を保持できないため，保存は不可．また，液化窒素の液相中での保存は，保存中にクライオチューブ内に液化窒素が混入する恐れがあるため不適．

⚠ トラブルへの対応

■ES・iPS細胞を融解後，コロニーを形成しない・形成したコロニー数が少ない

→凍結細胞の状態が悪い

凍結保存操作が適切に行われなかった場合や，凍結後の保存および輸送の工程で温度が上がってしまった場合，ガラス化状態を保持できず，保存中に細胞がダメージを受けてしまう．外観の目安として，凍結チューブ内の細胞ペレットの色がピンク色の透明でなく，内部まで完全に白く濁っている場合はガラス化状態を保持できておらず，融解後の生存率が大幅に低下してしまう場合が多い．保存状態のよい，新たな凍結細胞から起こし直す必要がある．

→融解操作がうまくいっていない

融解後の生存率を上げるには，急速に融解・希釈することが最も重要である．凍結細胞に温めた培地を注いで融解する際に，細かなピペッティングでは温めた培地があまり動かず，融解までに時間がかかる場合がある．温めた培地をペレットに吹き付けるようなイメージで，大きくゆったりとしたピペッティングを行うと素早く融解することができる．また，温めた培地をクリーンベンチ内に入れた際は，気流によって速やかに冷めてしまうため，培地が温かいうちに，迅速に融解操作に取り掛かる必要がある．

■ES・iPS細胞を継代後，細胞が増えない・分化してしまう

→継代時のコロニーが小さすぎる

継代時に過度なピペッティングを控え，大きめの塊のまま播種するとよい．

→フィーダー細胞の状態が悪い

フィーダー細胞が少なすぎると細胞増殖をサポートする因子の供給が不足して，ES・iPS細胞が増殖できなくなったり，分化してしまったりする場合がある．一方で，フィーダー細胞が多すぎると，ES・iPS細胞のコロニーがスムーズに広がることができず，増殖しにくくなり，コロニー辺縁部から分化細胞が出現する場合がある．毎回安定して，適切なフィーダー細胞の密度を維持することが重要である．また，細胞分裂を重ねて老化し，増殖が鈍くなったMEFはフィーダー細胞としてのサポート能が低下しているため，若く活発に増殖するMEFを使用する必要がある．

→継代のタイミングが遅い

コロニーが大きくなり，細胞が詰まりすぎると密集した部分で細胞死が進行するとともに，コロニー辺縁に分化細胞が出現したり，コロニー中央部の細胞が分化したりする場合がある．コロニー内の細胞が一様に広がり，活発に増殖しているタイミングで，早めに継代を行うとよい．

→培養液の組成を間違っている

培養液を再度確認し，正しい組成の培養液を使用する．特に，L-グルタミンの添加し忘れや，2-メルカプトエタノールの添加濃度を間違えることが多いようである．

おわりに

　本項で紹介したES・iPS細胞の培養方法および凍結・融解方法は，ES・iPS細胞を分化誘導や特性解析などのさまざまな研究を行ううえで，必ず必要になる作業である．これらの応用研究において信頼性や再現性のあるデータを取得するためには，実験に用いるES・iPS細胞の維持培養を常に安定して行えることが必須である．研究の目的によっては，フィーダーフリーの培養[2]や，single cellで継代する分散培養[3]など，異なる培養方法で実験に取り組む場合も出てくるかと思われるが，まずは今回紹介した，フィーダー細胞を用い，酵素処理でコロニーを分割して播種する培養方法で，充分な培養経験を積むことをお勧めする．これらの基本的な培養法を通じて，ヒトES・iPS細胞の基本的な特性をより深く理解することで，分化誘導を行った際の細胞の挙動の変化を，より敏感に感じ取れる感性が磨かれるものと思われる．

　最後に，ES・iPS細胞に限らず，すべての培養細胞は細胞分裂を行って増殖を続けるうちに，当初の性質が徐々に失われてしまう可能性がある．そのため，細胞を入手後できるだけ早期に充分な量の凍結ストックを作製しておき，細胞の様子がおかしいと感じたら，すぐにストックを起こし直して再検討できるような体制を整えておくことが望ましい．このような基本的な細胞の管理を確実に行うことが，ES・iPS細胞研究を行ううえでますます重要になっていくものと思われる．

◆ 文献

1）The international Stem Cell Initiative : Nat. Biotechnol., 26 : 313-315, 2008
2）Xu, C. et al. : Nat. Biotechnol., 19 : 971-974, 2001
3）Watanabe, K. et al. : Nat. Biotechnol., 25 : 681-686, 2007
4）『Manipulating the mouse embryo : A Laboratory Manual』（Nagy, A. et al），Cold Spring Harbor Press
5）『目的別で選べる細胞培養プロトコール』（中村幸夫／編），羊土社，2012
6）Ohnuki, M. et al. : Curr. Protoc. Stem Cell Biol., 4 : 4A.2.1-4A.2.25, 2009

II ES・iPS細胞実験の基本プロトコール

4 ES・iPS細胞のフィーダーフリー培養法

宮崎隆道, 川瀬栄八郎

フローチャート

当日
- 1時間前：培養器へマトリゲルの添加
- 3時間前：培養器へラミニン断片の添加

→ フィーダーフリー化（MEF細胞の除去）→ 培養器へ播種

2〜3日（以降4〜5日毎）
- コロニー分散法による継代培養
- 単一分散法による継代培養

はじめに

　ヒトES細胞およびヒトiPS細胞〔総称でヒト多能性幹細胞（hPSC）〕は自己複製能と多分化能を併せもつ細胞株である．通常，マウス胎仔線維芽細胞などをフィーダー（支持）細胞とした共培養系で安定して維持されているが，hPSCを各組織細胞へ分化誘導するにはフィーダー細胞を除いた培養系に移す必要があり，hPSCを取り扱ううえでフィーダーフリー培養は必要不可欠な操作方法である．また，hPSCは移植療法における細胞源，あるいは創薬における細胞検体としての活用に期待されているが，その実用化には高品質の細胞が大量に必要となるため，hPSCを安定に維持しながら効率よく増加させなければならない．それには，フィーダー細胞の影響を受けず，品質管理が容易である合成培地を用いた培養条件で拡大・維持された方が利便性が高く，さらにゼノ（異種成分）フリーの組成条件で培養された方が臨床応用に適している．本項では，hPSCの標準的なフィーダーフリー培養法の解説に加え，hPSC実用化に向けた**理想的な培養条件**をすべて同時に満たす応用的な培養法を同時に紹介する．

フィーダー細胞の代わりとなるもの（マトリゲルとラミニン断片）

　hPSCの標準的なフィーダーフリー培養法では，培養基質としてマトリゲル（EHS腫瘍基底膜成分）を主に用い，フィーダー細胞上と同様にコロニー状態を維持しながら継代される．これに対して，本項で紹介する方法は，先の培養全条件を満たす術として，hPSCを単

理想的な培養条件：フィーダーフリーかつゼノフリー．高い未分化状態を維持しながら急速に細胞数を増加させることが可能．

一状態に分散し，マトリゲルの代わりにラミニン断片をコーティングした培養器に播種する（単一分散培養法）．コロニー状態でhPSCを播種する場合，不完全に接着したコロニーでは細胞が重層化して分化が促進されるため，継代のたびに不良コロニーを除去する操作が必要となる．一方，hPSCを単一状態に分散して播種した場合，細胞の重層化が生じないため未分化状態は維持されやすいが，コロニーの播種時とは異なり生存率は著しく低下する．そのため，従来，hPSCを単一分散する場合はROCK阻害剤Y-27632やミオシンII選択的阻害剤Blebbistatinなどの薬剤を必ず添加して細胞死を回避しなければならなかった．しかし本項の方法では薬剤を添加せずとも，コーティングに用いた細胞外基質の効果により，単一状態のhPSCの生存が可能になる．

　hPSCの細胞表面には，細胞外基質レセプターであるインテグリンの中でもインテグリン$\alpha 6\beta 1$が最も多く発現しており[1]，このラミニン結合型であるインテグリン$\alpha 6\beta 1$は，これまでに知られている15種類のラミニンアイソフォームの中で，特にラミニン-511に対して強い結合特異性をもつ．ラミニン断片（iMatrix-511：株式会社ニッピ，#892001）はこのラミニン-511からインテグリン結合に必要な最小構成単位を組換えタンパク質として産生させた培養基質である[2]．全長ラミニンと同等のインテグリン結合能をもつ一方で，全長ラミニンよりも多くの分子が培養器の培養表面にコートされるため，そこに播種されたhPSCにはインテグリンシグナルがより強く入り，より高い接着性と生存性を得ることができる．またラミニン断片上に接着したhPSCは，遊走活性が高くなる．細胞間接着への生存依存度が高いhPSCは，ラミニン断片上では細胞同士の接触の機会が増え，クラスターを即時再形成できるため，生存性の向上に繋がる．以上の特性から，ラミニン断片をコーティング基材として用いることで，hPSCは単一状態で播種されても高い生存率が保たれ，高効率な継代培養が可能となるのである[3]．

　プロトコールでは，初めに標準的なフィーダーフリー培養法，続いてラミニン断片を用いた単一分散培養法を行うための，それぞれ至適化した操作条件と方法を示す．

準備

実験材料　ヒト多能性幹細胞株（入手先）[*1]

- □ ヒトES細胞株
  - ・WA09（H9）〔Wisconsin International Stem Cell（WISC）Bank〕
  - ・KhES-1（RIKEN BASE, BRC ID：HES0001）
  - ・HES3（ES03）（WISC Bank）
- □ ヒトiPS細胞株
  - ・iPS（IMR90）-1（WISC Bank）
  - ・253G1（RIKEN BASE, BRC ID：HPS0002）

[*1] 本項で扱ういずれの方法も左記に示す細胞株で検証済みである．

使用機器
- [ ] 細胞培養関連機器一式

実験器具
- [ ] 培養器

    6-well multiwell plate（Corning社，#353046）[*2]
- [ ] 15 mL 遠心チューブ
- [ ] セルスクレーパー

試薬
- [ ] マトリゲル® 基底膜マトリックス（Corning社，#354230）[*3]

    Growth Factor Reduced．
- [ ] ラミニン断片[*3]

    iMatrix-511（ニッピ社，#892001 および #892002）．
- [ ] 培地

    DMEM/F12．
- [ ] 合成培地

    TeSR™2 または mTeSR™1（STEMCELL Technologies社，#05860 または #05850）．[*4]
- [ ] 標準培地

    霊長類ES細胞用培地（リプロセル社，#RCHEMD001）．
- [ ] TrypLE™ Select（ライフテクノロジーズ社，#12563-011）
- [ ] D-PBS（-）
- [ ] EDTA溶液（5 mM）

    EDTA-4Na（シグマ・アルドリッチ社，#E6511）を D-PBS（-）で溶解し，オートクレーブ滅菌して使用．
- [ ] 細胞用剥離液
    - CTK溶液（リプロセル社，#RCHETP002）
    - ディスパーゼ溶液（STEMCELL Technologies社，#07913）

[*2] 培養器は一般的な接着細胞培養用であれば，メーカーや前処理の有無などの製品の限定はない．

[*3] 必要に応じて準備．

[*4] ゼノフリー条件で培養する場合は TeSR™2 を用い，研究用には mTeSR™1 を使用した方が操作しやすい．これらの培地以外にもさまざまな合成培地を使用可能である．

プロトコール

1. 培養器の準備（培養器への細胞外基質のコーティング）

A）マトリゲル

❶ マトリゲルを低温の培地[*1]で20〜50倍に希釈し[*2]，充分に懸濁した後に培養器に添加する[*3]

⬇

[*1] タンパク質不含状態であれば培地の種類は問わない．

[*2] 最終コーティング濃度は20 mg/cm² を目安．

[*3] **重要** 添加量は培養面積（cm²）あたり 100 μL を基準にする．

❷ 室温（15〜25℃）で1時間[*4]，静置する

⬇

❸ 使用直前に上清を除く

B）ラミニン断片（iMatrix-511）[*5]

❶ ラミニン断片をD-PBS（−）で適宜希釈し，培養表面あたりの最終コーティング濃度が1.5 μg/cm^2[*6]になるように希釈液を培養器に添加する[*3]

6-ウェルプレート（培養面積10 cm^2/well）にコーティングする場合，iMatrix-511（ストック濃度：500 μg/mL）30 μLをD-PBS（−）970 μLに懸濁し，全量1 mLを1ウェルに添加する．

⬇

❷ 室温で3時間，静置する

⬇

❸ 使用直前に上清を除く[*7]

2. hPSCのフィーダーフリー化

フィーダー細胞上で維持されているhPSCから単一分散培養法に移行させる際，培養全体を直接単一分散処理してしまうと，多量のフィーダー細胞が混入してしまい，合成培地による未分化維持培養に悪影響を及ぼす恐れがある．そのため，**3-B. 単一分散培養**を行う前処理としても，フィーダーフリー化の操作を行う必要がある．これ以降は6-ウェルプレート使用時の場合を述べる．

❶ **1. 培養器の準備**に従い，細胞外基質をコーティングする[*8]

⬇

❷ フィーダー上で維持されているhPSCの培養器から培地を除き，細胞剥離液（CTK溶液）[*9]を0.5 mL加える

⬇

❸ 37℃で3分間，静置する

⬇

❹ 細胞剥離液を除去した後，標準培地1 mLを縁から静かに加えて細胞層を洗浄し，除去する

⬇

❺ 標準培地5 mLを加え，ピペットで培地を吹きかけてhPSCコロニーを剥がし，15 mL遠心チューブに移す

[*4] 4℃で1晩も可能であるが，常温に戻してから使用する．37℃でのインキュベーションは薄層コーティングになりにくいため避ける．

[*5] 効果は劣るがラミニン断片の代わりに全長ラミニンを用いても単一分散培養法は可能である．全長ラミニンを用いる場合は，最終コーティング濃度を6 μg/cm^{2}にすることで最大接着効果が得られる．

[*6] コロニー状態のhPSCを播種する場合は，最終コーティング濃度0.5 μg/cm^{2}でも良好な接着を示す．

[*7] 培養表面が乾燥すると細胞の均等散布が難しくなる．

[*8] この工程ではラミニン断片，マトリゲルのどちらを用いてもよい．

[*9] 沈降差によりMEFを除去するため，hPSCコロニーを分散しにくいCTK溶液を使用する．

❻ 標準培地を計10 mLになるように加えた後，室温で5分間静置し，hPSCコロニーを沈降させる

❼ 上清を除き，新たに標準培地を10 mL加える

❽ 室温で5分間，静置する

❾ ❼❽の沈降操作を3回以上繰り返す

❿ 合成培地1 mLを加え，P-1000マイクロピペットでピペッティングして，hPSCコロニーを細かく砕く[*10]

⓫ 200Gで3分間，遠心する

⓬ 合成培地に懸濁し，❶の培養器に細胞を播種する

⓭ CO_2インキュベーターで培養する

⓮ 2〜3日培養してhPSCを増殖させる

3-A コロニー分散法によるhPSCの継代培養（標準的なフィーダーフリー培養法）

❶ 1．培養器の準備に従い，細胞外基質をコーティングする[*11]

❷ 培養器から培地を除去し，細胞剥離液（ディスパーゼ溶液）を1 mL加える

❸ 37℃で3〜5分間，静置する[*12]

❹ 細胞剥離液を除去し，2 mLの培地を加えて細胞剥離液を薄め，除去する

❺ 2 mLの合成培地を加え，セルスクレーパーを用いて細胞を完全に剥がす[*13]

[*10] コロニーの破砕は遠心操作の前に行い，破砕操作で生じる死細胞や細胞断片が遠心操作で除去されるようにする．

[*11] 従来法はマトリゲルであるが，ラミニン断片を用いても恒常的に継代培養することが可能である．

[*12] インキュベーション時間はコロニーの剥離具合を観察しながら調整する．ディスパーゼ溶液を用いた場合，コロニーの剥離具合がわかりづらい場合があるため，過剰な処理は避けるように注意する．

[*13] 細胞剥離液，セルスクレーパーの各々単独操作より，併用した本操作の方が細胞に対するダメージが小さく，生存率が高くなる．

❻ 細胞懸濁液を遠心チューブに移し，2〜3回ピペッティングして，剥離したコロニーを小さくする[*10][*14]

⬇

❼ 200Gで3分間，遠心する

⬇

❽ 合成培地を適量加え，コロニーを小さくしないように注意しながら細胞を懸濁する

⬇

❾ ❶で用意した培養器に適量の合成培地を添加し，細胞懸濁液を適当な希釈率[*15]で加える

⬇

❿ CO_2インキュベーターで培養する

⬇

⓫ 継代翌日から毎日，培地交換を行う

⬇

⓬ 4〜5日間培養後，継代操作を行う

3-B 単一分散法によるhPSCの継代培養

❶ 1. 培養器の準備に従い，細胞外基質をコーティングする

⬇

❷ 培養器から培地を除き，D-PBS（-）を加えて[*16]細胞層を洗浄し，除去する

⬇

❸ EDTA液を1 mL加え，3〜5分間[*17]室温に置く

⬇

❹ EDTA液を除き，TrypLE selectを1 mL加えた後[*18]，すぐに除去する[*19]

⬇

❺ 37℃で1分間，静置する

⬇

❻ 合成培地を1 mL加えて細胞を剥がし[*20][*21]，15 mL遠心チューブに回収する

*14 ディスパーゼ溶液を用いると，コロニーが過剰に分散されやすいので注意する．

*15 希釈率は細胞株によって異なるが，マトリゲル上では1：2〜1：4に希釈して播種し，ラミニン断片を用いた場合は1：10以上に希釈して播種することが可能である

*16 D-PBS（-）は培地と同量程度使用し，培地成分を極力除去した方が，単一状態をつくりやすく，細胞を剥離しやすい．

*17 細胞間接着が消失し，細胞個々が丸くなっている状態が，コロニー内の半分以上で観察される状態になるまで，EDTAの処理時間を調整する（図1）．

*18 EDTA処理のみで細胞が部分的に剥がれやすくなっているため，溶液は必ず壁面を伝わらせて添加するように注意する．

*19 すぐに除去した方が，細胞分散が均等に進むうえ，次の操作に解離液をもち込まなくて済む．

*20 通常，細胞は培養器から完全に剥離し，培地の添加だけで容易に懸濁される状態になっている．

*21 重要 細胞が剥離されない場合，まずはEDTA溶液の処理時間の調整を行い，TrypLE selectの処理時間は変えない．

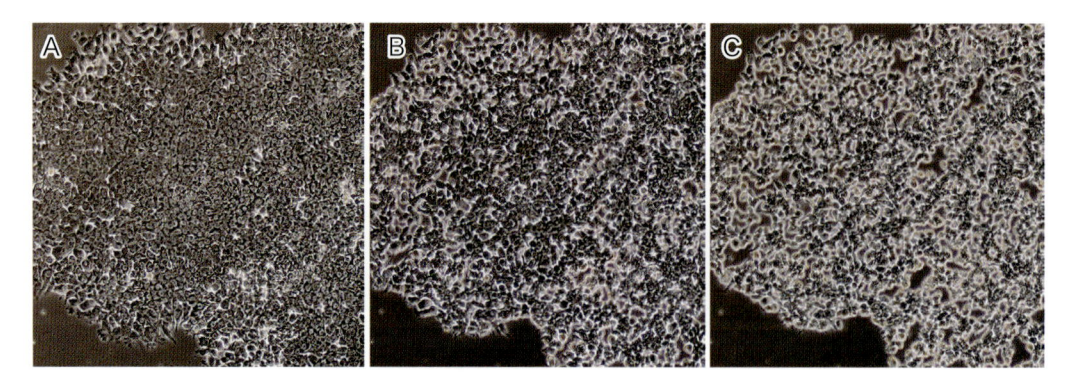

図1 EDTA溶液によるhPSCコロニーの分散状態の指標
A）処理が不充分，B）可，C）良好な処理状態（ただし剥離に注意）

❼ 200Gで3分間遠心し，細胞を回収する

❽ 細胞を適量の合成培地に懸濁し，細胞数を計測する

❾ ❶で用意した培養器に適量の合成培地を添加し，播種密度が 5×10^4 cells/cm^2 *22 となるように細胞懸濁液を加える

❿ CO_2 インキュベーターで培養する

⓫ 継代翌日から毎日，培地交換を行う

⓬ 4〜5日経過後のサブコンフルエント状態になった時点で，継代操作を行う *23

*22 ⚠トラブルへの対応 参照．

*23 重要 継代操作はコンフルエント状態になる前に行う．hPSCをコンフルエント状態にすると，増殖活性と接着活性が落ちるだけでなく，細胞分化が促進されてしまうので注意する．

⚠ トラブルへの対応

■単一分散後の生存率が極端に悪い

hPSCの生存率が極端に悪い場合は，細胞の取り扱い技術の差が影響する他に，株間の適性値の違いが考えられる．まずは播種の至適条件を再検討し，指定の密度（5×10^4 cells/cm^2）よりやや高めの播種密度を設定するとよい．

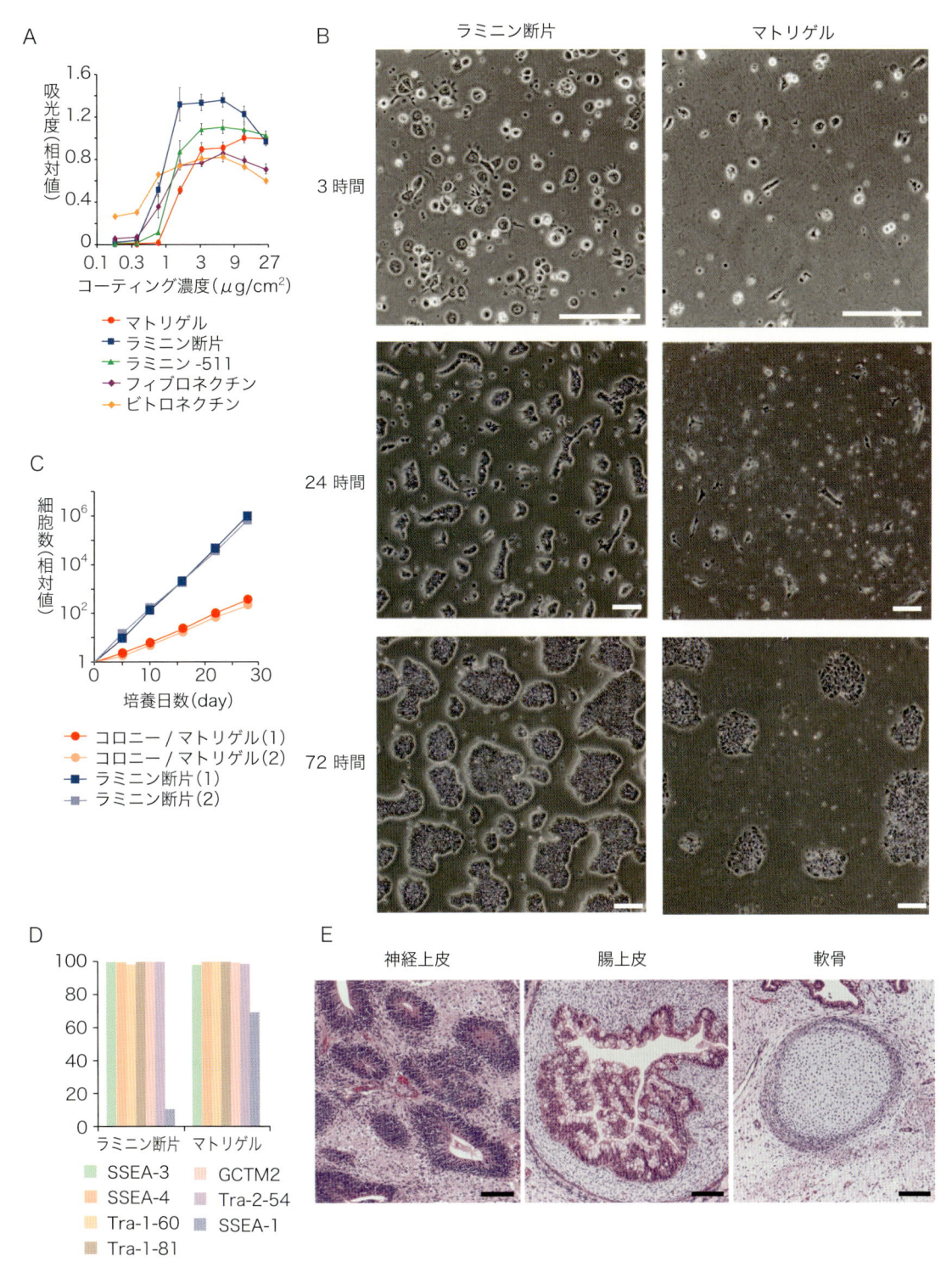

図2 ラミニン断片を用いた単一分散培養法の培養効率
A）基質濃度依存的な単一hPSCの接着．B）ラミニン断片上での増殖形態．C）従来法との拡大効率の差．D）フローサイトメトリーによる長期継代後の未分化状態の解析．E）テラトーマ形成による長期継代後の多分化能の評価

実験例

　本方法によるhPSCの拡大効率と継代培養後の特性解析の結果を図2に示した．単一状態のhPSCは，全長ラミニンを含めた既報の培養基質のうちラミニン断片上で最大接着を示し，なおかつ少量のコーティング量でその効果が得られる（図2A）．単一状態のhPSCはラミニン断片上で素早くクラスターを再形成した後，コロニー状態で増殖していく（図2B）．従来法のコロニー分散培養では継代時の希釈率が4倍であるのに対し，ラミニン断片上では10倍以上（H9 ES細胞株）に希釈が可能となることから，その差の積算により1カ月間で200〜1,000倍，細胞収量が増加する（図2C）．本方法により長期継代されたhPSCは，良好な未分化状態を維持しながら（図2D）多分化能を保持していることから（図2E），ラミニン断片を用いた単一分散培養法では，従来法と比べ大幅に拡大効率が改善されるといえる．

おわりに

　コロニー状態を維持する継代方法は，生じるコロニーの大きさによりhPSCの生存率が変化するため操作に慣れが必要であり，コロニーの接着具合により未分化維持が難しくなる，不安定な方法である．反面，単一分散培養法は，操作が容易であるうえ，基準や数値を明確にすることができるため，機械的に作業を進めることができる．本項で紹介した単一分散培養法を用いることで，規定数のhPSCを安定に播種することが可能になることから，ハイスループットアッセイへの適用や，hPSCの自動培養装置への応用など，臨床応用向けのhPSCの調製の目的以外にも，さまざまな用途において作業効率の改善が見込まれる．今後の活用例の報告に期待したい．

◆ 文献

1）Miyazaki, T. et al.：Biochem. Biophys. Res. Commun., 375：27-32, 2008
2）Taniguchi, Y. et al.：J. Biol. Chem., 284：7820-7831, 2009
3）Miyazaki, T. et al.：Nat. Commun., 3：1236, 2012

II ES・iPS細胞実験の基本プロトコール

5 ES・iPS細胞の特性解析と品質管理

平井雅子, 末盛博文

未分化状態の判定

| アルカリホスファターゼ染色 | フローサイトメトリーによる測定 | 免疫染色 | PCRによる測定 | 胚様体の形成確認 | テラトーマアッセイ |

染色体異常のチェック

| 核型解析 |

感染性因子の制御

| マイコプラズマ否定試験 | 酵素法 | リアルタイムPCRによる検出法 |

はじめに

　無制限に増殖する未分化細胞から必要な細胞をつくり出し移植医療に用いる．このような多能性幹細胞の再生医療での活用という技術的側面から考えた場合，ES細胞とiPS細胞は同じように扱うことができると考えてよい．両者はそれぞれ由来が異なるものの，いったん作製された後は，その増殖から分化誘導に至るまで同じ技術を適用できる．ES/iPS細胞を再生医療に用いるうえで重要なことは，未分化細胞として一定の性質を保持しつつ，安全性を保証することである．移植組織を医薬品と考えた場合，その安全性・有効性は最終製品である移植組織において最も厳格に検査されることになるが，ここでは原材料となる未分化細胞を安定的に供給するための細胞バンクを構築するという観点からその特性や品質管理の考え方や手法について示す．

　ES・iPS細胞の細胞バンクにおける解析は主に2つの観点から行われる．第一には，多能性幹細胞として有するべき性質を適切に保持しているかどうか，第二に細胞を医薬品として使用するうえで求められる安全性基準を満たしているか，である．ここでは前者を**特性**，後者を**品質**と呼ぶことにする．これらは厳密に分けられているというわけではないがヒトES細胞とiPS細胞の特性の解析方法と品質管理について本研究室が行っている基本的な技術を紹介する．

A. 未分化性維持と多分化能の調べ方

　再生医療への利用において，ES細胞とiPS細胞がもつ優位性はその高い増殖能とどのような細胞にも分化できる多能性にあり，両者を併せもつような細胞株は他に知られていないといってよい．これらは多能性幹細胞株が有すべき性質であり特性とされる．一般に，ES・iPS細胞は未分化にあるときに高い増殖能を示し，細胞分化が進行するにつれて増殖させることが困難になる場合が多い．これらの性質は細胞の継代や凍結/解凍などのプロセスを経ても一定に保たれるべきものである．細胞の増殖能は細胞株/クローンごとに多少異なるが，倍加時間は24時間前後から30時間程度の間であることが多いようである．倍加時間の増加や減少は細胞に何らかの変異が生じたことを示唆するが，どの程度の変化をもって異常と見なすかの基準の設定は困難である．他の解析とあわせて判断することになるだろう．増殖速度が増した場合には，しばしば核型やCNV（copy number variation）などのゲノム異常がしばしば観察される．

1. 未分化状態の判定

　未分化状態の判定には一般にマーカーの発現解析が用いられる．マーカーとしては細胞表面マーカーと未分化状態特異的遺伝子のmRNAの検出が利用される．いずれも多様な分子が用いられるが，単一のマーカー発現で未分化状態を確定することは困難であり，複数のマーカー発現の解析を行う．

　細胞表面マーカーの解析ではアルカリ性ホスファターゼの酵素活性を利用した染色が簡便な方法として利用される．しかし，培養している細胞集団の詳細な特性解析にはフローサイトメトリーによる解析が有効であり，SSEA3, SSEA4, TRA1-60などに対する抗体を用いた免疫染色が用いられる．また，NANOGやPOU5F1（OCT3/4）に対する抗体を用いた核染色でのフローサイトメトリーもよい方法である．アイソタイプ抗体による染色を陰性対照として陽性細胞の割合を決定する．これが70％以上であることがISCBIのガイドラインでは推奨されている．

　未分化状態において高発現し細胞分化とともに比較的急速に発現が低下する遺伝子が未分化マーカー遺伝子として用いられる．NANOG, OCT3/4, SOX2のような初期化遺伝子はその代表的なものである．このほかTDGF, DNMT3B, ZFP42などのmRNAの検出を行うが，これにはリアルタイムPCRを行うべきであり，RT-PCRによるバンドの検出は信頼性に欠ける．これは例えば集団内の半分の細胞が分化していても，残りの未分化細胞に由来するシグナルが検出されるためポジティブと判定されうるためである．これを避けるためには未分化マーカーと同時に初期分化マーカーである，GATA6, Brachyury, EOMESなどが検出されない（低い）ことを確認するなどが必要になる．mRNAの解析は細胞集団全体の状態をみるのに適している．

2. 多能性の判定

　ES・iPS細胞の多能性は実際に分化誘導を行って解析することになる．多能性証明のための分化誘導には比較的ランダムな細胞分化が起こるとされる胚様体形成やテラトーマ形成法が用いられる．これらの方法により分化誘導後形成された組織で内胚葉，中胚葉，外胚葉の三胚葉性の細胞分化がみられることで，多能性の証明とする．

A-1. アルカリホスファターゼ染色

　当研究室では，Alkaline Phosphatase Substrate Kit Ⅲ（Vector社, #SK-5300）を使用している．

結果の判定

　染色終了後，顕微鏡にてフラスコ中のコロニーが染色されていることを確認し，染色されているコロニーと染色されていないコロニーを選別する．未分化細胞は青く染まり，分化細胞は染まらない．未分化コロニーの中でも，分化が進んでいる部分だけ白く染まるので，コロニーが未分化状態を維持しているかのスクリーニングに有用である．染色時間をきちんと守ることが重要であり，染色時間が長くなるとすべて陽性色に染まってしまうので注意が必要である（図1）．

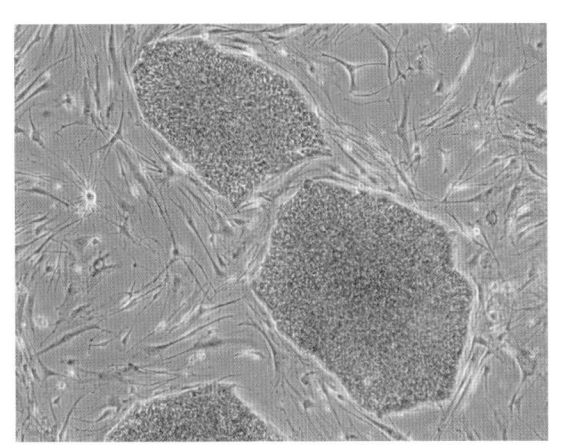

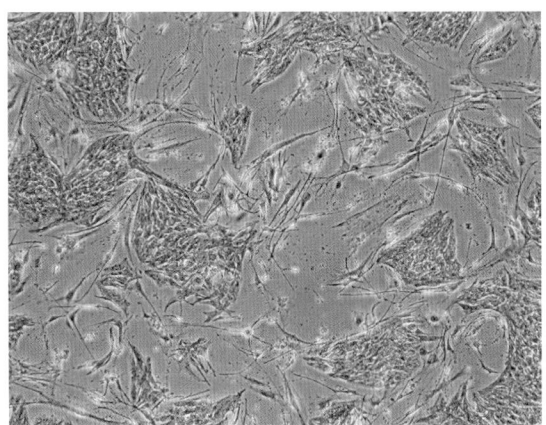

図1　アルカリホスファターゼ染色

A-2. フローサイトメトリーによる測定

　蛍光色素と結合しているモノクロナール抗体を用いて細胞に特異的な抗原を検出する方法が広く使われている．バリデーションされたキットも市販されており当研究室ではHuman Pluripotent Stem Cell Transcription Factor Analysis Kit（日本BD社，#560589）を使

用し，SSEA-1, SSEA-3, SSEA-4, TRA-1-60, TRA-1-81, NANOG, OCT3/4, SOX2について測定している．

A-3. 免疫染色

準備

試薬調製

- □ ブロッキング試薬

    stock solution：10% BSA / PBS を 8 mL ずつ分注し，-20℃で凍結保存する．

    使用液：stock solution に goat serum 1.2 mL，PBS 30.8 mL を加える．

- □ 0.2% Triton-X100 / PBS

    PBS 50mL に Triton-X100 を 100 μL 加える．室温保存．

- □ 3% Formaldehyde / PBS

    30% Formaldehyde を PBS で 10 倍希釈する．用事調製．

- □ 0.3% H_2O_2 / PBS

    30% H_2O_2 を PBS で 100 倍希釈する．用事調製．

- □ 発色試薬

    DAB（3.3-Diaminobenzidine tablet sets）（シグマ・アルドリッチ社，#D4168）

    10 mL の Mill Q に 2 種類の錠剤を溶かす．容器にアルミホイルを巻いて，24 時間以内に使用する．

- □ 一次抗体，二次抗体

    ともにブロッキング試薬で以下の条件で希釈する．当研究室で使用している一次抗体，二次抗体を表1に示す．

表1　免疫染色抗体リスト

一次抗体	希釈倍率（倍）	カタログ番号	二次抗体	希釈倍率（倍）	カタログ番号
SSEA-1	100	Chemicon：MAB 4301	Mouse IgM	200	BD Pharmingen：550588
TRA-1-60	100	Chemicon：MAB 4360			
SSEA-3	100	Chemicon：MAB 4303	Rat IgM	200	BD Pharmingen：554017
SSEA-4	100	Chemicon：MAB 4304	Mouse IgG	200	Santa Cruz：sc-2055
Oct 3/4	200	Santa Cruz：sc-5279			

プロトコール

表面抗原の染色方法（SSEA-1,3,4, TRA-1-60）[*1]

12.5 cm² フラスコを使用した場合．

❶ 細胞培養中のフラスコから上清を捨て，PBSで洗浄する

⬇

❷ 3% Formaldehyde/PBSを2 mL添加し室温に15分間置く

⬇

❸ PBSで3回洗浄する[*2]

⬇

❹ 0.3% H_2O_2/PBSを2mL添加後，室温に10分間置く

⬇

❺ 0.3% H_2O_2/PBSを取り除き，PBSで3回洗浄する

⬇

❻ ブロッキング試薬を2 mL添加し，室温に30〜60分間置く

⬇

❼ ブロッキング試薬を取り除いた後，一次抗体を添加し室温に30〜60分間置く

⬇

❽ PBSで3回洗浄する

⬇

❾ 適応した二次抗体を添加し，室温に60分間置く

⬇

❿ PBSで3回洗浄する

⬇

⓫ 発色試薬を2 mL添加し，遮光して5〜10分間室温に置く

⬇

⓬ 顕微鏡でときどき発色の状態を確認する

⬇

⓭ 充分な発色が確認されたら，発色液を取り除きPBSで3回洗浄する

⬇

⓮ PBSを2 mL添加し，4℃で保存する

[*1] 本法では洗浄のステップが大切．特に最後の洗浄は丁寧に行うと発色がよい．

[*2] 膜の可溶化が必要な場合（OCT3/4, NANOGなど）は，❸の後に以下のステップを加える．
❸' 0.2% Triton-X100/PBSを2 mL添加し，室温で10分間インキュベートする．
❸" 0.2% TritonX100/PBSを取り除き，0.3% H_2O_2/PBSを2mL添加後室温にて10分間インキュベートする．

結果の判定

染色終了後，顕微鏡にてフラスコ中のコロニーが染色されていることを確認する．未分化細胞は茶褐色に染まり，分化細胞は染まらない．

A-4. PCRによる測定

当研究室ではOmniscript Revers Transcription kit（キアゲン社，#205110）およびRandom Primer（9mer）（東洋紡績社，#FSK-301）を使用してRNA抽出を行っている．マーカーはNANOG, OCT3/4, DNMT 3B, TDGF, GABRB3, GDF3, GATA6, Brachyury, EOMESについて測定を行っている．

A-5. 胚様体形成確認

準備

☐ ペトリディッシュ 60 mm, 100 mm
☐ 細胞解離液
　CTK, Disparseなど．
☐ 培地
　KSR base hES培地．

プロトコール

❶ 60 mmプレートにコンフルエント状態のES・iPS細胞を解離液で解離する．15 mLチューブに回収する

⬇

❷ 培地を加え10分間室温に静置し，ES・iPS細胞が沈んだら上清を除去する

⬇

❸ 適量の培地を入れ懸濁し，ペトリディッシュ100 mmに総量10 mLになるように播種する

⬇

❹ 以降，2日ごとに培地交換を繰り返し，14〜20日間培養する

培地交換の方法

培養している溶液を15 mL tubeに移し，10分間室温に静置する．10分後細胞は下に沈んでいるので，その上清を除去し新し

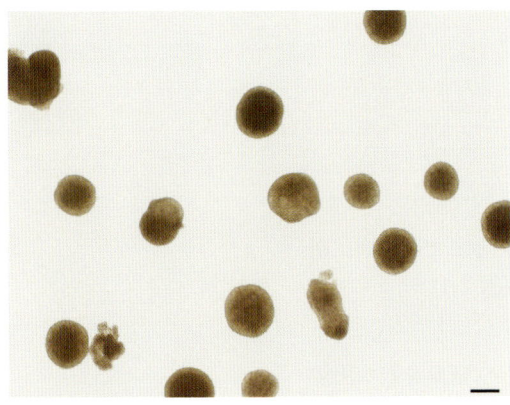

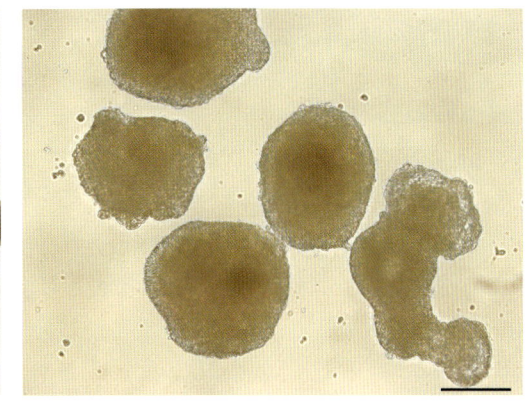

図2 胚様体
Scale bar 200 μm

い培地を10 mL加える．ペトリディッシュは，フィーダー細胞の残存などが付着してきたら新しいものと交換する（1週間に1度程度交換するとよい）．

結果判定

培養後，胚様体の塊ができることを確認する（図2）．画像を記録する．当研究室ではRNAを抽出してPCR法にて分化マーカーの上昇（GATA4, Brachyury, PAX6, EOMESのような三胚葉性マーカーと栄養外胚葉マーカー）と未分化マーカー（NANOG, OCT3/4など）の低下を確認している．未分化マーカーは2週間程度の培養では検出される場合ある．

A-6. テラトーマアッセイ

準　備

□ SCIDマウス
　移植実施時に6〜8週齢となるようにする．
□ 細胞数の調製の目安
　マウス1匹あたり，1×10^6 cells程度の細胞を0.5 mL程度の培地に懸濁する．
□ 細胞注入用キャピラリ（図3A）

プロトコール

精巣への細胞の移植

❶ マウスに麻酔をかける

❷ 麻酔が効いたら，マウスの足の付け根付近をハサミで縦方向に切開する．1 cmほど切開すれば充分である（図3B）

❸ 手術用ピンセットを使用し，切開した部位から精巣を取り出す（図3C）

はじめに脂肪を取り出し，さらに引き出すと精巣が出てくる．精巣は6 mmくらいの楕円上の形状をしている．

❹ 18G注射針を使用して，精巣にキャピラリーを差し込むための穴をあける（図3D）

❺ インジェクション用のキャピラリーに，細胞を吸い込む（図3E）
❹で開けた穴にキャピラリーの先端を差し込み，少しずつ細胞を注入する（図3F）．

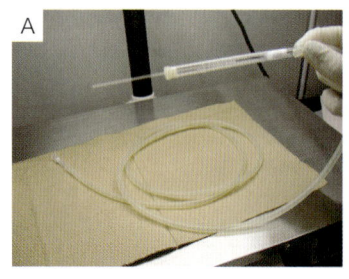

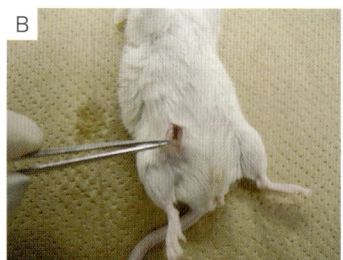

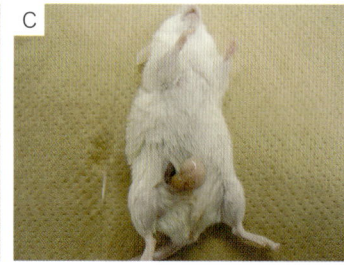

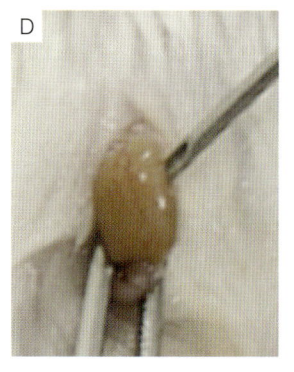

図3　精巣への細胞移植

❻ 全量の細胞を注入したら，精巣や脂肪などを腹膜の中に戻す

❼ 手術用糸付き針を使用し，腹膜および皮をそれぞれ縫合する

❽ 加温プレートの上でマウスを温めた後ケージに戻す

❾ 移植後8週間マウスを飼育し，テラトーマを形成させる
移植後6週程度で，テラトーマの形成が確認される．

テラトーマの摘出

❶ 頸椎脱臼により，マウスを安楽死させる

❷ 手術用ハサミにより開腹し，形成したテラトーマを腹腔内より取り出す

❸ テラトーマをPBSの入った100 mmペトリディッシュに移す

❹ マウス由来の臓器と思われる部分などをハサミで除去し，テラトーマをもう一度PBSで洗浄する

❺ テラトーマを写真にとる

テラトーマの固定から染色まで

❶ テラトーマを1 cm以下の大きさに切り分ける

❷ ホルマリン固定後，パラフィン包埋後ミクロトーム5 μm程度に薄切する

❸ 加温したスライドグラスの上で縮んだ切片を伸展させ，乾燥させて標本を作製する

❹ その後HE（ヘマトキシリン・エオジン）染色などを行う

結果の判定

HE染色した標本を顕微鏡で，三胚葉（内胚葉，外胚葉，中胚葉）に分化していることを確認する．特徴的な組織部位を図4に示す．

テラトーマの組織学的解析を正確に行うためには相当程度の経験を要するため，専門家

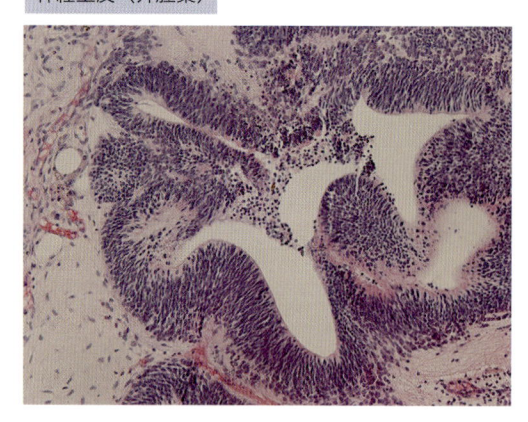

神経上皮（外胚葉）　軟骨（中胚葉）

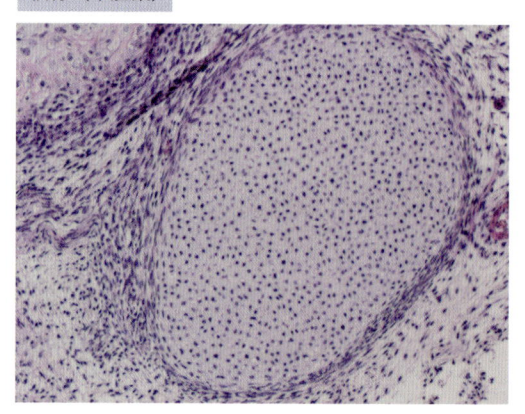

消化管上皮（内胚葉）

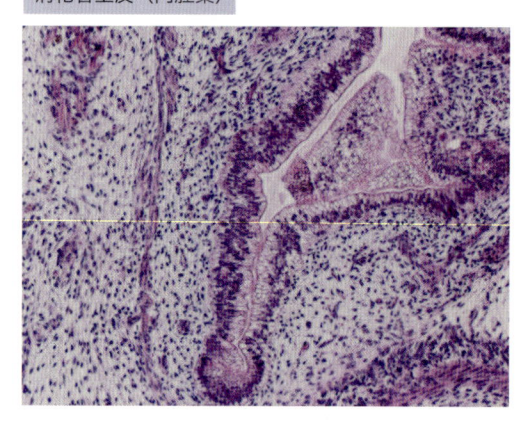

図4　テラトーマ組織のヘマトキシリン・エオジン染色

の助言を求めることが推奨されるが，比較的容易に判別できるものについて図に示した．外胚葉性の組織としては神経上皮が管状の組織をつくった神経管様の構造がしばしば観察される．中胚葉性組織では軟骨や筋組織が見つけやすいだろう．このほか消化管上皮の特徴的な構造は内胚葉性組織の代表とするのに適している．脂肪や，血管の形成が認められる場合も多いがこれらはマウス由来の組織である場合もあり注意が必要である．確定するにはヒト特異的なこれらの細胞に対する抗体での染色を併用するとよい．

A-7. 出荷基準

特性解析として上記のように多くの検査を行っているが，定量性がないものもあり結果の判断は特に難しい．未分化性，多分化能については複数の検査を行い結果を総合的に判断することが重要である．当研究室では表2のような出荷基準を作成している．

表2　出荷基準

検査種類	検査方法	判定基準
未分化性確認検査	アルカリホスファターゼ染色	染色後，5視野の画像をランダムに撮影し記録を残す．コロニーを100個カウントして90個以上のコロニーが陽性であること（90％以上）
	免疫染色	染色後，5視野の画像をランダムに撮影し記録を残す．コロニーを100個カウントして90個以上のコロニーが陽性であること（90％以上）
	フローサイトメトリー法	SSEA-1が陰性であること（陽性率10％以下），SSEA-3，SSEA-4，TRA-1-60，TRA-1-81，NANOG，OCT 3/4，Sox2は陽性であること（陽性率70％以上）
	PCR法	NANOG，OCT 3/4，DNMT 3B，TDGF，GABRB3，GDF3の発現が確認されること
多分化能確認検査	胚葉体形成確認	胚様体の形成を確認すること．培養後胚様体からRNAを抽出し分化・未分化マーカーの値をPCRで確認．培養前と比較して，未分化マーカーの低下および分化マーカーの上昇がみられること
	テラトーマアッセイ	SCIDマウスに細胞を接種しマウス内にテラトーマの形成を確認すること．テラトーマを摘出し，ヘマトキシリン・エオジン染色にて三胚葉に分化していることが確認できること
核型解析検査	ギムザ染色，G-バンディング法	30個の分裂中期でG-バンディング解析を行い，クローナルな核型異常が5％以下であること
マイコプラズマ検査	培養法，リアルタイムPCR法	＜培養＞菌の発育を認めないこと ＜PCR＞細胞及び上清についてPCRを行い陰性であること
無菌検査（薬局方準拠）	培養ボトル検査法	細胞培養上清を培養ボトルに播種し菌の発育を認めないこと
ウイルス検査	PCR法	HIV，HBV，HCV，HTLV-1，CMV，HP19，EB，HHV-6，-7，HSV，EBVについて陰性であること

B. 核型解析

　　染色体解析は臨床検査にて行われており，疾患を特定する有用な検査法の1つである．しかし培養細胞から得られる核型の異常は通常の臨床検体で起こりづらい現象もみられ，判定が難しいこともある．ヒト多能性幹細胞は長期培養すると染色体異常を起こすことがある．ここでは，細胞の品質管理という面から，スクリーニング的な核型解析検査について述べる．具体的にはギムザ染色とG-バンディング法を取り上げる．

準備

細胞調製用試薬

- ☐ 0.075M KCl（低張液）
  1 M KCl を MillQ で希釈する．
- ☐ 固定液
  メタノールと酢酸を3：1の割合で混ぜる．用事調製．
- ☐ 50％エタノール
- ☐ コルセミド（ライフテクノロジーズ社，#15212-012）
- ☐ ヒーター
  ホットプレート，パラフィン伸展器，ヒートブロックなど．

ギムザ染色用試薬

- □ 100％メタノール
- □ 4％ギムザ液
  リン酸緩衝液（pH6.8）にギムザ原液（MERCK cat#HX263488）を加える．

G-バンディング用試薬

- □ 100％メタノール
- □ 0.025％トリプシン液
  2.5％トリプシンをMillQで希釈する．
- □ 5％血清加PBS溶液，10％血清加PBS溶液
  FBSなどの血清を5％，10％になるように加える．
- □ 3％ギムザ液
  リン酸緩衝液（pH6.8）にギムザ原液を加える．2本作製し，A液，B液とする．
- □ マウント液（Fisher Scientific社，#SP15-100）

プロトコール

細胞調製

❶ 60～70％程度コンフレントな状態の培養ES/iPS細胞にコルセミドを最終濃度0.1 μg/mLになるように添加し，37℃で2～3時間培養する

⬇

❷ コルセミドを添加した上清を除去し，PBSで洗浄する

⬇

❸ 0.25％トリプシン溶液やディスパーゼ，EDTAなどの解離液を用いて，細胞を培養プレートから解離する

⬇

❹ 1,000 rpm（190G），5分間遠心後，上清を捨てる

⬇

❺ 0.075 M KClを1 mLを加え1 mLピペットで塊がなくなるまでよく混ぜる

⬇

❻ さらに0.075 M KClを3 mLを加えピペッティングする

⬇

❼ 37℃で13～15分間低張処理する．固定液を1 mL加えピペットで混ぜる

❽ 1,000 rpm（190G），5分間遠心し上清を捨てる

❾ 固定液を4 mL加えピペットでまぜる

❿ ❽〜❾を3回繰り返す

⓫ 1,000 rpm，5分間遠心し上清を捨てる

⓬ 固定液を4 mL以上加え−20 ℃で保存する[*1]

ホットプレートを用いた標本作製

❶ あらかじめ細胞量にあわせて適量の固定液を加えた細胞浮遊液を作製する

❷ ホットプレートを37 ℃に温めておき，ヒーターと作業台に湿らしたキムワイプを敷く

❸ あらかじめスライドグラスを洗浄し50％エタノール中に保存しておく

❹ スライドグラスをキムワイプで軽くふく

❺ 作業台のキムワイプの上に置き，素早く細胞浮遊液を1滴，滴下する

エタノールが乾く前に素早く滴下すること．

❻ 滴下した浮遊液の広がりを確認してヒーターに乗せる

❼ 乾いたら取り出して顕微鏡で観察し，細胞量，展開具合を確認する

ギムザ染色

❶ 展開したスライドグラスが乾いてから作業を行う

❷ 100％メタノールに2〜3秒浸す

*1 固定液を10 mL（4 mL以上）入れ半年ぐらい保存可能である．その際は1回置換してから続きを行う．

❸ 4％ギムザ液に10～15分間浸す
⬇
❹ 水道水でスライドの表面を洗浄する
⬇
❺ 水気を切って風乾させる
⬇
❻ マウント液で封入する

G-バンディング（トリプシン-ギムザ染色）

❶ 展開したスライドガラスをよく乾燥させる
⬇
❷ 0.025％トリプシン溶液に約20秒浸す
⬇
❸ 10％血清加PBS溶液で洗浄する
⬇
❹ 5％血清加PBS溶液で洗浄する
⬇
❺ 3％ギムザ液(A)内にスライドを浸し，数回スライドを上げ下げする
⬇
❻ 3％ギムザ液(B)で5分染色する
⬇
❼ 2～3秒，水洗いし乾燥させる
⬇
❽ マウント液で封入する

⚠ トラブルへの対応

■ギムザ染色がうまくいかない

　　G-バンディング時ギムザ染色のトリプシン液添加時間は，季節や室温によって調整することがすすめられる．染色体検査は季節や実験室の気温湿度の状態によっても標本の状態が左右されるので，何度か予備実験を行い適切な条件を見つける必要がある．コルセミドの添加時間もサンプルによって調整するなど，工夫が必要である．

表3 核型検査表

標準G-バンディング法	最低8検体の分裂中期の染色体を解析．20個の分裂中期の染色体数を計数
クローン性異常の確認手法	クローナルな染色体異常はその意義をさらに解釈するために，継代後の再検査で確認する必要がある．
単一細胞で観察された異常の確認方法	単一細胞の異常（例えば染色体異数性，転移）は，場合によっては染色体のモザイクを排除するためにさらなる検査を必要とする．
	染色体番号1，8，12，14，17，20およびXでの正倍数性（不均衡再配列を含む） / 初期培養では最低30個の細胞についてG-バンディング計数を行う．培養後期には30個の細胞についてG-バンディング計数を行うと共に間期細胞100個についてFISH解析を行う．
	他の異数性と構造上再配列 / 初期培養から少なくとも30個の細胞についてG-band計数を行う．
最低品質スコア	ISCN400バンドレベルはG-band解析で最低限必要なレベルであり，ISCN500バンドレベル以上での細胞解析が望ましい．
低水準分析	もしISCN400バンドレベルの解析ができない場合には，その方法を通常使用するとしても「低水準の分析」であり再検査が必要かもしれないと警告，明示すべきである．
報告	報告に含むべき内容： ・核型の名称．使用可能な最新のISCN命名2009を用いる． ・分析法（例えば核型，FISH，CGH，特殊なバンド形成など） ・バンド形成レベルの平均値．単細胞での染色体番号1，8，12，14，17，20およびX（このリストは検討中）における異数性または構造異常．
用語定義 文献3を元に作成	解析：分析中期の染色体を計数し，各染色体のバンドの相同性を比較するとともに男性核型のXおよびY染色体のバンド形成パターンを確認． 計数：分裂中期において明白な構造異常が検出された染色体の数を提示する．または，FISH解析における間期の核でのシグナル数を提示する． スコア：細胞または分裂中期における異常の有無について完全な解析なしに確認． クローン：単一細胞から得られた細胞集団． 　　　　　このような細胞は同一の染色体構成をもつ．もし3つの細胞が同じ染色体を失っているならば，あるいは2つの細胞が同じ過剰な染色体，あるいは構造的な組換え染色体が含まれていれば，クローンといえる．

解析，結果判定

　まず初めに，ギムザ染色した標本の各メタフェーズについて染色体数をカウントする．スライドの端から順を追ってメタフェーズを観察することによりバイアスのかからない視点で全体的な数の異常について確認できる．通常スライド1枚あたり30～300位のメタフェーズが確認できる．培養細胞の場合，染色体の数本がメタフェーズから飛んでしまい数が減っていることも多い．そのサンプルの全体像を知ることができ，後々の検査で有用なことがある．次にギムザ染色でG-バンディングを行う．当研究室ではIkaros画像解析システム（Zeiss社）を使用している．30個のメタフェーズについて染色体を注意深く解析し，欠失，転座，挿入，増加，消失などについて確認している（表3）．クローナルな異常が5％以上生じた場合はさらに観察数を増やして確認を行う．必要に応じて詳細検査（FISH，CGH，SNPs，SKYなど）も行う．

　G-バンディングの解析判定には熟練した技術が必要である．専門家や外部委託業者に依頼することも考慮されたい．

■ C. 感染性因子の制御

　　ES・iPS細胞を臨床利用する際に制御の必要性がある感染性因子としては，細菌/真菌類，ウイルス，マイコプラズマが主なものとしてあげられる．これらが培養細胞に混入する経路としてはドナーに由来するものと培養工程に由来するものに分けられる．ウイルスについては感染症を含めた病歴や各種検査によりその適格性が判断され，さらにES・iPS細胞を供給するバンクにおいて充分な検査が行われるため，適切な機関から入手した細胞ではウイルスが混入している可能性は少ないものと考えてよい．

　　さらに培養工程では，細菌/真菌類およびマイコプラズマの混入の可能性が懸念される．臨床目的での培養では通常抗生物質を使用しないため多くの細菌類の混入は目視により確認できる．一方でマイコプラズマの混入は細胞に一見してわかる変化がみられないため注意が必要である．

　　現在細胞培養に用いられる培地などの資材については充分な品質管理が行われているため，これらを介しての混入の可能性はほぼなく，感染性因子の混入は実験者の操作，あるいは実験室の環境管理が不適切であることによると考えてよい．したがって，感染性因子の制御は「もち込まない，拡散させない」が重要な対策となる．

　　ここでは感染性因子のうち培養工程での混入の可能性が高いマイコプラズマの検査法について解説する．すでに述べたようにマイコプラズマの感染は実験者に由来して起こる．そのため，マイコプラズマ検査は工程管理の1つの方法であるともいえる．最終製品だけでなく，製造過程での検査も有効である．

1. 局方のマイコプラズマ検査法

　　現在，日本薬局方（局方）のマイコプラズマ否定試験には，培養法と指示細胞を用いたDNA染色法（以下染色法），PCR法の3法が記載されている．基本的には，培養法か染色法による検出法を行い，染色法で陽性だった場合に，PCR法での否定試験を行うことが可能である．

　　培養法は平板培地，液体培地を併用し14日間の培養を行い，マイコプラズマ特有の目玉焼き状のコロニーの発育を確認するものである．染色法は指示細胞を播種したプレートにサンプルを散布し3～6日間培養後，蛍光色素で染色し顕微鏡で観察するものである．細胞核を囲むように微小な核外蛍光斑点が0.5％以上あれば陽性となる．両方法とも，陽性対象として100CFU以下のマイコプラズマ生菌を用意する必要があり，研究室では生菌を常に保持することは難しく，さらに両検査とも検査に日数がかかり，即時判断には適さない．PCR法は感度と特異性を高めるため2段階PCR法（ネステッドPCR法）を用いることが推奨されているが，局方に記載されているプライマーでは検出が難しいとの報告がある．

2. 酵素法

　　研究室内でスクリーニング的に簡単に行える検査法としてマイコアラート（MycoAlert，ロンザ社）による検出法がある．マイコプラズマが有する酵素の生物化学反応を利用し培

養物中のマイコプラズマの汚染を検出する方法である．生きているマイコプラズマが存在する場合，マイコプラズマの膜を溶解し放出した酵素を基質と反応させる．酵素はADPのATP変換を促進させるため，基質を加える前後のATPの変化により，マイコプラズマ汚染の有無を確認する方法である．

3. リアルタイムPCRによる検出法

前述したように，局方によるマイコプラズマ否定試験は簡便に高感度な結果を得ることが難しい．近年リアルタイムPCRによるマイコプラズマ検出キットが販売されている〔MycoTOOL PCR Mycoplasma Detection Kit（ロシュ・ダイアグノスティクス社），MycoSEQ Mycoplasma Detection System（ライフテクノロジーズ社）〕．これらのキットは，欧州薬局方，米国薬局方などに準拠したマイコプラズマ亜属に対する否定試験を行うことができ，日本の局方にて否定すべきと記されているマイコプラズマ亜属はすべて網羅している．さらに高感度（検出感度：＜1〜10 CFU/mL）なうえ，DNA抽出から結果判定まで5時間程度と迅速性も高い．使用する検体についてのプロトコールは，細胞のみ，細胞上清のみ，細胞と上清の混合と3種類のプロトコールがあり，検査をするタイミングや状況に応じて選択することができる．現在はまだキットが高額だという問題があるが，今後広く普及していく方法だと考えられる．

上に述べたようにいずれの方法も検出感度，検出可能な菌種，時間などの点で一長一短があり，それぞれの検出方法の特性をふまえたうえで目的に応じて複数の方法を組み合わせて利用することが望ましい．

◆ 文献

1) International Stem Cell Initiative: Stem Cell Rev. Rep., 5: 301-314, 2009
2) International Stem Cell Initiative: Nat Biotechnol., 29: 1132-1144, 2011
3) 高田圭ほか：再生医療, 10: 463, 2011
4) ヒト多能性幹細胞培養実習プロトコール（理化学研究所発生・再生科学総合研究センター幹細胞研究支援・開発室）

◆ 参考図書

1) 『医薬品の品質管理とウイルス安全性』（日本医薬品等ウイルス安全性研究会／編），文光堂，2011
2) 『フローサイトメトリー自由自在』（中内啓光／編），秀潤社，2004

Ⅲ 分化誘導のプロトコール

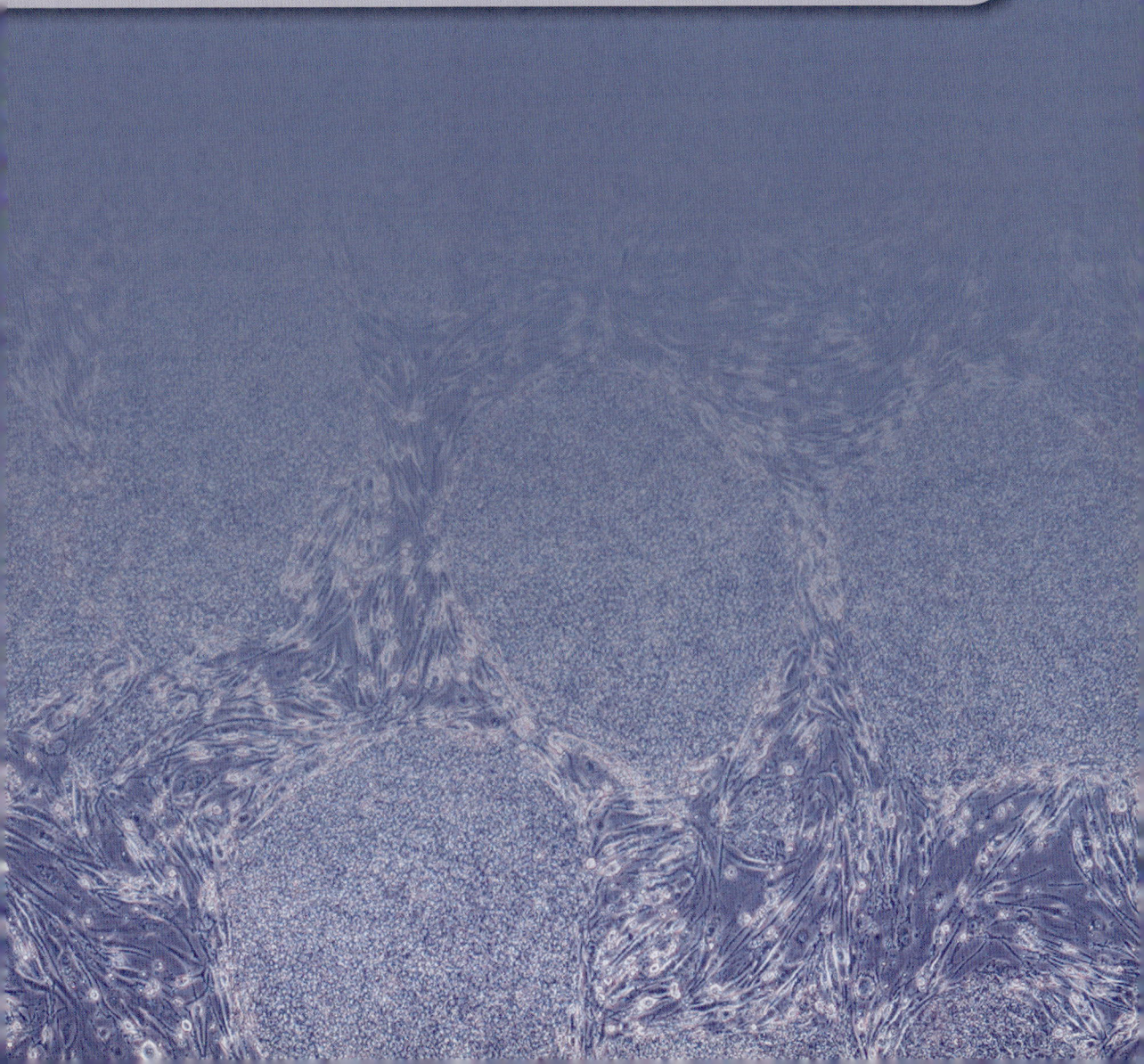

III 分化誘導のプロトコール

1 造血幹細胞への分化誘導

鈴木直也，大澤光次郎

フローチャート

当日	2日	6日	10日
BMP4, ActivinA 添加による胚様体形成開始	BMP4, VEGF 添加による中胚葉誘導	BMP4, VEGF, SCF, TPO 添加による血液細胞誘導	VEGF, SCF, TPO 添加による血液細胞分化

はじめに

　ヒト人工多能性幹細胞（ヒトiPS細胞）の樹立成功により[1]，ヒト胚性幹細胞（ヒトES細胞）に始まった再生医療への期待はより実現性の高いものとなってきた．造血系再生医療の領域においても，造血不全や白血病などの移植治療の供給源として長期骨髄再構築能を兼ね備えた造血幹細胞の分化誘導技術の確立に大きな期待が集まっている．

　造血細胞は神経細胞や皮膚線維芽細胞とは異なり，初期培養細胞として細胞形質を維持したまま培養することが困難であること，また造血幹細胞の in vitro 培養にも限界があり，研究に必要な充分な細胞を得ることが難しいことが血液細胞を用いた研究の大きな律速となっている．臍帯血や骨髄液からの造血幹前駆細胞の採取は限られたものであり，倫理的な問題にも充分に配慮する必要がある．ヒト多能性幹細胞から機能的な血液細胞を誘導することが可能になれば，それら多くの部分を解決できる．ヒト多能性幹細胞からの血液細胞の分化誘導は，大きく2つの誘導法に分けられる．1つは**2次元培養法**で，もう一方は胚様体（Embryoid Body：EB）などを介する**3次元培養法**である[2]〜[4]．それぞれの分化誘導法は構造的細胞間相互作用に違いはあるものの，基本となる分化誘導の概念は同じである．

　本項で紹介する多能性幹細胞から血液細胞への分化誘導は，中胚葉誘導，造血内皮細胞誘導，造血前駆細胞誘導の3つのステップに分けられる．

　多能性幹細胞から中胚葉への誘導は，Activin/TGFβ経路とBMP4経路の活性化によって行われる．また，近年BMP4経路がbFGF経路によって増強されることが示されている．よって，われわれの分化誘導系では，多能性幹細胞による胚様体形成と同時にActivin A，TGFβとBMP4を添加することでより効率的な中胚葉誘導を行っている[5]．中胚葉系前駆細胞への分化はKDR / VEGFR（CD309）の発現で確認することができる．

　次に，VEGFおよびSCFを添加することで，中胚葉細胞を造血内皮細胞へと誘導している．この際にTGFβ受容体様キナーゼ（ALK）の阻害剤であるLY364947を添加すること

で血液細胞への分化効率を高めている．これは上皮間葉移行（Epithelial-Mesenchymal Transition：EMT）に必要なTGFβ経路を阻害することで，primitive streakを形成している中内胚葉系細胞を，中胚葉系前駆細胞へと運命決定させ，それにより造血内皮細胞，造血前駆細胞に誘導される細胞の割合を増やしていると考えられるが，詳細な機構は不明である．この段階でのTGFβ経路の阻害が最終的な血液細胞の運命決定にもかかわっているという報告もあり，興味深いところである[6]．

最後の造血前駆細胞の誘導は，VEGF, SCF, TPO, IL-3といった造血系サイトカインが主要な働きを担っている．これらのサイトカインにより，造血内皮細胞から造血前駆細胞への誘導，および増殖が促進される．未分化な造血細胞は高い増殖能をもつため，造血コロニー形成能試験（コロニーアッセイ）により未分化な造血細胞，すなわち造血前駆細胞の存在を確認できる．また，この造血前駆細胞はさまざまな血液細胞へ分化能をもつため，任意のサイトカインを添加することにより目的の血液細胞に分化させることが可能である．

準　備

1. 試薬と装置

- □ ヒトES・iPS細胞[*1]
- □ シェーカー HS260 コントロール（IKA社）
  37℃培養インキュベーター内に設置．設置ができない場合には，低接着ディッシュを用いることにより胚様体を作製することが可能であるが，ローテーター上で振盪した方がより均一な胚様体を作製することができる．
- □ ペトリディッシュ：60mm Petri Dish（BD Biosciences社）
- □ 低接着ディッシュ：Ultra Low Attachment Culture Dish（Corning社），リピジュア®コートディッシュ（日油社），PrimeSurface®（住友ベークライト社）
  上記の3社の低接着ディッシュを用いて胚様体形成が可能なことを確認している．また，基本的にわれわれは60mmディッシュを使用しているが，6ウェルプレートを使用しても同様に胚様体形成を行うことが可能である．
- □ Accumax（Innovative Cell Technologies社，#AM105）
  活性低下による実験間誤差を防ぐため分注して-20～-30℃にて保存[*2]．
- □ 放射線照射済みMEF細胞
  凍結もしくは培養中の放射線照射済みMEF細胞（マイトマイシンC処理MEF細胞でも代用可能）を回収し，遠心分離後に後述の胚様体形成培地に懸濁する（6×10^5 cells/dish; 60mmディッシュに

[*1] mTeSR™1などのフィーダーフリー培養，MEFやSNLを用いたオンフィーダー培養のどちらからでも分化誘導は可能．

[*2] なるべく凍結融解を繰り返さないように，使用頻度に応じて6～12mL程度に分注．

培地は 5 mL)
- ☐ mTeSR™1（STEMCELL Technologies 社，#05850）
- ☐ IMDM（シグマ・アルドリッチ社，#I3390）
- ☐ FBS（ニチレイバイオサイエンス社，#171012）

    FBS はロットにより造血前駆細胞の誘導効率に大きく異なるので必ずロット検定を行い，分化誘導効率のよい FBS を選択して使用すること．

- ☐ GlutaMAX™ Supplement（ライフテクノロジーズ社，#35050-061）

    冷蔵庫（4℃）にて保存．

- ☐ MTG（シグマ・アルドリッチ社，#M6145）

    冷蔵庫（4℃）にて保存．

- ☐ Human Holo transferrin（SCIPAC 社，#T101-5）

    IMDM にて 50 mg/mL 溶液を作製し，1 mL ずつに分注して−20〜−30℃にて保存[*3]．

- ☐ Ascorbic acid（シグマ・アルドリッチ社，#A4544）

    PBS にて 100 mg/mL 溶液を作製し，1 mL ずつに分注して−20〜−30℃にて保存．使用後は速やかに−20〜−30℃にて再び保存[*4]．

- ☐ Rock 阻害剤（Y-27632）（Cayman Chemical 社，#10005583）

    PBS にて 10 mM 溶液（1,000×）を作製し，200 μL ずつ程度に分注して−20〜−30℃にて保存．使用後は速やかに−20〜−30℃にて再び保存[*4]．

- ☐ LY364947（Cayman Chemical 社，#13341）

    DMSO にて 10 mM 溶液（2,000×）を作製し，200 μL ずつ程度に分注して−20〜−30℃にて保存．使用後は速やかに−20〜−30℃にて再び保存[*5]．

- ☐ human BMP4（R&D 社，#314-BP-010）[*6]

    4 mM HCl 溶液にて溶解し，終濃度が 0.1％になるように BSA（25％）を加え 10 μg/mL 溶液（5,000×），または 100 μg/mL 溶液（50,000×）を作製し，100 μL ずつ程度に分注して−20〜−30℃にて保存．溶解後は，冷蔵庫（4℃）にて保存．BMP4 は同じ会社の製品であっても生物活性にロット差があるため必ず検討が必要．

- ☐ human Activin A（HumanZyme 社，#HZ-1140）[*6]

    PBS にて溶解し，終濃度が 0.1％になるように BSA（25％）を加え 10 μg/mL 溶液（5,000×），または 100 μg/mL 溶液（50,000×）を作製し，100 μL ずつ程度に分注して，−20〜−30℃にて保存．溶解後は冷蔵庫（4℃）にて保存．

- ☐ human VEGF（Peprotech 社，#100-20，または R&D 社，

[*3] 凍結溶解は 2 度までとしている．

[*4] 凍結溶解は 5 回程度まで．

[*5] 凍結溶解は 10 回程度まで．

[*6] サイトカインは，使用頻度や購入量に応じて長期保存用として 100 μg/mL 溶液，また短期保存用（分化誘導培地作製用）として 10 μg/mL 溶液を作製して保存しておくと便利である．100 μg/mL 溶液より 10 μg/mL 溶液を作製する際には，それぞれの溶解液で希釈すること．

#293-VE-010)*6

PBSにて溶解し，終濃度が0.2％になるようにBSA（25％）を加え10 μg/mL溶液（2,000×），または100 μg/mL溶液（20,000×）を作製し，100 μLずつ程度に分注して，−20〜−30℃にて保存．溶解後は冷蔵庫（4℃）にて保存．

☐ human SCF（Peprotech社，#300-07，またはR&D systems社，#255-SC-010)*6

IMDMにて溶解し，10 μg/mL溶液（1,000×），または100 μg/mL溶液（10,000×）を作製し，100 μLずつ程度に分注して，−20〜−30℃にて保存．溶解後は冷蔵庫（4℃）にて保存．

☐ human TPO（Peprotech社，#300-18，またはR&D社，#288-TP-005)*6

IMDMにて溶解し，10 μg/mL溶液（1,000×），または100 μg/mL溶液（10,000×）を作製し，100 μLずつ程度に分注して，−20〜−30℃にて保存．溶解後は冷蔵庫（4℃）にて保存．

☐ Penicillin-Streptomycin（シグマ・アルドリッチ社，#P4333）

2. 分化誘導培地の作製

☐ 胚様体形成培地*7（培養0〜2日目）

		（最終濃度）
mTeSR™1	10 mL	
human BMP4（10 μg/mL）	2 μL	（2 ng/mL）
human Activin A（10 μg/mL）	2 μL	（2 ng/mL）
Rock Inhibitor（Y-27632）	10 μL	（10 μM）

☐ 分化誘導基礎培地（培養2日目以降）

		（最終濃度）
IMDM	42.5 mL	
FBS	7.5 mL	（15％）
GLUTAMAX-I	500 μL	（2 mM）
MTG	2 μL	（450 μM）
Holo transferrin	200 μL	（200 mg/mL）
Ascorbic acid	25 μL	（50 mg/mL）
Penicillin-Streptomycin	500 μL	（1000 unit/mL／10mg/mL）

☐ 分化誘導培地A（培養2〜4日目）

		（最終濃度）
胚様体培養基礎培地	10 mL	
human BMP4（10 μg/mL）	2 μL	（2 ng/mL）
human VEGF（10 μg/mL）	5 μL	（5 ng/mL）

*7 基本的には，常にBMP4とActivin Aを添加しているが，ES・iPS細胞間によって効果に差があるので，最大限の効果を期待する場合には，BMP4とActivin Aの添加量の最適化を行う[7]．

☐ 分化誘導培地B（培養4〜6日目）

		（最終濃度）
胚様体培養基礎培地	10mL	
human BMP4（10μg/mL）	2μL	（2 ng/mL）
human VEGF（10μg/mL）	5μL	（5 ng/mL）
LY364947*8	5μL	（5 μM）

☐ 分化誘導培地C（培養6〜12日目）

		（最終濃度）
胚様体培養基礎培地	10mL	
human BMP4	2μL	（2 ng/mL）
human VEGF	5μL	（5 ng/mL）
human SCF	10μL	（10 ng/mL）
human TPO	10μL	（10 ng/mL）

☐ 分化誘導培地D（培養12日目以降）

		（最終濃度）
胚様体培養基礎培地	10mL	
human VEGF	5μL	（5 ng/mL）
human SCF	10μL	（10 ng/mL）
human TPO	10μL	（10 ng/mL）

*8 LY364947（TGFβ inhibitor）もActivin Aと同様にES・iPS細胞間によって，その効果に差があるため添加量の最適化を行うことが望ましい[8]．

プロトコール

　胚様体を介した血液細胞の分化誘導は，①胚様体形成，②中胚葉誘導，③血液細胞誘導，④血液細胞分化の大きく4つのステップに区分される（図1）．フィーダー細胞上（MEF細胞など）もしくはフィーダーフリー培養（mTeSR™1 など）で培養したヒトES・iPS細胞をAccumax処理により単一細胞浮遊液にし，胚様体形成培地にて胚様体を形成させる．その後，分化誘導培地にてサイトカイン

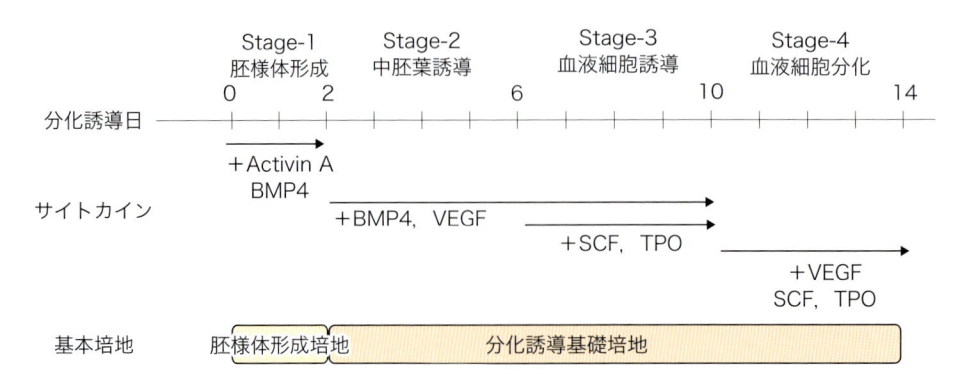

図1　分化誘導法の概要

を替えながら中胚葉系細胞，造血内皮細胞（hemogenic-endothelium）を含む造血前駆細胞，分化血液細胞へと分化誘導を行う．以下に，そのプロトコールの詳細を示す．

❶ ヒトES・iPS細胞を100 mmディッシュ1枚に準備する

⬇

❷ 培養上清を取り除き，Accumax 2 mLを加え細胞培養インキュベーターに入れる*1

⬇

❸ 細胞培養インキュベーターで5分間静置した後，一度取り出してタッピングを行い，ES・iPS細胞コロニーが培養皿より剥離していることを確認する

細胞培養インキュベーターに細胞を戻して3分間静置後，再び細胞を取り出してタッピングを行い，剥離したES・iPS細胞塊を崩す．この際，完全に単一細胞浮遊液（single cell suspension）にする必要はなく，ある程度細胞塊が崩れたところでタッピングを止める*2．

⬇

❹ IMDM培地（FBSなどを含まない）を8 mL加え，10 mLマイクロピペットで5回ピペッティングを行い，単一細胞浮遊液にする*3

⬇

❺ 細胞数の計測を行い，細胞を遠心する

300G（≈1,000 rpm），4分，室温．

⬇

❻ 遠心終了後，上清を取り除き，胚様体形成培地を用いて$1×10^7$ cells/mLに細胞を懸濁する

⬇

❼ ペトリディッシュ（60 mm）の胚様体形成培地5 mLに，❻で作製したES・iPS細胞浮遊液（$1×10^7$ cells/mL）100 μLと$6×10^5$放射線照射済みMEF細胞を加える

すなわち，$1×10^6$ ES・iPS細胞と$6×10^5$放射線照射済みMEF細胞/ 5 mL / 60 mmディッシュとなる*4．

⬇

❽ 細胞培養インキュベーター内に設置したローテーター上に細胞を混合した培養ディッシュを置く

回転速度：70 rpm．

⬇

❾ 培養2日目に細胞（胚様体）を遠沈管に試験管に回収し，遠心分離を行う

*1 PBSなどによる洗浄は必要ない．

*2 インキュベーション時間は細胞の状況によって多少異なるが，通常は8分のインキュベーションで充分である．

*3 過度のピペッティングは細胞にダメージを与えるのでピペッティングは5回までにする．

*4 ローテーターを使用しない場合には，低接着ディッシュを用い，細胞培養インキュベーターに静置する．❾に進む．

300G（≈1000rpm），1分，室温．

❿ 上清を取り除き，分化誘導培地Aを10 mL加え，5 mLずつ培養ディッシュ2つに分ける

胚様体は沈殿しやすいため，やさしく混ぜながら均等に分配する．激しく混ぜるとせっかく形成させた胚様体が壊れるので注意すること．

⓫ 培養4日目には，培養ディッシュを傾け上清の半分（2.5 mL）を取り除き，分化誘導培地Bを2.5 mL加え，培養インキュベーターのローテーター上に戻す

⓬ 培養6日目には，細胞（胚様体）を遠沈管に試験管に回収し，遠心分離を行い分化誘導培地Cを5 mL加え，培養インキュベーターのローテーター上に戻す

⓭ 培養10日目には，細胞（胚様体）を遠沈管に試験管に回収し，遠心分離を行い分化誘導培地Dを5 mL加え，培養インキュベーターのローテーター上に戻す

造血前駆細胞の解析にはこの培養10日目の細胞を用いている．

⓮ 培養10日目以降は，4日おきに分化誘導培地Dを用いて⓭と同様に培地交換を行う

分化造血細胞の解析にはこの培養14日目以降の細胞を用いている．

⚠ トラブルへの対応

■充分な血液細胞の分化誘導が得られない

大きな原因として，以下の2つの要因が挙げられる．

→ES・iPS細胞の状態

本項で紹介した胚様体を介した血液細胞の分化誘導法に限らず，ほとんどすべての血液細胞の分化誘導において，分化誘導を行う前のES・iPS細胞の状態がとても重要である．経験的に，ルーティンでES・iPS細胞を継代する前日くらいの状態の細胞を用いることにより，安定した血液細胞の誘導が得られている．

→細胞を剥離してから播種するまでの時間

ヒトES・iPS細胞は，トリプシンなどで単一細胞浮遊溶液にされることにより大きなストレスを受け，Rock阻害剤（Y-27632）の添加なしでは速やかに死滅する．このため，本法で使用しているAccumaxで細胞を剥離した際には，迅速にRock阻害剤が添加された胚様体形成培地に細胞を播種することが大切である．

実験結果

1. 胚様体形成（図2）

　　播種後数時間で細胞は凝集塊をつくり始め，24時間後には胚様体様の細胞塊を形成し，培養2日目には表面が滑らかになった球状の胚様体を確認することができる．培養4日目になると胚様体内部に包嚢が形成され，培養8日目では包嚢内に血液細胞の出現が認められる．培養12日目頃になると胚様体の形も大きく変化し，血液細胞で満たされた包嚢を確認することができる．

2. 血液細胞の分化様式（図3）

　　培養4日目には，CD34を発現する中胚葉系細胞の出現が認められる．培養8日目になると，CD34とCD43を発現する血液前駆細胞が出現し，その後（培養10日目以降）CD34の発現が低下したCD43陽性の分化血液細胞が多く認められるようになる．同様に，培養6日目頃に中胚葉系細胞のマーカー遺伝子であるBRACHYURY遺伝子の一過性発現，培養8日目頃より造血内皮細胞・造血前駆細胞および血液細胞のマーカー遺伝子であるRUNX1遺伝子の発現が認められる．また，培養10日目頃になると分化血液細胞の1つである赤血球系細胞のマーカー遺伝子であるGATA1遺伝子の発現が認められるようになる．このように，細胞表面抗原や遺伝子発現の時間的変化から，この分化誘導系が生体内の造血発生を

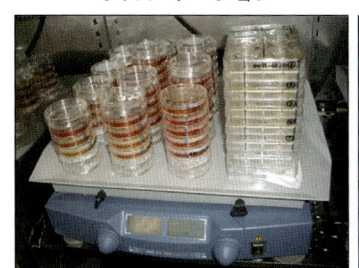

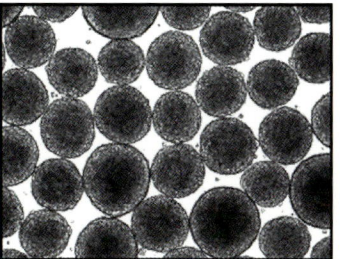

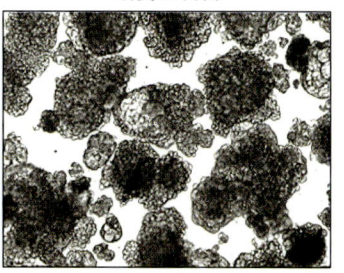

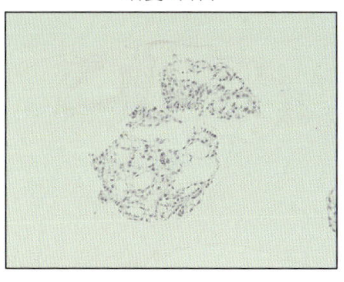

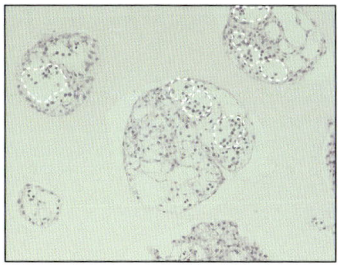

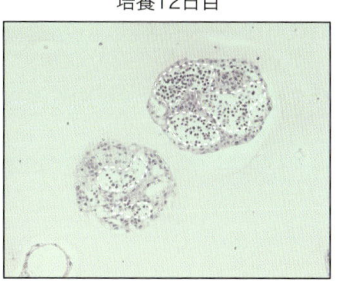

図2　胚様体形成
上段は胚様体の外観，下段は胚様体のHE染色切片

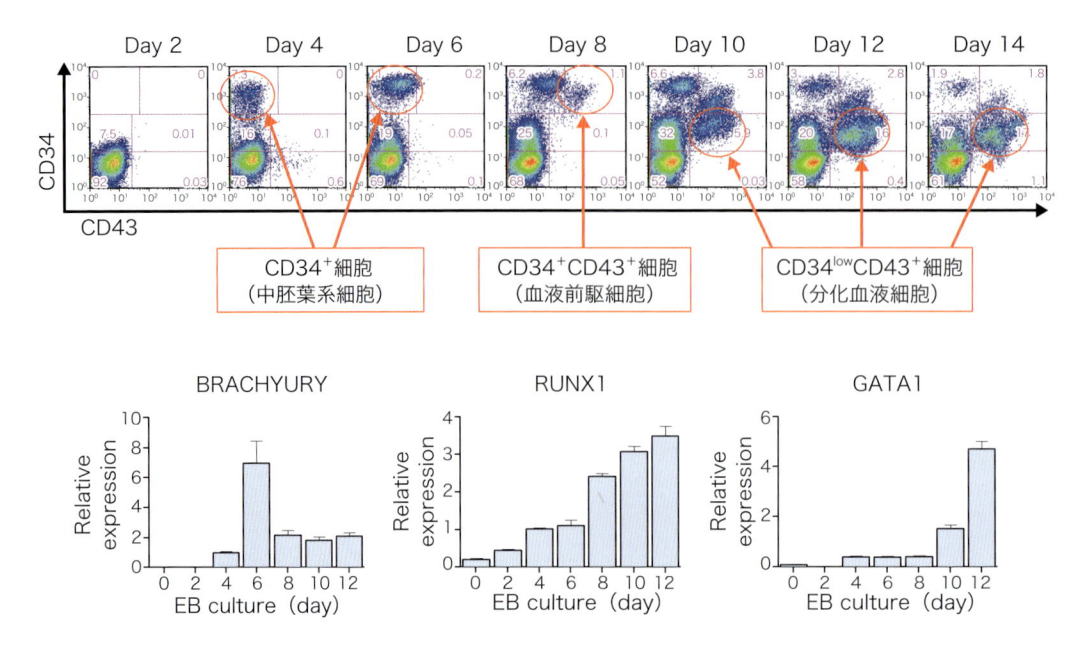

図3 血液成分の分化様式
上段はFACS解析データ，下段は遺伝子発現データ

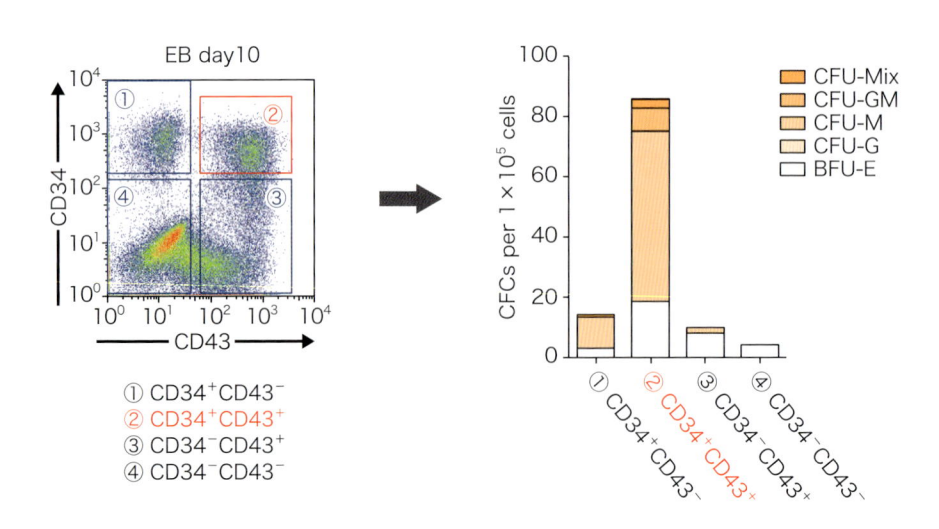

図4 血液前駆細胞の単離

模倣していることがわかる．

3. 造血前駆細胞の単離 (図4)

培養10日目の細胞を用いた解析では，CD34陽性CD43陽性の細胞分画に造血コロニー形成能をもつ造血前駆細胞が濃縮されていることが確認できる．

おわりに

ヒト多能性幹細胞からの血液細胞の分化誘導法といっても，これまでに多くの血液細胞の分化誘導法が報告されている[9]．それぞれの分化誘導法は，血液細胞の効率的誘導や標的とする細胞の選択的誘導といった分化誘導の特性も異なり，個々の研究者の目的にあった誘導法を選択することが重要であると考えられる．例えば，本項で紹介した胚様体を介した血液細胞の分化誘導法は，研究者の目的に合わせてフィーダー細胞（OP9, AM20, UG26, EL08ほか）を替えることや，フィーダー細胞の代わりにコラーゲンなどの支持組織をコーティングした培養ディッシュを用いて培養を行うことが可能である．また，均一な大きさの胚様体を大量に作製できることから，胚様体を用いた薬物スクリーニングへの応用も容易であると考えられる．最後に，血液細胞の分化誘導に限らず，*in vitro*の分化誘導においては，発生や生体内での分化様式を充分に学ぶと同時に，分化段階の緻密な観察とその分子機構を理解することがとても重要なことである．

◆ 文献

1) Takahashi, K. et al. : Cell, 131: 861–872, 2007
2) Niwa, A. et al. : PLoS One, 6: e22261, 2011
3) Yanagimachi, M. D. et al. : PLoS One, 8: e59243, 2013
4) Nakajima-Takagi, Y. et al. : Blood, 121: 447–458, 2013
5) Yu, P. et al. : Cell Stem Cell, 8: 326–334, 2011
6) Kennedy, M. et al. : Cell Rep., 2: 1722–1735, 2012
7) Kattman, S. J. et al. : Cell Stem Cell, 8: 228–240, 2011
8) Wang, C. et al. : Cell Res., 22: 194–207, 2012
9) Kardel, M. D. & Eaves, C. J. : Exp. Hematol., 40: 601–611, 2012

III 分化誘導のプロトコール

2 ヒトES・iPS細胞からの赤血球分化誘導

寛山 隆

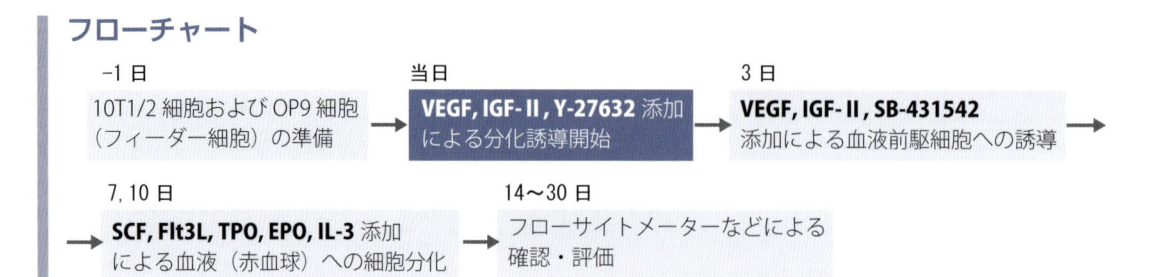

フローチャート

- **−1日**: 10T1/2細胞およびOP9細胞（フィーダー細胞）の準備
- **当日**: **VEGF, IGF-II, Y-27632** 添加による分化誘導開始
- **3日**: **VEGF, IGF-II, SB-431542** 添加による血液前駆細胞への誘導
- **7, 10日**: **SCF, Flt3L, TPO, EPO, IL-3** 添加による血液（赤血球）への細胞分化
- **14〜30日**: フローサイトメーターなどによる確認・評価

はじめに

　万能細胞または多能性幹細胞と呼ばれるES・iPS細胞はそれらが保持する分化能から，医療への応用が期待される細胞である．特にiPS細胞は人の胚を滅失することなく樹立することが可能であり世界中で注目を浴びている．多能性幹細胞から治療に有用な細胞を生産する試みは世界中で行われており，世界初のiPS細胞（iPS細胞に由来する神経細胞）を用いた臨床試験も間近に迫っている．このような状況下において，われわれは多能性幹細胞から輸血可能な赤血球を大量に生産するための培養系を開発することをめざしている．

　これまで輸血を伴う治療では献血によって集められた輸血用赤血球や血液製剤が使用されてきた．しかし近年，少子高齢化に伴う献血者の減少により将来的な輸血用赤血球の不足が危惧されるようになっている．また輸血を介した肝炎ウイルス（HBV, HCV）やエイズウイルス（HIV）の感染が社会問題となっていることは周知の事実である．この感染症問題に関しては，検査体制を確立していても「初期感染の検出」や「未知の感染症」などの対処には困難があり，これらのリスクを完全に取り除くことは不可能である．こうしたことから安全な輸血用赤血球および血液製剤を人工的に大量生産する技術の開発が求められている．赤血球は主要組織適合抗原をもたないため，赤血球輸血は通常の臓器移植とは異なり，ABO式およびRh式の血液型が一致すれば，ほぼすべての人に可能となる．さらに赤血球は核をもたない細胞であるため，ES・iPS細胞由来細胞を用いた移植医療で懸念される腫瘍形成の危険性がない．このことからES・iPS細胞由来赤血球の臨床応用は他の組織細胞（有核細胞）に比べて安全性が高いと考えられる．したがってES・iPS細胞を用いて赤血球大量生産培養系を確立することは，将来的に予想される輸血用赤血球の不足を補うと同時に，あらかじめ徹底的な検査を行い，品質管理を万全に実施することにより感染

症のリスクを回避できるという画期的な輸血用赤血球の供給体制の構築に繋がることが期待される．

われわれは，これまでにカニクイザル ES 細胞から効率よく血液系細胞を分化誘導する技術開発に取り組んできた．その結果，全血球系細胞（成熟赤血球，成熟白血球，血小板前駆細胞など）の誘導に成功し，さらに長期（約 6 カ月間）にわたって血液細胞を産生し続けることができる培養系を開発した[1]．また，この培養系を改変してマウス ES 細胞から 3 種類の赤血球前駆細胞株を樹立することにも成功している[2]．本項では，われわれがこれまでにカニクイザルおよびマウス ES 細胞を用いて確立した誘導法を改変し，ヒト ES・iPS 細胞に応用した誘導法を紹介する．これまでは ES・iPS 細胞から分化誘導した血液細胞を長期にわたって培養を行う場合，通常では血液細胞以外の細胞が大量に増殖してしまうため，セルソーターなどで血液細胞だけを選別してから培養する必要があった．しかし，われわれの培養系は分化誘導された浮遊細胞を集めて培養を継続するというシンプルな方法であり，特殊な手法などを一切必要とせず，一般的な培養操作のみで血液系細胞を長期に維持および培養できることが特徴である．

準　備

1. 細胞
- ヒト ES または iPS 細胞*1*2
- フィーダー細胞
  10T1/2 細胞，OP9 細胞．

2. 培地
- IMDM (without glutamine)（シグマ・アルドリッチ社，#I3390）
- ITS liquid media supplement (×100)（シグマ・アルドリッチ社，#I3146）
- MTG (1-Thioglycerol)（シグマ・アルドリッチ社，#M6145）
- L-Ascorbic Acid 2-phosphate（シグマ・アルドリッチ社，#A8960）
- Penicillin-Streptomycin-Glutamine（ライフテクノロジーズ社，#10378-016）
- FBS (Fetal bovine serum) *3
- 分化誘導培地 (Differentiation Medium：DM) の組成

（最終濃度）

IMDM	415 mL	
FBS	75 mL	(15%)
ITS liquid media supplement (×100)	5 mL	
Penicillin-Streptomycin-Glutamine (×100)	5 mL	

*1　細胞はいずれも理研細胞バンクから入手可能（http://www.brc.riken.jp/lab/cell/）であるが，ヒト ES 細胞の使用については倫理審査を経て文部科学省への届出が必要．ES・iPS 細胞およびフィーダー細胞の維持培養には別途，専用培地・条件などがあるので，入手先で確認する．

*2　ES・iPS 細胞はそれぞれの株で分化の指向性が異なることが多い．実際の分化誘導実験実施にあたっては，文献などを精査して使用する細胞株を選ぶ．また多種類の ES・iPS 細胞株を使って実験を行い，比較することも重要である．

*3　FBS は特に指定はないが，ロットの違いにより誘導効率に影響を及ぼす可能性があるので，フィーダー細胞などに対して適正であるロットの選定を推奨する．

MTG	20 μL	(0.45 mM)
L-Ascorbic Acid 2-phosphate	25 mg	(50 μg/mL)
	500 mL	

3. 試薬

サイトカイン類[*4]

- ☐ ヒト組換えタンパク質VEGF（Vascular Endothelial Growth Factor）（R＆D社, #293-VE-010）
- ☐ ヒト組換えタンパク質IGF-II（Insulin like Growth Factor II）（R＆D社, #292-G2-050）
- ☐ ヒト組換えタンパク質SCF（Stem Cell Factor）（R＆D社, #255-SC-010）
- ☐ ヒト組換えタンパク質Flt3L（Flt-3 Ligand）（R＆D社, #308-FK-005）
- ☐ ヒト組換えタンパク質TPO（Thrombopoietin）（R＆D社, #288-TPN-025）
- ☐ ヒト組換えタンパク質IL-3（Interleukin-3）（R＆D社, #203-IL-010）
- ☐ EPO（Erythropoietin）エスポー®（協和発酵キリン社）

酵素阻害剤

- ☐ Rock 阻害剤（Y-27632）（和光純薬工業社, #257-05111）
- ☐ ALK5 阻害剤（SB-431542）（和光純薬工業社, #580-77603）

抗体（フローサイトメーター解析用）[*5]

- ☐ CD45, Glycophorin A（赤血球マーカー）などに対する抗体

器具・機器

- ☐ ゼラチンコートディッシュ（φ100 mm）[*6]
- ☐ 放射線照射装置[*7]
- ☐ CO_2 インキュベーター（37℃, 5% CO_2）
- ☐ 低速遠心機〔1200rpm（280G）3分で使用〕
- ☐ フローサイトメーター

[*4] 他の会社から入手しても問題ないが, 入手先によって活性が異なる場合もあるので注意が必要である.

[*5] BD Biosciences社, eBioscience社など, 各社から多種類の抗体が入手可能である.

[*6] 既製品も入手可能ではあるが, 筆者は0．1％ゼラチン溶液を超純水で作製しディッシュに加え37℃で30分程度静置したものを使用.

[*7] フィーダー細胞の増殖を停止させるために使用するが, 設備がない場合はマイトマイシンC処理でも可.

プロトコール

1. 誘導法の概略

ヒトES・iPS細胞からの赤血球系細胞誘導法の概略を図1に示す. まず, 培養して増殖させたヒトES・iPS細胞を放射線照射したフィーダー細胞上に播種し, VEGF, IGF-II, Y-27632を添加して分化誘導培養を開始する. 誘導開始後3日目に培地交換を行う. この

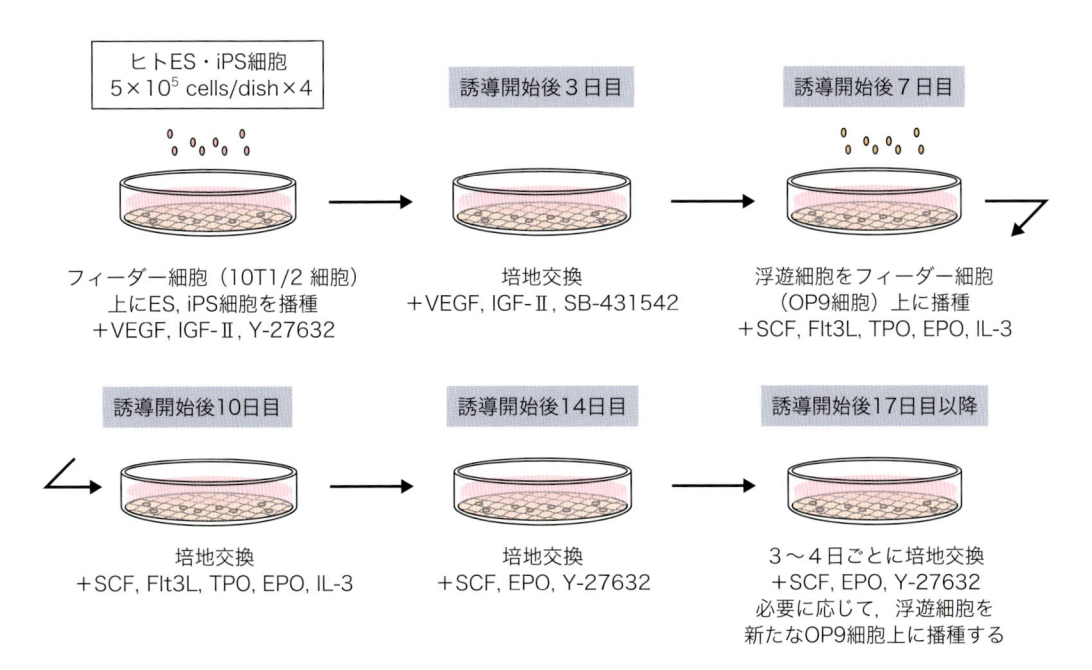

図1 ヒトES・iPS細胞の赤血球分化誘導培養系

ヒトES・iPS細胞を用いた赤血球分化誘導培養系の概略．サイトカインなどの組み合わせを変えることにより他の血液細胞を誘導することも可能

とき，培地（浮遊細胞を含む）はすべて廃棄し，新しい培地にVEGF, IGF-II, SB-431542を添加して培養を継続する．誘導開始後7日目に浮遊細胞を回収し，新たに用意したフィーダー細胞に播種し，SCF, Flt3L, TPO, EPO, IL-3を添加して培養する．この時点では血液細胞はまだほとんどいない．誘導開始後10日目に培地交換を行う．この時点で血液細胞が確認できる．14日目以降は，SCF, EPO, Y-27632を添加して培養を続ける．浮遊細胞は，適宜回収して再培養するか，新しいフィーダー細胞に播種する．これにより赤血球系細胞を増殖させることができる．

2. 誘導法の実際

❶ 分化誘導開始前日にフィーダー細胞である10T1/2細胞を$4×10^5$ cells/dishの密度でゼラチンコートディッシュ（100 mmディッシュ）1枚に播種する[*1]

❷ 翌日，前日に用意したフィーダー細胞を放射線処理する（50 Gy）[*2]

❸ 放射線照射後1時間以上CO_2インキュベーターに静置した後，

[*1] この時点ではフィーダー細胞用の培地を用いる．
[*2] われわれは通常30〜40分程度で50Gyを照射している．マイトマイシンC処理の場合は時間がかかるので，誘導を開始する時間から逆算して準備する．

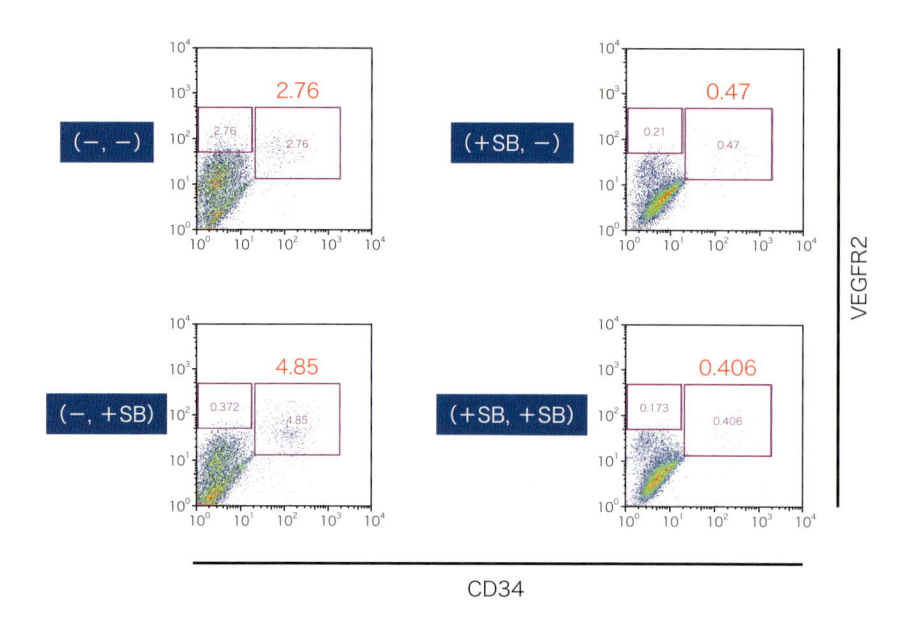

図2 ALK5阻害剤を加えるタイミングの重要性
ヒトES細胞株H1を使って分化誘導を行い，誘導後7日目に解析を行った．ALK5阻害剤を加えるタイミングを誤ると，CD34$^+$VEGFR$^+$細胞の誘導効率が著しく悪くなる．（－，＋SB）は誘導開始時にはALK5阻害剤を加えず，3日目の培地交換でALK5阻害剤を加えたことを示す

フィーダー細胞の培地を分化誘導培地（DM）に交換する[*3]

❹ 培地交換した放射線処理フィーダー細胞の培地を取り除き，酵素処理などにより回収したヒトES・iPS細胞（5×10^5 cells/dish）を新鮮なDM 10 mLを用いて播種する

それぞれVEGF（20 ng/mL），IGF-II（200 ng/mL），Y-27632（20 μM）を最終濃度として加え，分化誘導を開始する．

❺ 誘導開始後3日目，培地交換する

古い培地をすべて取り除き，新鮮なDM 10 mLにVEGF（20 ng/mL），IGF-II（200 ng/mL），SB-431542（10 μM）を新たに加えた培地に交換する[*4]．

❻ 誘導開始後6日目，OP9細胞を4×10^5 cells/dishの密度でゼラチンコートディッシュに播種する（1枚）[*5]

❼ 誘導開始後7日目，前日に用意したフィーダー細胞を放射線処理する（50 Gy）

❸での操作と同様に放射線照射後，培地を交換する．

[*3] この操作は少なくともヒトES・iPS細胞を播種する30分以上前に行う．培地の量は特に指定しない．細胞が培地に浸っていれば問題ない．

[*4] このタイミングでSB-431542を加えることで血液細胞への誘導効率が向上する．誘導開始から加えると逆に効率は悪くなるので注意する（図2参照）．

[*5] 10T1/2細胞でも代用は可能であるが，OP9細胞を使用したほうが赤血球系細胞が優位になる．

❽ 誘導開始後7日目,浮遊細胞を遠心して回収し,新鮮なDM 10 mLにSCF(50 ng/mL),Flt3L(25 ng/mL),TPO(50 ng/mL),EPO(5 unit/mL),IL-3(10 ng/mL)を加えた培地に浮遊させ,新たに用意したフィーダー細胞(放射線処理済)に播種する*6

接着細胞は破棄する.

❾ 誘導開始後10日目,培地交換する

SCF(50 ng/mL),Flt3L(50 ng/mL),TPO(50 ng/mL),EPO(5 unit/mL),IL-3(10 ng/mL)を新鮮なDM 10 mLに加える*7.

❿ 誘導開始後14日目,培地交換する*8

新鮮なDM 10 mLにSCF(50 ng/mL),EPO(5 unit/mL),Y-27632(20 μM)を加えた培地に交換する.

以降は3〜4日ごとに培地交換を行う.適宜,浮遊細胞を回収し,新たに用意したOP9細胞に浮遊細胞を播種する.SCF(50 ng/mL),EPO(5 unit/mL),Y-27632(20 μM)は培地交換のたびに加える.

*6 浮遊細胞を回収する際はピペッティングにより接着細胞をよく洗い流すようなイメージで行う.残った接着細胞に同様の培地を加え,再び培養しても血液細胞を得ることができるが,血液細胞を選択的に増やす目的であれば勧めない.

*7 このとき,浮遊細胞は回収して再培養する.

*8 これにより誘導開始から1カ月前後,赤血球系細胞が優位な状態で培養を続けることができる.

⚠ トラブルへの対応

この培養系を行うには時間がかかるので,誘導効率が低いまたは全く誘導できないと時間的なロスが大きくなる.したがって,培養系の途中で確認を行うことでチェックすることが重要である.血液細胞は,CD34(+),VEGF受容体2(VEGFR2/KDR)(+)細胞から産生されることが知られていることから,誘導開始後7日目の細胞をCD34,VEGFR2の抗体を用いて解析する.またSB-431542を加えるタイミングが重要であることも明白である.SB-431542はヒトES・iPS細胞からの血液細胞誘導に効果があることが示されているが[3)4)],図2に示すように,本プロトコールの(−,+SB)で最もCD34(+),VEGFR2(+)細胞の割合が高いことがわかる(最も効率のよい条件).このように7日目前後の細胞を検証することで培養系が順調に進んでいるかを評価することができる.これにより,例えばサイトカイン類が失活していた場合なども検証可能である.また,サイトカイン類はできるだけ分注して凍結保存し,使用時に使い切るなどの注意が必要である.

実験結果

　上記の**赤血球系細胞誘導法**ではヒトES・iPS細胞の分化誘導を開始してから7日目までに血液細胞を確認することはできない．しかし，8日目以降，フィーダー細胞に接着した血液細胞が顕微鏡下で確認できるようになる（図3）．ヒトES細胞株であるH1（ウィスコンシン大学由来）を使用して，培養開始後14日目の浮遊細胞をフローサイトメーターで解析すると，CD45(−)，Glycophorin A（＋）の赤血球系細胞が90％以上の割合で出現している（図4）．この時点で回収した浮遊細胞を遠心機で集めるとヘモグロビンを合成して赤くなっていることが確認できる．その後，1週間ごとに浮遊細胞を解析すると，28日目までは90％以上がCD45(−)，Glycophorin A（＋）である（図3, 図4）．その後はCD45(−)，Glycophorin A（＋）の割合は次第に減少し，49日目ではほとんどがGlycophorin A(−)の細胞になる．長期間培養では実験間誤差が大きいが，期間が経つほどGlycophorin A（＋）細胞が減少する傾向は変わらない．

　また種々のヒトES・iPS細胞株を用いて誘導開始後28日目の浮遊細胞を解析し比較した．使用する細胞株によって赤血球系細胞の誘導率が異なることが一目瞭然である（図5）．

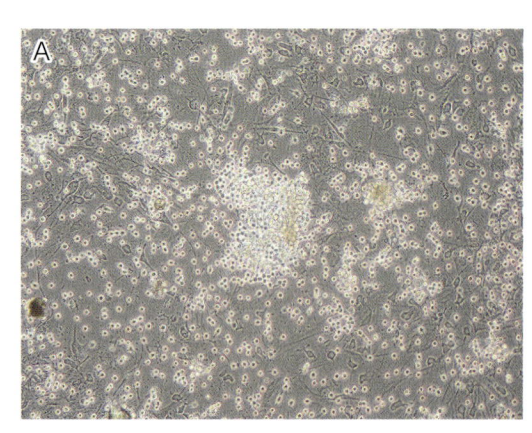

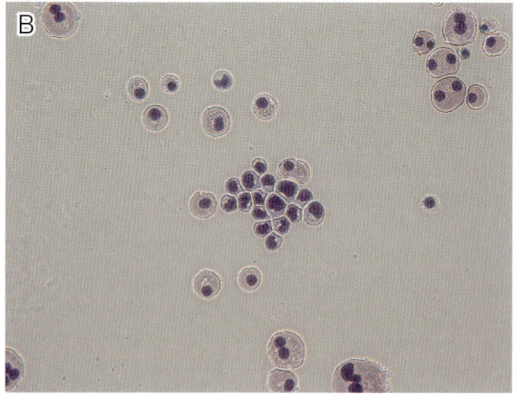

図3　誘導赤血球系細胞の形態
ヒトES細胞株H1を用い赤血球分化誘導を行った．A）誘導後14日目に位相差顕微鏡下での観察像．多数の血球細胞が誘導されていることがわかる．B）誘導後28日目の浮遊細胞をライトギムザ染色にて染色．ほとんどが赤血球系の細胞であることがわかる

赤血球系細胞誘導法：この培養系では赤血球系細胞は14～21日目頃までは一次造血による赤血球が優位であり，徐々に二次造血による赤血球が優位になってくる．

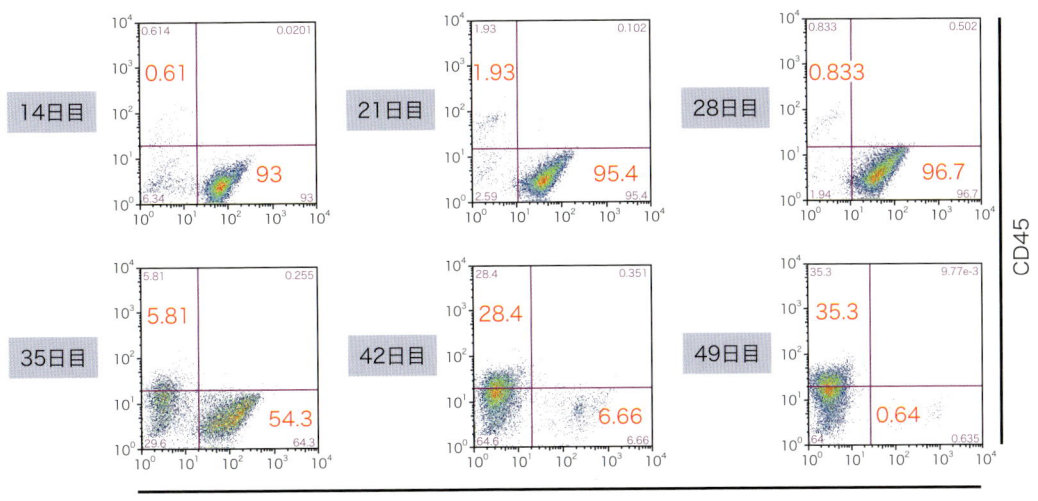

図4 ヒトES細胞H1を用いた赤血球分化誘導

ヒトES細胞H1（ウィスコンシン大学由来）を使用し，赤血球分化誘導を行った．誘導開始後14〜49日目まで1週間ごとに浮遊細胞をフローサイトメーターにて解析した．CD45：血液細胞マーカー，Glycophorin A：赤血球マーカー

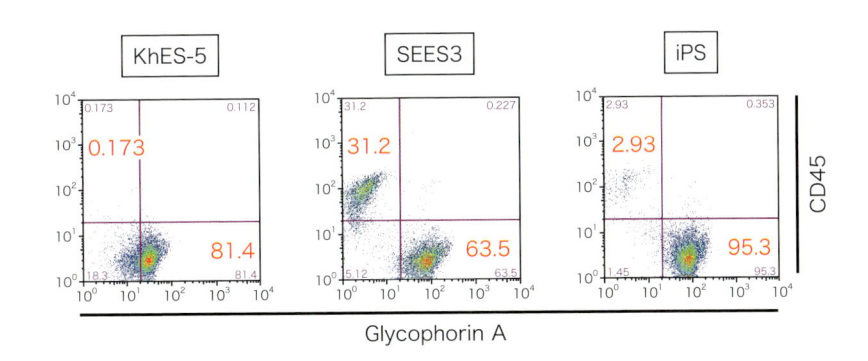

図5 ヒトES・iPS細胞株間による赤血球分化誘導の比較

由来の異なるヒトES・iPS細胞を使用し，まったく同じ培養系により赤血球分化誘導を行った．誘導開始後28日目にフローサイトメーターにより解析した．KhES-5：京都大学由来，SEES3：国立生育医療センター由来，iPS：臍帯血から独自に樹立したiPS細胞株

おわりに

本培養系は赤血球を優位に誘導する系であるが，まずは血液前駆細胞を誘導することが最も重要なステップである．このことからサイトカインなどの組み合わせなどを工夫することにより血小板や顆粒球などを優位に誘導する培養系として応用できる可能性もある．

われわれはヒトES・iPS細胞から大量の脱核赤血球を生産することが可能な培養系の確立をめざして研究を行っている．これまでに臍帯血中に存在する血液幹細胞から効率よく

脱核赤血球を生産する分化誘導技術を開発している[5]．また，ヒト臍帯血幹細胞およびヒトiPS細胞からヒト赤血球前駆細胞株を樹立した[6]．これらの技術を応用して，ヒト赤血球前駆細胞株から効率よく輸血可能な脱核赤血球を生産する技術を開発し，将来的には，輸血用赤血球供給システムを確立したいと考えている．

◆ 文献

1) Hiroyama, T. et al. : Exp. Hematol., 34 : 760-769, 2006
2) Hiroyama, T. et al. : PLoS One, 3 : e1544, 2008
3) Wang, C. et al. : Cell Res., 22 : 194-207, 2012
4) Kennedy, M. et al. : Cell Rep., 2 : 1722-1735, 2012
5) Miharada, K. et al. : Nat. Biotechnol., 24 : 1255-1256, 2006
6) Kurita, R. et al. : PLoS One, 8 : e59890, 2013

III 分化誘導のプロトコール

3 ヒトES・iPS細胞を用いた血小板への分化誘導

中村 壮, 江藤浩之

フローチャート

−1日	当日	14〜15日	22〜24日
10T1/2細胞（フィーダー細胞）の準備	VEGF添加による血液前駆細胞への誘導開始	TPO, SCF添加による巨核球/血小板への分化	フローサイトメーターによる確認・評価

はじめに

多能性幹細胞である胚性幹（ES）細胞やiPS細胞[1]はソースとして無限に増やすことができるというメリットがあり，血小板を含む血液細胞産生のソースとして魅力的であり，将来の輸血療法，造血幹細胞移植法への貢献も大きい．

ヒトES・iPS細胞から血液細胞を分化誘導する方法は大きく2つに分けられる．ヒトES・iPS細胞を浮遊培養系で胚様体（EB）を形成させる胚様体法（浮遊培養法）[2]と骨髄間葉系細胞などのストローマ細胞と共培養を行う方法[3〜5]である．

われわれはマウス由来の間葉系細胞株との共培養法を用いて，ヒトES・iPS細胞から多能性の血液前駆細胞を濃縮する嚢状の構造物**ES/iPS-sac**（ES/iPS cell-derived sac；以降はiPS-sacと表す）を誘導し，さらに内部の血液前駆細胞から巨核球，血小板へ分化させる方法を新たに確立した[6)7)]．この方法では分化能の高い血液前駆細胞を得られるので，巨核球/血小板をはじめ，好中球，マクロファージ，赤血球などの各血液細胞系譜への発生についても調べられる．ここでは巨核球/血小板の誘導方法について概説する．なお，本項では，ヒトiPS細胞を用いたプロトコールを紹介するが，ヒトES細胞でも同様のプロトコールで血液前駆細胞，巨核球/血小板の分化誘導をすることが可能である．

準 備

- □ 100mm培養ディッシュ
- □ 6ウェルプレート
- □ フィルター付きP-1000マイクロピペット
- □ 40μmセルストレイナー
- □ 0.1％ゼラチンPBS

培地

- [ ] IMDM（シグマ・アルドリッチ社，#I3390）
- [ ] 血球分化用FBS
- [ ] ITS（ライフテクノロジーズ社，#41400-045）
- [ ] 50mg/mL Ascorbic acid（シグマ・アルドリッチ社，#A4544）[*1]
- [ ] Penicillin Streptomycin-L-Glutamine solution（100×PSG）（ライフテクノロジーズ社，#10378-016）
- [ ] 450mM MTG（1-Thioglycerol）（シグマ・アルドリッチ社，#M6145）[*2]
- [ ] 20μg/mL Recombinant human VEGF（R&D社，#293-VE）[*3]
- [ ] 10μg/mL Recombinant human TPO（R&D社，#288-TP）[*4]
- [ ] 10μg/mL Recombinant human SCF（R&D社 #255-SC）[*4]
- [ ] BME（ライフテクノロジーズ社，#21010-046）
- [ ] 10T1/2維持用FBS

培地の調製

- [ ] 分化培地

		（最終濃度）
IMDM	500 mL	
血球分化用FBS	90 mL	（15%）
50mg/mL Ascorbic acid	600 μL	（50μg/mL）
100×PSG	6 mL	
ITS	6 mL	
450mM MTG	600 μL	（0.45mM）
	約600 mL	

- [ ] 分化培地A（100mLの場合）

		（最終濃度）
分化培地	100 mL	
20μg/mL Recombinant human VEGF	100 μL	（20ng/mL）

- [ ] 分化培地B（50 mLの場合）

		（最終濃度）
分化培地	50 mL	
10μg/mL Recombinant human TPO	500 μL	（100ng/mL）
10μg/mL Recombinant human SCF	250 μL	（50ng/mL）

- [ ] 10T1/2細胞維持培地

		（最終濃度）
BME	500 mL	
100×PSG	5.6mL	
10T1/2維持用FBS	56 mL	（10%）

- [ ] メチルセルロース培地（Methocult H4434）（STEMCELL Technologies社）

[*1] 4℃で1カ月保存が可能．

[*2] −20℃で保存．使用後の凍結融解は避ける．

[*3] stock solutionは100μg/mLで−20℃で12カ月保存が可能．Working solution（20μg/mL）はstock solutionをIMDMで希釈し4℃で1カ月保存が可能．

[*4] stock solutionは100μg/mLで−20℃で12カ月保存が可能．Working solution（10μg/mL）はstock solutionをIMDMで希釈し4℃で1カ月保存が可能．

その他の試薬

- [ ] 2.5% Trypsin（ライフテクノロジーズ社，#15090-046）
- [ ] 100 mM $CaCl_2$ [*5]
- [ ] KSR（ライフテクノロジーズ社，#10828-028）
- [ ] PBS
- [ ] 細胞剥離液A

		（最終濃度）
2.5% Trypsin	20 mL	(0.25%)
100mM $CaCl_2$	2 mL	(1mM)
KSR	40 mL	(20%)
PBS	138 mL	

- [ ] 0.25% Trypsin-EDTA（ライフテクノロジーズ社 #25200-056）
- [ ] Trypsin-EDTA (1×)（シグマ・アルドリッチ社，#T3924）
- [ ] Truecount™ Tube (BD biosciences社，#340334)
- [ ] 抗CD41a-APC抗体 (integrin αⅡb subunit) 抗体 (Biolegend社，#303710) [*6]
- [ ] 抗CD42b-PE抗体 (glycoprotein Ⅰbα) (eBioscience社，#12-0429-42) [*6]
- [ ] 抗CD42a-PB抗体 (glycoprotein Ⅸ) (eBioscience社，#48-0428) [*6]
- [ ] ACD液
- [ ] フローサイトメーター
  FACS Aria（BD Biosciences社）．

[*5] 4℃で12カ月保存が可能．

[*6] 原液を超純水で1/4希釈して使用する

プロトコール

1. iPS-sacを介したヒトiPS細胞から多能性血液前駆細胞への分化誘導

ヒトiPS細胞を準備する

分化実験の3〜4日前にヒトiPS細胞を同じ細胞数になるように6 cm培養ディッシュに2枚継代しておく．毎日培地は交換する．本項では東京大学で樹立されたヒトiPS細胞，TkDA3-4を使用した方法を主に記載する．ヒトiPS細胞は，クローン間での血小板産生効率に差がある．いくつかのiPS細胞を用いて血小板産生効率がよいクローンを選択する必要がある [*1]．

[*1] 同様に，ヒトES細胞もクローン間での血小板産生効率に差がある．われわれは京都大学で樹立されたKhES-1，KhES-2，KhES-3を使用した場合，これら3つの細胞株はいずれも血液分化は可能であるが，KhES-3が最も血小板産生効率がよいことを確認している．

血液細胞への分化誘導用フィーダー細胞（10T1/2細胞株）を準備する

❶ ヒトiPS細胞を播種する前日，10T1/2細胞株に50Gy放射線照射し，増殖を止める*2

⬇

❷ ゼラチンコートした100 mm培養ディッシュに7×10^5細胞を播く

⬇

❸ 翌日単層に広がった細胞が培養ディッシュのすべてを覆っていることを確認する（図1）

*2 マイトマイシンC（終濃度10μg/mL）2時間処理でも問題はない．

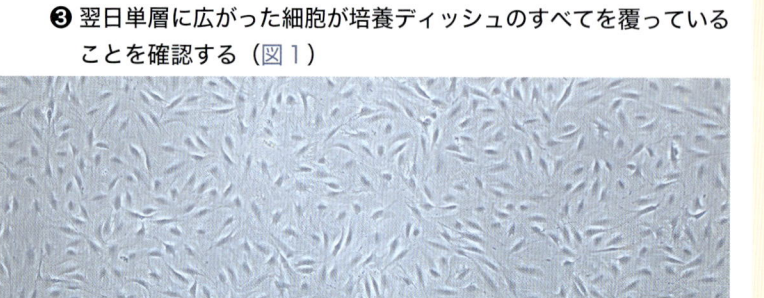

図1 放射線照射して増殖を止めた10T1/2細胞株

ヒトiPS細胞株を播く

❶ 同じ細胞数で用意した60 mm培養ディッシュの1枚を用いて細胞数を確認する*3

0.25% Trypsin-EDTAと1 mLを加え，37℃，5分インキュベート後，P-1000を用いて，単一な細胞とし，トリパンブルーで生細胞を計測する．

*3 細胞数計測のためヒトiPS細胞を完全に単一な細胞にすると，極度に血球系への分化能が落ちるため，この1枚は計測専用とする．

⬇

❷ もう1枚のヒトiPS細胞培養ディッシュの培養液を吸引除去し，細胞剥離液A 1mLを加え，37℃にて5分間インキュベートする

iPSコロニーの周囲が，軽く剥がれている状態となったら，細胞

剥離液Aを吸引除去し，分化培地を2 mL加え，トリプシンの反応を止める．タッピングおよび，P-1000でiPSコロニーをMEFごと剥がす*4．

❸ ❶で計測した細胞数を参考に，❷の細胞懸濁液をフィーダー細胞が準備された100 mm培養ディッシュ5〜10×10⁴ cells/dish数となるように加え，分化培地Aで培養を行う

❹ 培地を9日目までは3日ごと，9〜15日目までは2日ごとに変える
培養9日以降はiPS細胞からの分化増殖が活発化し，培地の栄養分が消費されやすくなるためである*5．

❺ 培養13日目頃より，隆起してきたコロニーが嚢状の構造（iPS-sac）となり，内部に血球様の細胞が確認できるようになる（図2）*6
培養14〜15日目に内部の血液前駆細胞を回収する．

*4 このとき完全に単一の細胞にせず，数百個からなるコロニーの状態で用意する．

*5 培養7〜8日目頃より単層のヒトiPS細胞から誘導した細胞コロニーが隆起し始める．

*6 条件がよいと全嚢状構造物の70〜80％くらいに血球様細胞が確認できる．

2. 多能性血液前駆細胞からの巨核球／血小板の分化誘導

新たなフィーダー細胞（10T1/2細胞株）を準備する

血液前駆細胞を播種する前日，10T1/2細胞株に50Gy放射線照射し*7，ゼラチンコートした6ウェルプレート1枚に7×10⁵細胞を播く．翌日単層に広がった細胞が培養ディッシュのすべてを覆っていることを確認する．

*7 マイトマイシンC（終濃度10 μg/mL）2時間処理でも問題はない．

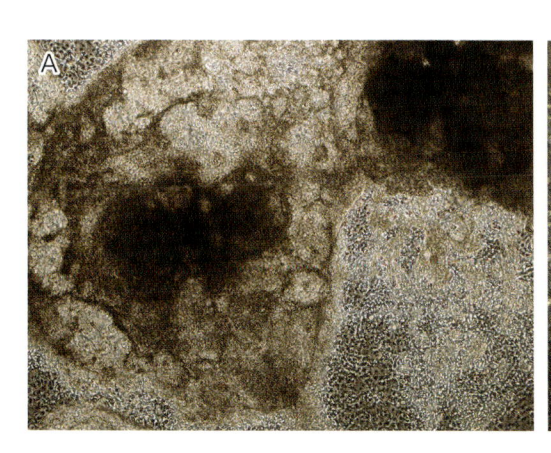

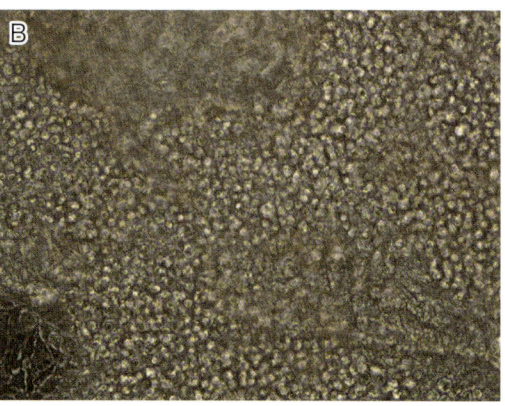

図2 iPS-sacを介した血液前駆細胞への分化誘導
培養15日目のiPS-sac. A）袋状の内部に血液細胞様の球形の細胞が確認できる（×40）．B）血液前駆細胞（×200）

iPS-sacからの多能性血液前駆細胞の回収

❶ 顕微鏡下で血球様細胞が入っているiPS-sacをすべてP-1000で回収し，50 mLチューブに回収する

⬇

❷ 1,500 rpm（440G），5分間，遠心する

⬇

❸ 培地を約1 mL程度残して，上清を捨てる

⬇

❹ P-1000を用いて，ペレットを懸濁する
ペレットを数回出し入れすることで，iPS-sac内部から血球前駆細胞を分離できる*8．

⬇

❺ 40 μmセルストレイナーを用いて余分な細胞成分を取り除き，必要な細胞は新しい50 mLチューブに回収する

⬇

*8 この血液前駆細胞はメチルセルロース半固形培地上で好中球，マクロファージ，赤血球などから成る血球コロニーを形成する（図3）．

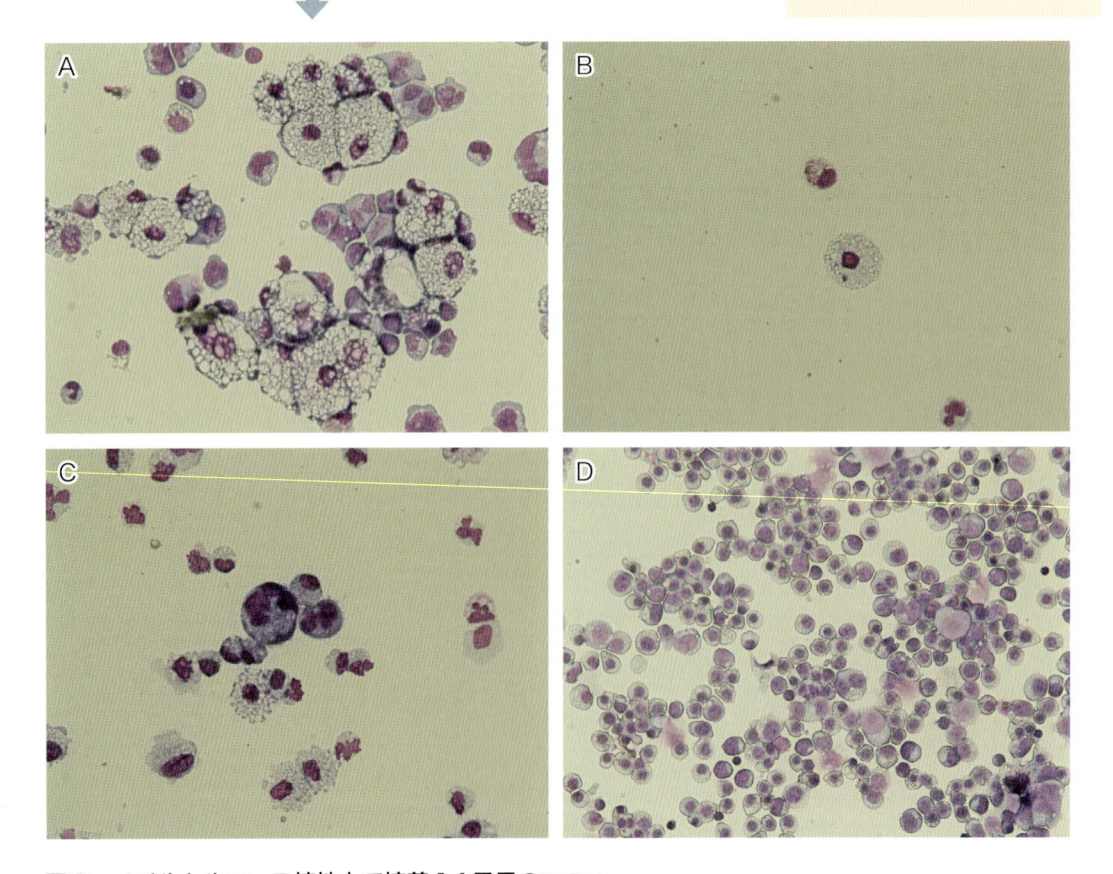

図3 メチルセルロース培地上で培養14日目のコロニー
KhES-3由来血液分化細胞の培養14日目のコロニー．A）マクロファージと好中球．B）好酸球．C）巨核球．D）赤芽球

❻ 1,500 rpm（440G），5分間，遠心する

⬇

❼ 上清を捨てる

⬇

❽ 培地で懸濁して，用意した6 ウェルプレートの10T1/2細胞上に，$3×10^5$ cells/wellで播き直す

分化培地Bに変更し，4 mL / well加える．

⬇

❾ 播き直し後，3，5，7，9日目に培地を2 mL捨て，新たな培地を2 mL加える

サイトカインは4 mL分を加える*9．

*9 われわれの経験では，巨核球，血小板は播き直し後8〜9日目がピークとなる．

フローサイトメーターを用いた巨核球表面マーカーの確認

❶ 細胞をチューブに回収し，1,500 rpm（440 G），5分間遠心する

⬇

❷ 上清を捨て，3％FBS入りのPBSで懸濁し，細胞を$1×10^5/50$ μLに調節する

⬇

❸ 抗CD41a-APC抗体 1 μL，抗CD42b-PE抗体 1 μL，抗CD42a-PB抗体 1 μLを加え，30分間反応させる

⬇

❹ 3％FBS入りのPBS 2 mLを加えて，1,500 rpm（440 G），5分間遠心，上清を捨てる

⬇

❺ PIを加えた3％FBS入りのPBS 300 μLで懸濁して，フローサイトメーターで解析する

フローサイトメーターを用いた血小板数の計測

❶ 細胞上清を15 mLチューブに回収し，さらにPBS 1 mLを培養ディッシュに加えて洗い，同じ15 mLチューブに回収する

⬇

❷ ACD液を1：10になるように加える

⬇

❸ 均一になるようによく混和して，200 μLをFACSチューブに入れる

⬇

❹ 抗CD41a-APC抗体 5 μL，抗CD42b-PE抗体 5 μL を加え，室温で30分間インキュベートする

⬇

❺ 血小板懸濁液をあらかじめ個数がわかっているTruecount™ Tube に入れ，均一に混ざるようにピペッティングする

⬇

❻ FACS Aria を用いて解析する

血小板用のゲートは，ヒト末梢血由来の血小板を用いて決定する．

3. 分化用フィーダー細胞株（C3H10T1/2細胞株）の維持

❶ 培養液を吸引除去後，PBS 5 mL/dish（100 mmディッシュ）で2回洗う

⬇

❷ 0.05％ Trypsin-EDTA 1 mL を加え，37℃，5分間インキュベートする

⬇

❸ 培養液を加えて反応を止め，数回ピペッティングして細胞をなるべく単一になるようにする

⬇

❹ 1：8となるように培養液を加えて，新しいディッシュに播く

⚠ トラブルへの対応

■ iPS-sac 形成効率が悪い

血清によりiPS-sac形成の効率は左右される．われわれは実験開始前に10ロット以上の血清を調べ，iPS-sac形成の効率のよいものを選別した．なお，効率のよいロットの血清はES細胞でも同等のsac効率が得ることができる．

■ さまざまな形態のsacが観察された

さまざまな形状のsacが観察される．顕微鏡観察を注意深く行うと，内部に多数の球状細胞が密集しているsacと単に内皮細胞様の膜だけで構成されているsacが散見される．球状細胞が密集したsacのみを選択して，内部の細胞塊を取り出すことが血液細胞誘導において重要である．

■ 回収した血小板が少ない

産生される血小板は，10T1/2細胞などのフィーダーに接着しやすく，回収できる血小板はときに少なくなってしまう．われわれは血小板阻害薬，抗凝固薬などの存在下に適度なピペット操作を繰り返すことで，回収率を高めている．

■ **継代のタイミングがわからない**

10T1/2細胞が80％コンフルエントになったら，継代を行う．他の接着細胞同様，完全にコンフルエントにはならないように注意する．コンフルエントになった細胞をフィーダー細胞として使用すると著しく分化効率が落ちる．

実験結果

この方法ではiPS-sac内の血液前駆細胞の50％以上が巨核球細胞へ分化誘導が可能であり，効率よく，純度の高い巨核球を得ることができる（図4AB）．同時に培養上清中には血小板を確認できる（図4C）．生体内の巨核球は存在頻度が少なく得にくいが，本方法を

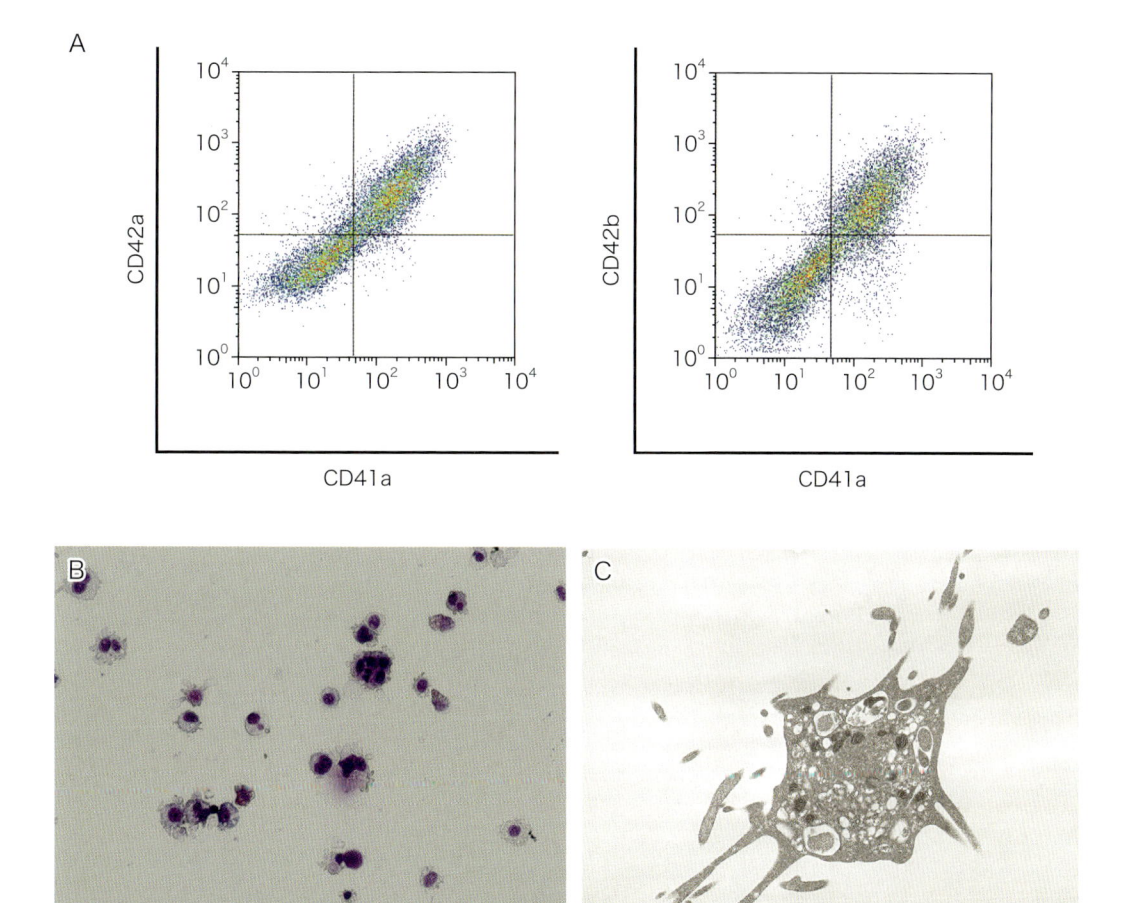

図4 ヒトiPS細胞由来の巨核球／血小板
A）フローサイトメーターによる解析像．巨核球マーカーであるCD41a/CD42a, CD41a/CD42bが観察される．B）サイトスピン標本像．C）電子顕微鏡像．血小板内に顆粒，開放小管系，微小管構造が確認できる．

利用すれば容易に巨核球を得ることができる．ここでは，巨核球・血小板系を中心に述べてきたが，血液前駆細胞誘導後のサイトカインの組み合わせを変えることで，顆粒球，マクロファージ，赤血球など他の血液系の研究への応用も可能である（図3）．

おわりに

　ヒトiPS細胞から誘導された血小板は，将来，医療への応用の可能性が示唆される．しかし，現システムの課題点として，①医療目的で用いるためには目的の細胞への分化誘導効率が低い，②最終産物への誘導期間が長い（1カ月前後）といった問題点が挙げられる．以上の問題点への解決策としてわれわれは，血小板の直前の前駆細胞である巨核球の不死化技術確立をめざしている．われわれは，ヒトES・iPS細胞は比較的ウイルスを用いた遺伝子導入が行いやすい利点を活用し，ヒトES・iPS細胞から誘導した血液前駆細胞にウイルスによる遺伝子の強制発現を行うことで不死化巨核球細胞株を作製することに成功した．またはTet-on, offなどの発現制御システムを併用することで，不死化巨核球細胞株から機能的な血小板を放出させることにも成功している．

　またヒトiPS細胞から誘導した造血前駆細胞を遺伝子制御することで不死化巨核球株を作製し，各HLAごとにバンク化することで，HLA適合血小板製剤を効率よく，短期間で作製可能になることが期待される．これにより各種HLAに対応した血小板製剤を安定的に提供できるかもしれない．われわれが提示する目的分化細胞あるいはその前駆細胞段階での細胞不死化技術は，再生医療実現に向けた，新たな選択肢として注目を集めている．

　こうした研究を通して，臨床へ少しでも還元できるよう日々努力をしていきたい．

◆ 文献

1) Takahashi, K. et al. : Cell, 131 : 861-872, 2007
2) Wang, L. et al. : Immunity, 21 : 31-41, 2004
3) Nakano, T. et al. : Science, 265 : 1098-1101, 1994
4) Eto, K. et al. : Proc. Natl. Acad. Sci. USA, 99 : 12819-12824, 2002
5) Vodyanik, M. A. et al. : Blood, 105 : 617-626, 2005
6) Takayama, N. et al. : Blood, 111 : 5298-5306, 2008
7) Takayama, N. et al. : J. Exp. Med., 207 : 2817-2830, 2010

III 分化誘導のプロトコール

4 血管内皮細胞への分化誘導

松永太一, 幾野 毅, 山下 潤

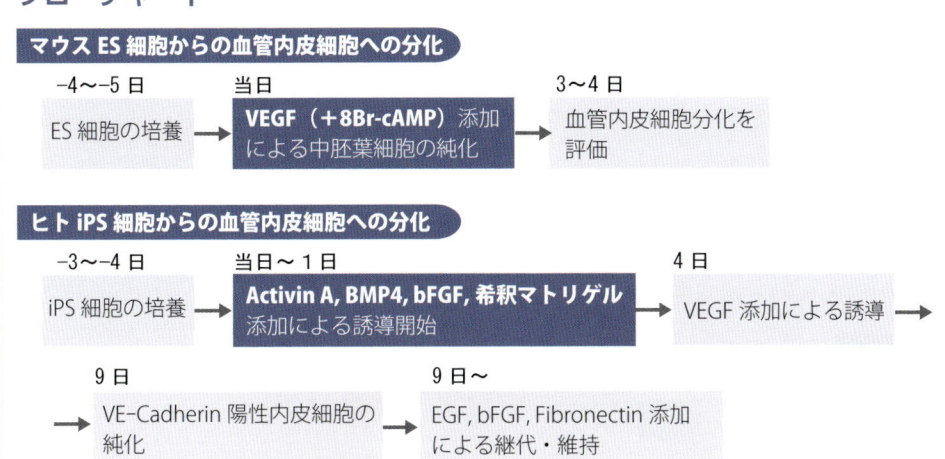

フローチャート

マウス ES 細胞からの血管内皮細胞への分化

-4〜-5日: ES 細胞の培養 → 当日: VEGF (＋8Br-cAMP) 添加による中胚葉細胞の純化 → 3〜4日: 血管内皮細胞分化を評価

ヒト iPS 細胞からの血管内皮細胞への分化

-3〜-4日: iPS 細胞の培養 → 当日〜1日: Activin A, BMP4, bFGF, 希釈マトリゲル添加による誘導開始 → 4日: VEGF 添加による誘導 → 9日: VE-Cadherin 陽性内皮細胞の純化 → 9日〜: EGF, bFGF, Fibronectin 添加による継代・維持

はじめに

血管は，内腔を一層に被う血管内皮細胞と，それを外側から取り巻き血管構造の支持や収縮・弛緩などの機能を負う血管壁細胞（血管平滑筋細胞およびペリサイト）の2種類の細胞より構成される．

ES 細胞と iPS 細胞は，体内のすべての細胞に分化することができるいわゆる「万能」の幹細胞と考えられている．われわれは，未分化マウス ES 細胞および iPS 細胞から中胚葉マーカーである血管内皮増殖因子受容体2（VEGFR2 / KDR）陽性細胞を分化誘導する分化系とフローサイトメトリーの手法を組み合わせて，血球・血管細胞を分化誘導できる新しい in vitro 分化系を開発した[1)2)]．図1のように，これらの実験系は VEGFR2 陽性細胞から血管内皮細胞・壁細胞の分化過程の解析や，血管形成に関与するさまざまな刺激に対する内皮細胞・壁細胞のふるまいの解析を可能にした．最近われわれは，この分化系を用いて cAMP シグナルの活性化によって動脈内皮細胞の分化誘導に成功した[3)〜6)]．さらに，ヒト iPS 細胞を用いた心筋細胞分化法[7)〜9)]を改変し，同様にヒト iPS 細胞由来血管内皮細胞への分化誘導法を確立した．本項では，マウス ES 細胞から，ならびにヒト iPS 細胞から血管内皮細胞への最新の分化誘導法について解説する．

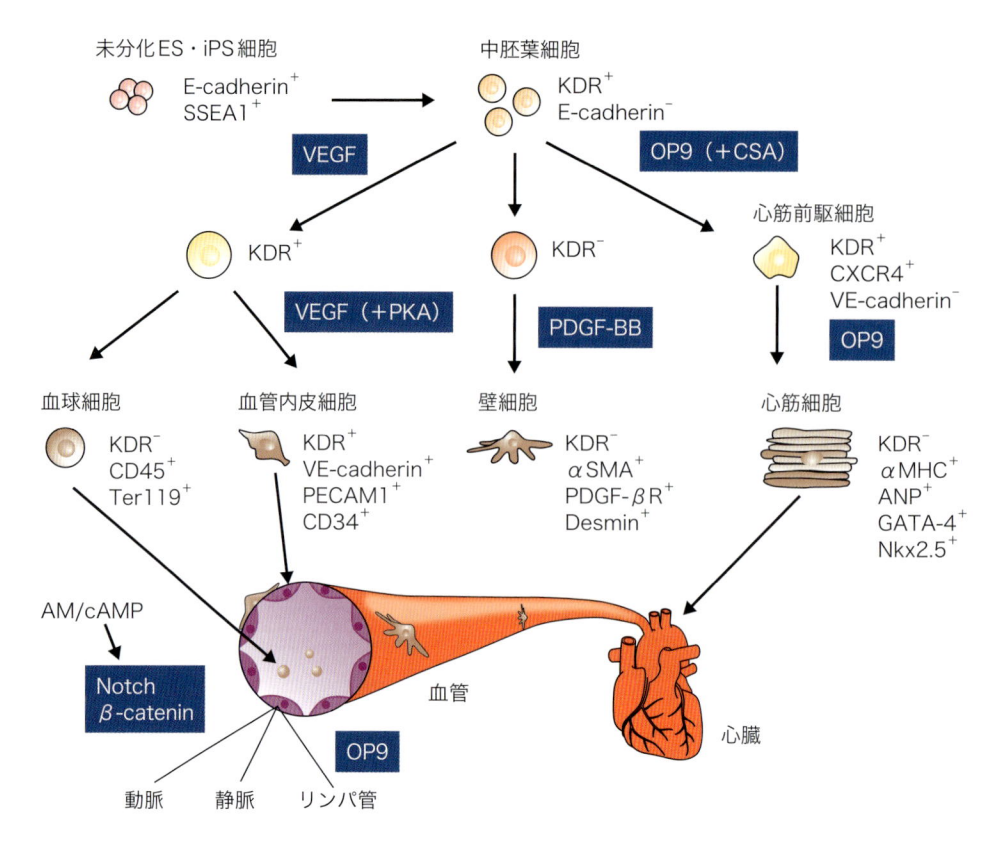

図1 ES・iPS細胞を用いた心血管細胞への分化
ES・iPS細胞から種々の循環器系の細胞群を系統的に分化誘導することができ，心血管の発生分化過程を培養下で恣意的に操作しながら，経時的に観察できる

A. マウスES細胞から血管内皮細胞への分化誘導

準備

- □ α-MEM（ライフテクノロジーズ社，#11900-024）
- □ NaHCO$_3$
- □ 10% ウシ胎仔血清（FBS）
- □ ペニシリン
- □ ストレプトマイシン
- □ 2-ME（メルカプトエタノール）（ライフテクノロジーズ社，#21985-023）
- □ GMEM（ライフテクノロジーズ社，#11710-035）
- □ KSR（KnockOut™ Serum Replacement）（ライフテクノロ

- ジーズ社, #10828-028)
- ☐ Sodium pyruvate（シグマ・アルドリッチ社, #S8636）
- ☐ LIF（Leukemia inhibitory factor）
- ☐ NEAA（非必須アミノ酸）（ライフテクノロジーズ社, #11140-050）
- ☐ PBS（－）
- ☐ PBS-t（0.03％ Tween-20）
- ☐ 正常マウス血清

  自家製のもので可.
- ☐ 0.25％ トリプシン-ETDA（ライフテクノロジーズ社, #25200-076）
- ☐ HBSS/BSA（1％ BSA含有ハンクス平衡塩緩衝液）（ライフテクノロジーズ社, #14185）

培地の調製

☐ 分化誘導用培地

			（最終濃度）
α-MEM	1	pack	
$NaHCO_3$	2.2	g	（2.2μg/mL）
FBS	100	mL	（10％）
ペニシリン	50,000	U	（50U/mL）
ストレプトマイシン	50	mg	（50μg/mL）
2-ME[*1]	909	μL	（0.1mM）
Total	1,000	mL	

*1 2-MEは最後に混ぜる.

☐ 維持用培地[*2]

			（最終濃度）
GMEM	434.1	mL	
FBS	5	mL	（1％）
KSR	50	mL	（10％）
NEAA	5	mL	（1％）
Sodium pyruvate	5	mL	（1mM）
ペニシリン	25,000	U	（50U/mL）
ストレプトマイシン	25	mg	（50μg/mL）
2-ME[*1]	909	μL	（0.1mM）
Total	500	mL	

*2 培養中はこれに終濃度 2×10^3 U/mLになるようにLIFを加える.

抗体

- ☐ 抗マウスKDR抗体

  クローンが同じ（AVAS12）であれば問題なし.
- ☐ 抗マウスCD31抗体（BD Biosciences 社, #553370）
- ☐ 抗マウスCD31-PE抗体（BD Biosciences 社, #553373）
- ☐ 抗マウスCXCR4-ビオチン抗体（BD Biosciences 社, #551968）
- ☐ ストレプトアビジン-APC抗体（BD Biosciences 社,

- #554067）
- ☐ EphB4/Fcキメラタンパク質（R＆D社，#446-B4-200）
- ☐ ストレプトアビジン–Alexa488抗体（ライフテクノロジーズ社，#S-11223）
- ☐ 抗ラット–Alexa546抗体（ライフテクノロジーズ社，#A-11081）
- ☐ 抗ヒト–HRP抗体（MP biomedicals社，#0855226）

その他

- ☐ リコンビナント増殖因子

  ヒトVEGF165（和光純薬工業社，#223-01311）．
- ☐ 8Br-cAMP（ナカライテスク社，#05430-86）
- ☐ 0.1％ゼラチン溶液

  ゼラチン（シグマ・アルドリッチ社，#G1890）．
- ☐ ジメチルスルホキシド/メタノール
- ☐ メタノール
- ☐ H_2O_2/メタノール
- ☐ DAPI（4',6-diamidino-2-phenylindole）（ライフテクノロジーズ社）
- ☐ TSA Kit（パーキンエルマー社）

  TNB buffer，Biotin-Tyramide，Amplification Diluentを含む．

プロトコール

1. 分化誘導

❶ 通常のトリプシン処理により回収した未分化ES細胞を分化誘導用培地で懸濁し，ゼラチンコートした100 mm培養デッシュに 1×10^5 cells/dishの密度で播く*1

培養液は10 mL加え，37℃，5％ CO_2 で4.5日間培養する．この際，培地交換を計2回行う（1回目：分化誘導開始1.5〜3日後の間．2回目：4日後前後）．

❷ 培養上清を回収し，PBS（−）で2回洗う

次に，1 mL/dishの0.25％トリプシン–EDTAを加え，37℃，5％ CO_2 で5分間静置する．5 mLの分化誘導用培地を加え，試験管に細胞を回収する．240 Gで5分間遠心した後，上清を除去し分化誘導用培地10 mLを加え，37℃，5％ CO_2 で30分静置する*2．

❸ 240 Gで5分間遠心した後上清を除く

*1 ES細胞から内皮細胞への分化能はクローンによって異なる．また，株によっては8Br-cAMP添加によって，細胞接着が弱まる可能性があり細胞密度などの検討が必要である．また，ゼラチンコートしたデッシュに接着しない細胞株に関しては，4型コラーゲンやフィブロネクチンなどでコートするか，OP9ストローマ細胞などの支持細胞の上に播くことを検討する．

*2 トリプシン-EDTA処理によって部分的に損傷した細胞膜上の抗原発現の回復を待つ．特に，CXCR4を染色する場合，60〜90分程度37℃で静置する方がフローサイトメーターで評価しやすい．

❹ 1×10^7 細胞あたり 50〜100 μL の正常マウス血清で懸濁し，4℃，20 分間静置する

❺ 適当量の抗 KDR 抗体を加え，4℃，20 分間静置する

❻ HBSS/BSA で 2 回洗った後，KDR$^+$ 中胚葉細胞をフローサイトメーターを用いて純化する

❼ 純化した KDR$^+$ 細胞をゼラチンコートした 6 ウェルプレートに 1×10^5 cells/dish で播く[*3]

分化誘導用培地に VEGF 50 ng/mL を添加して培養することにより，内皮細胞・壁細胞への分化が観察される[*4].

❽ 3〜4 日後，フローサイトメトリー法および免疫染色法で内皮細胞分化を評価する

2-A. フローサイトメトリー法を用いた評価

❶ 培養上清を除去し，PBS（−）で 2 回洗う

次に，250 μL/well の 0.25% トリプシン−EDTA を加え，37℃，5% CO_2 で 5 分間静置する．1 mL の分化誘導用培地を加え，細胞を回収する．240G で 5 分間遠心した後，500 μL の分化誘導用培地で懸濁し，37℃，5% CO_2 で 30〜60 分静置する[*2].

❷ 240 G で 5 分間遠心した後，上清を除く

1×10^7 細胞あたり 50〜100 μL の正常マウス血清で懸濁し，4℃，20 分間静置する．

❸ 適当量の抗 CXCR4−ビオチン抗体を加え 4℃，20 分間静置する

❹ HBSS/BSA で 2 回洗った後，抗 CD31-PE 抗体およびストレプトアビジン-APC 抗体を加え，再び 4℃，20 分間で反応させる

❺ HBSS/BSA で 2 回洗った後，フローサイトメーターを用いて内皮細胞の分化を評価する

[*3] 免疫染色を行う場合は，24 ウェルプレートに 1〜2 × 10^4 細胞.

[*4] この際，VEGF に加え，8Br-cAMP 0.5 mM を添加することで動脈内皮細胞を誘導できる.

2-B.免疫細胞染色法を用いた評価

❶ 培養上清を除去し，冷PBS（-）で2回洗う
500 μL/wellの5％ ジメチルスルホキシド/メタノールを加え，4℃，10分間で固定する．

⬇

❷ 冷メタノール750 μLを加え，4℃，10分間振盪させる
これを2回繰り返す．

⬇

❸ 0.3％ H_2O_2/メタノールを加え，4℃，30～60分間処理し，内在性のペルオキシダーゼを失活させる

⬇

❹ 冷PBS（-）で2回洗浄する

⬇

❺ 500 μLのTNB bufferを加え，4℃，オーバーナイトで処理し，ブロッキングをする

⬇

❻ TNB bufferで希釈したEphB4/Fcキメラタンパク質（500倍），抗CD31抗体（500倍）を300 μL加え，4℃，オーバーナイトで反応させる

⬇

❼ PBS-tで10分間室温振盪させる
これを2回繰り返す．

⬇

❽ TNB bufferで500倍希釈した抗ヒト-HRP抗体を300 μL/well加え，30分室温で反応させる

⬇

❾ PBS-tで10分間，室温振盪させる
これを3回繰り返す．

⬇

❿ Amplification Diluentで50倍希釈したBiotin-Tyramideを300 μL/well加え，10分間，室温で反応させる[*5]

⬇

⓫ PBS-tで10分間，室温振盪させる
これを3回繰り返す．

⬇

⓬ TNB bufferで希釈したストレプトアビジン-Alexa488抗体（500倍），抗ラット-Alexa546抗体（500倍），DAPI（終濃

[*5] TSA kitのBiotin-Tyramide溶液は，凍結融解の繰り返しに弱く，劣化すると非特異的な染色の原因となる．小分けにして-20℃で保存したうえ，DMSOが凍結しなくなる前に使用する．

度：100 ng/mL）を0.3 mL/wellを加え，1時間，室温振盪させる*6

⬇

❸ PBS-tで10分間，室温振盪させる

これを3回繰り返す．

⬇

❹ 蛍光顕微鏡にて内皮細胞の分化を評価する

*6 これ以降は遮光して作業を行う．

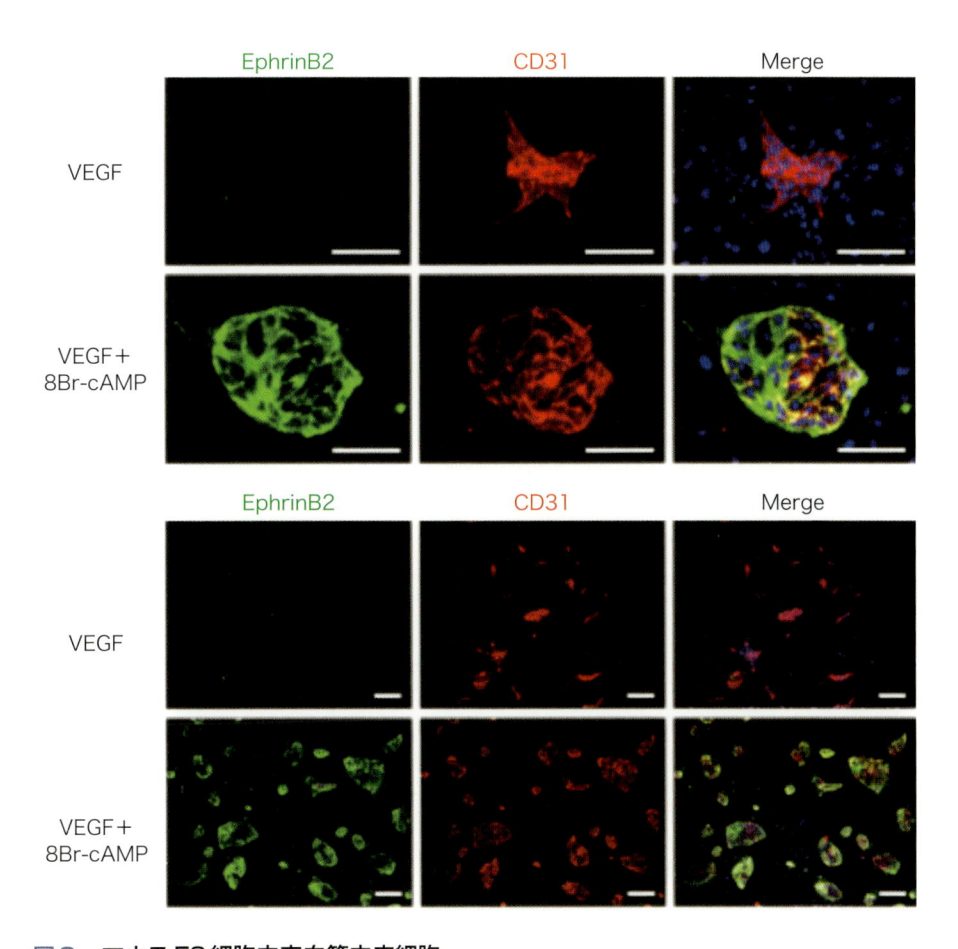

図2 マウスES細胞由来血管内皮細胞

VEGF単独処理によってEphrinB2陰性の静脈もしくは未熟な内皮細胞の分化を誘導できる．VEGFに加えて，8Br-cAMP添加に伴うcAMPシグナル活性化によってEphrinB2陽性の動脈内皮細胞の分化を誘導できる．Bar＝250μm

実験結果（マウスES細胞から血管内皮細胞への分化誘導）

われわれは，マウスES由来Flk1陽性細胞を，VEGFを含む培地で3日間培養した．VEGF単独処理によって誘導される血管内皮細胞は，EphrinB2陰性の静脈もしくは未熟な内皮細胞である（図2）．また，VEGFに加え，8Br-cAMP添加によってcAMPシグナルを活性化することでEphrinB2陽性の動脈内皮細胞の分化を誘導できる．また動脈マーカーとしてCXCR4を用いることでフローサイトメーターによる定量的な評価が可能である（図3）．

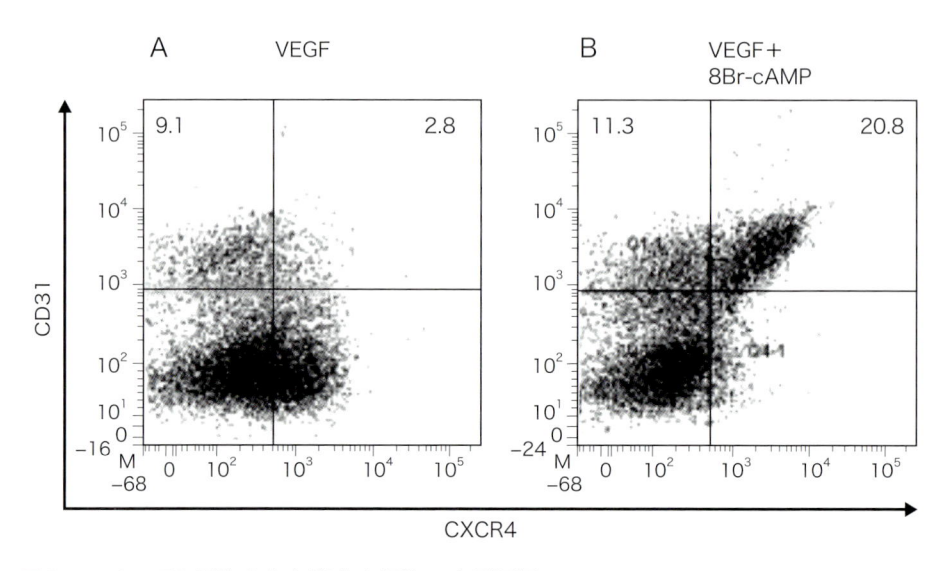

図3 マウスES細胞由来血管内皮細胞の定量評価
A）VEGF単独処理によって誘導される血管内皮細胞は，ほとんどがCXCR4陰性の静脈もしくは未熟な内皮細胞である．B）8Br-cAMP添加に伴うcAMPシグナル活性化によってCXCR4陽性の動脈内皮細胞の分化を誘導できる

B. ヒトiPS細胞から血管内皮細胞への分化誘導（図4）

準 備

- □ マイトマイシンC（和光純薬工業社，#3377）
- □ マトリゲル
  Growth Factor Reduced．
- □ 0.1％ Collagenase Ⅳ
- □ 0.25％ トリプシン（ライフテクノロジーズ社，#15050-057）

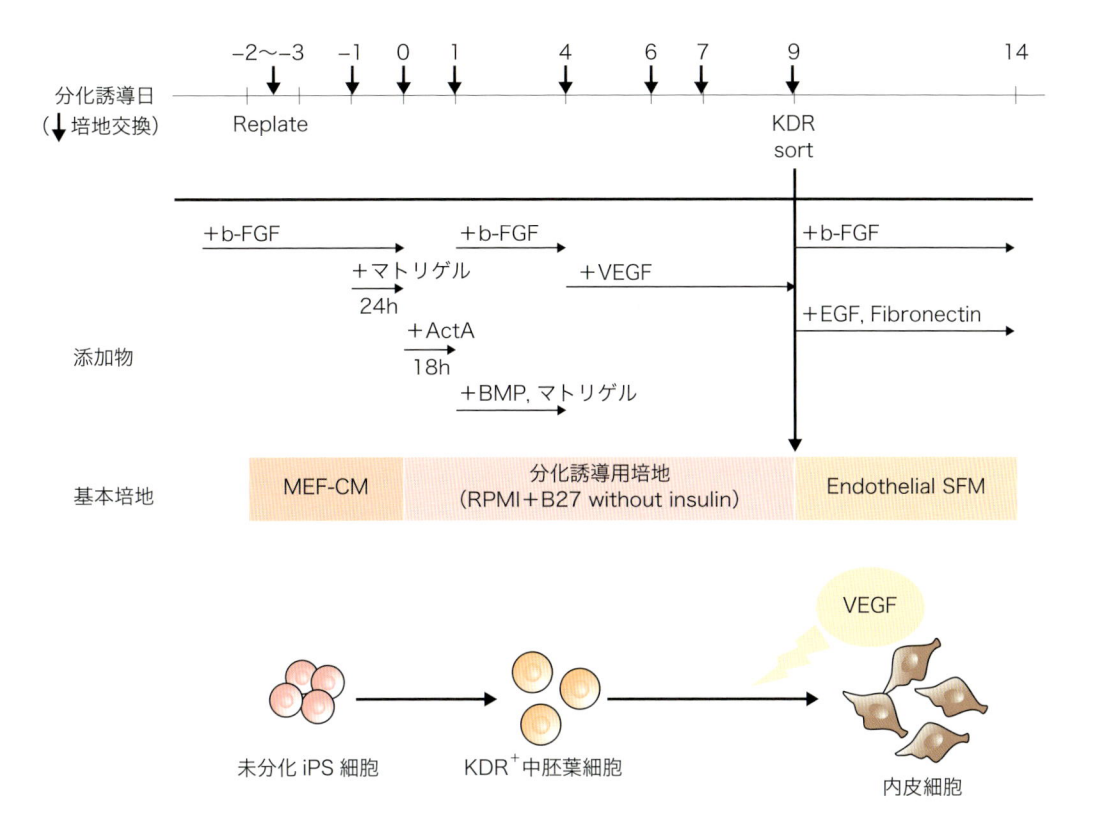

図4 ヒトiPS細胞からの内皮細胞分化誘導系

b-FGF存在下にMEF-CMにて維持されたiPS細胞を，Activin A次いでBMP4とb-FGFにて中胚葉細胞に誘導し，VEGFおよび8Br-cAMPにて内皮細胞に分化させる．分化誘導9日目にVE-Cadherin陽性細胞をFACSにて純化することで純化内皮細胞を得ることができる．純化内皮細胞は再培養・増殖が可能である

- ☐ KSR
- ☐ CaCl$_2$
- ☐ PBS
- ☐ CTK溶液

		（最終濃度）
10g/mL Collagenase IV	10mL	(0.1％)
2.5％トリプシン	10mL	(0.25％)
KSR	20mL	(20％)
100mM CaCl$_2$	1mL	(1mM)
PBS	59mL	
	100mL	

- ☐ DMEM（Dulbecco's modified Eagle's medium）（ライフテクノロジーズ社，#11965-118）
- ☐ FBS

- ☐ L-Glutamine（ライフテクノロジーズ社，#25030-81）
- ☐ NEAA
- ☐ Knockout™-DMEM（ライフテクノロジーズ社，#10829-018）
- ☐ 2-ME
- ☐ RPMI1640（ライフテクノロジーズ社，#12633-20）
- ☐ B-27® Supplement Minus Insulin（ライフテクノロジーズ社，#0050129SA）
- ☐ Endothelial SFM（ライフテクノロジーズ社，#11111-044）
- ☐ 5mM EDTA 5％ FBS in PBS

　　EDTA，FBS，PBS．

培地の調製

☐ MEF-CM（mouse embryonic fibroblast conditioned medium）培地

　プロトコール中のMEF-CM培地の作製参照．

☐ MEF培地

		（最終濃度）
DMEM	500mL	（90％）
FBS	50mL	（10％）
L-Glutamine	5mL	（2mM）
NEAA	6mL	（1％）

☐ ES培地

		（最終濃度）
Knockout™-DMEM	470 mL	（80％）
KSR	120 mL	（20％）
200mM L-Glutamine	3 mL	（1mM）
55mM 2-ME	1.1mL	（0.1mM）
NEAA	6 mL	（1％）
	約600 mL	

☐ 分化誘導用培地

		（最終濃度）
RPMI1640	485mL	（97％）
200mM L-Glutamine	5mL	（2mL）
B-27® Supplement Minus Insulin	10mL	（2％）
	500mL	

サプリメント

- ☐ Activin A（R & D 社，#338-AC-010）
- ☐ BMP4（R & D 社，#314-BP-010）
- ☐ リコンビナント増殖因子

　bFGF〔線維芽細胞成長因子（塩基性）〕，ヒトEGF．
- ☐ 8Br-cAMP
- ☐ VEGF

- [ ] human fibronectin（ライフテクノロジーズ社，#33016-015）
- [ ] Y27632（和光純薬工業社，#257-0051）

    ROCK（Rho-associated coiled-coil forming kinase/Rho結合キナーゼ）阻害剤．
- [ ] DAPI
- [ ] 抗ヒトCD309（KDR）-PE抗体（Miltenyi Biotec社，#130-102-559）

その他

- [ ] Versene（ライフテクノロジーズ社，#15040066）
- [ ] Accumax（Innovative Cell Technologies社）
- [ ] 100×20mm細胞培養ディッシュ（BD Biosciences社）
- [ ] セルカルチャー6ウェルマルチウェルプレート平底フタ付き（BD Biosciences社）
- [ ] 15mLポリスチレンコニカルチューブ（BD Biosciences社）
- [ ] セルスクレーパー（住友ベークライト社）
- [ ] セルストレーナー・キャップ付きチューブ（BD Biosciences社）

プロトコール

1. フィーダーフリー条件下でのiPS細胞継代および維持

MEF-CM培地の作製

❶ マイトマイシンCにて2.5時間処理したマウス胎仔線維芽細胞（MEF）細胞を55,000cells/cm^{2}の密度でMEF培地0.5 mL/cm^{2}にて1日間培養する

⬇

❷ 翌日より7日間，0.5 mL/cm^{2}のES培地に4 ng/mLのb-FGFを加え毎日培地を交換する

その際，回収した培地をMEF-CM培地として使用する*1．

*1 使用する直前に4ng/mLのb-FGFをさらに加える．

継代（4～6日毎，コンフルエント時）

❶ iPS細胞を培養している培養ディッシュより培地を吸引し，PBS 5 mLを加えた後に再度吸引することで洗浄する

⬇

❷ 培養ディッシュにCTK溶液1.5 mLを加え，37℃，3分間インキュベートする

その間に，新しいマトリゲルコートされた培養ディッシュよりマ

トリゲルをよく吸引し，37℃に加温しておいたb-FGF4 ng/mL添加MEF-CMを8 mLずつ加える．

⬇

❸ CTK溶液を吸引し，MEF-CMを2 mL加える．スクレーパーにてiPS細胞のコロニーを残らないように削ぎ落とし15 mLコニカルチューブへ，残りのMEF-CMで培養ディッシュを洗い試験管へ入れる

試験管内でおおよそ10回ピペッティングする．

⬇

❹ 細胞入り培地を2 mLずつ用意した培養ディッシュに播種する

維持

❶ 継代翌日を除き毎日，培養ディッシュより培地を吸引し，加温しておいたb-FGF 4 ng/mL添加MEF-CM 10 mLで培地交換を行う

2. 血液内皮細胞の分化誘導

再播種による分化誘導 〔3日前（－3日目）（もしくは4日前）〕

❶ PBS 5 mLにて洗浄する

⬇

❷ Versene 2mLを加え37℃，3～5分間インキュベートする

⬇

❸ Versene吸引後，MEF-CM 1 mLを1,000 μLマイクロピペットを用いてやや強めにピペッティングすることで細胞を回収する*2

⬇

❹ 細胞数を計測し，マトリゲルコートされた培養ディッシュ上に80万～100万cells/wellの密度でMEF-CMとともに播種する

Matrigel overlay 分化誘導 （－1日目）

❶ 再播種より2～3日の培養の後，iPS細胞でディッシュが完全に覆われたのを確認したら，b-FGF 4ng/mL添加MEF-CM 5 mLに加えて1/60希釈のマトリゲルを添加した培地に交換する

これによりマトリゲルで細胞上層を覆う．

Activin A添加 （分化誘導0日目）

❶ Matrigel overlayの24時間後，4 mLの分化誘導用培地に125 ng/mLのActivin Aを添加したもので培地交換する

*2 この際，10回を超えてピペッティングすると細胞死の原因となるので，多少残っていても中止する．

Rematrigel overlay （分化誘導1日目）

❶ Activin A 添加の18時間後，分化誘導用培地に10 ng/mLの BMP4，10 ng/mLのb-FGF，および，1/60希釈となる マトリゲルを添加したもの5 mLで培地交換する

VEGF 添加 （分化誘導4，6，7日目）

❶ 100 ng/mLのVEGFを分化誘導用培地に添加したもの5 mL にて培地交換する

3. 血管内皮細胞の純化，再培養 （分化誘導9日目）

❶ PBS 5 mL にて洗浄し，Accumaxを入れ，37℃，15分間インキュベートする

⬇

❷ α-MEM 培地 1 mLを入れ，1,000 μLマイクロピペットで20回程度ピペッティングする

単離したものを15 mLコニカルチューブに回収する．

⬇

❸ 細胞数を計測する

5mM EDTA 5% FBS in PBS 10 mLを細胞入り15 mLコニカルチューブに加え，1,100 rpm（AX-310，トミー工業社）で5分間遠心後，吸引することで洗浄する．同様の手順で計2回洗浄する．

⬇

❹ 5 mM EDTA 5% FBS 500 μLで懸濁する

このうち5 μLをFACSのコントロールとして5 mLポリスチレンチューブに分注し，100 ng/mLのDAPIを添加した5 mM EDTA 5% FBS 100 μLにて懸濁後セルストレーナー・キャップ付きチューブに回収する．残りはVE-Cadherin-PE抗体0.5 μL/100万細胞を加え，室温にて30分間反応させる

⬇

❺ 5 mM EDTA 5% FBS in PBS 10 mLにて2回洗浄する

500万細胞ずつ5 mM EDTA 5% FBS in PBS 3 mLに懸濁し，50 ng/mLのDAPIを添加後，セルストレーナー・キャップ付きチューブに分注する．

⬇

❻ FACSにてVE-Cadherin陽性細胞をPEの蛍光輝度で純化する（図5）

純化した細胞は保管しておいた，分化誘導用培地にペニシリン，ストレプトマイシンおよびVEGF 100 ng/mLを添加したもので

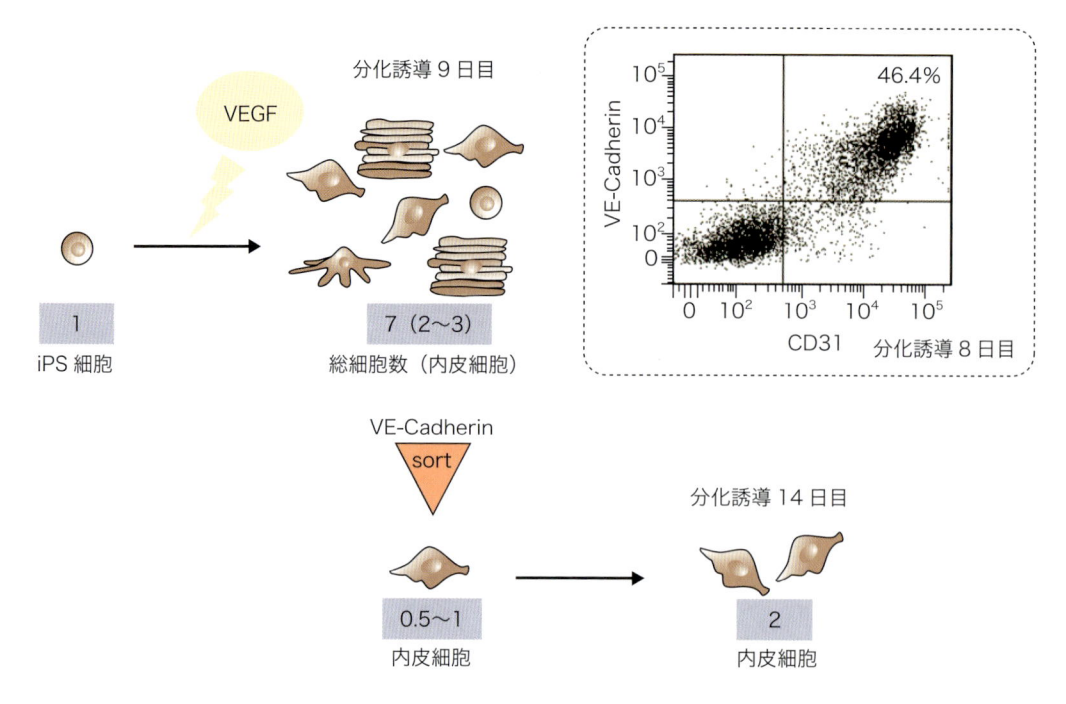

図5 内皮細胞分化誘導と純化，再培養
本プロトコールでは分化誘導9日目には総細胞数は7倍となる．VEGFを作用させることで内皮細胞誘導率は分化誘導8日目もしくは9日目にピークを迎え30～40％（最大46.4％）となる．分化誘導9日目にVE-Cadherin陽性細胞をFACSにて純化すると1つのiPS細胞より0.5～1.0個の内皮細胞が得られる．得られた内皮細胞は再培養，増殖が可能で5日間で2.5倍になる

受ける．

❼ 純化後の細胞数を計測する

1％ゼラチンにてコートされた培養ディッシュ（100×20mm）に25万細胞を維持用培地5 mLとともに播種する．

<維持用培地>　　　　　　　（最終濃度）
Endothelial SFM
b-FGF[*3]　　　　　　　　　（20ng/mL）
EGF[*3]　　　　　　　　　　（10ng/mL）
fibronectin[*3]　　　　　　　（10 μg/mL）

[*3] いずれも使用直前に加える．

4. 血管内皮細胞の継代と維持

継代

❶ PBS 5mLにて洗浄する

❷ 0.05％ Trypsin 500 μLを加え，37℃，3分間インキュベー

トする

❸ 維持用培地1mLを加え細胞を回収する

❹ 細胞数を計測し，20万細胞を維持用培地4mLとともに播種する

維持
❶ 2日ごとに維持用培地5mLで培地交換する

> ⚠️ **トラブルへの対応**
>
> ■**未分化iPS細胞が再播種後に生着しない**
>   過度のピペッティングが細胞死の原因となるので，Verseneでのインキュベート時間を長くすることで細胞を剥がしやすくし，ピペッティングの回数を減らす．
>
> ■**分化誘導4日目以降に細胞が剥がれる**
>   この時期の細胞はかなり剥がれやすく，6日目以降徐々に総細胞数が減る主要な原因である．培地交換時の吸引や培地を入れる際には時間をかけてゆっくり行う必要がある．マトリゲルは加温によりただちにゲル状に固まる．このため，分化誘導−1日目と1日目にはよく冷えた培地にマトリゲルを加えよく撹拌したのちに加温しておかないと，マトリゲルは塊となり細胞上を均一に覆えず細胞が剥がれやすくなる．

実験結果（ヒトiPS細胞から血管内皮細胞への分化誘導）

　本プロトコールにてヒトiPS細胞より分化誘導を行うと，内皮細胞の特異的表面マーカーであるVE-CadherinおよびCD31が二重陽性となる内皮細胞は分化誘導8日目もしくは9日目にピークを迎え，最大46%が内皮細胞に分化した．VE-Cadherin陽性細胞をFACSにて純化することで純粋な内皮細胞を得ることが可能であった．回収された内皮細胞は再培養が可能であり5日間で2.5倍となった（図5）．

おわりに

　本項ではマウスES細胞/ヒトiPS細胞からの血管内皮細胞分化誘導法を紹介した．この方法は血管の発生分化過程を培養下に恣意的に操作しながら，経時的に観察できるため，血管の発生分化のメカニズムを細胞レベル，分子レベルで検討できる．したがって，ノック

アウトマウスの形質解析に依存していた分化の分子機構の解析を*in vitro*で行うという新しいアプローチが可能になった．また，ヒトiPS細胞由来内皮細胞は高密度単層培養であり，容易にスケールアップできることに加え，再生医療を見据え無血清培養となっており，移植実験や疾患モデルでの実験に応用可能である．このように，この分化系によって血管発生を多角的に解析することができ，得られた知見をさまざまな形で再生医療を中心とした応用研究に展開することができる．

◆ 文献

1) Yamashita, J. et al. : Nature, 408 : 92-96, 2000
2) Narazaki, G. et al. : Circulation, 118 : 498-506, 2008
3) Yurugi-Kobayashi, T. et al. : Arterioscler. Thromb. Vasc. Biol., 26 : 1977-1984, 2006
4) Yamamizu, K. et al. : Blood, 114 : 3707-3716, 2009
5) Yamamizu, K. et al. : Stem Cells, 30 : 687-96, 2012
6) Yamamizu, K. et al. : J. Cell Biol., 189 : 325-338, 2010
7) Laflamme, M. A. et al. : Nat. Biotechnol., 25 : 1015-1024, 2007
8) Foster, L. J. : Mol. Cell. Proteomics, 11 : A110.0063871, 2012
9) Masumoto, H. et al. : Stem Cells, 30 : 1196-1205, 2012

III 分化誘導のプロトコール

5 ヒトiPS細胞からキラーT細胞への分化誘導

増田喬子, 河本 宏

フローチャート

-8日: OP9細胞の準備

当日: iPS細胞とOP9細胞との共培養による血球前駆細胞の誘導

13日: 血球前駆細胞とOP9/DLL1細胞との共培養, IL-7, Flt-3L, SCF添加によるT細胞への分化

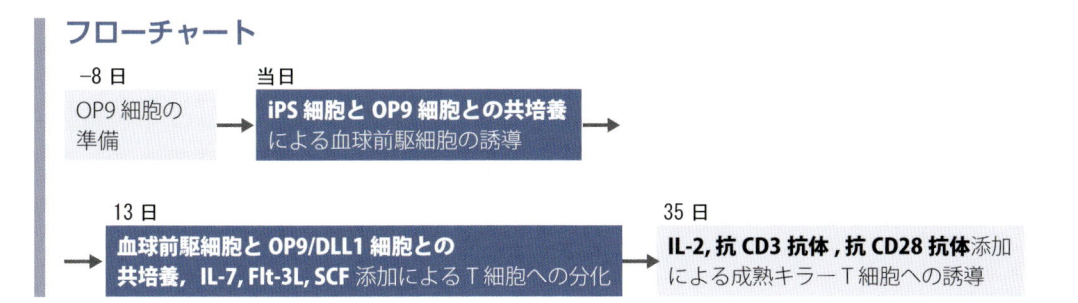

35日: IL-2, 抗CD3抗体, 抗CD28抗体添加による成熟キラーT細胞への誘導

はじめに

すべての血液細胞は**造血幹細胞**からつくられる．造血幹細胞は胎生期には肝臓に，成体では骨髄に存在し，T細胞以外の血液細胞は胎仔肝あるいは骨髄で分化する．しかし，T細胞は例外で，**T前駆細胞**が胸腺に移住し，胸腺の中でT細胞固有の分化が起こる．図1にヒトT細胞の分化過程を示している[1)2)]．

胸腺の中でT細胞の分化を支持しているのは**胸腺上皮細胞**である．ならば胸腺上皮細胞を取りだして造血前駆細胞と共培養すればT細胞が分化できるかというと，そうではない．胸腺上皮細胞を単層培養すると，急速にT細胞分化支持能を失うのである．そのため，長い間T細胞の分化誘導には胸腺組織そのものが用いられてきた．すなわち，デオキシグアノシン（deoxyguanosine）という薬剤で胎仔胸腺中の幼若T細胞を除去して支持細胞だけを残した状態をつくり，そこに造血前駆細胞を播くという方法である．

胸腺だけでT細胞分化が起きているということは，**胸腺環境**には特有のT細胞分化誘導因子があることを意味している．その因子の正体は長らく不明であったが，1999年にそれが**Notchシグナル**であるということが明らかにされた[3)4)]．この発見により，T細胞培養法は大きく発展した．骨髄由来の**ストローマ細胞**を細胞株化したものは，一般にB細胞やミエロイド細胞の分化は支持するが，T細胞の分化は支持しない．そのようなストローマ細胞に，Notchリガンドの1つである**DLL1（Delta-like 1）**を強制発現させるとT細胞の分化を支持することが示された[5)]．すなわち，ストローマ細胞との共培養によって単層培養下でT細胞を誘導することができるようになったのである．よく使われているストローマ細胞はマウス由来であるが，この系はヒト細胞の分化誘導にも用いることができる．なお，この培養系ではDLL1を用いているが，実際に胸腺でリガンドとして働いているのは

DLL4であることがわかっている[6]．

本項では単層ストローマ細胞である **OP9/DLL1 細胞** を用いた方法を紹介する．単に造血前駆細胞から T 細胞を分化誘導するだけなら他のストローマ細胞でもよいが，ES・iPS 細胞からの血液細胞の誘導には，この OP9/DLL1 細胞が適している．ヒト ES 細胞から T 細胞を誘導する方法はすでに報告されており[7]，本項で紹介するのはおおむねこの報告に基づいている．

ただし単層ストローマ細胞との共培養法は，胸腺組織との共培養法に比べると大きな欠点がある．それは成熟 T 細胞があまりうまく育たないことである．マウスでもヒトでも，**γδT 細胞，NKT 細胞** は単層ストローマ細胞共培養法で成熟細胞にまで分化誘導が可能であるが，通常の αβT 細胞の場合はいわゆる **ダブルポジティブ**（double positive：DP）**細胞** という CD4CD8 共陽性の段階で分化が止まってしまうのである（表1）．そこから先の分化誘導にはもう一工夫が必要で，本項ではわれわれが開発したキラー T 細胞（CD8 T 細胞）を誘導する方法を紹介する[8]．

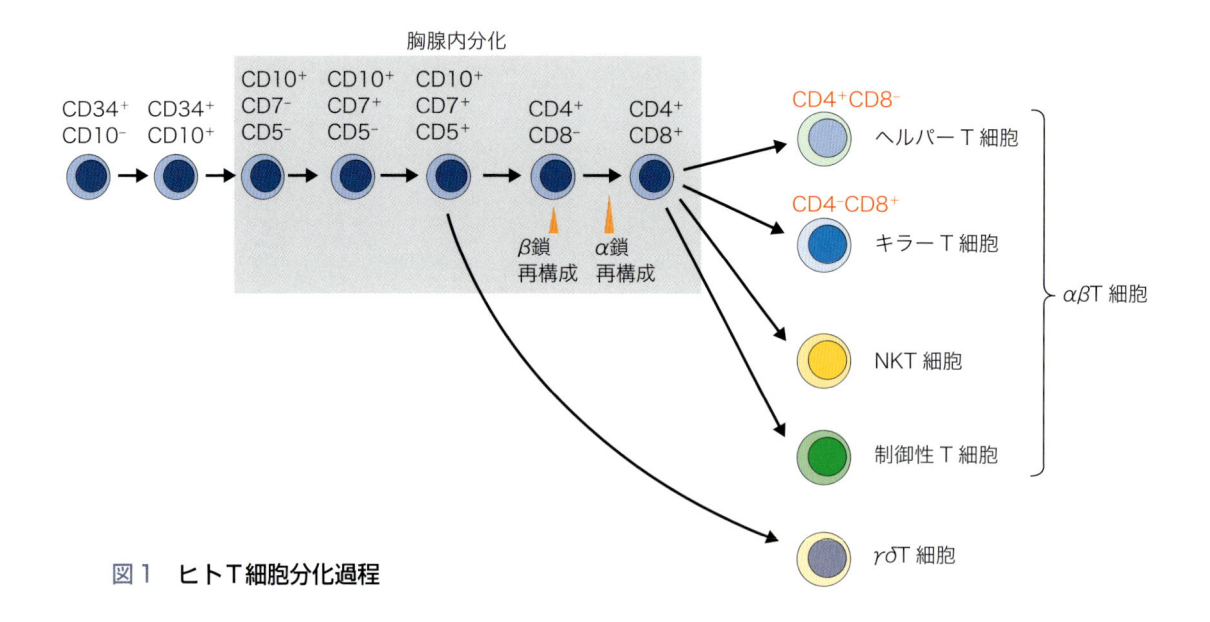

図1　ヒト T 細胞分化過程

表1　T 細胞の種類と分化誘導培養の成否

T 細胞の種類		抗原認識の方法	単層ストローマ細胞共培養	
			マウス	ヒト
γδT 細胞		タンパク質，脂質抗原などを直接認識	○	○
αβT 細胞	ヘルパー T 細胞	MHC 分子上に提示されたペプチド抗原を認識	△	△
	キラー T 細胞		△	△
	制御性 T 細胞		△	△
	NKT 細胞	CD1d 分子上に提示された糖脂質抗原を認識	○	○

△：DP 段階までは可

準備

- ☐ StemPro® EZPassage™ Disposable Stem Cell Passaging Tool（ライフテクノロジーズ社，#23181-010）
  EZ-passageローラーを含む．
- ☐ 0.1％ゼラチン/PBS溶液（シグマ・アルドリッチ社）
- ☐ HBSS（＋Mg＋Ca）（ライフテクノロジーズ社，#24020-117）
- ☐ PBS（−）（和光純薬工業社，#166-23555）
- ☐ Collagenase IV（ライフテクノロジーズ社，#17104-019）
- ☐ αMEM（ライフテクノロジーズ社，#11900-073）
- ☐ ウシ胎仔血清（FBS）[*1]
- ☐ 0.05％トリプシン/EDTA（ライフテクノロジーズ社，#25300054）
- ☐ OP9ストローマ細胞株（理研バイオリソースセンター，BRC ID: RCB1124）[*2]
- ☐ OP9/N-DLL1ストローマ細胞株（理研バイオリソースセンター，BRC ID: RCB2927）[*3]
- ☐ ヒトリコンビナントIL-7（R＆D社，#207-IL-005）
- ☐ ヒトリコンビナントSCF（R＆D社，#255-SC-010）
- ☐ ヒトリコンビナントFlt-3L（R＆D社，#308-FK-005）
- ☐ ヒトリコンビナントIL-2（R＆D社，#202-IL-010）
- ☐ 抗CD3抗体（eBioscience社，#16-0037-81）
  clone: OKT3
- ☐ 抗CD28抗体（eBioscience社，#16-0289-81）
  clone: CD28.2
- ☐ ペニシリン/ストレプトマイシン（ライフテクノロジーズ社，#15140-148）

培地の調製

- ☐ medium A（OP9ストローマ細胞維持用）

			（最終濃度）
αMEM	500	mL	
FBS	125	mL	（20％）
ペニシリン/ストレプトマイシン溶液[*4]	6.25	mL	（1％）
Total	631.25	mL	

- ☐ medium B（T細胞分化誘導用）

			（最終濃度）
αMEM	500	mL	
FBS	125	mL	（20％）
ペニシリン/ストレプトマイシン溶液[*4]	5	mL	（1％）
hrIL-7（10μg/mL）	0.315	mL	（5ng/mL）
hrFlt-3L（10μg/mL）	0.315	mL	（5ng/mL）
hrSCF（10μg/mL）	0.630	mL	（10ng/mL）
Total	631.26	mL	

---

*1 OP9細胞はウシ胎仔血清のロットが合わなければ維持が困難なので，最初に血清のロットチェックを行い，OP9に最適のものを選んでおく．OP9を複数回継代培養したときの継代期間が一定になるものが望ましい．

*2 op/opマウスの骨髄細胞から作製されたストローマ細胞．遺伝的な異常によりM-CSFを産生しない．

*3 OP9細胞株にヒトNGFRをマーカーとしてマウスDLL1を導入した株GFPをマーカーとしてマウスDLL1を導入した株．OP9/G-DLL1（理研バイオリソースセンター，BRC ID: RCB2925）も同様に使用できるが，生成した細胞をFACSで解析する場合にストローマ細胞のGFPが邪魔になることがあるので，通常はOP9/N-DLL1を使用する．これらはトロント大学のグループ[5)]とは別個に我々が作製したものである．

*4 ペニシリン/ストレプトマイシン溶液の組成はペニシリン10000U/mL，ストレプトマイシン10000μg/mLであるため，最終濃度はそれぞれ100U/mL，100μg/mLとなる．

プロトコール

1. OP9細胞の調製

OP9細胞の準備　（8日前）

❶ 0.1％ゼラチン/PBS溶液6 mLを100 mm培養ディッシュに入れ，37℃で30分以上静置する

❷ コンフルエント（底面が細胞で埋め尽くされた状態）になったOP9細胞をトリプシン-EDTA溶液で剥がし，その1/4相当量（$2 \sim 3 \times 10^5$個）をゼラチンコートした100 mm培養ディッシュに播種する[*1]

培地はmedium Aを10 mLとなるように加える．

新しいOP9培地添加　（4日前）

4日前に播種したOP9細胞培養ディッシュに新たにmedium Aを10 mL加え，全量が20 mLとなるようにする．

2. iPS細胞とOP9細胞の共培養

ヒトiPS細胞からのT細胞分化誘導は，**1）iPS細胞から血球前駆細胞の誘導，2）血球前駆細胞からT細胞分化誘導，3）未熟T細胞段階から成熟キラーT細胞段階への誘導**という段階をふまえて行う（図2）．

1）iPS細胞から血球前駆細胞の誘導

❶ iPS細胞とOP9細胞の共培養開始（分化誘導0日目）

共培養に使用するOP9細胞の培地を吸引し，新しいmedium A

[*1] ヒトiPS細胞がOP9の間に入り込み，培養ディッシュに接着できるようにゼラチンコート処理したディッシュを用いる．

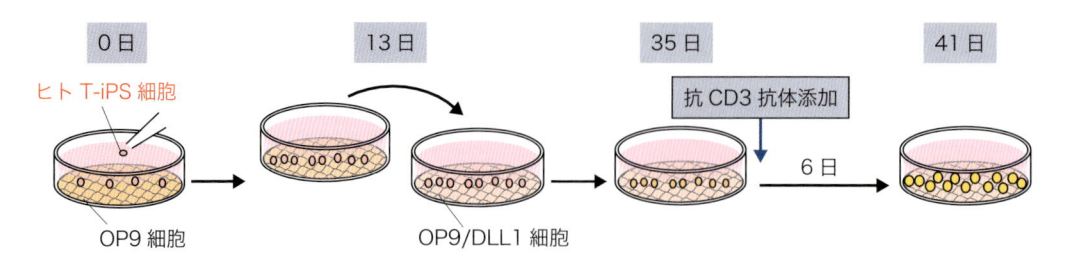

図2　ストローマ細胞との共培養によるヒトT-iPS細胞からのT細胞分化誘導実験手順
EZ-passageローラーで切断したヒトT-iPSコロニー片をOP9細胞上に播種し，2週間後にOP9/DLL1上に移しかえる．35日目に抗CD3抗体を添加し，CD8 SP細胞を誘導する

に交換しておく．またヒトiPS細胞培養ディッシュの培地も同様に吸引し，新しいmedium Aを10 mL加えておく．

⬇

❷ EZ-passageローラーでヒトiPS細胞を切る

⬇

❸ カットしたiPS細胞塊を200μLマイクロピペットでピペッティングすることで浮遊させ，目視でおおよそ600個のiPS細胞塊をOP9細胞上に播種する

⬇

❹ 培地交換（1日目）
培地を新しいmedium A 20 mLに交換する．

⬇

❺ 培地半量交換（5日目）
半量分の培地を新しいmedium A 10 mLに交換する．

⬇

❻ 培地半量交換（9日目）
半量分の培地を新しいmedium A 10 mLに交換する．

2）血球前駆細胞からT細胞分化誘導

❶ 誘導した血球前駆細胞を，OP9細胞上からOP9/DLL1細胞上へ移しかえる（13日目）
培地を吸引し，HBSS（＋Mg＋Ca）で細胞表面上の培地を洗い流す．

⬇

❷ その後250U Collagenase Ⅳ/HBSS（＋Mg＋Ca）溶液（Collagenase溶液）10mLを加え，37℃で45分間培養する[*2]

⬇

❸ Collagenase溶液を吸引し，PBS（－）10 mLで洗い流す

⬇

❹ その後5 mLの0.05％トリプシン–EDTA溶液を加え，37℃で20分培養する

⬇

❺ 培養後，細胞が膜状に剥がれてくるのでピペッティングにより物理的に細かくする[*3]

⬇

❻ ここに新しいmedium Aを20 mL加え，さらに37℃で45分間培養する[*4]

[*2] この処理をしても，外観はほぼ変わらないように見える．

[*3] 接着細胞同士を離すため．

[*4] こうすることで培養ディッシュに付着する細胞を除くことができる．

❼ 培養後，浮遊細胞を含む上清を，100μmのメッシュを通して回収する

❽ 4℃，1,200 rpm（280G）で7分間遠心し，ペレットを10 mLのmedium Bに懸濁させる

このうち1/10をFACS解析用にとりわけ，残りの細胞を新たに用意したOP9/DLL1細胞上に播種する*5．複数枚のディッシュから得た細胞をプールした場合，もともとの枚数と同じ枚数になるように再分配して細胞を播き直す．

❾ 得られた細胞に造血前駆細胞が含まれているかどうかを確かめるために，抗CD34抗体，抗CD43抗体を用いてFACS解析する*6*7

造血前駆細胞が誘導されていると，$CD34^{low}CD43^+$細胞分画に充分な細胞数が確認できる（図3）．

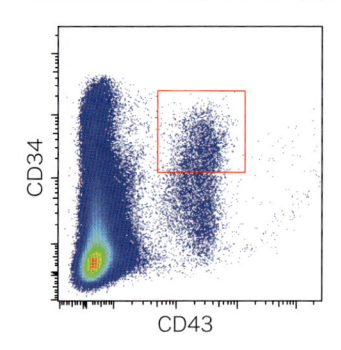

図3 培養13日目のFACSプロファイル

得られた細胞を抗ヒトCD43，CD34抗体を用いてFACS解析を行う．血液細胞が誘導できていると，$CD34^{low}CD43^+$分画に細胞集団を検出することができる．文献8より転載

❿ 細胞の継代（16日目）*8

OP9細胞に緩く接着している細胞を，穏やかに複数回ピペッティングし，100μmのメッシュを通して50mLコニカルチューブに回収する．4℃，1,200 rpm（280G）で7分間遠心し，ペレットを10 mLのmedium Bに懸濁させる．これらの細胞を新たに用意したOP9/DLL1細胞上に播種する．

⓫ 細胞の継代（23日目）：血液細胞コロニーが見え始める

OP9細胞に緩く接着している細胞を，穏やかに複数回ピペッティングし，100μmのメッシュを通して50 mLコニカルチューブに回収する．4℃，1,200 rpm（280G）で7分間遠心し，ペレットを10 mLのmedium Bに懸濁させる．これらの細胞を新たに用意したOP9/DLL細胞上に播種する．

*5 必要な日にOP9/DLL1細胞がコンフルエントになるように，3日前にOP9/DLL1細胞を継代しておく．コンフルエントになったOP9/DLL1細胞をトリプシン/EDTA溶液で剥がし，その1/8相当量を10 cm培養ディッシュに播種するとよい．

*6 ここでは$CD34^{low}CD43^+$細胞分画の細胞をソーティングすることなく，OP9/DLL1細胞に播種する．この分画をソーティングした場合，得られる細胞数が減少してしまうことやソーティングによる細胞へのダメージから，ソーティングしなかった場合に比べてT細胞への分化誘導効率が落ちることがある．

*7 培養期間中に分化段階を確認するためにFACS解析を行うが，すべての期間において培養中に死細胞が多くみられる．そのためFACS解析時にはPI（Propidium Iodide），7-AADなどを用い，死細胞除去したうえで解析を行うことが望ましい．

*8 ヒトiPS細胞1クローンあたり3枚以上のディッシュを用いる．継代するときには細胞を一度1つに合わせてから同じ枚数に再分配することで，ディッシュ間のばらつきを減らすことができる．

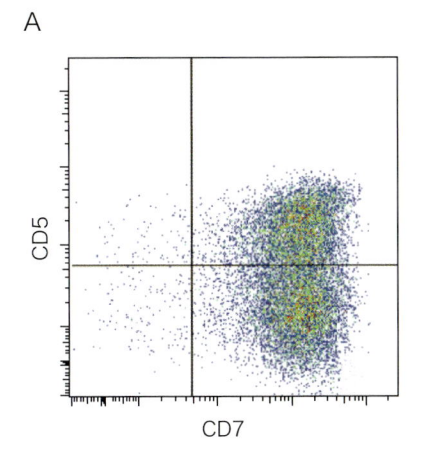

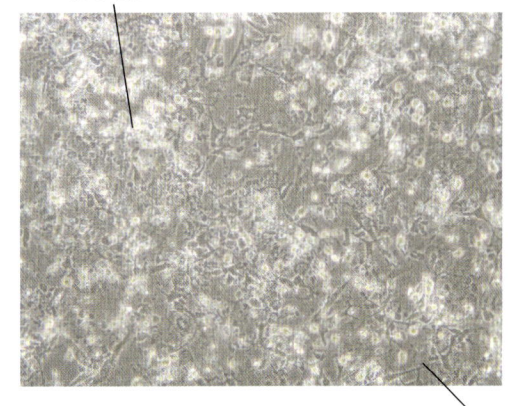

図4 培養30日目の細胞の様子とFACSプロファイル
A）得られた細胞を抗ヒトCD5, CD7抗体を用いてFACS解析を行う．T前駆細胞はCD7$^+$CD5$^-$分画およびCD7$^+$CD5$^+$分画として検出することができる．B）培養細胞の位相差顕微鏡写真（200倍）．隙間なく密集しているのがOP9細胞である．T前駆細胞はOP9上に緩く結合して増えている

⑫ 細胞の継代（30日目）：CD7$^+$CD5$^+$細胞が現れ始める[*9]

OP9細胞に緩く接着している細胞を，穏やかに複数回ピペッティングし，100 μmのメッシュを通して50 mLコニカルチューブに回収する．4℃, 1,200 rpm（280G）で7分間遠心し，ペレットを10 mLのmedium Bに懸濁させる．このうち1/10をFACS解析用にとりわけ，残りの細胞を新たに用意したOP9/DLL1細胞上に播種する．

T前駆細胞が誘導されているかどうかを確かめるために，抗CD5抗体，抗CD7抗体を用いてFACS解析する．T前駆細胞であるCD7$^+$細胞がみられるようになり，一部の細胞はCD7$^+$CD5$^+$段階にまで分化している（図4A）．

⑬ 細胞の継代（35日目）：CD4$^+$CD8$^+$細胞が現れ始める

OP9細胞に緩く接着している細胞を，穏やかに複数回ピペッティングし，100 μmのメッシュを通して50 mLコニカルチューブに回収する．4℃, 1,200 rpm（280G）で7分間遠心し，ペレットを10 mLのmedium Bに懸濁させる．このうち1/10をとり，抗CD4抗体，抗CD8抗体を用いてFACS解析を行う．DP細胞が60～70％くらいで出現している（図5）．

[*9] 位相差顕微鏡下で観察した様子を図4Bに示す．OP9細胞は底面に接着し，密集しているためグレーに見える．T前駆細胞はOP9上に緩く結合して増えるため，OP9に対して色が明るく見える．ただし細胞が凝集したようなはっきりとしたコロニーとして見えるわけではなく，丸く明るい粒のようなものが複数個集まっている．

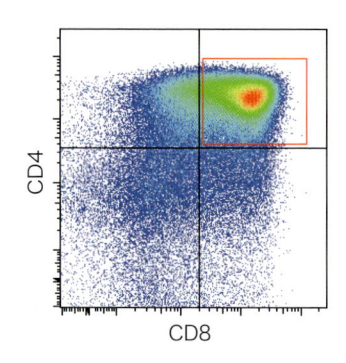

図5 培養35日目のFACSプロファイル
得られた細胞を抗ヒトCD4, CD8抗体を用いてFACS解析を行う. DP細胞（通常60〜70％）が出現している

3）未熟T細胞段階から成熟キラーT細胞段階への誘導

❶ CD8 SP細胞の誘導（35日目）

成熟キラーT細胞（CD8 SP細胞）を誘導する場合は，ここで抗CD3抗体および抗CD28抗体をhuIL-2とともに加える．24ウェルプレートに新たにOP9/DLL1細胞を用意しておき，T細胞を3×10^5 cells/wellとなるように播種する．ここに抗CD3抗体（50 ng/mL），抗CD28抗体（2 ng/mL），huIL-2（200 U/mL）を添加する．

❷ CD4⁻CD8⁺細胞が現れる（41日目）

抗CD3抗体および抗CD28抗体による刺激後6日目には，成熟CD8 SP細胞が生成する（40〜50％）（図6）．なお図は，T細胞から作製したiPS細胞を使用し誘導を行った結果である．この場合，T細胞レセプター（TCR）を早期に発現するのでCD8 SP細胞がより効率よく生成する．T細胞以外の細胞から作製したiPS細胞からT細胞を誘導する場合，DP細胞までは同じ効率で誘導することができるが，CD8 SP細胞への誘導効率はあまりよくない．

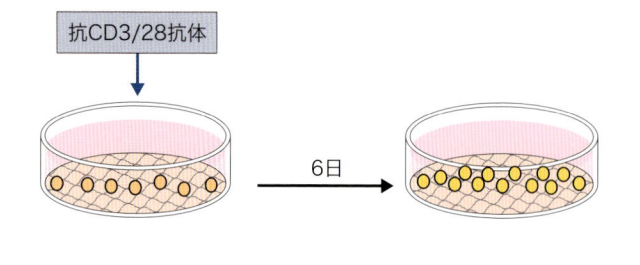

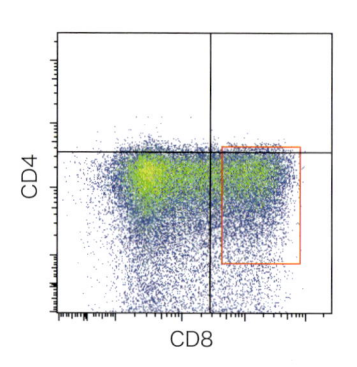

図6 DP細胞からCD8 SP細胞への誘導
培養35日目にDP細胞が出現したところに抗ヒトCD3抗体を添加し，6日間培養を続けるとCD8 SP細胞（通常40〜50％）を誘導することができる

実験結果

　本項ではヒトiPS細胞からCD8 T細胞への誘導法を紹介した．一般に胸腺の中では，特定のMHC分子に適度に反応できるT細胞が**正の選択**を受け，結果としてそのMHCを発現する細胞としか反応できないT細胞になる（**MHC拘束**）．本項で紹介した方法は抗CD3抗体でTCRを刺激しているだけであって，MHC拘束性をもつT細胞を選択しているわけではない．再生したT細胞の性質については元のiPS細胞が線維芽細胞のようなT細胞以外の細胞からつくられた場合と，T細胞からつくられた場合とで話が違ってくる．もし用いたiPS細胞がT細胞以外の細胞からつくられたものであったら，この方法で生成したCD8 T細胞は，抗CD3抗体などで直接TCRを刺激すれば活性化させられるが，抗原提示細胞で活性化させることは難しいと思われる．

　一方，ここに示したiPS細胞は特定のMHCクラスⅠ拘束性をもち，しかも特定の抗原に特異性をもつCD8 T細胞に由来しているので，生成したT細胞は元のTCRを発現しており，元のT細胞と同じMHCクラスⅠ拘束性と抗原特異性を示す．

おわりに

　本項で示した方法は，ヒトT細胞分化の研究に用いることができる．また遺伝性の免疫不全症候群の中でT細胞の分化障害を呈する例などでは，患者から作製したiPS細胞を材料に用いることで，疾患のメカニズムを解明する研究に役立てることができる．

　一方，われわれは抗原特異的なキラーT細胞からiPS細胞を作製し，そのiPS細胞からキラーT細胞を再現するという研究を行っている．すでにメラノーマ抗原の一種であるMART-1抗原に特異的なキラーT細胞の再生に成功している[8]．なお，本項ではCD8 T細胞の誘導法を示したが，ヘルパーT細胞や制御性T細胞を誘導する方法はまだ確立されていない．TCRの刺激の加え方を工夫する必要があると思われる．

◆ 文献

1) Doulatov, S. et al.: Nat. Immunol., 11: 585-593, 2010
2) Hao, Q. L. et al.: Blood, 111: 1318-1326, 2008
3) Radtke, F. et al.: Immunity, 10: 547-558, 1999
4) Pui, J. C. et al.: Immunity, 11: 299-308, 1999
5) Schmitt, T. M. et al.: Immunity, 17: 749-756, 2002
6) Hozumi, K. et al.: J. Exp. Med., 205: 2507-2513, 2008
7) Timmermans, F. et al.: J. Immunol., 182: 6879-6888, 2009
8) Vizcardo, R. et al.: Cell Stem Cell, 12: 31-36, 2013

III 分化誘導のプロトロール

6 ヒトES・iPS細胞からの心筋細胞への分化誘導

湯浅慎介,福田恵一

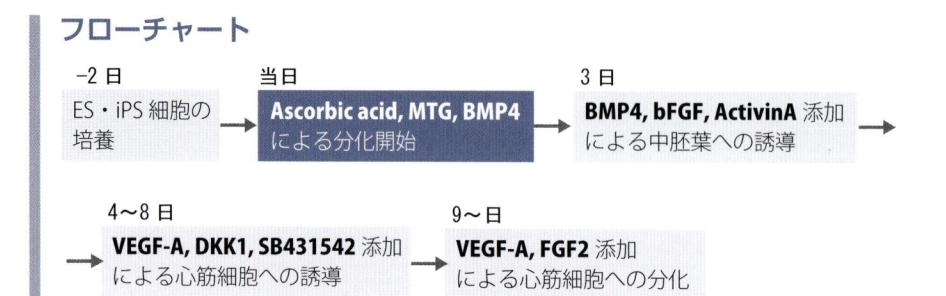

フローチャート

- −2日 ES・iPS細胞の培養
- 当日 **Ascorbic acid, MTG, BMP4** による分化開始
- 3日 **BMP4, bFGF, ActivinA** 添加による中胚葉への誘導
- 4〜8日 **VEGF-A, DKK1, SB431542** 添加による心筋細胞への誘導
- 9〜日 **VEGF-A, FGF2** 添加による心筋細胞への分化

はじめに

近年,急速に発展を遂げている幹細胞生物学だが,その幹細胞を分離・選別し,体外で心筋細胞に増殖・分化をさせた後,難治性心臓疾患に対する心筋細胞移植治療の供給源として確立しようとする試みが世界中でなされている.初期胚である胚盤胞の内部細胞塊から樹立された胚性幹細胞(ES細胞)研究が最も早く盛んに行われていたが,優れた増殖能や多分化能を有する反面,生命倫理的な問題や移植に伴う免疫拒絶などが臨床応用への大きな障壁となっていた.そこにES細胞とほぼ同等の幹細胞の性質を獲得したiPS細胞が2006年に開発され,再生医学に大きな変革がもたらされた[1].ES細胞に関する積み上げられた知見を応用することにより,iPS細胞から心筋細胞への分化誘導が可能である.これらより難治性心疾患などの発症メカニズムの解明,ひいては心臓再生医療のための心筋移植細胞ソースにもなりうると考えられている.実際の応用に向けて最も重要な点は,効率よい心筋細胞分化誘導技術の確立と,誘導された心筋の詳細な機能的評価である.

これまでの心筋細胞分化研究

マウスES細胞樹立が報告されてから約4年後の1985年にDoetschmanらにより,ES細胞は心筋細胞に分化できることが報告された[2].1990年代中盤に入ると心筋細胞へ分化誘導後に細胞移植を行うことを念頭に研究が進められ,心筋細胞分化誘導研究が盛んになり始めてきた[3].2001年になると,ヒトES細胞もまた心筋細胞に分化可能であることが報告され,ES細胞由来心筋細胞を心不全モデルの心臓に移植することにより,末期心不全が

治療可能ではないかと考えられるようになってきた.

　ES細胞から心筋細胞への分化誘導方法に関する研究はさまざまなものが行われてきた. それらの多くはES細胞の分化は正常の発生を模倣していることより, 心臓発生・心筋細胞分化において重要な増殖因子をES細胞分化時に添加する分化誘導方法が開発されてきた. 特にその中でもBMPやWntに関しては, 相当数の報告がある. これらの報告が多いのは, ES細胞を心筋細胞へ分化誘導し利用するという目的の他に, BMPやWntの心筋細胞分化における不思議な挙動が多くの研究者を惹きつけてきたからであろう. すなわち, BMPやWntは元来, 心筋細胞の分化を促進する因子あるいは抑制する因子と考えられてきたが, 実際はそのような単純な挙動ではなく分化のある時期には促進的に働き, 別の時期には抑制的に働いている[4)5)]. このような時期特異的な, 相反する挙動を取ることにより心筋細胞は発生・分化し, これらを応用することにより効率的な心筋細胞分化誘導方法が開発されてきた[6)].

　また, 発生現象の応用とは全く異なり, 心筋細胞分化誘導因子探索としての化合物スクリーニングもさまざまなものがなされてきた. 2003年に高橋知三郎らは約880種類の化合物を用い, ES細胞から心筋細胞の分化スクリーニングを行った. その結果, アスコルビン酸(Ascorbic acid)が心筋細胞分化を促進することがわかり報告された[7)]. このような化合物スクリーニングは, その後も繰り返され, さまざまな合成化合物による心筋細胞分化誘導方法は開発されてきた.

　今後のヒトES・iPS細胞を用いた研究・臨床へ応用するためには, よりよい分化誘導方法を用いていく必要がある. 心筋細胞分化誘導方法は非常に多くの方法が報告されてきているが, 本項では過去のさまざまな報告を取り入れている比較的近年の報告のものを紹介する[8)].

準　備

1. 分化前培養

- □ マトリゲル(BD Biosciences社, #356234)
- □ SF medium(Corning社, #40-101-CV)
- □ KSR(Knock-Out™ Serum Replacement)(ライフテクノロジーズ社, #10828-028)
- □ NEAA(nonessential amino acids)(シグマ・アルドリッチ社, #M7145)
- □ 2 mM L-Glutamine(シグマ・アルドリッチ社, #G3126)
- □ 10 ng/mL Penicillin/Streptomycin(シグマ・アルドリッチ社, #P4333)
- □ 2-ME(2-Mercaptoethanol)(シグマ・アルドリッチ社, #6250)

2. 分化開始

- ☐ Collagenase B（ロシュ・ダイアグノスティックス社，#088807）
- ☐ トリプシン-EDTA（0.05％）
- ☐ 6-well low-cluster plates（Corning社）
- ☐ StemPro®-34（ライフテクノロジーズ社，#10639-011）
- ☐ Ascorbic acid（シグマ・アルドリッチ社）
- ☐ MTG（monothioglycerol）（シグマ・アルドリッチ社，#A5960）

3. 中胚葉誘導

- ☐ ヒト組換えBMP4（R & D社，#NFBMP4）
- ☐ ヒト組換えbFGF（R & D社，#233-FB-01M）
- ☐ ヒト組換えActivin A（R & D社，#338-AC-010）

4. 心筋細胞誘導

- ☐ ヒト組換えDKK1（R & D社，#5439-DK-010）
- ☐ ヒト組換えVEGF（R & D社，#293-VE-050）
- ☐ SB-431542（Tocris Bioscience社，#1614）
  またはdorsomorphin（シグマ・アルドリッチ社，#P5499）．

5. 機器

- ☐ 5％ CO_2，5％ O_2 細胞培養用インキュベーター
- ☐ 5％ CO_2 細胞培養用インキュベーター

プロトコール

1. 分化前培養：KSR/FGF培養液 （2日前〜分化誘導0日目）

❶ ヒトES・iPS細胞をマトリゲル上に継代し24〜48時間培養し，フィーダー細胞を除去する

ヒトES細胞維持培養液として，DMEM/F12に以下のように添加した培養液を用いる．

			（最終濃度）
DMEM/F12	500	mL	
KSR	125	mL	（20％）
nonessential amino acids	5	mL	（100 μM）
glutamine	6.25	mL	（2 mM）
penicillin	5	mL	（50 U/mL）
streptomycin	5	mL	（50 μg/mL）
β-mercaptoethanol	0.5	mL	(10^{-4} M）
hbFGF	1	mL	（20 ng/mL）
Total	647.75 mL		

2. 分化開始：StemPro34 （分化誘導0日目〜1日目）

❶ ヒトES・iPS細胞を1 mg/mL Collagenase Bで20分，続いてトリプシン-EDTAで2分処理することにより，小さな細胞塊（10〜20細胞）に崩す

⬇

❷ 細胞塊をPBSで洗浄後に2 mLの培養液を用いて6-well low-cluster plateにて作製する

その際の培養液は次のように作製する．

		（最終濃度）
StemPro-34	500 mL	
Penicillin/Streptomycin	5 mL	(10 ng/mL)
L-Glutamine	5 mL	(2 mM)
Ascorbic acid	5 mL	(1 mM)
MTG	5 mL	(4×10^{-4} M)
BMP4	500 μL	(0.5〜5 ng/mL)
Total	520.5 mL	

⬇

❸ 以降，培養10日目までは5% CO_2, 5% O_2 細胞培養用インキュベーターにて培養し，その後は，通常の5% CO_2 細胞培養用インキュベーターにて培養する

3. 中胚葉誘導：ActivinA, BMP4, FGF2
（1〜3, 4日目）

❶ 1 mLの培養液を注意深く取り除き，2.❷の培養液に以下の最終濃度になるように加えた培地1 mLを添加する

		（最終濃度）
Human-BMP4	4 μL	(2〜10 ng/mL)
human-bFGF	1 μL	(5 ng/mL)
human-Activin A	2 μL	(0〜6 ng/mL)
Total	7 μL	

4. 心筋細胞誘導：VEGFA, DKK1, SB431542/Dorsomorphin （3〜8日目）

❶ 同様に培養液に最終濃度が以下のようになるよう添加した培地と交換する

		（最終濃度）
human-DKK1	4 mL	(150 ng/mL)
human-VEGF	4 mL	(10 ng/mL)
SB-431542[*1]	4 mL	(0〜5.4 μM)
Total	12 mL	

[*1] もしくはdorsomorphin 4 mL (0〜0.6 μM))

5. 心筋細胞分化：VEGFA, FGF2 （9日目〜）

❶ その後の培養時は，2.❷の培養液に下記のように加えた培地に交換し維持する

	（最終濃度）
human-bFGF	(5 ng/mL)
human-VEGF	(10 ng/mL)

⚠️ トラブルへの対応

■プロトコール通り行っても思うように心筋細胞分化誘導ができない

　ヒトES・iPS細胞を用いた心筋細胞への分化誘導におけるトラブルで最も多いのは，プロトコール通り行っても思うように心筋細胞分化誘導できないということである．一昔前のように血清を使った分化誘導に比べて，無血清プロトコールでは添加物自身のばらつきは減ったものの，依然として分化誘導効率におけるばらつきは解消されていない．最も大きな要因としてヒトES・iPS細胞の細胞株単位の特徴の違いであると考えられている．ある増殖因子を適正濃度で加えたとしても，iPS細胞や，iPS細胞由来分化細胞自身が増殖因子や阻害物質を発現しており，その発現量は細胞株単位で異なっていることが知られている．すなわち使用する細胞株ごとに加える増殖因子やサイトカインなどは，適正濃度が大きく異なり，条件検討を繰り返し，心筋細胞への分化誘導の適正化を行う必要がある．

実験結果

　心筋細胞分化誘導の場合には，結果として自己拍動が観察されるので，あまり結果の解釈に苦慮することは少ないと思われる．一般的に自己拍動胚様体が多ければ心筋細胞分化誘導効率が高いことが知られている．NK×2.5やMyosin heavy chain（MHC）などの心筋特異的マーカーを用いて免疫染色を行えば，より定量的な評価ができる．

おわりに

　ヒトES・iPS細胞から心筋細胞への分化誘導技術に関して，効率改善のために世界中でさまざまな手法が報告され，依然混沌とした状況であると考えられる．しかしながら，ゆっくりではあるが徐々に進歩してきていることも事実であり，さらに改善していくものと思われる．革新的な方法を開発することにより，急激に臨床応用などが進んでいくことが予想されるが，現状での最高の方法を用いてよりよい結果を導き出すことも重要である．

◆ 文献

1) Takahashi, K. & Yamanaka, S. : Cell, 126: 663-676, 2006
2) Doetschman, T. C. et al. : J. Embryol. Exp. Morphol., 87: 27-45, 1985
3) Klug, M. G. et al. : J. Clin. Invest., 98: 216-224, 1996
4) Yuasa, S. et al. : Nat. Biotechnol., 23: 607-611, 2005
5) Onizuka, T. et al. : J. Mol. Cell Cardiol., 52: 650-659, 2012
6) Shimoji, K. et al. : Cell Stem Cell, 6: 227-237, 2010
7) Takahashi, T. et al. : Circulation, 107: 1912-1916, 2003
8) Kattman, S. J. et al. : Cell Stem Cell, 8: 228-240, 2011

III 分化誘導のプロトコール

7 ヒトiPS細胞から骨格筋細胞への効率的な分化誘導

庄子栄美, 櫻井英俊

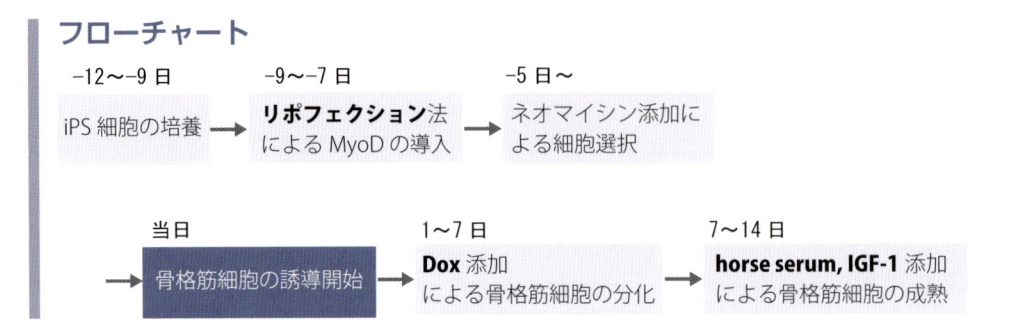

フローチャート

-12〜-9日: iPS細胞の培養
-9〜-7日: **リポフェクション法**によるMyoDの導入
-5日〜: ネオマイシン添加による細胞選択

当日: 骨格筋細胞の誘導開始
1〜7日: **Dox**添加による骨格筋細胞の分化
7〜14日: **horse serum, IGF-1**添加による骨格筋細胞の成熟

はじめに

　本項では,骨格筋制御因子として知られるMyoDをヒトiPS細胞に過剰発現させ,約90％の高効率で骨格筋細胞へと分化誘導する方法を紹介する.

　これまでマウスES細胞からの骨格筋細胞への分化誘導法は段階的分化法[1]やMyoD強制発現法[2]などいくつか報告されているが,ヒトiPS・ES細胞を用いての安定した分化誘導法は未確立であった.アデノウイルスベクターを用いたMyoD遺伝子導入[3]や,MyoD-RNA導入[4]など,多くの試みがなされてきたものの,効率と再現性,また長期に渡る培養期間が,課題として挙げられてきた.われわれのグループではテトラサイクリン応答性 *piggyBac* ベクターを用いて,MyoD遺伝子の発現制御を可能にすることで,より安定した,かつ再現性のある骨格筋分化誘導法の確立に成功した[5].この方法を用いることにより,短期間の培養で非常に効率よく均一な骨格筋細胞集団が得られる.なお,本実験で用いるベクターは,われわれの研究室よりMTA (Material transfer agreement) を通して分与が可能である.

準備

　ヒトiPS細胞へ効率的にMyoD発現 *piggyBac* ベクター (PB111_MyoD) を導入するには,主にリポフェクション法,またはエレクトロポレーション法による2方法がある.本項では,リポフェクション法であるFuGENE® HDによるベクター導入法を紹介する.

1. FuGENE® HD を用いた PB111_MyoD 導入

細胞
- [ ] 6ウェルプレートに播種したヒト iPS 細胞[*1]
  ～60％コンフルエント．

培養基材
- [ ] ポリスチレン FACS チューブ（Corning 社，#352058）

プラスミド
- [ ] Plasmid PB111_MyoD[*2]
- [ ] Plasmid PBase[*2]

試薬
- [ ] FuGENE® HD Transfection Reagent（プロメガ社，E2311）
- [ ] Opti-MEM® I Reduced serum Media（ライフテクノロジーズ社，#31985062）
- [ ] bFGF（和光純薬工業社，064-04541）
- [ ] G418 二硫酸塩溶液 50 mg/mL（ナカライテスク社，#09380-86）
- [ ] PBS

培地
- [ ] 霊長類 ES 細胞用培地（リプロセル社，#RCHEMD001）

2. 骨格筋細胞への分化誘導

培養基材
- [ ] マトリゲル（BD Biosciences 社，#356231）[*3]
  または Collagen I．
- [ ] 6ウェルプレート（AGC テクノグラス社，#4810-010）

試薬
- [ ] Dox（Doxycyclin Hyclate）（LKT Labs 社，#D5897）
- [ ] Y-27632（ナカライテスク社，#08945-84）
- [ ] ヒト組換え IGF-I（Peprotech 社，#100-11）
- [ ] 0.25％ トリプシン/1mM EDTA（ナカライテスク社，#35554-64）
- [ ] Penicillin-Streptmycin Mixed Solution（ナカライテスク社，#26253-84）
- [ ] 2-ME（ナカライテスク社，#21438-82）
  70μL の 2-ME を 10μL の PBS（−）にて希釈し，0.22μm のフィルターを通して滅菌し使用．
- [ ] PBS

[*1] 注意：フィーダー細胞を用いる場合は，ネオマイシン耐性であることが必要．当研究室では，SNL フィーダー細胞を用いている．

[*2] 各々 7.0μg．分与には MTA が必要．

[*3] マトリゲル上での分化誘導時には，作業前日～2時間前までに Matrigel コーティングを行う必要がある．マトリゲルを霊長類 ES 細胞用培地にて 50 倍希釈し，ディッシュをコートした後，37℃で少なくとも2時間インキュベートする．使用直前に余分なマトリゲルを吸引して使用する．

- [ ] KSR（Knock Out™ Serum Replacement）（ライフテクノロジーズ社，#10828-028）
- [ ] 2.5％ トリプシン（ライフテクノロジーズ社，#15090-046）
- [ ] 1 mg/mL Collagenase Ⅳ（ライフテクノロジーズ社，#17104-019）
- [ ] 0.1M $CaCl_2$
    フィルター滅菌済．
- [ ] CTK 溶液

2.5％ トリプシン	5 mL
1 mg/ml collagenase Ⅳ	5 mL
0.1M $CaCl_2$	0.5 mL
KSR	10 mL
D_2W（オートクレーブ済）	29.5 mL
Total	50 mL

培地の調製

- [ ] 霊長類ES細胞用培地
- [ ] 5％ KSR/ αMEM

αMEM basal media[*4]	47.4 mL
100mM 2-ME	100 μL
KSR	2.5 mL
Total	50.0 mL

- [ ] 2％ horse serum /DMEM

Horse serum[*5]	1 mL
100mM 2-ME	100 μL
DMEM basal media[*6]	48.9 mL
Total	50 mL

*4　αMEM basal mediaはαMEM（ナカライテスク社，#21444-05）500 mLとPenicillin-Streptomycin 2.5 mLを混合して作製する．

*5　Horse serumはシグマ・アルドリッチ社，#H1138を用いた．

*6　DMEM basal mediaはDMEM high glucose（ライフテクノロジーズ社，#11960-069）500mL，Penicillin-Streptomycin 2.5 mL，L-Glutamine 5.0 mLを混合して作製する．

プロトコール

1. FuGENE® HDを用いたPB111_MyoD導入

実験作業前

❶ PB111_MyoDを導入する細胞[*1]を6ウェルプレートに準備する（2～3日前）

⬇

❷ 使用する培地，試薬を常温に戻す（作業30分前）

⬇

❸ 準備した細胞（6ウェルプレート）の培地を霊長類ES細胞用培地（＋bFGF，4 ng/mL）に入れ換える

*1　～60％程度コンフルエントの状態のヒトiPS細胞を使用．

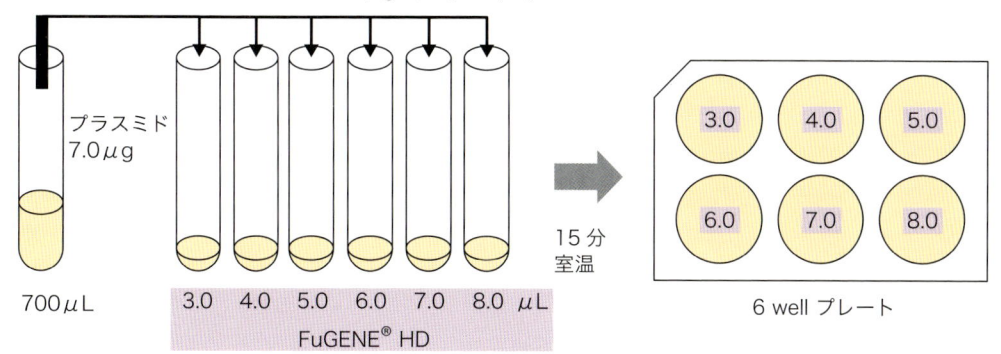

図1　FuGENE®HDの添加量（μL）

7本分のマスターミックスをポリスチレンFACSチューブに作製し，100μLずつ分注した後，FuGENE®HDを上記の量をそれぞれ添加する．室温で15分間インキュベートした後，6ウェルプレートに準備したヒトiPS細胞に滴下する

実験作業

❶ Master Mix（余剰分も含め7ウェル分）を作製する

Opti-MEM® I	700 μL
Plasmid PB111_MyoD	7.0 μg
Plasmid PBase	7.0 μg

⬇

❷ ポリスチレンFACSチューブ6本に，❶をそれぞれ100μLずつ入れる

⬇

❸ ❷にFuGENE® HDをそれぞれ，3.0，4.0，5.0，6.0，7.0，8.0μLずつ添加する（図1）[*2]

⬇

❹ ❸を1〜2秒，Vortexする

⬇

❺ ❹を15分間，室温でインキュベートする

⬇

❻ ❺を6ウェルプレートの各ウェルに添加する[*3]

⬇

❼ 翌日の培地交換は霊長類ES細胞用培地（＋bFGF）に交換する

⬇

❽ 導入2日目以降は霊長類ES細胞用培地（＋bFGF，＋G418）に交換する

⬇

[*2] 注意：FuGENE® HD添加時にポリスチレンFACSチューブの壁面に付かないように作業すること．

[*3] 実験のコツ：導入プラスミドの量については標準的なFuGENE®HDのプロトコールにより合計2.0μg/wellとしているが，400ng/well程度まで減らしてもMyoD-hiPSCsの誘導効率はそれほど変わらない．その場合はFuGENE®HDの量を1.5μL〜4.0μLの間で0.5μLずつ可変して至適量を検討する．

❾ 導入5～6日目でPB111_MyoDベクターの導入されたネオマイシン耐性のコロニー形成がみられる（MyoD–hiPSCs）

導入7～9日目でMyoD-hiPSCsのコロニーが充分大きくなっていれば，フィーダー細胞の準備された100 mm培養ディッシュに継代し，数回の継代で増殖させた後にストックや分化誘導実験を行う．この間の維持培養にはG418を加え続ける．

2. 骨格筋細胞への分化誘導

分化誘導実験[*4]

❶ 70％程度コンフルエントになったMyoD-hiPSCs培養ディッシュを5mL程度のPBSで一度洗う

❷ 1 mLのCTK溶液を加えて室温で2～3分インキュベートする

フィーダー細胞が浮いてきたらCTK溶液を吸引し，PBSで2度洗う．しっかりとフィーダー細胞が剥がれているのを確認する．もし残っているようであれば，もう一度PBSで洗う．

❸ 2 mLの0.25％ トリプシン / 1 mM EDTAを加え，37℃で5分間インキュベートする

❹ 10 mLの霊長類ES細胞用培地を加えて中和，懸濁する

❺ 1,200 rpm（250G）で3分間，遠心する

❻ 上清を吸った後，霊長類ES細胞用培地（＋Y-27632 10μM）で再懸濁する

❼ 細胞数を確認する

準備したマトリゲルコート（余分なマトリゲルは吸引除去）または，Collagen Ⅰ コートディッシュ上に霊長類ES細胞用培地（＋Y-27632 10μM）培地を加え，6段階に設定した細胞数（$1 \times 10^5 \sim 1 \times 10^6$）で播種する（図2）[*5]．

❽ 以降の分化誘導培地は図3に示すように交換する

基本的に毎日培地交換を行う．分化9日目には成熟した骨格筋細胞が得られるが，電気刺激に反応する程度の充分な成熟化には14日程度かかる場合が多い[*6]．

[*4] 実験のコツ：piggyBacベクターはさまざまなコピー数でヒトiPS細胞内に取り込まれゲノムに組み込まれる．ネオマイシンで選択しただけのポリクローナルな細胞集団では，Doxycyclinに反応しない細胞も含まれるため，誘導効率は40～70％程度にとどまる．より高い分化効率を求めるのであればサブクローニングを行い，より分化効率のよいクローンを選択する．その際，クローンごとに至適細胞密度は異なるため，必ず細胞密度の検討を始めに行う．一度至適密度が決まれば，その後は非常に再現性高く分化誘導可能となる．

[*5] 骨格筋の分化誘導は密度に影響されるためこの段階で複数の細胞数を用意し，至適細胞数を検討する必要がある．

[*6] 分化7日目以降の分化培地に交換すると，筋細胞以外の細胞が優位に増殖することがしばしば認められる．その場合は分化2～9日目まで5％KSR／αMEM，＋Doxでの培地交換を続け，分化9日目でのアッセイを勧める．Chemically Definedな成熟化培地については，現在も検討中である．

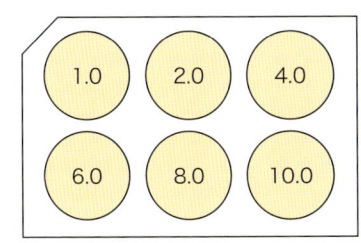

図2　至適細胞数の条件検討例
6ウェルプレートのマトリゲルまたは，Collagen Iコートディッシュ上に 1.0×10^5〜1.0×10^6 まで細胞数を変化させ，至適細胞数の条件検討を行う

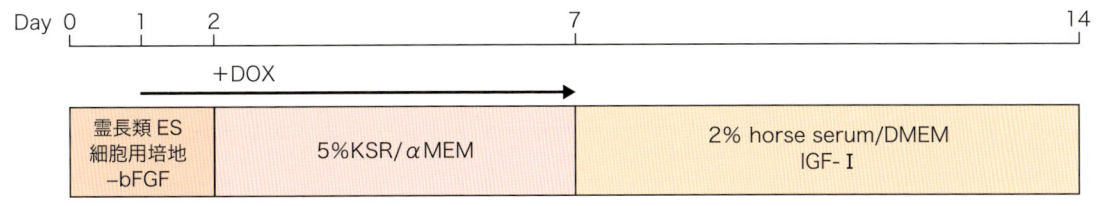

図3　分化誘導期間と分化培地
分化誘導期間は14日とし，分化誘導開始翌日よりDoxycyclin（Dox）を7日目まで添加する

トラブルへの対応

■ **MyoD遺伝子導入後の死細胞が多い・導入効率が低い**
→ FuGENE® HDもしくは，導入するDNAの濃度を変えての条件検討が必要
→ Plasmid DNAの精製度を上げる

■ **MyoD遺伝子導入後の未分化状態の維持が困難**
→継代を行う
必要であれば，サブクローニングをすることにより均一なiPS細胞が得られる．

■ **骨格筋細胞へ効率的に分化しない**
→MyoD-hiPSCsの維持時にG418を加え続けているかを確認

■ **未分化細胞が分化誘導期の中盤で増える**
→分化誘導時の細胞数の条件検討が必要である
クローンにより至適細胞数が異なるため，分化誘導時にはそれぞれの至適細胞数を確認する．

■ **Doxycyclin添加後に死細胞が増える**
→サブクローニングを行い，安定して分化する細胞クローンを選ぶ
→フィーダー細胞の混入は，Doxycycline添加後の細胞死を増強するため，なるべくフィーダー細胞の混入を避けるべく，CTK処理後のPBS（−）での洗浄を増やす

分化細胞の評価方法

骨格筋細胞のマーカーとしては，主に Myosin heavy chain や Skeletal muscle actin などが挙げられ，分化誘導9日目には免疫染色などにより確認できる．RT-PCR においても内因性の MyoD や骨格筋マーカーとして知られる Myogenin の発現も分化誘導日数とともに上昇することが確認できる[5]．

実験結果

PB111_MyoD ベクター導入後，約5日目よりネオマイシン耐性のヒト iPS 細胞のコロニーが見えはじめる（MyoD-hiPSCs）．MyoD 導入前と比較して形態的な変化はみられず（図4），未分化状態を保って増殖させることが可能である．

骨格筋細胞への分化誘導では，分化誘導後2日目から細胞の形態が変化しはじめ，分化誘導後6日目には骨格筋細胞の特徴である紡錘形へと変化し，14日目には成熟骨格筋細胞へと分化する（図5）．

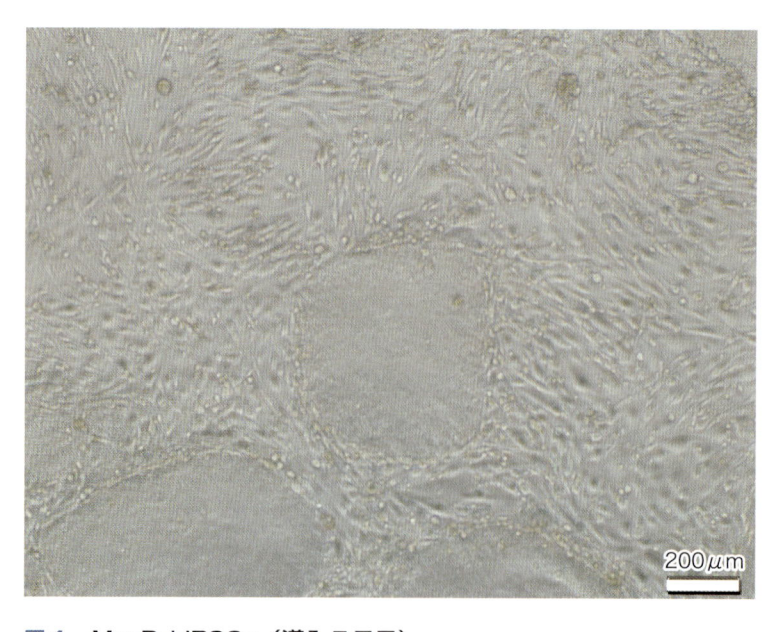

図4　MyoD-hiPSCs（導入5日目）
ヒト iPS 細胞に PB111_MyoD ベクターを導入した MyoD-ヒト iPS 細胞．通常のヒト iPS 細胞と比較して形態的な変化は見られない

図5 ヒトiPS細胞からの骨格筋細胞への分化誘導
分化誘導2日目（Day2）から形態的な変化が見られる．6日目（Day6）には骨格筋細胞特異的である，紡錘形へと変化する．14日目（Day14）には筋細胞が融合した，多核の成熟骨格筋細胞が形成される

おわりに

　　　　ヒトiPS細胞からの骨格筋分化誘導法はきわめて再現性が低いことが課題であった．本項で紹介した方法により簡便かつきわめて再現性高く，約14日という短期間で骨格筋細胞へと分化誘導が可能となったことは，非常に画期的である．さらに，本項で紹介した分化誘導法により作製した骨格筋細胞は，電気刺激による収縮の観察が可能であり，成熟骨格筋細胞として機能することが示唆された．ヒトiPS細胞から均一な骨格筋細胞の作製が可能となったことにより，骨格筋疾患特異的iPS細胞を用いた病態解明や，さらには創薬スクリーニングへの応用も期待される．

◆ 文献
1) Sakurai, H. et al. : Stem Cell Res., 3 : 157-169, 2009
2) Ozasa, S. et al. : Biochem. Biophys. Res. Commun., 357 : 957-963, 2007
3) Goudenege, S. et al. : Mol. Ther., 20 : 2153-2167, 2012
4) Warren, L. et al. : Cell Stem Cell, 7 : 618-630, 2010
5) Tanaka, A. et al. : PLoS One, 8 : e61540, 2013

III 分化誘導のプロトコール

8 ES・iPS 細胞から神経幹細胞への分化誘導

岡田洋平, 岡野栄之

フローチャート

当日	6日	12〜日
EB 形成による分化誘導の開始 **Noggin** または **低濃度 RA** 添加	**FGF2** 添加によるニューロスフェアの誘導	**接着**によるニューロンなど神経系細胞への分化誘導

はじめに

　神経幹細胞は,神経発生や神経再生の研究において,それそのものが興味深い研究対象であるのみならず,重要な解析ツールとして活用されてきた[1]. 従来,胎児脳より採取される神経幹細胞は,*in vitro* モデルとしてさまざまな解析へ応用されてきたが,神経幹細胞はその生み出される時期と場所に応じた特異性(時間的・空間的特異性)をもち,その可塑性は限られているため,胎児由来神経幹細胞で行うことのできる解析は限られてきた[2]. また発生の特に早い段階では,胎児脳からは充分量の神経幹細胞を採取するのは難しい. 一方,ES・iPS 細胞は,無限に増殖し,かつ個体を構成するすべての細胞を生み出すことができるため,発生早期の神経幹細胞をも大量に誘導することができる. また,ES・iPS 細胞の神経分化誘導は,*in vivo* の神経発生をよく反映しており,神経発生の *in vitro* モデルとしても有用である. さらに,ヒト ES・iPS 細胞から誘導した神経幹細胞は,ヒト神経発生の *in vitro* のモデルとして有用であるのみならず,神経再生への応用や,疾患特異的ヒト iPS 細胞を用いることで,新たな疾患モデルとしての利用が期待される.

　本項では,これまでわれわれが行ってきた,ES・iPS 細胞からニューロスフェアとして神経幹細胞を誘導する方法を紹介する[3]. この方法では,マウスの場合も,ヒトの場合も,まず神経幹細胞を多く含む胚様体(Embryoid Body:EB)を作製し,そこに含まれる神経幹細胞を,増殖因子(FGF や EGF)の存在下で,無血清培地を用いて選択的に培養することにより,純度の高い神経幹細胞を培養するものである. 本項では,主にマウス ES・iPS 細胞からの神経幹細胞の誘導(図1)を中心に詳細を解説したい.

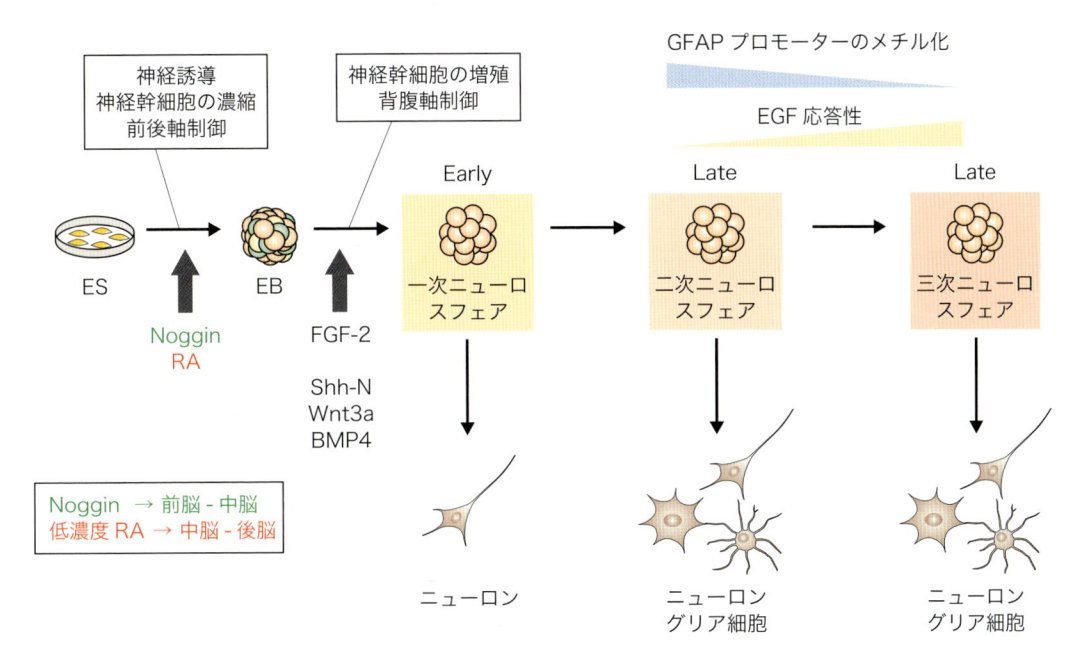

図1 マウスES細胞由来神経幹細胞の時間的・空間的特異性制御

マウスES細胞から，胚様体（EB）形成を介してニューロスフェアを誘導する．一次ニューロスフェアからは主にニューロンが，二次ニューロスフェアからはニューロンのみならずグリア細胞が生み出され，*in vivo*における神経幹細胞の時系列的な分化能の変化をよく反映している．また，EB形成時にNogginまたはさまざまな濃度のレチノイン酸を用いることで神経幹細胞の前後軸を，ニューロスフェア形成時にShh, Wnt3a, BMP4などを添加することで背腹軸を制御できる．文献3をもとに作成

準備

1. 細胞

- □ マウスES・iPS細胞[*1]
- □ フィーダー細胞（フィーダーフリー培養の場合は不要）[*2]

2. 培養器具

- □ 5 mL, 10 mL, 25 mL ピペット
- □ トランスファーピペット
  ビーエム機器，#262-1S．
- □ ゼラチンコートディッシュ
  0.1％ゼラチンで100 mmディッシュまたはフラスコをコーティングする（2時間程度）．フィーダー細胞を取り除く作業で用いる100 mmディッシュは，1晩以上コーティングしたほうがよい．

---

*1 われわれは，主にEB3（理研発生・再生総合研究センター，丹羽仁史先生より御供与）を用いて実験を行っている．これ以外にもRF8, R1, 核移植ES細胞（NT-ESC），多くのマウスiPS細胞でも，同様に神経幹細胞を誘導できることを確認している[4]．

*2 フィーダー細胞を必要とする場合は，SNL細胞またはMEFを用意する．EB3では，フィーダーフリー培養が可能なため不要．

- [ ] バクテリアディッシュ（EB培養用），100 mmディッシュ（Kord-Valmark社，#2910）

    大腸菌用であり，安価に入手可能．同社より15 cm，6 cmディッシュも発売されている．細胞が接着してしまう場合は，別のロットを用意してもらうとよい．細胞培養用バクテリアディッシュや低接着性細胞培養ディッシュを用いてもよい．

- [ ] フラスコ・ディッシュ・プレート（ニューロスフェア培養用）

    イージーフラスコ（サーモサイエンティフィック社，#156499：T75フラスコ）は，接着性がちょうどよく，ニューロスフェアの培養に適している．他社のものでも使用可能．

- [ ] 低接着性プレート・フラスコ・ディッシュ

    ニューロスフェアの接着が強い場合に使用する．Corning社のUltra-Low Attachment Culture Dishや日油社のリピジュア®コートディッシュなど．

- [ ] セルストレーナー（70μm）（Corning社，#352350）

3. 試薬類

- [ ] 培養用水（シグマ・アルドリッチ社，#W3500）
- [ ] PBS
- [ ] 7.5% $NaHCO_3$
- [ ] 1M HEPES
- [ ] 30% グルコース
- [ ] 0.25% Trypsin-EDTA
- [ ] 0.05% Trypsin-EDTA
- [ ] TrypLE™ Select（ライフテクノロジーズ社，#12563-029）
- [ ] Trypsin inhibitor（シグマ・アルドリッチ社，#T2011）

    DMEM/F12またはMHM（後述）などの培地で2 mg/mLとなるように溶解し，分注して凍結保存する．

- [ ] Noggin

    recombinant mouse Noggin-Fc Chimera（R&D社，#719-NG-050）などの遺伝子組換えタンパク質やNogginを強制発現したCos7または293T細胞の培養上清など．

- [ ] レチノイン酸（Retinoic acid：RA）（シグマ・アルドリッチ社，#R2625）

    100%エタノールかDMSOで溶解する．100%エタノールを用いる場合は，5 mMに溶解し，1 mMの分注・ストックを作製する．DMSOを用いる場合は，10〜20 mMに溶解して分注・ストックを作製する．

- [ ] B-27® supplements（ライフテクノロジーズ社，#17504-044）

- [ ] bFGF（FGF-2）（Peprotech 社など）
    bFGF は DMEM/F12 で 10 μg/mL に溶解して分注し，冷凍保存．500 ×（終濃度 20 ng/mL）で用いる．
- [ ] EGF（Peprotech 社など）
    EGF は DMEM/F12 で 10 μg/mL に溶解して分注し，冷凍保存．500 ×（終濃度 20 ng/mL）で用いる．
- [ ] カバーグラス：松波硝子工業社など．
- [ ] Poly-L-Ornithine（シグマ・アルドリッチ社，#P3655）
    50 mg を 333.3 mL の水で溶解し，分注して冷凍保存（10 × PO）．カバーガラスをコーティングする際は 2 ×（5 倍希釈）で，プラスティックディッシュを直接コーティングする際は 1 ×（10 倍希釈）で使用する．
- [ ] Fibronectin（シグマ・アルドリッチ社，#F4759）
    5 mL の培養用水を添加してときどき振盪させながら 37℃で 30 分間保温．分注して冷凍保存．PBS で 100 倍に希釈して用いる．

4. 培地

培地

- [ ] α MEM（ライフテクノロジーズ社，#11900-024）
    α MEM 粉末 1 袋を 800 mL 程度の培養用水に溶解，7.5 % NaHCO$_3$ を 15 mL 添加し，培養用水で 1L にメスアップする．0.22 μm のフィルターで濾過滅菌して冷蔵保存．
- [ ] DMEM（ライフテクノロジーズ社，#12100-046）
- [ ] Ham's F-12（F12 Nutrient Mixture）（ライフテクノロジーズ社，#21700-075）
- [ ] トランスフェリン：apo-Transferrin from human（ナカライテスク社，#34401-55）
- [ ] インスリン（和光純薬工業社，#094-03444）
- [ ] プトレシン（シグマ・アルドリッチ社，#P5780）
- [ ] 3mM セレニウム
    1 mg のセレニウム（シグマ・アルドリッチ社，#S9133）に 1.93 mL の培養用水を加えて完全に溶解．80 μL ずつ分注して冷凍保存．
- [ ] 2 mM プロゲステロン
    1 mg のプロゲステロン（シグマアルドリッチ社，#P6149）に 1.59 mL の 100 %エタノールを加え，完全に溶解．80 μL ずつ分注して冷凍保存．

培地の調製

- [ ] ES・iPS 細胞維持培地

それぞれのES・iPS細胞の培養に適したものを使用する．

☐ **胚様体（EB）形成用培地**
α MEM, 10% FBS, 0.1 μM 2-ME．

☐ **神経幹細胞用培地**
MHM（Media Hormone Mix）にbFGF（FGF-2）20 ng/mLを添加して使用する．場合によりEGF 20 ng/mLも添加する．

☐ **MHMの自家作製法[5] *3**

❶ 滅菌済み500 mLビーカーに以下のものを混合し，スターラーでよく混和させる

		（最終濃度）
10 × DMEM/F12 [A)]	50 mL	
10 × HM [B)]	50 mL	
L-Glutamine	5 mL	(200 mM)
Glucose	10 mL	(30%)
$NaHCO_3$	7.5 mL	(7.5%)
HEPES	2.5 mL	(1M)
培養用水	375 mL	
合計	500 mL	

❷ 0.22 μmのフィルターで濾過滅菌して冷蔵保存

A） 10 × DMEM/F12の作製

❶ 滅菌済み1Lビーカーに培養用水を700 mL程度入れて，スターラーを回しながら，DMEMを1袋ずつ，合計5袋分溶解させる

❷ F-12を1袋ずつ合計5袋分完全に溶解させる *4

❸ 培養用水で1Lにメスアップし，0.22 μmのフィルターで濾過滅菌して冷蔵保存

B） 10 × HM（10 × Hormone Mix）の作製

❶ 滅菌済み1Lビーカーに以下のものを混合し，スターラーでよく混和させる

10 × DMEM/F12	80 mL
30% Glucose	16 mL
7.5% $NaHCO_3$	12 mL
1M HEPES	4 mL
培養用水	652 mL
	764 mL

❷ トランスフェリン800 mgを❶の混合液に加え，スターラーでよく混和させる

❸ インスリン200 mgを50 mL遠心管に量りとり，0.1M HCl 4 mLを加え，白い糸のようなものがなくなるまで完全に溶解させる．溶解したら50 mLまで培養用水を加える

*3 同組成の培地をKOHJIN BIO社から購入可能（# 1650100 KBM Neural Stem Cell）

*4 DMEMが完全に溶解してからF-12を溶解させないと，完全に溶解しないことがある．

❹ プトレシン 77 mg を 50 mL 遠心管に量りとり,30 mL 程度の培養用水を加えて完全に溶解させる.溶解したら 50 mL まで培養用水を加える

❺ ❷の混合液に,溶解したインスリン,プトレシンを全量加える.さらに,3mM セレニウム 80 μL,2mM プロゲステロン 80 μL を加えて,スターラーで混和する

❻ 完全に混和したら,0.22 μm フィルターにて濾過滅菌し,分注・冷凍保存する*5

*5 使用量に合わせて分注量を調節するとよい.

5. 免疫染色

- ☐ 角形滅菌シャーレ,パラフィルムなど
- ☐ 一次抗体
    - anti-βⅢ-tubulin, mouse IgG_{2b}(シグマ・アルドリッチ社,#T8660)
    - anti-GFAP, Rabbit IgG(DAKO 社,#Z0334)
    - anti-CNPase, mouse IgG_1(シグマ・アルドリッチ社,#C5922)
- ☐ 二次抗体
    - Alexa Fluor® 647 Goat anti-Mouse IgG_{2b}(ライフテクノロジーズ社,#A21242)
    - Alexa Fluor® 488 Goat anti-Rabbit IgG(ライフテクノロジーズ社,#A11034)
    - Alexa Fluor 555 Goat anti-Mouse IgG_1(ライフテクノロジーズ社,#A21127)
- ☐ 核染色
    DAPI または Hoechst33258.
- ☐ 蛍光顕微鏡

プロトコール(図2)

1. EBの形成 (0日目)

❶ セミコンフルエントのマウス ES・iPS 細胞を PBS で洗浄後,0.25% Trypsin-EDTA を 1 mL 添加し,37℃,5% CO_2 インキュベーター内で 3〜5 分間保温する

⬇

❷ マウス ES 細胞維持培地(血清入り)を 4〜5 mL 添加してよく混和し,Trypsin の反応を止める
その後 20〜40 回ピペッティングしてシングルセルまで分散す

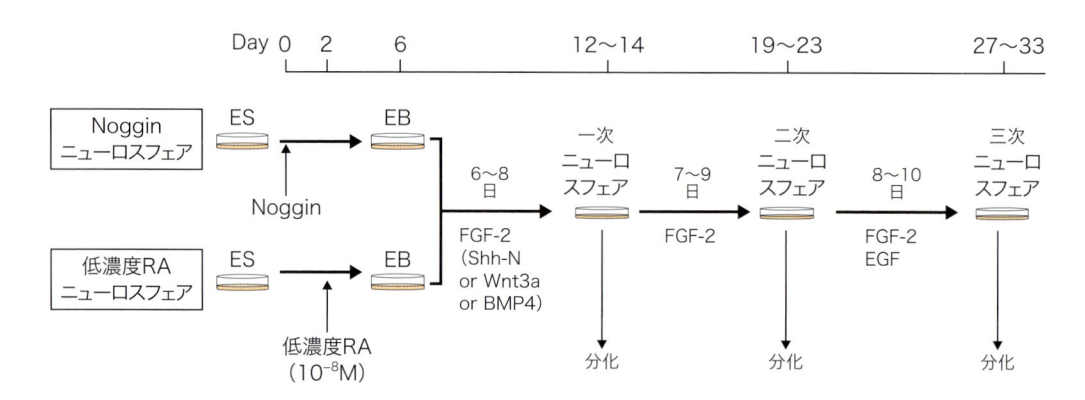

図2 マウスES細胞の分化誘導のプロトコール

る．15 mL遠心管に回収し，遠心〔室温，800 rpm（140 G），5分間〕する．

⬇

❸ フィーダー細胞上でES・iPS細胞を培養しているときは，遠心後マウスES細胞維持培地に懸濁し，ゼラチンコートディッシュ上にいったん播種して30〜60分ほど静置する

これによりフィーダー細胞がゼラチンコートディッシュに接着するため，上清を回収することで，ある程度フィーダー細胞を除去できる．フィーダーフリーの場合は，この操作は不要．

⬇

❹ 遠心中にバクテリアディッシュにマウスEB形成用培地を10 mL/dishで添加しておく[*1]

⬇

❺ 遠心が終了したら，上清を吸引し，マウスEB形成用培地を5〜10 mL程度加えて数回ピペッティングし，細胞を懸濁する

⬇

❻ 細胞数をカウントする

⬇

❼ ❹で用意していたバクテリアディッシュに，5×10^4 cells/mLの細胞密度（5×10^5 cells/dish, 10 mL）になるように細胞を播種する

⬇

❽ EB形成2日目にレチノイン酸（RA）を添加する

10 μMに調製したRAを10 μL（1/1,000量）添加し，ディッシュを前後左右にゆすってよく撹拌する[*2]（終濃度 10^{-8} M）．

[*1] Nogginを用いる場合は，この時点でマウスEB形成用培地にNogginを添加する（recombinant mouse Noggin Fc Chimeraの場合は終濃度0.3〜1 μg/mL）．

[*2] RAは，使用時にマウスEB用培地（またはαMEM）で10 μMまで希釈してから1000×で添加するとよい．エタノール終濃度は0.1％以下に，DMSO終濃度は0.01％以下に抑えること．

2. ニューロスフェアの形成 （6日目）

❶ EBを50mL遠心管に回収し，5〜10分間自然沈降させる*3

⬇

❷ 上清を吸引し，PBSを加えて5〜10分間自然沈降させる*4

⬇

❸ Trypsin-EDTAを1〜1.5 mL加え，37℃，5% CO_2 インキュベーター内で5分間保温する*5

⬇

❹ 血清入りマウスEB形成用培地を3 mL添加してよく撹拌し，Trypsinの反応を止める

⬇

❺ トランスファーピペットを用いて，泡を立てないように丁寧に30回ピペッティングする
　ピペッティング後，細胞懸濁液を15 mL遠心管に移す*6．

⬇

❻ 無血清αMEMを合計10〜12 mLになるように加えて遠心する（室温，800rpm（140G），5分間）

⬇

❼ 上清を吸引し，無血清αMEMを3 mL添加してペレットを崩す．さらに無血清αMEMを加えて合計10 mLとして，再度遠心する（室温，800rpm（140G），5分間）

⬇

❽ 上清を吸引し，MHM（bFGFなどのサプリメントは入れなくてよい）を用いて❼と同様の操作を行う*7

⬇

❾ ペレットの大きさに応じてMHMを適量加えて細胞を懸濁し，70 μmのセルストレイナーを通す*8

⬇

❿ 細胞数をカウントする

⬇

⓫ $0.5〜1.0 \times 10^5$ cells/mLの細胞密度となるようにMHMで細胞を播種する．20 ng/mLとなるようにbFGFを添加する*9〜13

3. ニューロスフェアの継代・接着分化

❶ 形成したニューロスフェアを50 mL遠心管に回収し，遠心する（室温，800 rpm（140G），5分間）

⬇

*3 バクテリアディッシュをゆっくりと回転させて，EBを中心に集めてから回収するとよい．

*4 細胞を吸ってしまうことがあるため注意する．PBSの洗浄操作を行うため，ここで培地を完全に取り除く必要はない．100 mmディッシュ1枚あたり10 mL以上のPBSで洗浄する．

*5 100 mmディッシュ1枚のときは1 mL加える．2〜5枚のときは1.5 mLで充分．

*6 細胞塊が残っていても30回程度でピペッティングを止めた方がよい．30回以上ピペッティングすると細胞の生存率が極端に低下し，ニューロスフェアの形成が悪くなる．

*7 無血清の培地で2回洗浄することで，ニューロスフェアの形成を阻害する血清を完全に除去する．

*8 セルストレイナーを通すことで，分散できなかった細胞塊を除去する．細胞塊を残すと，ニューロスフェア形成時に神経系以外の細胞の混入が多くなることがある．

*9 T75フラスコで40mL，T25フラスコで12mLの培地で培養する．培地の容量のみでなく，培養面積も考慮して播種細胞数を決定する．細胞密度が薄いほうが純度の高いニューロスフェアを得ることができるが，ニューロスフェア形成効率は低くなる．

*10 以下のニューロスフェアの培養では，必要に応じてB-27を加えるとニューロスフェアの形成効率がよくなり，培養が安定する．また，bFGFのみでなく，Heparinを加えてもよい．

❷ 上清を吸引し，0.05％ Trypsin-EDTA または TrypLE Select を 1～1.5 mL 加え，37 ℃，5％ CO_2 インキュベーター内で 5 分間保温する

⬇

❸ 2 mg/mL の Trypsin inhibitor 溶液を等量添加して反応を止める

⬇

❹ P1000 マイクロピペットで，10～20 回，泡を立てないように丁寧にピペッティングして細胞を分散する

⬇

❺ MHM を加えて 10 mL とし，遠心する（室温，800 rpm（140G），5 分間）

⬇

❻ ペレットの大きさに合わせて，適当量の MHM に細胞を懸濁し，70 μm のセルストレイナーを通す（場合により省略可能）

⬇

❼ 細胞数をカウントする

⬇

❽-1 5×10^4 cells/mL となるように MHM で細胞を播種し，20 ng/mL の bFGF を添加する

三次ニューロスフェアを培養するときは，20 ng/mL の EGF を添加すると成長がよくなる*14

❽-2 接着分化を行う場合は，分散したニューロスフェアを MHM に懸濁し，$1～2 \times 10^5$ cells/well (500 μL) の細胞密度で，10 mm カバーグラスを入れた 48 ウェルプレートに播種する

ニューロスフェアを分散せずに細胞塊のまま接着分化させることも可能．bFGF や EGF などの増殖因子は加えない．5～7 日目に 4％ PFA で固定し，免疫染色を行う．播種する細胞密度は，培養するスケール（面積）や目的に応じて調整するとよい*15．

❽-3 動物への移植を行う場合は，酵素処理やシングルセルへの分散を行わず，ニューロスフェアを細胞塊のままで移植をするほうが細胞の生存率が向上する

4. 免疫染色：ニューロン，アストロサイト，オリゴデンドロサイトの三重染色

❶ 角形滅菌シャーレなどの容器にパラフィルムを敷き，細胞をのせたカバーグラスを，細胞面を上にしてのせる

---

*11 clonal culture を行うときは，0.8％メチルセルロース（ナカライテスク社，#22223-52）含有培地で培養するとよい．

*12 非接着性のものではなく，通常のフラスコやディッシュに細胞を播種するほうがよい．これにより接着性の非神経系細胞をある程度取り除くことができる．筆者らの経験では，イージーフラスコを用いると接着性がちょうどよい．

*13 EB の分散は，できるだけ短時間で終わらせること．1 時間を越えると細胞の生存率が低下する．

*14 ニューロスフェアが充分に大きくなれば継代可能である．目安としては，一次ニューロスフェアは 6～8 日目，二次ニューロスフェアは 7～9 日目，三次ニューロスフェアは 8～10 日目である．B-27 を用いると，継代のタイミングは早くなる．

*15 カバーグラスは Poly-L-Ornithine で 1 晩コーティングした後に，Fibronectin にて 1 晩コーティングする．スライドチャンバーを用いてもよい．

乾かないようにすぐにPBSを滴下する*16.

❷ アスピレーターかピペットを用いてPBSをとり除き，ブロッキング液を滴下し，室温で1時間静置する*17

❸ 一次抗体希釈液を滴下し，4℃で1晩静置する*18

❹ 一次抗体希釈液を取り除き，PBSで5分3回洗浄する

❺ 二次抗体希釈液を滴下し，室温で1時間静置する*19

❻ 二次抗体希釈液を取り除き，PBSで5分3回洗浄する

❼ 最後に水で1回洗浄し，スライドグラスに封入する

❽ 蛍光顕微鏡で観察する

*16 カバーグラス上にPBSなどを滴下するときは，細胞の剥離を防止するため，細胞に直接滴下せず，カバーグラスの端からそっと滴下すること．
*17 ブロッキング液：例：PBSに10％正常ヤギ血清，0.3％ Triton-Xを添加して使用（終濃度）．
*18 一次抗体（ブロッキング液に希釈）：
βIII-tubulin (mouse IgG2b) 1：1,000（ニューロン）
GFAP (Rabbit IgG) 1：4,000（アストロサイト）
CNPase (mouse IgG1) 1：4,000（オリゴデンドロサイト）
*19 二次抗体（ブロッキング液に希釈）：各1：1,000で使用．核染色のために，DAPIかHoechst33258を加える．

⚠ トラブルへの対応

■ ニューロスフェアができない

原因として，①分化誘導に用いているES細胞やiPS細胞の状態が悪い（未分化状態を維持できていない），②EBやニューロスフェアの分散時にピペッティングが激しすぎる，あるいは時間がかかりすぎるため，細胞へのダメージが強い，③播種している細胞密度が低い，④使用している培地（MHM）が古い（作製後1週間以内には使用する），などの原因が考えられる．これらの問題点を解決してもうまくいかないようであれば，ニューロスフェアの培養にB-27® supplementを加えてみるとよい．

■ EBが接着してしまう

バクテリアディッシュのロットが悪いと，EBがディッシュの底面に接着してしまうことがある．別のロットのバクテリアディッシュ，細胞培養用のバクテリアディッシュ，低接着性のディッシュを用いると改善することがある．

■ ニューロスフェアがフラスコの底面に接着してしまう

用いているES細胞やiPS細胞の株によっては，一次ニューロスフェア培養開始後3～4日で，細胞がフラスコ底面へ著しく接着することがある．このような場合は，ニューロスフェア形成開始3～4日目に，細胞を低接着性フラスコに移すとよい．最初から低接着性のフラスコを使用すると，細胞が凝集しやすくなり，非神経系の細胞もニューロスフェアの中に取り込まれて生存してしまう．したがって，最初の3～4日間は通常のフラスコで培養したほうがよい．通常のフラスコでは，シングルセルになった非神経系の細胞は，フラスコ底面へ接着

するか，無血清培地の中で死滅してしまうことが多い．ただし，96ウェルプレートでの培養は，細胞が底面へ接着しやすいため，最初から低接着性のプレートを用いたほうがよい．

■ **ニューロスフェア中の非神経系の細胞が多い**
EB分散時に，シングルセルに分散できていない可能性がある．シングルセルを回収するために，分散したEBをいったん15 mL遠心管に入れて自然沈降させ，細胞凝集塊が沈殿したところで上清を回収し，さらにセルストレイナーを使用するとよい．また，ニューロスフェア播種時の細胞密度を下げるとよい．

■ **動物へ移植した細胞が生着しない**
移植用のニューロスフェアを回収する際に，ニューロスフェアを分散しないで回収し，細胞塊のままで移植すると生存率が向上する．また，移植する細胞数を増やすのもよい．さらに，ニューロスフェアが成長しすぎると死細胞の割合が増えるため，移植のタイミングを早めてみるのも手である．

実験結果

1. マウスES細胞由来ニューロスフェアの誘導

マウスES細胞の分化誘導において，EB形成時にBMPシグナルを阻害するNogginや低濃度RAを加えることで，ニューロスフェアの形成効率を改善させることができた．このようにして誘導した一次（Primary）ニューロスフェアは主にニューロンに分化し，グリア細胞をほとんど生み出さない．一方で，継代して得られる二次（Secondary），三次（Tertiary）ニューロスフェアは，ニューロンのみならずグリア細胞（アストロサイト，オリゴデンドロサイト）へと分化した（図3）．これは，哺乳類の神経発生において，まずニューロンが，後にグリア細胞が生み出される神経幹細胞の時系列的な分化能の変化をよく反映していた．このような神経幹細胞の特異性の変化は，神経幹細胞の増殖因子への反応性の変化（初期にはFGF応答性を，後期になるとEGF応答性を獲得する）や，DNAメチル化（GFAPプロモーターのメチル化）の変化においても観察され，哺乳類神経幹細胞発生のモデルになると考えられた．また，EB形成時に加えるNogginやさまざまな濃度のRAを使い分けることで，誘導される神経幹細胞の前後軸を，また一次ニューロスフェア形成時に，腹側化因子であるShh（Sonic hedgehog）シグナルを活性化したり，あるいは背側化因子であるWnt3a，BMP4などを加えたりすることで，誘導される神経幹細胞の背腹軸の制御が可能になった（図1）．前者からは，神経管腹側から生み出される運動ニューロンが，後者からは神経管背側から生み出される感覚ニューロンや神経堤細胞（末梢神経系のニューロンなど）が生み出された．さらに，ES細胞由来ニューロスフェアから誘導されるニューロンでは，電気生理学的解析（パッチクランプ法）により活動電位が記録され，機能的であることが示された（図4）．

このようにして培養したマウスES細胞由来ニューロスフェアを脊髄損傷モデルマウスへ

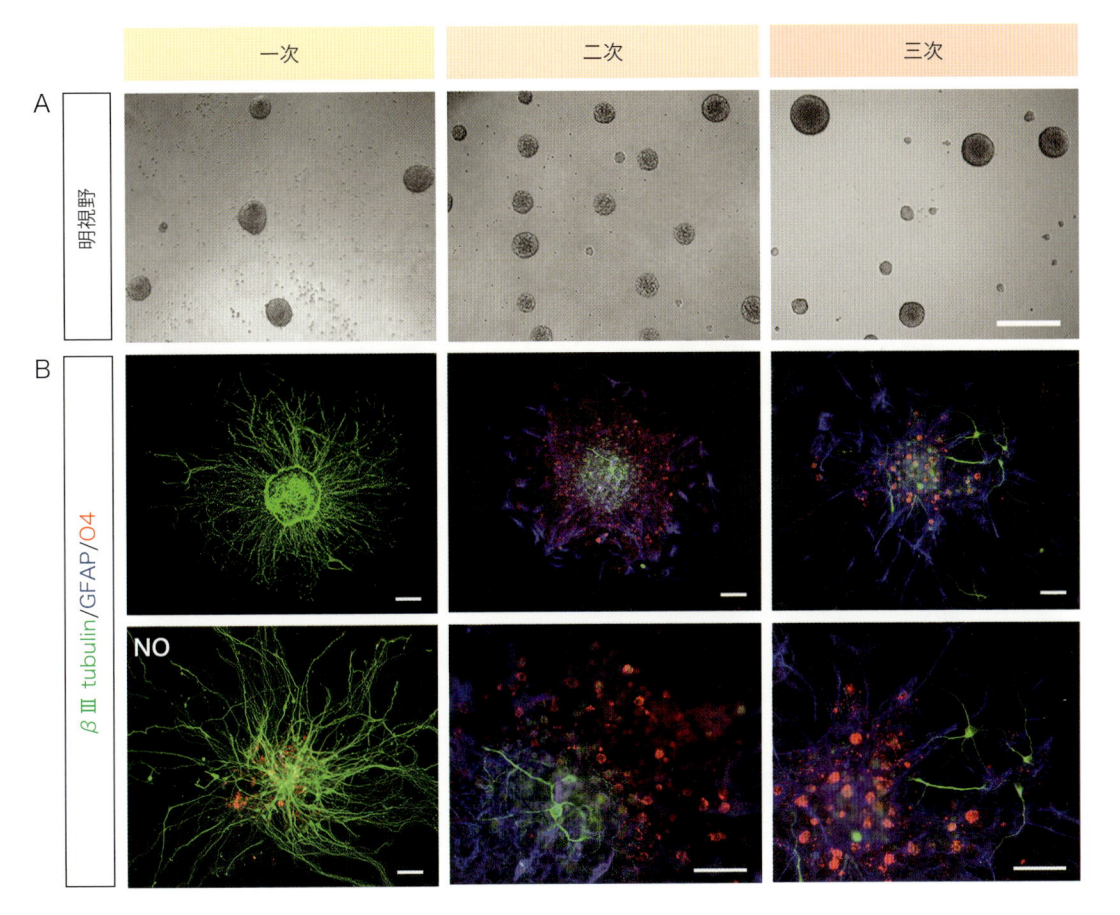

図3 マウスES細胞由来神経幹細胞の時系列的な分化能の変化
誘導したニューロスフェアは，繰り返し継代することができる．一次ニューロスフェアは主にニューロン（βⅢ-tubulin：緑）に，二次・三次ニューロスフェアはニューロンのみならず，アストロサイト（GFAP：青）やオリゴデンドロサイト（O4：赤）へと分化する．Scale bar：200μm（A），50μm（B）．文献3より転載

移植すると，*in vivo* においても一次ニューロスフェアは主にニューロンへと分化し，二次ニューロスフェアはニューロンのみならずグリア細胞へと分化した．また，グリア産生型の二次ニューロスフェアを移植すると顕著な運動機能の改善が得られた[6]．

2. マウスiPS細胞由来のニューロスフェアの誘導

マウスiPS細胞を使った実験でも，多くの株から同様の方法でニューロスフェアを誘導することができた（図5）．しかし，一部のマウスiPS細胞では分化誘導後も未分化細胞が残存し，マウス脳へ移植すると奇形腫を形成した．この結果は，iPS細胞由来神経幹細胞を用いた神経再生において，安全性確保（造腫瘍性の回避）の重要性を示唆している．また，この奇形腫形成能は，マウスiPS細胞作成時の元の体細胞の種類に依存することが明らかになっている[4]．一方，奇形腫形成能を示さなかったマウスiPS細胞由来二次ニューロスフェ

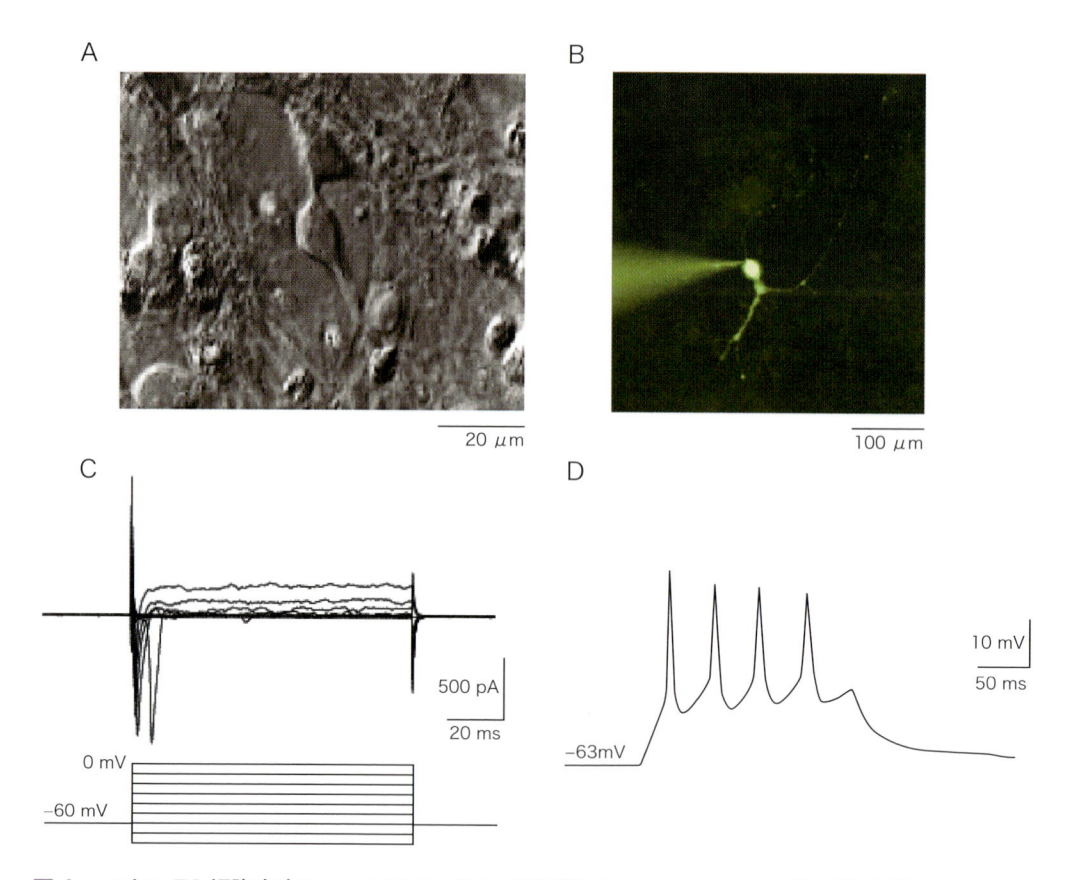

図4 マウスES細胞由来ニューロスフェアから誘導したニューロンにおける活動電位
誘導されたニューロンにおいてWhole cell patch-clamp法を用いて解析した．A）B）電位固定法では内向きのNa電流が誘導され（C），電流固定法では活動電位が記録された（D）

アを脊髄損傷モデルマウスへ移植すると，ニューロンおよびグリア細胞へと分化し，マウスES細胞の場合と同様に運動機能の改善へ寄与した[7]．

3. ヒトiPS細胞由来のニューロスフェアの誘導

さらに，マウスES細胞の分化誘導法を改変することで，ヒトES細胞，ヒトiPS細胞からも，EB形成を介する同様の方法でニューロスフェアを誘導することができた（図6）．ヒトiPS細胞由来ニューロスフェアも，マウスや霊長類であるコモンマーモセットの脊髄損傷モデルへ移植すると，運動機能の改善に寄与することが明らかになっており，今後の臨床応用が期待される[8)9)]．

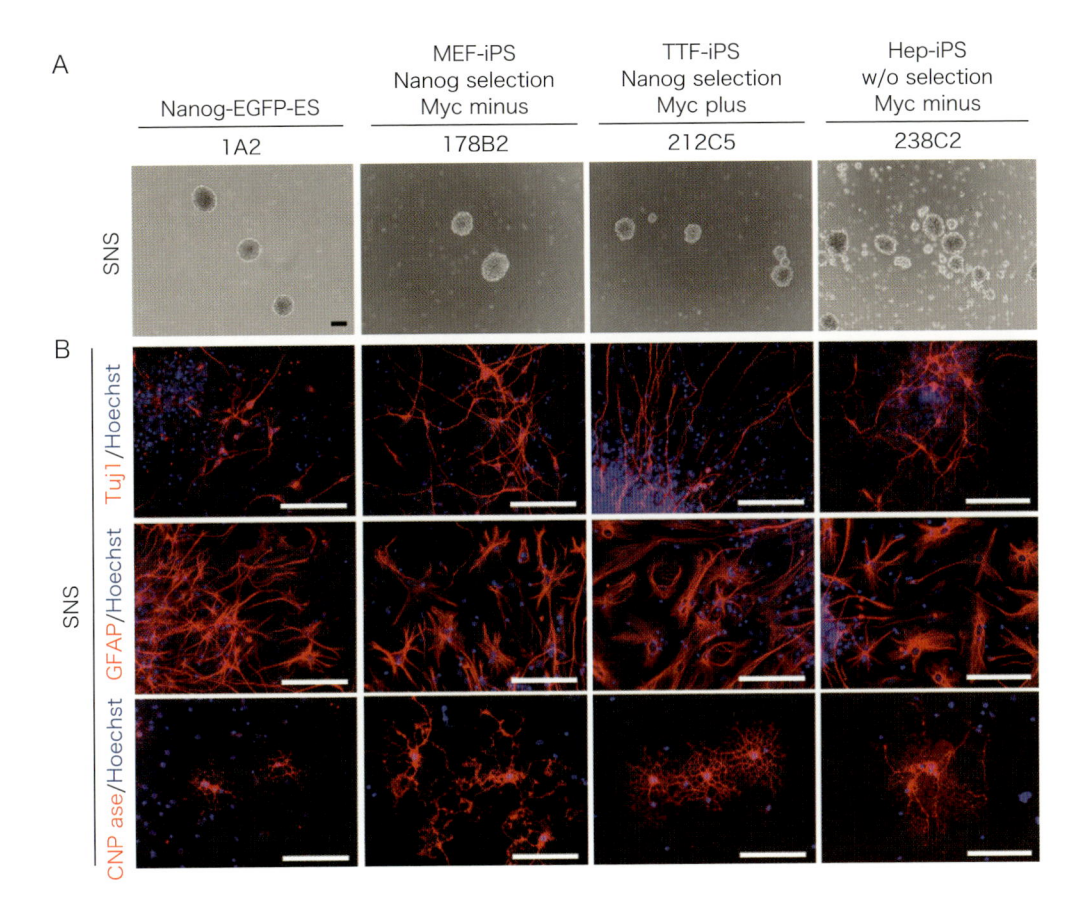

図5 マウスiPS細胞からのニューロスフェアの誘導
複数のマウスiPS細胞株からマウスES細胞と同様の方法でニューロスフェアを誘導した．誘導した二次（Secondary）ニューロスフェアを接着分化させると，ニューロン，アストロサイト，オリゴデンドロサイトの神経系の3系統の細胞が誘導された．Scale bars：200μm（A），100μm（B）．文献4より転載

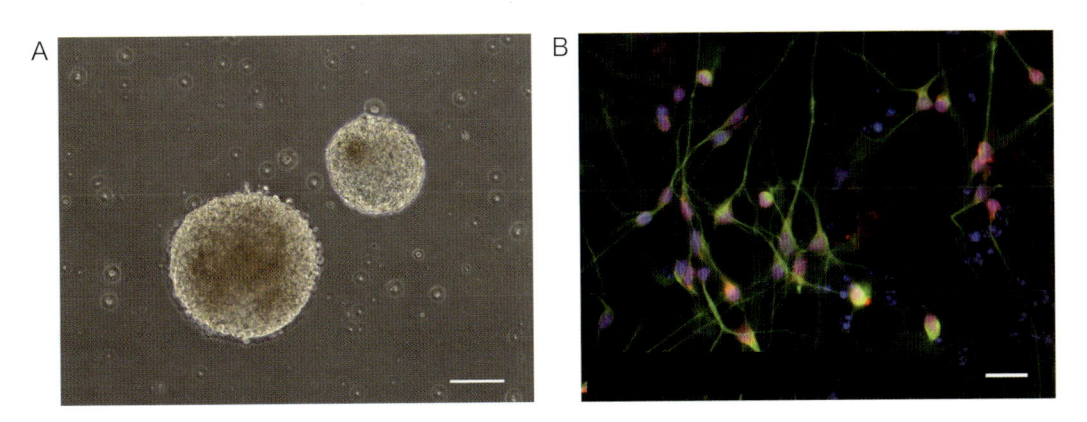

図6 ヒトES・iPS細胞からの神経幹細胞（ニューロスフェア）の誘導
A）マウスES細胞の培養法を改変することで，ヒトES細胞からもEBを介してニューロスフェアを誘導することができる．
B）接着分化させると，βⅢ tubulin（緑）/Hu（赤）陽性ニューロンが誘導される．またヒトiPS細胞からも同様に神経幹細胞を誘導することができる　Scale Bar：100μm（A），20μm（B）

おわりに

　本項では，最も基本的なマウスES・iPS細胞からの神経幹細胞（ニューロスフェア）の誘導法を紹介した．現在では，マウス，ヒトES・iPS細胞ともに，さまざまな神経幹細胞の分化誘導法が開発されており，より簡便・高効率に誘導する方法が多数報告されている．特に，従来の方法では高価な遺伝子組換えタンパク質が用いられてきたが，これに置き換わる低分子化合物も開発されており，より簡便にES・iPS細胞由来神経幹細胞を得られるようになっている．また，各種レポーター遺伝子を用いることで，特定のタイプの神経系細胞の可視化や，フローサイトメトリーを用いた純化が可能となる．これらの技術のさらなる発展により，ES・iPS細胞由来神経幹細胞のさまざまな実験への応用が期待される．

◆ 文献

1）Reynolds, B. A. & Weiss, S. : Science, 255: 1707-1710, 1992
2）Temple, S. : Nature, 414: 112-117, 2001
3）Okada, Y. et al. : Stem Cells, 26: 3086-3098, 2008
4）Miura, K. et al. : Nat. Biotechnol., 27: 743-745, 2009
5）Shimazaki, T. et al. : J. Neurosci., 21: 7642-7653, 2001
6）Kumagai, G. et al. : PLoS One, 4: e7706, 2009
7）Tsuji, O. et al. : Proc. Natl. Acad. Sci. USA, 107: 12704-12709, 2010
8）Nori, S., Okada, Y., et al. : Proc. Natl. Acad. Sci. USA, 108: 16825-16830, 2011
9）Kobayashi, Y., Okada, Y., et al. : PLoS One, 7: e52787, 2012

III 分化誘導のプロトコール

9 大脳皮質神経細胞への分化誘導

近藤孝之, 井上治久, 高橋良輔

フローチャート

当日	8日	24日
Dorsomorphin, SB431542 添加による神経外胚葉への分化誘導	→ EBの回収と, **接着**による神経幹細胞の遊走	→ 神経細胞の成熟化

はじめに

　神経疾患の首座である中枢神経系は, 再生が難しいため, 限られた場合を除いて生検材料を得ることができない. そのため直接的な病態検討・治療の取り組みには限界があり, ヒト神経細胞を研究に取り入れることが困難であった. しかし, ヒトES細胞が1998年に樹立されて以後, ヒトES細胞から神経系細胞への分化誘導法の開発が進んだ. 続いて, 2007年に体細胞リプログラミングによるヒトiPS細胞の樹立技術が開発されると, ES細胞で培われた分化誘導に関する知見をもとに, 神経疾患患者由来のヒトiPS細胞から神経細胞へと分化誘導・解析を行う疾患モデリングが行われ, 医学研究の大きなパラダイムシフトを産み出している.

　本項では, ヒトES細胞およびiPS細胞から, 特に大脳皮質神経細胞へ分化誘導するための技術について記載する. この方法は, 笹井らの開発したSFEBq法 (Serum-free Floating culture of Embryoid Body-like aggregates with quick reaggregation)[1] をもとに改変したもので, 多能性幹細胞から99％を超える高純度の神経幹細胞 (Nestin陽性) を誘導し, さらには成熟神経細胞へと分化させることができる非常に強力な方法である[2].

準　備

多能性幹細胞
- □ ヒトiPS細胞もしくはヒトES細胞

　本項では, SNL細胞などのフィーダー上で培養しているものとする[*1].

培養関連の消耗品
- □ 低吸着処理を施したU底の96ウェルプレート

　例えば, Greiner SC U-bottom plate, #650185.
- □ セルリザーバー

*1 70～80％コンフルエントの60 mmディッシュが1枚程度あれば, 後述の96ウェルプレート1枚に充分な量の細胞数が得られる. また, 神経系細胞への安定かつ純度の高い分化誘導のためには, 出発地点である多能性幹細胞の状態が大変重要である.

例えば，アズバイオ ディスポピペッティングリザーバー，#1-6773-01．
- ☐ タンパク質低吸着チューブ

    例えば，ワトソン，#PK-15C-500．

培養関連の試薬

- ☐ DMEM/Ham'sF12 Glutamax（ライフテクノロジーズ社，#10565-018）
- ☐ Neurobasal Medium（ライフテクノロジーズ社，#21103-049）
- ☐ KnockOut Serum Replacement（ライフテクノロジーズ社，#10828-028）
- ☐ NEAA（×100）
- ☐ 2-ME（2-Mercaptoethanol 55 mM）
- ☐ Penicillin/Streptomycin（×100）
- ☐ N-2 supplement（100×）liquid（ライフテクノロジーズ社，#17502-048）
- ☐ B-27® Supplement Minus Vitamin A（50×）（ライフテクノロジーズ社，#12587-010）
- ☐ Glutamax（ライフテクノロジーズ社，#35050-061）
- ☐ Human recombinant BDNF CF

    滅菌蒸留水で500 μg/mLに調製する．−80℃で6カ月保存可能[*2]．
- ☐ Human recombinant GDNF CF

    滅菌蒸留水で500 μg/mLに調製する．−80℃で6カ月保存可能[*2]．
- ☐ Human recombinant NT3 CF

    滅菌蒸留水で500 μg/mLに調製する．−80℃で6カ月保存可能[*2]．
- ☐ Y-27632

    滅菌蒸留水で10 mMに調製する．遮光，−20℃で6カ月 or 4℃で1カ月保存可能．
- ☐ Dorsomorphin[*3]

    DMSOで2 mMに調製する．−20℃で6カ月 or 4℃で1カ月保存可能．
- ☐ SB431542[*3]

    DMSOで10 mMに調製する．−20℃で6カ月 or 4℃で1カ月保存可能．
- ☐ マトリゲル（Becton Dickinson社，#354234）
- ☐ Pluronic® F-127（シグマ・アルドリッチ社，#P2443）[*4]

    エタノールで1% w/vに調製する．常温で6カ月保存可能．アルミホイルで遮光する．
- ☐ エタノール

[*2] タンパク質低吸着チューブを使用．

[*3] DMSOで希釈したDorsomorphinおよびSB431542は4℃でも凍結してしまう．凍結・解凍の繰り返しを避けるため使用スケールに合わせてなるべく小分けでストックをする．

[*4] Pluronic® F-127は常温では溶けにくい．ストック保存も溶け残った状態で問題ない．

☐ Accutase（Innovative Cell Technologies 社，#AT104）

その他必要機器

☐ 遠心機

96ウェル培養プレートの遠心操作が可能なスイングバスケットが付いたもの．

☐ ウォーターバス

☐ 培養インキュベータ

37℃，5％CO_2維持ができる装置．

☐ マルチチャンネルピペット

8ch もしくは 12ch．

☐ 細胞計数盤

もしくはセルカウンター．

培地の調製

神経細胞分化に用いる培地の混和容量を表形式にして記載する．作製後4週間以内に使用するようにする．

☐ DFK5％DS 培地

2. で使用．

（最終濃度）

DMEM/Ham'sF12 Glutamax	463.0 mL	
KnockOut Serum Replacement	25.0 mL	（5％ v/v）
NEAA（x100）	5.0 mL	（×1）
Penicillin/Streptomycin（x100）	5.0 mL	(100/100unit/mL)
2-ME（55 mM）	0.909 mL	(0.1 mM)
Dorsomorphin	500 μL	（2 μM）
SB431542	500 μL	（10 μM）
合計	約 500.0 mL	

☐ DFN2D 培地

3. で使用，ウォーターバスで加温してはいけない．

（最終濃度）

DMEM/Ham'sF12 Glutamax	483.6 mL	
N2 supplement（100x）	5.0 mL	（×1）
NEAA（x100）	5.0 mL	（×1）
Penicillin/Streptomycin（x100）	5.0 mL	(100/100unit/mL)
2-ME（55 mM）	0.909 mL	(0.1 mM)
Dorsomorphin	500 μL	（2 μM）
合計	約 500.0 mL	

□ NB27full 培地

4. で使用，ウォーターバスで加温してはいけない．

		（最終濃度）
Neurobasal Medium	480 mL	
B-27® Supplement Minus Vitamin A（50x）	10 mL	（×1）
Glutamax	5 mL	（×1）
Penicillin/Streptomycin（x100）	5 mL	(100/100 unit/mL)
BDNF	10 μL	(10 ng/mL)
GDNF	10 μL	(10 ng/mL)
NT3	10 μL	(10 ng/mL)
合計	約 500 mL	

プロトコール

神経分化プロトコールの各段階は，**1.** SFEBq 用のプレート準備，**2.** SFEBq による細胞凝集塊の形成と神経系誘導，**3.** 神経幹細胞の遊走，**4.** 成熟神経細胞，に分けて記載する．

1. SFEBq 用プレートの準備（Pluronic F-127 コート）

❶ ストック溶液中で常温保存時には溶け残っていた Pluronic® F-127[3]を，37℃ウォーターバスで完全に溶かす

⬇

❷ U 底 96 ウェルプレートに，20 μL/well で分注する[*1]

⬇

❸ クリーンベンチ内で，蓋を開けて[*2] 2 時間もしくはオーバーナイトで完全に乾燥させる

⬇

❹ 蓋を閉じて，使用時まで常温・アルミホイル遮光で保存する

6 カ月程度は使用可能．

*1 析出しないようにすばやく分注する．

*2 蓋を開けることがポイント．

2. SFEBq による細胞凝集塊の形成と神経系誘導（Day 0〜8）

❶ CTK 処理により，フィーダー細胞を剥がす．続いて，PBS での洗浄を 2 回行う[*3]

⬇

❷ Accutase 1 mL/dish（60 mm ディッシュ）を添加，37℃で 12〜14 分間インキュベートし，シングルセルに乖離させる

⬇

❸ DFK5％DS 培地（9 mL/dish，60 mm ディッシュ）を加え

*3 フィーダー細胞を神経分化にもち込まないように，通常の継代時よりもやや強めに CTK 処理を行い，PBS での洗浄も丁寧に行う．

てAccutaseを希釈，ES・iPS細胞を懸濁する

⬇

❹ 15 mL チューブに懸濁液の全量を移して，遠心操作（200G，3分間）する

⬇

❺ 上清を吸引，DFK5％DS培地を加え再度懸濁させ，細胞数をカウントする

⬇

❻ ❼で必要となる容量（200 μL/well）のDFK5％DS培地に，Y-27632を最終濃度10 μMで添加する

⬇

❼ 45,000 cells/mLとなるように，Y-27632を加えたDFK5％DS培地で細胞を懸濁する

⬇

❽ **1.**❹でPluronic® F-127コートを施した96ウェルプレートに，200 μL/wellで播種する（9,000 cells/well）

⬇

❾ 96ウェルプレートを遠心操作（200G，1分間）することで，U底中央に細胞を集めたのち，インキュベーターへ戻す

⬇

❿ Day 8 までそのまま培養を継続する*4
翌日には1つの細胞凝集塊ができており，以後これをEB（Embryoid body）と呼称する（図1）．

3. EBの接着による神経幹細胞の遊走　(Day8～24)

❶ 氷上で解凍したマトリゲル100 μLと，4℃で冷蔵したDFN2D培地1,900 μLとを氷上で混和する

⬇

❷ 6ウェルプレートに，1 mL/wellのコート液を分注（合計 2 well），室温で2時間コートする

⬇

❸ **2.**❾で形成されたEBを，P1000マイクロピペットを用いて吸引，15 mLチューブに2本に分けてすべて移す

⬇

❹ 1分間静置するとEBがチューブ底に沈むので，上清を吸引除去する

⬇

*4　培地液量が乾燥のため減るなら適宜DFK5％DS培地を追加する

❺ **DFN2D培地をそれぞれに3 mLずつ加える**
再度1分静置するとEBがチューブ底に沈むので，上清を吸引除去し洗浄する．

❻ **DFN2D培地をそれぞれに4 mLずつ加える**
❷のマトリゲルコート液をすべて吸引除去．EBが浮いたDFN2D培地4 mL全量を6ウェルプレートの1ウェルに移し，インキュベーターへ戻す[*5]．

[*5] 96ウェルプレートからEBを取り出し48個ずつまとめ，6ウェルプレートの1ウェルに移す計算である

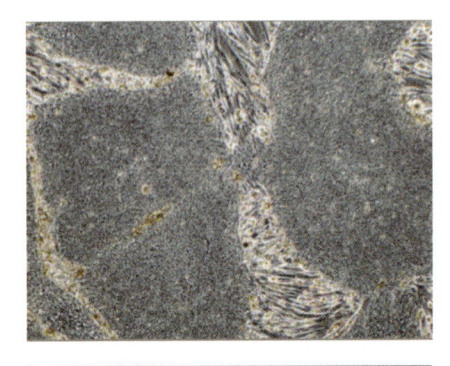

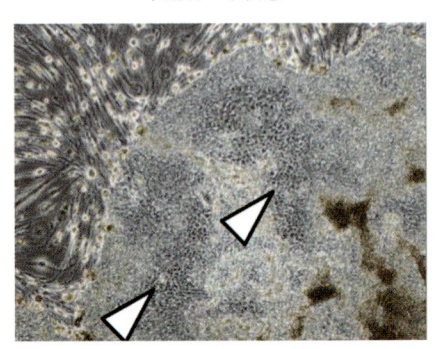

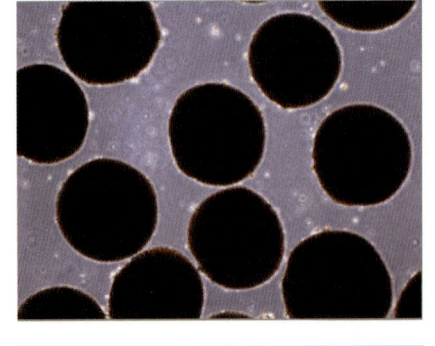

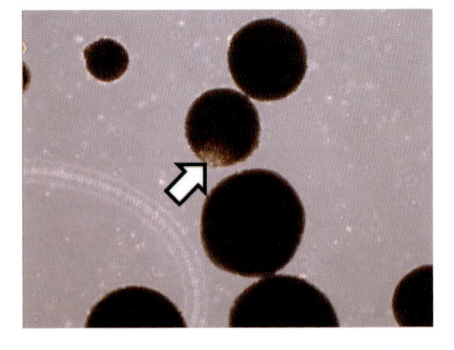

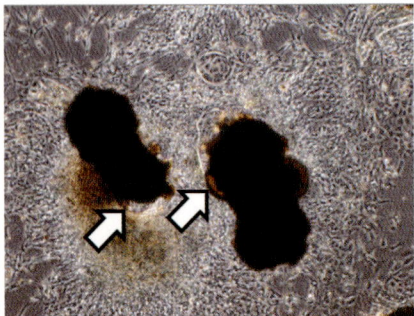

図1　適切に維持されたiPS細胞を用いることが重要である
分化したコロニー（矢頭）が多いと，EB形成時点で大きさが不均一であったり，囊胞状の構造物（矢印）が形成される．神経幹細胞の遊走も不均一で扁平もしくは多角形の細胞がみられる．適切な状態のiPS細胞を用いた場合，均一かつ球状のEBが形成され，短い突起を伸ばした神経幹細胞が遊走する

❼ 以後，3日おきに培地を全量交換しながら Day 24 まで培養を続けると，EB接着部を中心として周囲に神経幹細胞が遊走する（図2）*6

4. 神経細胞の成熟化　（Day24〜56）

❶ 3.❶❷と同様の手順で必要分の培養プレートに，マトリゲルコートを施す

ただしマトリゲルの希釈にはNB27full培地を用いる*7.

⬇

❷ 3.❼からDay24まで経過した神経幹細胞を，PBSで洗浄する

⬇

❸ Accutase 700 μL/well（6ウェルプレート）を添加，37℃で10〜20分間インキュベートし，シングルセルに乖離させる*8

⬇

❹ NB27full培地（7 mL/well，6ウェルプレート）を加えてAccutaseを希釈，細胞を懸濁する

⬇

❺ 15 mLチューブに懸濁液の全量を移して，遠心操作（200G，3分間）する

⬇

*6 EBの張り付きが不良であったり，神経幹細胞の遊走形態が異常であったりしないか，観察を続ける．特に分化誘導開始時点での未分解時の状態の悪さ（分化してしまったコロニーが多いと）が大きく影響する（図1）．

*7 24ウェルプレートの場合は300 μL/well，12ウェルプレートの場合は500 μL/wellのコート液を使用する．コート済みプレートは，ラップにくるみ冷蔵庫で1週間程度は保存できる（その際，プレート表面が乾燥しないようにやや多めのコート液を入れておく）．

*8 神経突起を伸ばしている細胞が多く，数分程度の短時間の酵素処理ではメカニカルな細胞間接着剥離となり細胞にダメージが大きい（図2）．

Accutase処理中の
神経幹細胞（day 24）

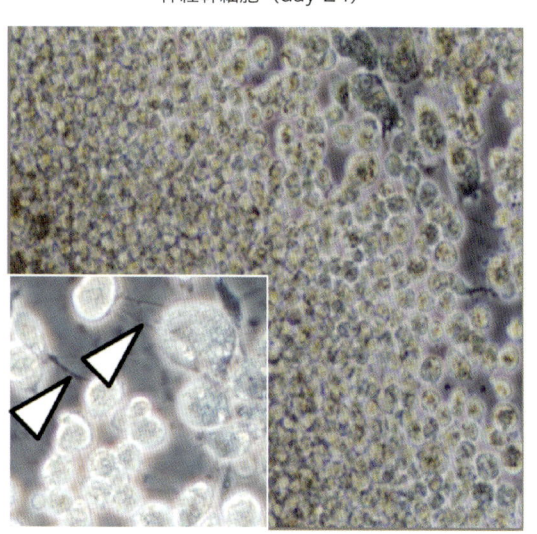

継代後突起を伸長する
神経細胞（day 26）

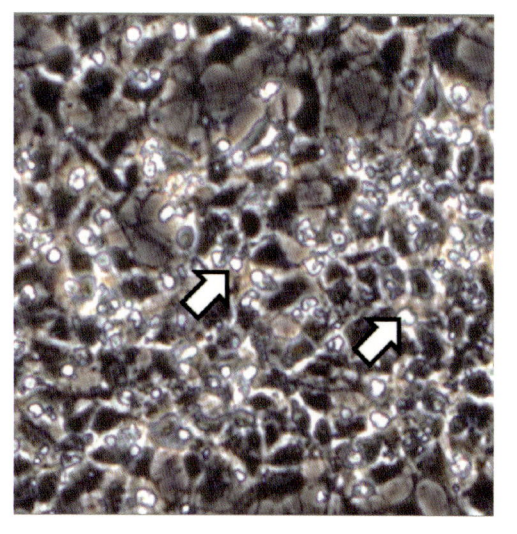

図2　Day 24における神経幹細胞の継代

Day 24のAccutase処理は長時間行うことで伸長していた神経突起は縮退し，球状のシングルセルとなる．一部の成熟神経では長い突起がそのままとなる（矢頭）が遠心分離の段階で吸引除去される．継代後48時間のDay 26では，神経の突起を伸長している様子が観察される．継代のストレスで死細胞（矢印）が多く含まれるが，培地交換を続けることで除去される

❻ 上清を吸引，NB27full 培地を加え再度懸濁させ，細胞数をカウントする

❼ ❽で必要となる容量のNB27full 培地に，Y-27632を最終濃度10μMで添加する

❽ ❶でコート済みのプレートに，細胞を播種する*9

❾ 以後，3日おきに培地を全量交換しながら，Day 56まで培養を続ける（図3）

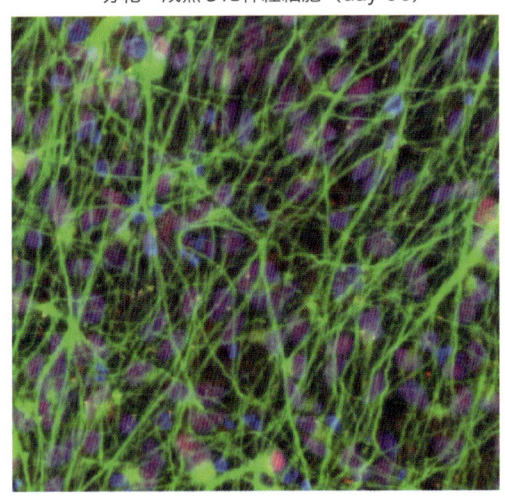

*9 細胞の播種密度は，細胞のクローン・アッセイ系に応じて調節する（例 100,000 cells/well，24ウェルプレートなど）．継代播種の翌日はかなり死細胞が混じるが，培地交換とともに除去される（図2）．

図3　Day 56における成熟神経細胞
分化誘導された神経細胞は，TUJ1やMAP2といった神経細胞マーカー，および大脳皮質に特異的な転写因子を発現する．DAPIは核，CTIP2は大脳皮質神経細胞の転写因子，TUJ1は神経細胞をそれぞれ示す

実験結果

本プロトコールにより分化誘導した神経細胞は，神経細胞のマーカーであるTUJ1やMAP2陽性かつ，大脳皮質のマーカーであるCTIP2，TBR1，SATB2などの転写因子の発現が観察される（図3）．また神経細胞の種類としては，95％程度がVGLUT1陽性の投射ニューロンである（残りはChAT陽性ニューロン，GAD65/67陽性のGABAニューロンである）．

おわりに

　近年の知見蓄積，もしくはわれわれの研究室においても，クローン間の分化効率に差があることを確認している．そのため，まずは理研細胞バンクから配布されている健常人由来ヒトiPS細胞株を用いてプロトコール手技の確認を行うことも必要である．特に201B7や409B2株は，iPS細胞の適切な維持と継代が容易で，なおかつ神経系細胞への分化が良好である．次の段階として多数のクローンに展開する際は，①多能性幹細胞を分化開始直前まで適切な状態を保つことと，②Day24での細胞播種密度を検討することで，われわれの研究室では少なくとも20を超えるクローンで神経細胞のマーカー陽性率を最低でも60〜70％より高く保つことができることを確認している．

　神経細胞への分化方法は日々改良されており，今後の本格的な創薬および毒性研究にまで到達するために，より分化期間が短く，安定かつ高効率な分化誘導法開発も期待される．

◆ 文献
1） Eiraku, M. et al. : Cell Stem Cell, 3: 519-532, 2008
2） Kondo, T. et al. : Cell Stem Cell, 12: 487-496, 2013
3） Dang, S. M. et al. : Biotechnol. Bioeng., 78: 442-453, 2002

III 分化誘導のプロトコール

10 ドパミン神経細胞への分化誘導とモデル動物への移植

菊地哲広, 高橋 淳

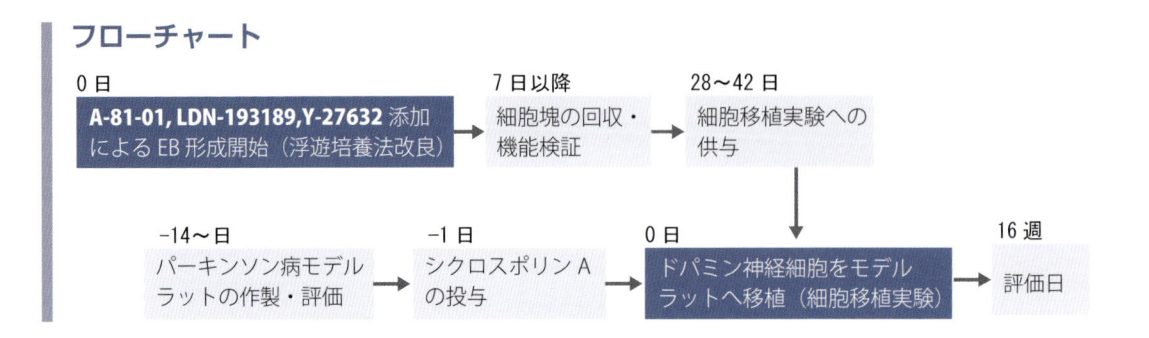

フローチャート

0日：A-81-01, LDN-193189, Y-27632 添加によるEB形成開始（浮遊培養法改良）
→ 7日以降：細胞塊の回収・機能検証
→ 28〜42日：細胞移植実験への供与

-14〜日：パーキンソン病モデルラットの作製・評価
→ -1日：シクロスポリンAの投与
→ 0日：ドパミン神経細胞をモデルラットへ移植（細胞移植実験）
→ 16週：評価日

はじめに

近年，ES・iPS細胞（多能性幹細胞）からの神経分化に関してはいくつかの方法が報告されており，特にドパミン神経への分化誘導は，パーキンソン病の病態解明および同疾患に対しての細胞移植治療の細胞源として注目されている．ES・iPS細胞から神経外胚葉への分化は，主にTGF-β/Activin/NodalおよびBMPのシグナル経路により調節されているが，これら2つの経路を阻害することにより良好な神経分化が得られることが知られている（Dual-SMAD inhibition）[1]．われわれは，永樂らによって報告された浮遊培養（Serum-free Floating culture of Embryoid Body like aggregate with quick reaggregation：SFEBq）法[2]に若干の変更を加え，ドパミン神経を誘導する方法を採用している．本項では，この方法を用いたドパミン神経の分化誘導と，パーキンソン病モデルラットへの細胞移植について概説する．

準備

1. 細胞培養

- [ ] SNLフィーダー上で維持している多能性幹細胞
- [ ] リピジュア®コート96ウェルU底プレート（日油社）
- [ ] D-MEM/Ham's F-12培地
- [ ] KnockOut SR
- [ ] MEM Non-Essential Amino Acids

- □ 2-メルカプトエタノール (2-ME)
- □ L-グルタミン
- □ コラゲナーゼⅣ
- □ 0.25% トリプシン
- □ CaCl$_2$
- □ PBS (−)
- □ Glasgow-MEM
- □ ピルビン酸ナトリウム溶液
- □ Neurobasal Medium
- □ B27® Supplement Minus Vitamin A

培地の調製

□ ES・iPS細胞維持培地

			(最終濃度)
D-MEM/Ham's F-12 培地	500	mL	
KnockOut SR	125	mL	(20%)
MEM Non-Essential Amino Acids	5	mL	(0.1 mM)
2-メルカプトエタノール	5	mL	(0.1 mM)
L-グルタミン	6.25	mL	(2 mM)

□ 分化培地

		(最終濃度)
Glasgow-MEM	500 mL	
KnockOut SR	45 mL	(8%)
MEM Non-Essential Amino Acids	5.5 mL	(0.1mM)
ピルビン酸ナトリウム溶液	5.5 mL	(1mM)

□ NB/B27 培地

		(最終濃度)
Neurobasal Medium	500 mL	
B27® Supplement Minus Vitamin A	10 mL	
L-グルタミン	5 mL	(2 mM)

その他

□ CTK解離液

		(最終濃度)
コラゲナーゼⅣ	10 mL	(1 mg/mL)
トリプシン	10 mL	(0.25%)
KnockOut SR	20 mL	(20%)
CaCl$_2$	1 mL	(1 mM)
PBS (−)	59 mL	
	100 mL	

- □ Accumax (Innovative Cell Technologies社)
- □ Accutase (Innovative Cell Technologies社)
- □ 各種試薬

表1 試薬濃度

試薬	メーカー名	ストック溶液	終濃度
LDN-193189	ステムジェント社	100 μM	100 nM
A-83-01	和光純薬工業社	500 μM	500 nM
Y-27632	和光純薬工業社	5 mM	10〜30 μM
FGF8	ペプロテック社	100 μg/mL	100 ng/mL
Purmorphamine	Calbiochem社	10 mM	2 μM
CHIR99021	和光純薬工業社	3 mM	3 μM
BDNF	BDNF, R&D社	100 μg/mL	20 ng/mL
GDNF	GDNF, R&D社	10 μg/mL	10 ng/mL
AA（アスコルビン酸）	シグマ・アルドリッチ社	200 mM	200 μM
dbcAMP	シグマ・アルドリッチ社	200 mM	400 μM

濃度は表1参照．
- ☐ O. C. T. コンパウンド（サクラファインテック社）
- ☐ ポリ-L-オルニチン
- ☐ ラミニン

2. モデル動物の作製

- ☐ Slc/SD 雌ラット（200〜250g）
- ☐ 6-OHDA（6-ヒドロキシドーパミン塩酸塩）
- ☐ アスコルビン酸
- ☐ イソフルラン
- ☐ 麻酔装置（シナノ製作所，#SN-487）
- ☐ 脳定位固定装置（ナリシゲ社，#SR-5R）
- ☐ ハミルトンシリンジ 10 μL（GLサイエンス社）
- ☐ 26s ゲージハミルトン針（GLサイエンス社）
- ☐ KDS 310PLUS インフュージョンポンプ（室町機械社）
- ☐ メタンフェタミン

3. 細胞移植

- ☐ 22s ゲージハミルトン針（GLサイエンス社）
- ☐ Cremophore EL
- ☐ シクロスポリンA

  100 mgのシクロスポリンAを600 μLの99.5％エタノールに溶解し，それをさらに400 μLのCremophore ELに溶解する．

プロトコール

1. 神経分化

❶ 培養上清を吸引除去し，10 mLのPBSで洗う

⬇

❷ 1 mLのCTK解離液を加え37℃で1分間インキュベートする
軽くタッピングし，SNL細胞を剥離する．PBSを9mL加え，細胞解離液とともに吸引除去する*1．

⬇

❸ Accumaxを1 mL加え，37℃で5〜10分間インキュベートする*2
ピペッティングを行い，細胞をシングルセルの状態にする．

⬇

❹ 分化培地を9 mL加え，4℃，1,000 rpm（190G）で3分間遠心する
上清を除去し，ペレットを1 mLの分化培地で懸濁，細胞数を計測する．

⬇

❺ 分化培地に500 nM A-83-01，100 nM LDN-193189，30 μM Y-27632を加え，9,000 cells/150 μLとなるように細胞を調整する*3

⬇

❻ リピジュア® コート96ウェルU底プレートに150 μL/wellで細胞を播種する
分化開始日をDay 0とする．Day 1までには細胞が凝集し，胚様体様の細胞塊を形成する．

⬇

❼ 96ウェルプレートでの培地交換は半量交換とし，Day1，3，7で培地交換を行う*4

⬇

❽ Day 12以降はベースとなる培地をNB/B27培地に変更し，2〜3日に1回培地交換を行う

---

*1 この操作により大部分のSNL細胞を除去できる．フィーダーフリーでES・iPS細胞を維持培養している場合にはこの操作は不要である．

*2 シングルセル状態のES・iPS細胞は容易にanoikisを生じ細胞死につながるのでこの後の操作は速やかに行う．

*3 Y-27632はES・iPS細胞のanoikisを抑制する．特に未分化iPS細胞はシングルセルの状態では生存率が著しく低下するため，通常より高濃度の30 μMでY-27632を添加し，細胞はなるべく速やかに操作する．それでも細胞の生存率が低く良好な細胞塊が形成されない場合は，分化前日より培地に10 μMのY-27632を添加したり，分化時のY-27632の濃度を50 μMとしたりすることも可能である．

*4 図1に従い試薬を添加するが，培地交換が半量交換であるため，追加する培地には終濃度の2倍の濃度で試薬を添加することに注意する．

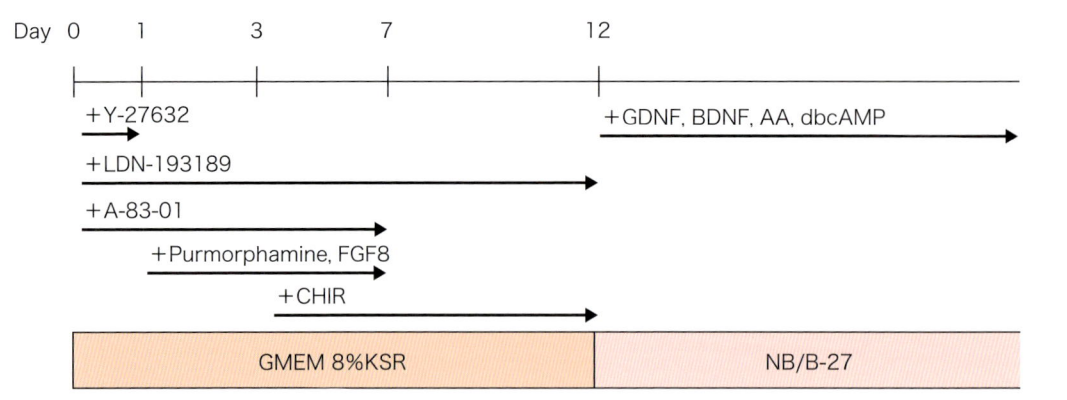

```
Day  0   1    3       7           12
     |───┼────┼───────┼───────────┼──────────────────────────
       +Y-27632                   +GDNF, BDNF, AA, dbcAMP
         +LDN-193189
         +A-83-01
            +Purmorphamine, FGF8
               +CHIR
     ┌─────────────────────────┬─────────────────────────┐
     │     GMEM 8%KSR          │       NB/B-27           │
     └─────────────────────────┴─────────────────────────┘
```

図1　神経分化プロトコール

2. 細胞の評価

　細胞塊が充分な大きさとなるDay 7以降では凍結切片での免疫染色が可能である．付着培養が必要な場合には，Day 28で細胞を小塊もしくはシングルセルの状態にして，オルニチン・ラミニンコートしたディッシュやプレートに播種する．細胞移植実験に用いる場合にはそのまま浮遊状態で培養し，Day 28〜42で移植を行う．

凍結切片の作製

❶ 6〜10個の細胞塊を回収し，PBSで2回洗浄する

❷ 4% パラホルムアルデヒド溶液を1 mL加え，4℃で15分静置する

❸ PBSで2回洗浄する

❹ 細胞塊を回収し，O.C.Tコンパウンドに包埋する

❺ クリオスタットで10〜20μmに薄切する

❻ 切片はスライドグラスに接着させ免疫染色を行う

付着培養

❶ 細胞塊をコニカルチューブに回収し，PBS（−）で洗浄する

❷ Accutaseを1 mL加え，37℃で10〜20分インキュベートする

❸ ピペッティングを行い必要な大きさまで細胞を解離させる

❹ 培地を9 mL加え，4 ℃, 1,000 rpm（190G）で3分間遠心する

上清を除去し，10 μM Y-27632を添加した培地で懸濁する．

❺ 実験の目的に応じ，オルニチン（50 μg/mL），ラミニン（5 μg/mL）でコーティングを行ったディッシュもしくはプレートに20,000〜200,000 cells/cm^{2}程度の濃度で細胞を播種する

❻ 翌日には付着状態となるので，それ以降免疫染色などの評価が可能である．培地交換は2〜3日に1回，半量交換を行う

3. パーキンソン病モデルラットの作製

❶ 約200〜250 gのSlc/SD雌ラットを使用し，すべての手順はイソフルランでの麻酔下で行う

❷ アスコルビン酸を生理食塩水に溶解し0.02％アスコルビン酸溶液を作製，氷冷する

❸ ラットを脳定位固定装置に固定する

Tooth barの位置は−2.4 mmとする．

❹ 6-OHDAを0.02％アスコルビン酸溶液に溶解し6.4 μg/mLに調整する[*5]

ハミルトンシリンジで吸引しインフュージョンポンプにセットする．

❺ ブレグマより外側に1.2 mm，後方に4.4 mmの位置に穿頭を行い，硬膜面より7.8 mm腹側に6-OHDAを1 μL/minの速度で2.5 μL注入する[*6]

❻ 1分間静置したのちハミルトン針を抜去，閉創する

❼ 手術から2週間後にモデル動物の評価を行う

メタンフェタミン2.5 mg/kgを腹腔内注射し，注射後30〜90分

*5 6-OHDAは溶解後急速に酸化され失活する．アスコルビン酸溶液への溶解は使用直前とし，溶解後は氷冷しすみやかに使用する．溶液がピンク色に変色したものはすでに活性がないので使用しない．

*6 このプロトコールでは，内側前脳束（medial forebrain bundle：MFB）に6-OHDAを注入し，片側の中脳黒質のドパミン作動性ニューロンを障害する．ラットの種，性別，週齢，あるいは脳定位固定装置の微妙な違い，術者のクセなどにより座標の微調整を必要とする場合がある．6-OHDAの代わりにトリパンブルーなどの色素を注入し，その直後に脳切片を作製することで目的とする場所に刺入できているか確認できる．

の回転数を計測する．6回転/min 以上の回転がみられた動物をモデル動物として使用する[*7]．

4. 細胞移植

❶ 移植前日よりシクロスポリン A 10 mg/kg の投与を開始し，評価日まで継続する[*8]

⬇

❷ モデルラットの作製と同様に，すべての手順はイソフルランでの麻酔下で行う

⬇

❸ ラットを脳定位固定装置に固定する
Tooth bar の位置は 0 mm とする．

⬇

❹ 移植する細胞塊を回収し，ハミルトンシリンジで吸引する[*9]
ハミルトン針は 22G のものを用いる．

⬇

❺ ブレグマより外側に 3 mm，前方に 1 mm の位置に穿頭を行う[*10]
硬膜面より 5.5 mm 腹側まで穿刺し，0.5 mm 引き戻して細胞を 6 μL/min の速度で 1 μL 注入する．1 分間静置した後，さらに 1 mm 引き戻して同様に細胞を注入，1 分間静置する．

⬇

❻ ハミルトン針を抜去，閉創する

⬇

❼ インフュージョンポンプを使用して 1 μL の細胞を 100 μL の 0.25％トリプシンに回収し，37℃で 20 分以上インキュベートする
ピペッティングを行い充分に細胞を解離させたのち，移植細胞数の計測を行う．

[*7] 中脳黒質のドパミン神経が障害された動物では，線条体内ドパミンが減少している．この動物に，ドパミン放出を増加させるメタンフェタミンを投与することにより，健常側の線条体内のドパミン量が増加し，障害側への回転運動が生じる．細胞移植により線条体内のドパミン量が回復すると，回転運動は減少する．

[*8] シクロスポリン A は事前に準備した 100 mg/mL の溶液を，使用直前に生理食塩水で 10 倍希釈して使用する．

[*9] 細胞膜・移植日にもよるが，約 $0.5～2.0 \times 10^5$ cells/well 程度の細胞が回収可能である．

[*10] 細胞の生着が悪い場合，移植時に細胞がうまく注入できていない可能性がある．細胞を吸引する前にハミルトンシリンジにはあらかじめ培地を充填し，空気がトラップされないようにする．ハミルトン針を脳内に刺入する前に試し打ちを行い，ポンプが正常に作動しているか，細胞が正常にハミルトン針から排出されるかを確認する．

実験結果

われわれは，上記浮遊培養法を用いて，ヒト iPS 細胞からドパミン神経を誘導した（図2）．神経細胞のマーカーである Tuj-1 陽性細胞の約 50％がチロシン水酸化酵素（TH）陽性のドパミン神経となり，その大部分は中脳ドパミン神経のマーカーである FoxA2 陽性であった．これらのドパミン神経をパーキンソン病モデルラットに移植し，メタンフェタミン投与下での回転数が減少することを確認した．

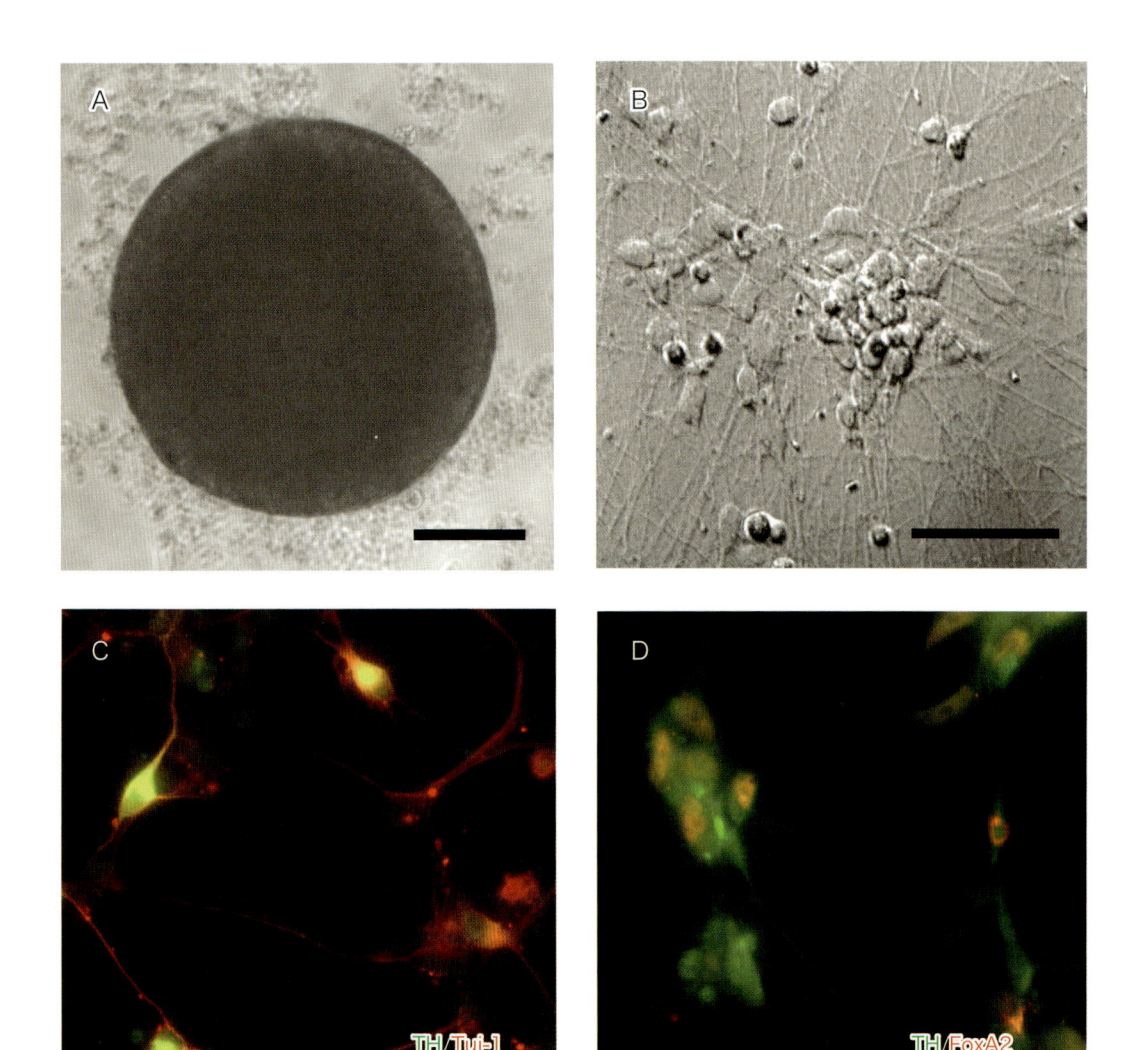

図2 ヒトiPS細胞からのドパミン神経の誘導
A) Day 12での位相差顕微鏡画像．B)～D) Day 28以降付着培養を行った細胞のDay 42での位相差顕微鏡画像（B）および免疫染色（C，D）．スケール：100 μm（A），50 μm（B），40 μm（C, D）

おわりに

　浮遊培養によるドパミン神経の分化誘導およびパーキンソン病モデルラットへの細胞移植について述べた．近年，ES・iPS細胞からの神経分化の方法は，PA6やMS5といったフィーダー細胞を用いる方法[3)4)]，三胚葉の成分を含む胚様体を介する方法[5)]など，いくつかの報告があるが，われわれの方法はフィーダー細胞や動物由来の細胞外マトリックスを用いないという点，および技術を要する細胞選別を必要としないという点で臨床応用に適していると考えている．また，浮遊培養の細胞塊はそのまま細胞移植に用いることがで

きるため,細胞の剥離による細胞障害を防ぐことができるメリットもある.分化した神経細胞はパーキンソン病モデルラットに移植することで生体内での機能評価が可能である.

◆ 文献
1) Chambers, S. M. et al. : Nat. Biotechnol., 27 : 275-280, 2009
2) Eiraku, M. et al. : Cell Stem Cell, 3 : 519-532, 2008
3) Kawasaki, H. et al. : Neuron, 28 : 31-40, 2000
4) Perrier, A. L. et al. : Proc. Natl. Acad. Sci. USA, 101 : 12543-12548, 2004
5) Lee, S. H. et al. : Nat, Biotechnol, 18 : 675-679, 2000

III 分化誘導のプロトコール

11 ヒト臓器の人為的構成に基づく肝細胞の分化誘導

武部貴則, 関根圭輔, 谷口英樹

フローチャート

−9日目: サイトカイン添加による肝内胚葉細胞誘導 → 当日: **HUVEC, hMSC との混合による肝臓原基作製** → +2日目以降: 免疫不全マウスへの移植による肝臓作製

はじめに

近年,個体を構成するすべての細胞へ分化する能力を有する人工多能性幹(iPS)細胞などの幹細胞を利用して,創薬スクリーニングや再生医療に有益なヒト機能細胞を分化誘導する方法が注目されている.従来,多能性幹細胞を用いた分化誘導法は,さまざまな分化因子を組み合わせることにより,目的とする機能細胞のみの分化誘導を試みるものである.すなわち,基礎生物学者が明らかとしてきた分子生物学的知見を再構成し,細胞分化プロセスの進展に重要と考えられるタンパク質や遺伝子を平面環境で導入する手法がほとんどであった.しかし,これまでのような3次元的な組織構造の再構築を伴わない分化誘導系においては,得られる細胞の機能が未熟であるばかりか,そもそも分化誘導の効率が著しく低く,再現性にも乏しいという重大な未解決課題が存在していた.

3次元臓器構成の重要性

一方,臓器不全症などを対象とした治療を想定した際には,分化誘導された機能細胞を大量に移植する,いわゆる細胞療法が第一選択であると考えられている.しかし,古典的な肝細胞移植と肝臓移植の臨床的有効性を比較すれば明らかになるように,一般的に「細胞」を利用するというコンセプトには医療技術としての限界がある.仮に,高い機能性を有する肝細胞を分化誘導できたとしても,細胞移植では生着効率に著しく問題があり,代謝機能の発揮に必須である血管化を再現することは難しい.したがって,臓器移植に代わる著明な治療効果を有する再生医療を具現化するためには,未踏の3次元的な「臓器」の再構築を可能とする革新的な技術開発が必須であると考えられる.

そこで,近年われわれは,胎内の臓器発生過程で生じる異種細胞との協調的な相互作用を再現することにより,血管構造を有する機能的なヒト臓器を人為的に構成する手法を確立した.すなわち,臓器発生の初期過程において生じる血管内皮細胞および間葉系細胞と

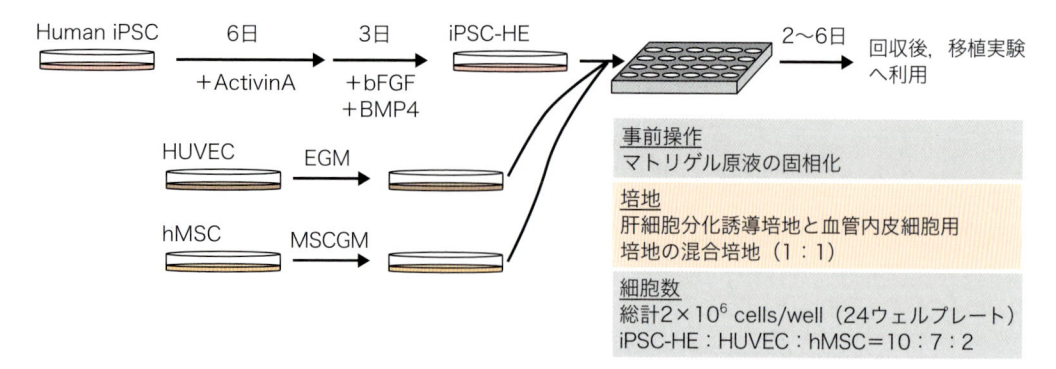

図1 ヒトiPS細胞由来肝臓原基作成プロトコールの概略

iPSC-HE：Human iPSC-derived Hepatic Endoderm Cell. HUVEC：Human Umbilical Vein Endothelial Cell. hMSC：human Mesenchymal Stem Cell

の密な細胞間相互作用を人為的に再構成することで，試験管内においてヒトiPS細胞から臓器の元となる臓器原基（Organ Bud）が自律的に誘導されることを見出した．さらに，培養系で誘導した肝臓の臓器原基（Liver Bud）を免疫不全マウスへ移植することにより，機能的なヒト血管網を有するヒト肝臓を作製することに成功した．従来達成困難であった3次元的な高次構造の再構築を伴う終末分化誘導が可能となることから，機能細胞の創出技術として価値が高い手法と期待される．本項では，われわれが確立したiPS細胞からヒト肝臓原基を試験管内で誘導する方法（*in vitro* 実験），および，それらを移植することにより機能的な臓器を得る方法（*in vitro* 実験）に至るまでのプロトコールを概説する（図1）．

準備

1. *in vitro* 実験

- ☐ ヒトiPS細胞株[*1]
- ☐ 正常ヒト臍帯静脈内皮細胞（HUVEC）（ロンザ社，#CC-2517）
- ☐ ヒト間葉系幹細胞（hMSC）（ロンザ社，#PT-2501）
- ☐ マトリゲルGFR（BD Biosciences 社，#356230）
- ☐ Accutase
- ☐ RPMI1640
- ☐ B27
- ☐ Activin A
- ☐ マトリゲル（BD Biosciences 社，#356234）
- ☐ 0.5％ Trypsin-EDTA（ライフテクノロジーズ社，#15400-054）
- ☐ HCM™（Hepatocyte Culture Medium）（ロンザ社，#CC-3198）
- ☐ デキサメタゾン（シグマ・アルドリッチ社，#31375）

[*1] われわれの研究室では，東京大学中内らによって樹立されたTkDA3株を主として用いている．

- □ オンコスタチンM（R&D社，#295-OM-010）
- □ HGF（クリングルファーマ社，#C-64531）
- □ iPS-DE誘導培地

		（最終濃度）
RPMI1640	50 mL	
B27（Δinsulin）	500 μL	（1％）
Activin A	50 μL	（100 ng/mL）

- □ iPSC-HE誘導培地

		（最終濃度）
RPMI1640	500 mL	
B27	50 μL	（1％）
bFGF	50 μL	（10 ng/mL）
bBMP4	50 μL	（20 ng/mL）

- □ 肝細胞分化誘導用培地

    HCM™に添付のSingleQuotsのうちEGFおよび抗生物質（Gentamicin/Amphotericin-B）以外を添加した後，デキサメタゾン，オンコスタチンM，HGFを加えた培地．

		（最終濃度）
HCM™（CC-3198）（EGF, 抗生物質非添加）	50 mL	
デキサメタゾン	50 μL	（0.1 μM）
オンコスタチンM	50 μL	（20 ng/mL）
HGF	200 μL	（20 ng/mL）

- □ 血管内皮細胞用培地（EGM）（ロンザ社，#CC-3124）
- □ 間葉系幹細胞用培地（MSCGM）（ロンザ社，#PT-3001）

2. in vivo 実験

- □ 免疫不全（NOD/SCID）マウス
- □ TMR-DA（Dextran, Tetramethylrhodamine, 2,000,000MW, Lysin Fixable）（ライフテクノロジーズ社，#D-7139）
- □ 消毒用エタノール（和光純薬工業社，#059-07895）
- □ 滅菌生理食塩水（大塚製薬社）
- □ ケタラール（エール薬品社）
- □ キシラジン（シグマ・アルドリッチ社，#X1251）
- □ スポンゼル（アステラス製薬社）
- □ 細胞培養用24ウェルプレート（Corning社，#353047）
- □ 共焦点レーザー走査型顕微鏡

    当研究室では，Leica Microsystems SP5を使用．
- □ Human Albumin ELISA Quantitation Kit（Bethyl Laboratories社，#E80-129）
- □ Human alpha 1-antitrypsin ELISA Quantitation Kit（GenWay Biotech社，#GWB-1F2730）

プロトコール

1. 肝内胚葉細胞の分化誘導

❶ 未分化iPS細胞の培養は定法に従う

具体的には，フィーダー細胞としてマウス胎仔線維芽細胞（MEF）上で培養したiPS細胞，もしくはMatrigel GFR（1：30〜1：100希釈）コートディッシュ上でmTeSR™1などのフィーダーフリー培養用培地を用いて培養したiPS細胞を用意する．

❷ 未分化iPS細胞をAccutaseを用いて単一細胞とし，Matrigel GFR（1：30〜1：100希釈）コートディッシュに0.5〜1×10^5 cells/cm^{2}の密度で播種する

未分化iPS細胞用培地にROCK阻害剤を添加した培地にて1晩培養する．

❸ 翌日，RPMI1640あるいはPBSにて細胞を洗った後に，iPSC-DE誘導培地にて5日間培養し，FOXA2$^+$SOX17$^+$の胚体内胚葉細胞（Definitive Endoderm: hiPSC-DE）を誘導する（図2A，中央）

培地交換は2日に1回行い，培地交換の際にはRPMI1640あるいはPBSにて1度洗って死細胞を取り除く．

❹ 次に胚体内胚葉細胞をiPSC-HE誘導培地にて3日間培養し，HNF4a$^+$AFP$^+$の肝内胚葉細胞（Hepatic Endoderm: hiPSC-HE）を誘導する（図2A，右）[*1]

培地交換は2日に1回行う．

2. 肝臓原基作製プロトコール

❶ 細胞培養用24ウェルプレートに原液のマトリゲルを約300μL滴下し，細胞培養用インキュベーター内にて20分以上静置し，固相化する（図1）

❷ 肝臓原基形成に必要な3種類の細胞を必要な量調製する[*2]

ヒトiPS細胞からの肝内胚葉細胞の分化誘導は1. の方法に従って行う．正常ヒト臍帯静脈内皮細胞（HUVEC, 図2B）とヒト間葉系幹細胞（hMSC, 図2C）は，各々，ロンザ社の推奨プロトコール[2)3)]にて細胞の調製を行う．

[*1] 分化レベルの評価はqPCRおよび免疫染色により行う．hiPSC-DEでのFOXA2$^+$SOX17$^+$共陽性細胞，HIPSC-HEでのHNF4A$^+$AFP$^-$細胞がそれぞれ80〜90％以上であることを確認し，以降の肝臓原基形成実験に使用する．

[*2] in vitroないしin vivoにおいて，血管構造を可視化するためにはHUVECおよびhMSCを，各々異なる蛍光タンパク質により標識を行うとよい．具体的には，GFPやDsRedなどの蛍光タンパク質を発現するレトロウイルスベクターを細胞に感染させたものを用いる．当研究室におけるプロトコールは，参考文献1を参照のこと．

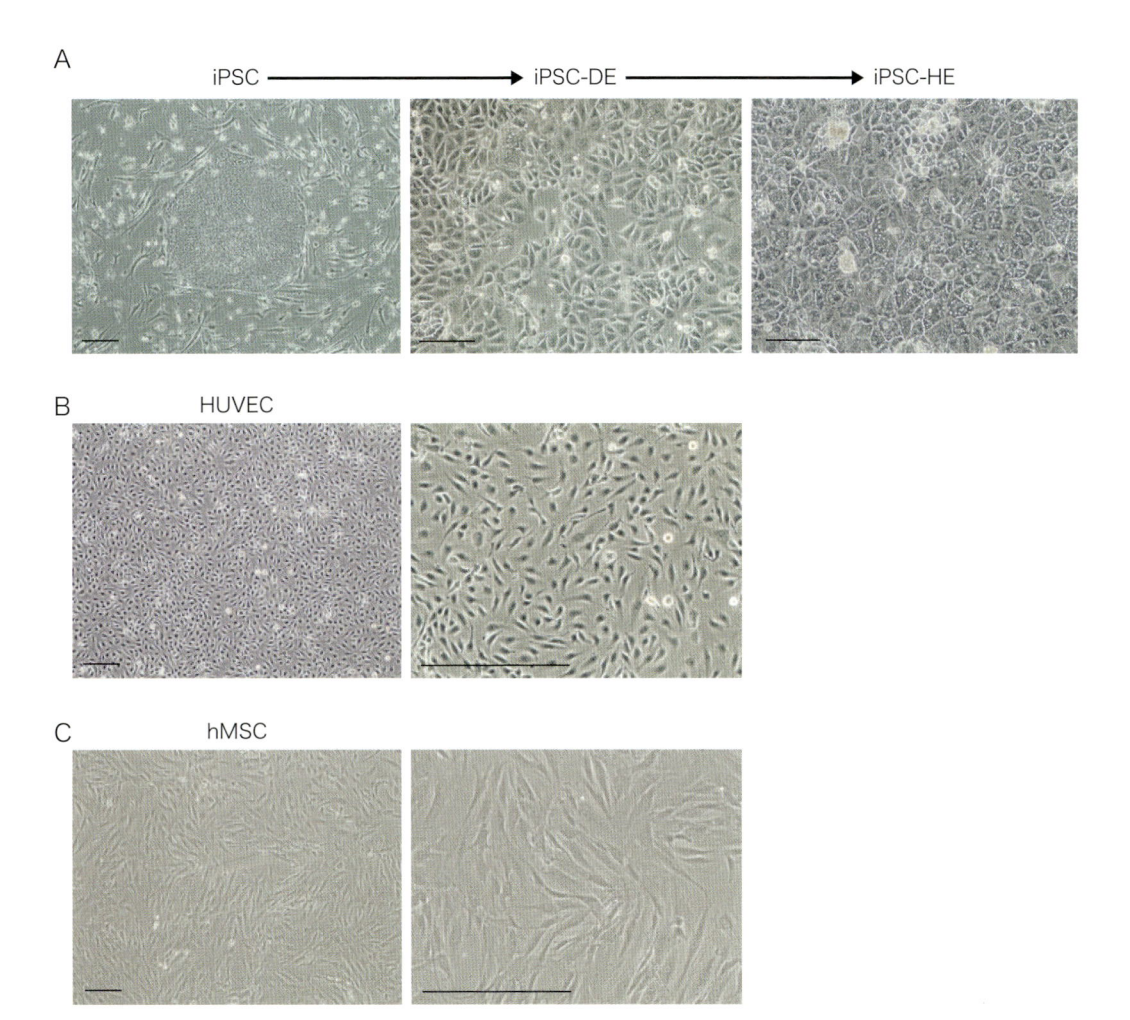

図2 ヒト肝臓原基作成に用いる3種類の細胞の形態
A) ヒトiPS細胞（左）から胚体内胚葉細胞（中央）を経て得た，肝内胚葉細胞（右）．B) ヒト臍帯血由来静脈内皮細胞（HUVEC）．C) ヒト骨髄由来間葉系幹細胞（hMSC）．文献5より転載

❸ hiPSC-HE，HUVECおよびhMSCについて，各々0.05％ Trypsin-EDTA溶液による酵素処理を同時に開始し，各細胞を異なるチューブへ回収する[*3]

❹ 細胞カウントを行ったのちに新たなチューブを準備し，hiPSC-HE：HUVEC：hMSC ＝ 10：7：2の割合で総細胞数 2.0×10^6 cellsとなるように，3種類の細胞を1本のチューブに混合する

❺ 遠心分離（150 G，5分，4℃）ののち上清を廃棄し，肝細胞分化誘導用培地と血管内皮細胞用培地を1：1でブレンドした培

*3 以降の作業（❸〜❼）は，3名の作業者が，お互いのタイミングを合わせながら細胞回収後のタイムラグが生じないように並行して実験を進める．

地1 mL中に再懸濁する

❻ 3種類の細胞混合液を，あらかじめマトリゲルが固相化された細胞培養用24ウェルプレート上に播種する

❼ 細胞培養用インキュベーター内で，2〜6日程度まで培養を行う．なお，培地交換は❺で用いた混合培地を用いて，毎日行うことを推奨する（図3）*4

*4 おおむね48時間程度の培養で，移植可能な肝臓原基の自律的な形成を認める．

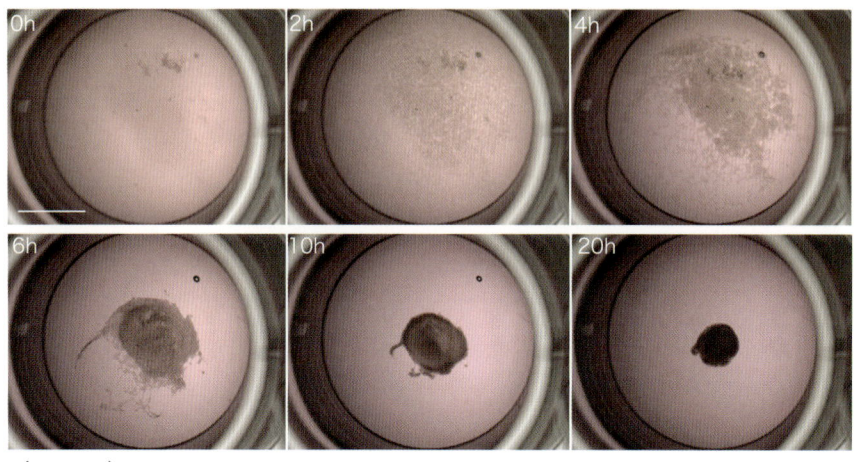

図3　ヒト肝臓原基が自律的に形成される様子
文献5より転載

3. 移植プロトコール

❶ イメージングによる移植片の細胞動態追跡を目的とした実験には，免疫不全マウスに作製したクラニアルウインドウ（頭部観察窓：CW）を用いる（図4）*5

*5 頭部観察窓作製のための詳しい手順は，参考文献4を参照のこと．

❷ ケタラール90 mg/kg，キシラジン9 mg/kgの混合麻酔を，滅菌処理したPBSで1個体200 μLの投与量になるように調製し，CWマウス腹腔内へ注射し麻酔を行う*6

*6 麻酔後，CWマウスの体温が極度に低下しないように，適宜，温浴パッドなどで加温を行いながら以降の作業を進める．

❸ CW周辺を70％エタノールで入念に消毒し，脳表面を傷つけないよう注意しながらCWの円形スライドガラスを除去し，脳表面を露出させる
この際，万が一脳表面に出血が生じた場合は，細切したスポンゼルにて止血する*7．

*7 使用するCWマウスは，脳表面の出血・炎症・感染などを認めない状態がきわめて良好なマウスを使用すること．

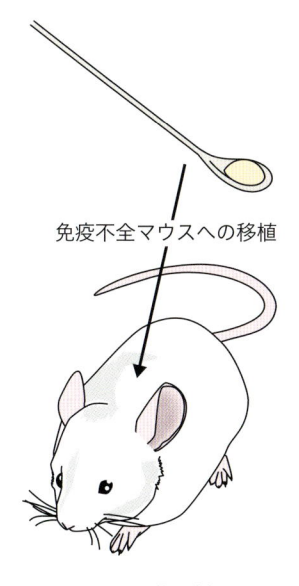

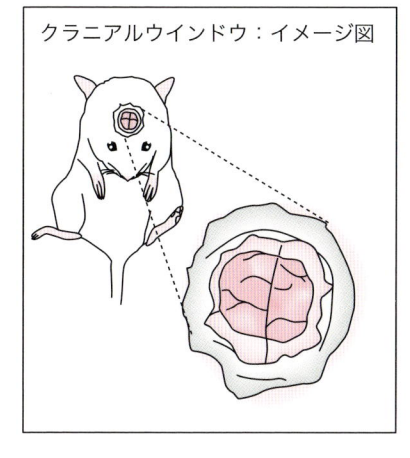

図4 ヒト肝臓原基のクラニアルウインドウ（CW）マウスへの移植

❹ 細胞培養用24ウェルプレートより，小型の薬さじなどで移植用の肝臓原基を剥離・回収する*8

❺ 露出した脳表面を生理食塩水で軽く洗浄し，回収した組織を静置する

❻ 7 mm程度の円形スライドガラスをすばやく乗せる
この際，気泡が混入してしまった場合は，移植片がCW外へ流れ出ないように，円形スライドガラス辺縁部から慎重に生理食塩水で満たすことで気泡を除去する．

❼ 円形スライドガラスの辺縁部を，CW作製時と同様にアロンアルファなどの接着剤により密閉する

❽ ❷で使用したケタラール・キシラジン混合麻酔で麻酔を行い，共焦点レーザー走査型顕微鏡（または，深部観察を行う場合は2(多)光子励起顕微鏡）を用いて移植片の追尾観察を行う（図5）*9
顕微鏡の仕様に応じ適宜固定具などを用いる．

❾ 移植した肝臓原基内部における血流を可視化するためには，生理食塩水中に溶解したTMR-DAを体重20 gに対し100 μL，マウス尾静脈注射を行う

*8 肝臓原基の剥離を行う際は，構造を破壊しないように慎重に行う．

*9 ❽で作製したCWマウスは，移植後1～2時間以降からイメージング実験に使用可能となる．

0d / 3d / 14d / 拡大図

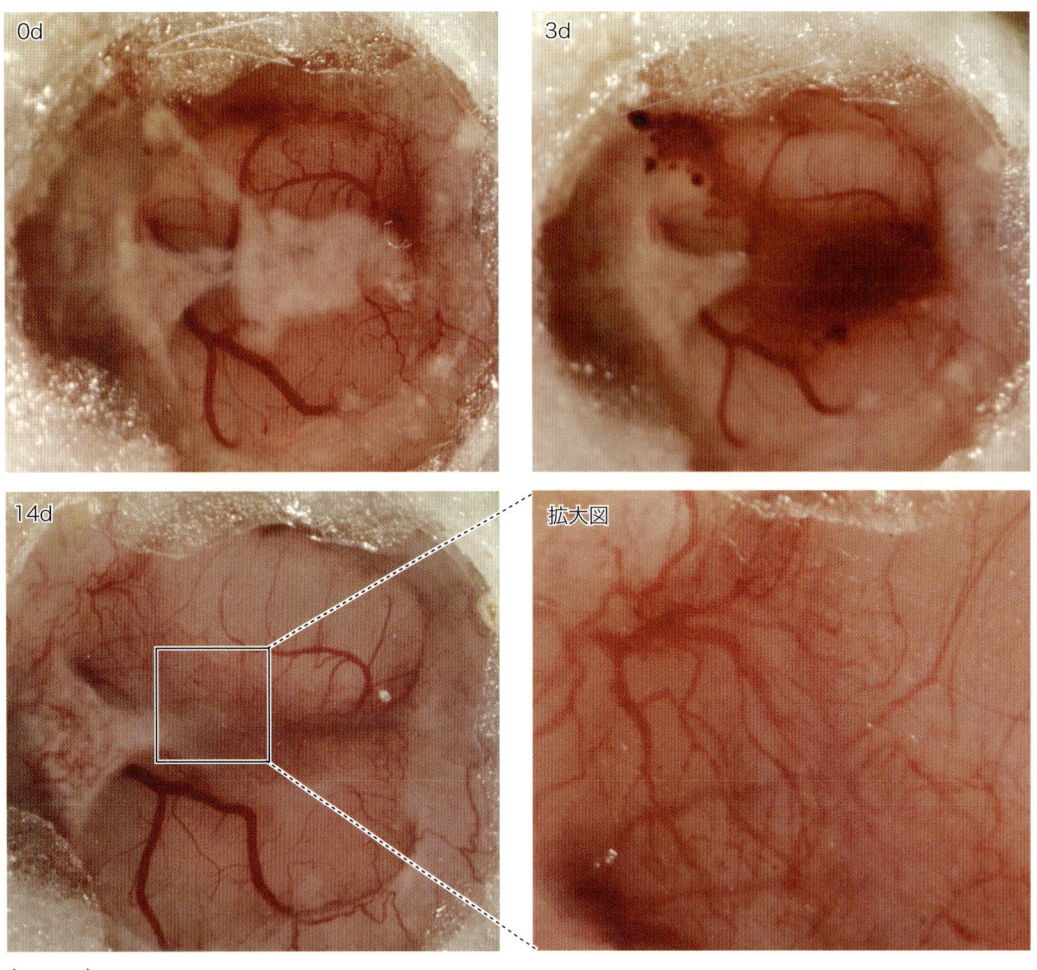

(d=day)

図5　移植を行ったヒト肝臓原基内部に血液が流入する様子
文献5より転載

❿ **移植片の機能解析を行うためには，ELISA法（Enzyme-Linked ImmunoSorbent Assay）によるヒト特異的なタンパク質産生を反復して評価することを推奨する**

外側足根静脈より数十μL程度の血液を採取し，ヒトアルブミンおよびα1-アンチトリプシンを測定することにより解析を行う．

⚠️ トラブルへの対応

■ 肝臓原基が形成されない
→細胞の混合比率・総細胞数に誤りがないことを確認する
→過増殖（overgrowth）など平面培養時に問題がなかった確認する
→マトリゲルが充分にゲル化していることを確認する

■ *In vitro* 肝臓原基内部において血管ネットワーク状構造の形成を認めない
→HUVECの培養時に，細胞の過増殖などの問題がなかったか確認する
→患者間差，ロット間差もあるので，別の株を用いることを検討する

■ 移植後に血液灌流が生じない
→多くの原因は，移植操作が適切に実施されていないことに起因する
移植の手技には熟練が必要であり，当研究室では通常3〜4カ月程度のトレーニングを行っている．移植に用いた損傷などのない状態の良好なCWマウスであったか？ 移植時に肝臓原基を破壊していないか？ 移植後に脳表面に炎症・腫脹などが生じていないか？ 清潔操作を行ったか（感染が生じていないか）？ など．
→肝臓原基の培養時に用いる培養液組成に誤りがないことを確認する
→細胞の混合比率・総細胞数に誤りがないことを確認する
→HUVECの培養時に，過増殖などの問題がなかったか確認する

■ 移植後にタンパク質分泌が確認されない
→未分化iPS細胞の維持培養が適切であったか？ 未分化マーカーを遺伝子発現・免疫染色により確認する
→iPS細胞由来肝内胚葉細胞が純度高く分化誘導されていたか？ 分化マーカーを遺伝子発現・免疫染色により確認する

実験結果

本項のプロトコールに従って正しく分化誘導を行うことにより，60 mmディッシュにおいて高い純度（＞約80％）で約 1×10^6 cellsの肝内胚葉細胞を得ることができる．遺伝子発現解析や免疫染色により，多能性幹細胞マーカー（NANOG, OCT4など）や胚体内胚葉細胞マーカー（CXCR4, FOXA2など）の発現の減弱を認め，肝内胚葉細胞マーカー（HNF4Aなど）の発現増強が確認されれば，以降の実験に使用できるものと判定できる．得られたヒトiPS由来肝内胚葉細胞（図2A）を，適切に調製されたHUVEC（図2B），hMSC（図2C）と混合・播種すると，直後の状態では24ウェルプレート全体に細胞が均一に拡散しているのに対し，培養開始後数時間でウェル全体に拡散していた細胞が中心部への集合を開始し，徐々に3次元的な肝臓原基を自律的に形成する（図3）．最終的に48時間程度の後に，肉眼的に目視可能で移植操作などに耐えうる立体的な肝臓原基を得ることができる．本プロトコールにより得られる肝臓原基の形状は，おおむね4〜7 mm程度

の球状であるが，このサイズは培養時に播種する総細胞数により調整することが可能である．なお，蛍光標識を行った血管内皮細胞を用いることで，肝臓原基内部における血管ネットワーク状構造の形成を顕微鏡により可視化することができる．得られた肝臓原基を免疫組織化学染色することにより，AFP, CK8.18などの肝芽細胞マーカーの発現が確認され，発生初期で形成される肝芽組織ときわめて類似することが示される．このことは肝臓原基より単離した細胞のフローサイトメーターによる解析を行うことにより，定量的に解析することも可能である．また，マイクロアレイなど遺伝子発現解析を実施することにより，初期肝分化マーカーなどの発現増強を認め，異種細胞間の相互作用を介した肝初期分化誘導が生じていることが確認される．

次に，ヒトiPS細胞より作製した肝臓原基をCW内部へ移植すると，48時間程度で肉眼的に移植片内部への血液灌流が観察される（図5）．熟練した術者が移植を担当することにより，このような血液灌流というイベントは再現性よく認められる．その後，共焦点顕微鏡によるライブ観察を行うことにより，再構成されたヒト血管がレシピエント血管と直接吻合し，内腔では血液が交通していることが確認される．移植組織内部にて再構成されたヒト血管網は，hMSCから分化した壁細胞による裏打ちをもつ血管であり，再構成されたヒト血管網周囲を中心として，iPS細胞由来肝臓細胞は生着・増殖を行う．機能的なヒト血管網が再構成されることにより，ヒトiPS細胞由来肝臓原基は徐々に成体肝臓と類似する組織へと成熟してゆく．マウス血清を対象としたELISA法解析の結果，移植後15日程度からヒト特異的なタンパク質の産生を認めることができる．さらに，移植後60日目以降においては，タンパク質産生量が増加することに加えて，組織学的解析・遺伝子発現解析によって，ヒトiPS細胞から成熟肝細胞が分化誘導されていることが確認される．参考文献1においては，体内で成熟したヒト肝臓原基がヒト特異的な薬物代謝活性など肝臓特異的な機能を発揮することが判明している．

おわりに

臓器不全症を治療するためのドナー臓器は絶対的に不足しており，ヒトiPS細胞から代替臓器を作製する試みに期待が集まっている．これまでにもiPS細胞から機能細胞の分化誘導を試みる報告は多数存在するが，肝臓などのように血管網をもつ複雑なヒト臓器の作製に成功したという報告は皆無であった．われわれは，ヒトiPS細胞から in vitro でつくり出した三次元的な肝臓原基を移植することで，血管網をもつ機能的なヒト肝臓が作製可能であることを示してきた．本項では，われわれが開発した肝臓原基作製法に関する標準的なプロトコール，および，その移植法について概説した．本技術を臨床応用するためには今後さまざまな検証が必要であるが，臓器の原基を移植するという全く新たな再生医療技術（Organ-Bud Transplantation Therapy）に基づき，臓器不全症を対象とした優れた治療が実現できるものと期待される．さまざまな研究者が本法の改良や，他臓器への拡張性などを検証し，本概念の医療・産業応用へ向けた研究が加速することを願ってやまない．

◆ 文献

1）Takebe, T. et al.：Nature, 458：524-528, 2013
2）HUVEC http://bio.lonza.com/uploads/tx_mwaxmarketingmaterial/Lonza_ManualsProductInstructions_Instructions_-_HUVEC-XL_Pooled_Cell_System.pdf
3）hMSC http://bio.lonza.com/uploads/tx_mwaxmarketingmaterial/Lonza_ManualsProductInstructions_Poietics_Human_Mesenchymal_Stem_Cells.pdf
4）Yuan, F. et al.：Cancer Res., 54：4564-4568, 1994
5）Takebe, T. et al.：Nat. Protocols, 9：396-409, 2014

III 分化誘導のプロトコール

12 骨への分化誘導

松本佳久, 池谷 真, 戸口田淳也

フローチャート

−10日	当日	14日
KSR, FBS による胚様体遊走細胞の樹立	**デキサメタゾン, βグリセロリン酸, アスコルビン酸** 添加による骨分化誘導	骨分化能評価

はじめに

　ES・iPS細胞から骨細胞を分化誘導する目的としては，まず誘導した骨細胞を用いた組織再生への応用と，何らかの遺伝的背景をもった骨疾患患者さんから樹立したiPS細胞を用いた病態解明および創薬が想定されている．最終的に骨細胞を誘導する点では両者は共通であるが，分化誘導法に要求するものは異なってくる．例えば再生医療用の骨細胞であれば，誘導過程はともかく，最終産物として骨細胞が生体内の骨細胞と同等のものであることが重要な要素となる．一方，病態解明が目的である場合は，病態の責任となる細胞が必ずしも最終分化した骨細胞とは限らないために，前駆細胞，あるいはさらにその前の段階であると想定されている間葉系幹細胞（mesenchymal stem cell：MSC）から段階を経て分化誘導する方法が望まれる．本項では，まずこの観点からこれまで報告されている分化誘導法を概説し，続いて現在われわれが用いている方法を紹介する．

骨細胞の発生過程

　生体はさまざまな骨によって構成されており，それらは解剖学的には脊椎，大腿骨などと，形態からは長管骨，短管骨，扁平骨などと，さらにその形成機構からは内軟骨性骨化によるものと膜性骨化によるものに分類される．さらに発生過程からの分類で四肢の骨と脊椎とは，それぞれ中胚葉のlateral mesodermとparaxial mesodermに由来するとされてきた．しかし近年の研究により，中内胚葉という分化段階が存在すること，さらに神経系と中胚葉組織は同一の体軸幹細胞から発生するという説が提唱されてきており[1]，さらに頭頸部における骨軟骨の起源細胞とされてきた神経堤細胞の一部が体の他の部位に移動して組織幹細胞になりうることが示されるなど，骨組織の発生は1つのルートですべてを語れないきわめて複雑な状況にある（図1）．発生過程を再現することが in vitro での正しい分化誘導法であるとされているが，骨細胞の場合はその点，未知な領域が多く残されてい

る．そこで，まず骨細胞への分化能をもつ組織幹細胞であるMSCをES・iPS細胞から誘導して，そこから骨細胞を誘導するという2段階のアプローチが検討されている．再生医療への応用という面からも前段階であるMSCの状態で大量に増殖させ保存しておければ，きわめて有用であると考えられる．

前駆細胞への誘導法の分類

表1にこれまでの代表的な誘導法を示す．これらを大きく分類すると胚様体（embryoid body: EB）形成を介する方法と介さない方法に分類される．いずれの方法もコロニー状態のES・iPS細胞より作製した単層で増殖する紡錘形細胞群をMSCとして用いて，最終の骨分化誘導に進むというアプローチを取っている．

1. EB形成を介する方法

本法はEBを一定期間形成させ，細胞自律的な分化により間葉系細胞となることが運命付けられた細胞群を誘導した後に，コーティングしたディッシュに接着させ，そこから遊走してくる細胞（outgrowth cellと表現される）を，MSCを含む細胞群として培養する方法である（図1）．最初の過程がEB形成という細胞自律的な分化誘導法であるために，そこから遊走してくる細胞の量および質が実験ごとに異なり，したがって実験ごとに結果が異なる傾向にある．そのためEBから遊走してくる細胞に一定の方向付けを行う必要がある．例えばMahmoodらはALK5阻害剤（SB421543）を用いることでTGF-β/Activin系のシ

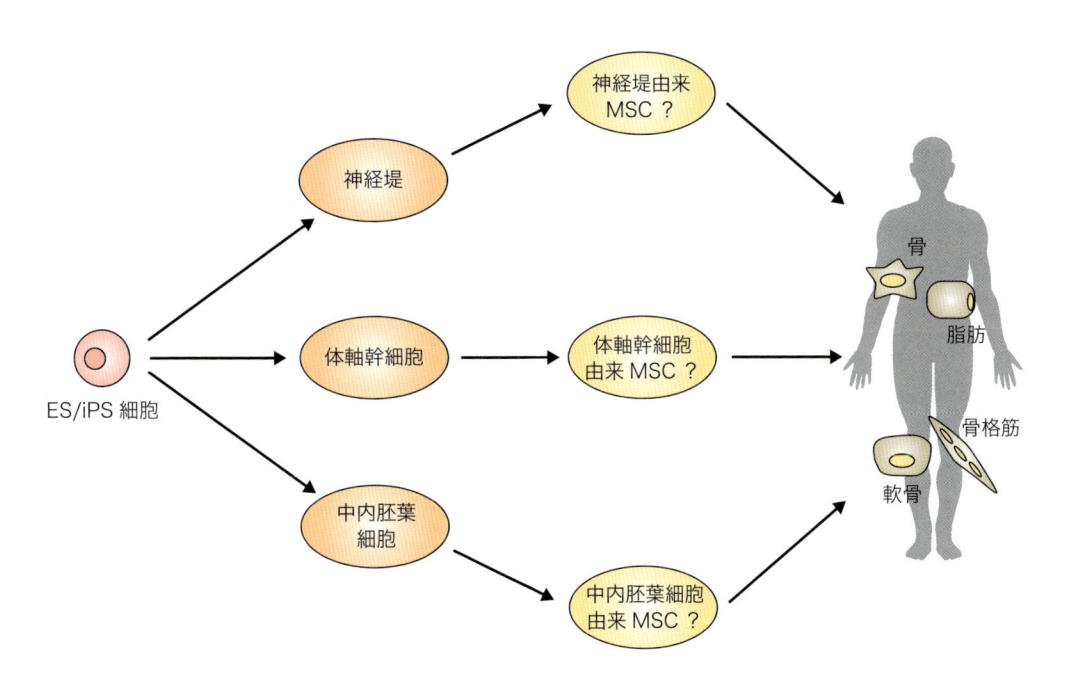

図1 MSC発生過程の想定

表1 骨分化誘導法

初期分化誘導法	骨分化誘導法*	培養期間	in vitro 評価	in vivo 評価	文献
EB形成を介した方法					
10日間EB形成後，ゼラチンコート上で培養．DMEM＋10％FBS，L-glut（2mM）	DMEM＋10％FBS，Dex（100nM），β-gly（10mM），AA（50μM）	2週	フォンコッサ ALP	MSCの状態でPLLA/PLGAの足場上で10日間培養，その後ヌードマウスに8週間移植	文献4
3〜4日EB形成後，single cellとしてゼラチンコート上で培養．KODMEM＋10％FBS，L-glut，NEAA，BME	KODMEM＋10％FBS，Dex（100nM），β-gly（10mM），AA（50μM）	3週	フォンコッサ ALP	なし	文献5
3日間EB形成後，ヒト初代培養骨芽細胞のうえに播種	共培養を2週間	2週	RT－PCR	PLGA/HAの足場にBMP2とともに播種し，SCIDマウスで4ないし8週間移植	文献3
7日間EB形成後ゼラチンコート上で培養．αMEM＋10％FBS，L-glut（200mM），NEAA（10mM），bFGF（4ng/mL）	αMEM＋10％FBS，Dex（100nM），β-gly（10mM），AA（200μM）	3週	フォンコッサ ALP	なし	文献6
10日間EB形成後，フィブロネクチンコート上で培養．DMEM＋15％KSR，SB421543（10μM），EBOGをCDMで培養維持	αMEM＋10％FCS，β-gly（10mM），AA（100μg/mL）	20日	FACS解析 アリザリンレッド ALP Real-time PCR	HT/TCP複合体に混ぜNOD/SCIDマウス皮下に8週間移植	文献2
5日間EB形成後，マトリゲルコートプレートに播種．DMEM/F12＋10％KSR，NEAA，BME	接着させたEBの状態で分化誘導 Dex（100nM），β-gly（10mM），AA（0.1mM） ＋/－LY294002（5μM） ＋AKT inhibitor（0.5μM） ＋Rapamycin（1nM）or FK506（10nM）	3週	フォンコッサ ALP Real-time PCR	なし	文献7
EB形成を介さない方法					
OP9細胞上で20％FBS添加で分化誘導後，CD73によりソーティング	αMEM＋10％FBS，Dex（100nM），β-gly（10mM）AA（200μM）	3〜4週	アリザリンレッド フォンコッサ Real-time PCR	なし	文献8
フィーダーフリーで培養中に分化した細胞を回収してMSCとして使用	αMEM＋20％FBS，Dex（10nM），β-gly（5mM）AA（200μM）	2週	アリザリンレッド	なし	文献9
コロニー状態の細胞をaggregateしてフィーダーフリー培養系に移し，24時間後に再度single cellとして播種	αMEM＋10％FBS，Dex（10nM），β-gly（5mM）AA（50μM）	4週	フォンコッサ ALP	なし	文献10
single cellとしてゼラチンコート上で培養．DMEM-HG＋10％FBS，L-glut，bFGF（10ng/mL）	DMEM＋10％FBS，Dex（100nM），β-gl（10mM）AA（50μM）	3週	フォンコッサ	なし	文献11
single cellとしてゼラチンコート上で培養．αMEM＋20％FBS，NEAA，L-glut，bFGF（1ng/mL）4継代目をMSCとして使用	DMEM＋10％FBS，β-gly（10mM）AA（50μM）Dex（100nM）and/or BMP7（50ng/m）scaphold,matricesあるいはfilm上でDex＋BMP7の条件で培養	4〜6週	フォンコッサ ALP	なし	文献12
DMEM-low glucose＋10％FBSで培養後，分化した細胞をMSCとして0.1％ゼラチンコート上で培養	DMEM-high＋10％FBS，Dex（100nM），β-gl（5mM）AA（290nM）	3週	アリザリンレッド	ポリカプロラクトン（PCT）およびPCTにヒアルロン酸とTCPをコートしたものに播種し移植	文献13

＊ Dex：デキサメタゾン，β-gly：β-glycerophosphate，AA：ascorbic acid

グナルを阻害して，中内胚葉から内胚葉への分化ではなくより多くの細胞を中胚葉系へ誘導することにより，MSC様細胞の誘導効率が上がるとしている[2]．一方，MSCの誘導というステップを省いて，初代培養のヒト骨細胞と共培養を行うことで，直接骨細胞を誘導する方法も報告されている[3]．

2. EB形成を介さない方法

本法はEB形成を介する方法の不安定性を避けてES・iPS細胞から直接間葉系細胞を誘導する方法である．コロニー状態での増殖しているES・iPS細胞を直接単層培養系へ移行することは困難であったが，近年いわゆるchemically defined mediumを含むさまざまな培地や種々のコーティング培養基材が開発されたことにより可能となってきた．比較的安定した結果を得ることができることから，徐々にその応用が広まっている．中内胚葉ではなく神経堤を介してMSCを誘導する方法もEB形成を介しない分化誘導法である．

骨細胞への最終分化誘導

前駆細胞への誘導法はさまざまであるが，その段階から最終的な骨細胞への分化誘導法は，体細胞由来のMSCに用いている方法がほぼ標準化されており，デキサメタゾン，βグリセロリン酸，そしてアスコルビン酸が共通した誘導化合物である．BMPなどの増殖因子を添加する方法もあるが，細胞の分化段階によってはBMPが必ずしも分化に促進的に作用するとは限らないことを留意すべきである．

骨細胞の評価法

1. *In vitro* 評価法

実際の骨組織，すなわち未熟な骨組織である類骨を*in vitro*で形成することが直接的な証明となるが，現時点ではいまだそのような方法は開発されておらず，下記の種々の方法で評価している．

1）アルカリホスファターゼ染色

アルカリホスファターゼは骨芽細胞への分化の過程の初期に生成されるタンパク質であり，酵素活性を用いて染色する．

2）組織内カルシウムの検出

組織内へのカルシウム沈着を評価する方法であり，アリザリンレッド染色，あるいは，より骨形成を反映しているリン酸カルシウムの沈着を検出するフォンコッサ染色を用いて，定性あるいは定量的に解析する．カルシウム含有量を測定する場合もある．

3）透過電顕

基質小胞（matrix vesicle），配向性をもったコラーゲンフィブリル，そしてβグリセロ

リン酸添加により濃縮したカルシウム塩結晶の沈着などが検出される．

4) RT-PCR法

代表的な遺伝子〔表2（p252）参照〕の発現を確認する．

2. *In vivo* 評価法

In vivo での骨形成能の評価に関してはまだ一定した方法が確立していない．ヒト細胞を用いる限り，免疫不全動物への移植により異所性骨形成能を評価することになる．多くの場合，細胞単体での骨形成は困難であると想定されることから，いわゆるキャリアとして高分子化合物が選択される．あるいは骨誘導能をもつHA/TCP複合体のような材料が選択される．

分化誘導実験の実際

以上の中から，EB形成を介した代表的な誘導方法の詳細と実験結果を紹介する．

■ 準　備

1. EB形成

試薬

- □ DMEM（ライフテクノロジーズ社，#11965-118)
- □ KSR（ライフテクノロジーズ社，#10828-028)
- □ FBS（ニチレイバイオサイエンス社，#171012)
- □ ペトリディッシュ
- □ トリプシン（2.5％）（ライフテクノロジーズ社，#15090-046)
- □ コラゲナーゼIV（ライフテクノロジーズ社，#17194-019)
- □ $CaCl_2$（ナカライテスク社，#06731-05)
- □ PBS（タカラバイオ社，#T900)

試薬の調製

- □ EB形成用培地（DMEM/10％KSR/10％FBS)

		（最終濃度）
DMEM	400 mL	
KSR	50 mL	（10％）
FBS	50 mL	（10％）
	500 mL	

☐ CTK溶液

		（最終濃度）
トリプシン（2.5％）	5.0 mL	（0.25％）
コラゲナーゼIV（1mg/mL）	5.0 mg	（0.1mg/mL）
CaCl₂（0.1M）	0.5 mL	（1mM）
KSR	10.0 mL	（20％）
蒸留水	30.0 mL	
合計	約50.0 mL	

2. EB遊走細胞の樹立

☐ EB形成用培地

☐ ゼラチンコートディッシュ

　ゼラチン粉末（シグマ・アルドリッチ社，#G1890-100G）を1,000倍希釈（0.1％）でコートして作製．

3. 骨分化誘導

試薬

☐ セルストレーナー（70μm）（BDファルコン社，#352350）

☐ αMEM（ナカライテスク社，#21444-05など）

☐ デキサメタゾン（シグマ・アルドリッチ社社，#D2915）

☐ βグリセロリン酸（シグマ・アルドリッチ社，#G9422-100G）

☐ アスコルビン酸（ナカライテスク社，#D3420-52）

☐ トリプシン-EDTA（ライフテクノロジー社，#25200-056）

試薬の調製

☐ 基本培地

		（最終濃度）
αMEM	450 mL	
FBS	50 mL	（10％）
	500 mL	

☐ 骨分化誘導培地[*1]

		（最終濃度）
基本培地	98.9 mL	
デキサメタゾン（1mM）	10 μL	（0.1μM）
βグリセロリン酸（1M）	1 mL	（10mM）
アスコルビン酸（50mM）	2,825 μL	（50μg/mL）
合計	100 mL	

4. 骨分化能評価

試薬

☐ アリザリンレッドS（ナカライテスク社，#03420-52）

☐ 硝酸銀（ナカライテスク社，#31019-04）

☐ 無水炭酸ナトリウム（シグマ・アルドリッチ社，#S2127-500G）

*1 基本培地にデキサメタゾンおよびβグリセロリン酸を添加したものを用意しておき，アスコルビン酸は用事調製として最後に添加する．

- ☐ ホルムアルデヒド（ナカライテスク社, #16222-65）
- ☐ ギ酸（和光純薬工業社, #066-00466）

試薬の調製

- ☐ アリザリンレッド染色

  アリザリンレッド S 1 g/100 mL 蒸留水．pH を 6.4 に調整．

- ☐ フォンコッサ染色

  硝酸銀 3 g を 60mL の蒸留水で溶解後，フィルターで濾過[*2]．

- ☐ 炭酸ナトリウム-ホルムアルデヒド溶液

		（最終濃度）
無水炭酸ナトリウム	3 g	
ホルムアルデヒド（37 %）	25 mL	（9.25 %）
蒸留水	75 mL	
合計	約100 mL	

- ☐ アルカリホスファターゼ染色

  組織染色用アルカリホスファターゼ基質キット（VectorLaboratories社, #SK-5100）

- ☐ Ca含有量定量

  N-アッセイ L Ca-S（ニットーボーメディカル社, #12371214, 12371114），ギ酸溶液（10 %）

- ☐ RT-PCR（表2）

表2　PCR用プライマー

遺伝子名		PCR用プライマー
RUNX2	Fow	TTACTTACACCCCGCCAGTC
	Rev	TATGGAGTGCTGCTGGTCTG
COL1A1	Fow	CTGCAAGAACAGCATTGCAT
	Rev	GGCGTGATGGCTTATTTGTT
Osterix	Fow	GCCAGAAGCTGTGAAACCTC
	Rev	GCTGCAAGCTCTCCATAACC
ALP	Fow	CCTCCTCGGAAGACACTCTG
	Rev	GCAGTGAAGGGCTTCTTGTC
Osteocalcin	Fow	GACTGTGACGAGTTGGCTGA
	Rev	CTGGAGAGGAGCAGAACTGG

[*2] 硝酸銀溶液は調製後，使用まで遮光する．

プロトコール

1. EB形成

❶ フィーダー（SNL）細胞上で，70〜80 %程度にコンフルエントになった未分化ES・iPS細胞をPBSにて洗浄する[*1]

❷ CTK 溶液を添加し，室温で 2 分静置する

❸ PBS にて 2 回洗浄し，SNL 細胞を除去する

❹ 残存している iPS 細胞をスクレイパーにて剥離し，細胞塊として EB 形成用培地に懸濁する

❺ 懸濁液をバクテリア用ペトリディッシュに播種し，細胞塊が浮遊した状態で培養する

❻ 5 日間，培養を継続する

2. EB 遊走細胞の樹立

❶ 1. で作製した EB から EB 浮遊液を回収し，静置沈降させる

❷ 上清を除去後，EB をゼラチンコートしたディッシュに播種する

❸ EB 形成用培地で 5 日間培養する

❹ EB から遊走してくる細胞を確認する（図 2）[*2]

3. 骨分化誘導

❶ 2. にて作製した EB 遊走細胞[*3]を PBS にて洗浄する

❷ 0.25％トリプシン/EDTA を添加，37℃で 3〜5 分間静置する

❸ 基本培地で細胞を回収する[*4]

❹ セルストレーナーを用いて濾過する

❺ 細胞数計測後，2×10^6 の細胞数で，基本培地に懸濁しゼラチンコートされた 6 ウェルプレートに播種する

❻ 12 時間後，骨分化誘導培地に変更する

❼ 2 日に 1 回の培地交換を行い，14 日後に評価する[*5]

*1 EB 形成に使用する ES・iPS 細胞の状態は，細胞密度が低い場合と EB 形成効率が悪くなるので，セミコンフルエントの状態の細胞を用いる．スクレーパーで剥離した後は，ピペッティングは控える．

*2 細胞密度が高すぎると，全体が膜状に剥離してくるので，コンフルエントにならないように注意する．

*3 一定の継代を経たもの．

*4 回収したものの中には，基質を多く含む細胞塊が含まれるので，それらを除去するため．

*5 経過とともに基質が産生され，膜状に剥がれやすくなるので，培地交換の際は PBS などを必ず暖めて用いて，緩徐に洗浄する．

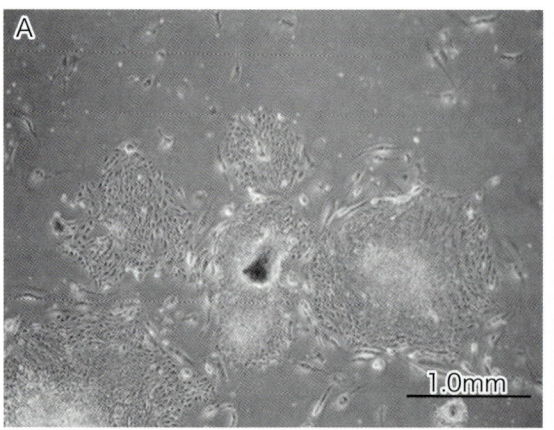

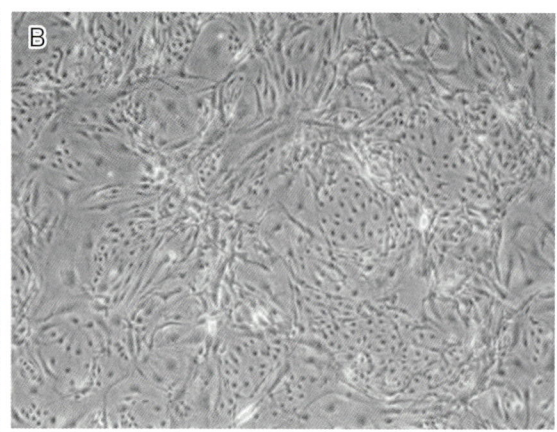

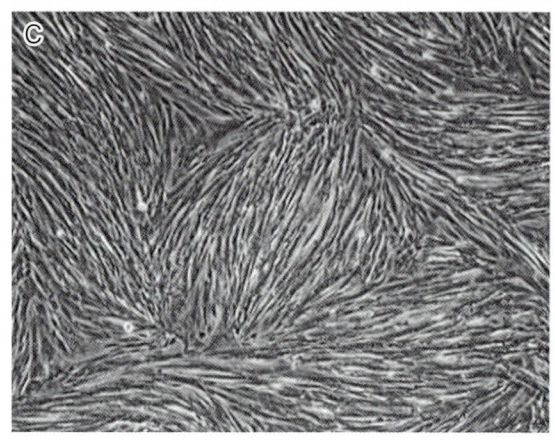

図2　EB遊走細胞
A) 初期像. B) 初回継代時. C) 10回継代時

4. 骨分化能評価

1) アリザリンレッド染色

❶ PBSで2回洗浄する[*6]

⬇

❷ 100％エタノールによる固定（10分）を行う

⬇

❸ 室温乾燥（5～10分）させる

⬇

❹ アリザリンレッドS処理，10分

⬇

❺ 蒸留水で5～6回洗浄後，評価する（図3A）

2) フォンコッサ染色

❶ PBSで1回洗浄する[*6]

⬇

[*6] 培養中と同様に最初のステップの洗浄の際に，細胞が膜状に剥がれないように留意する．

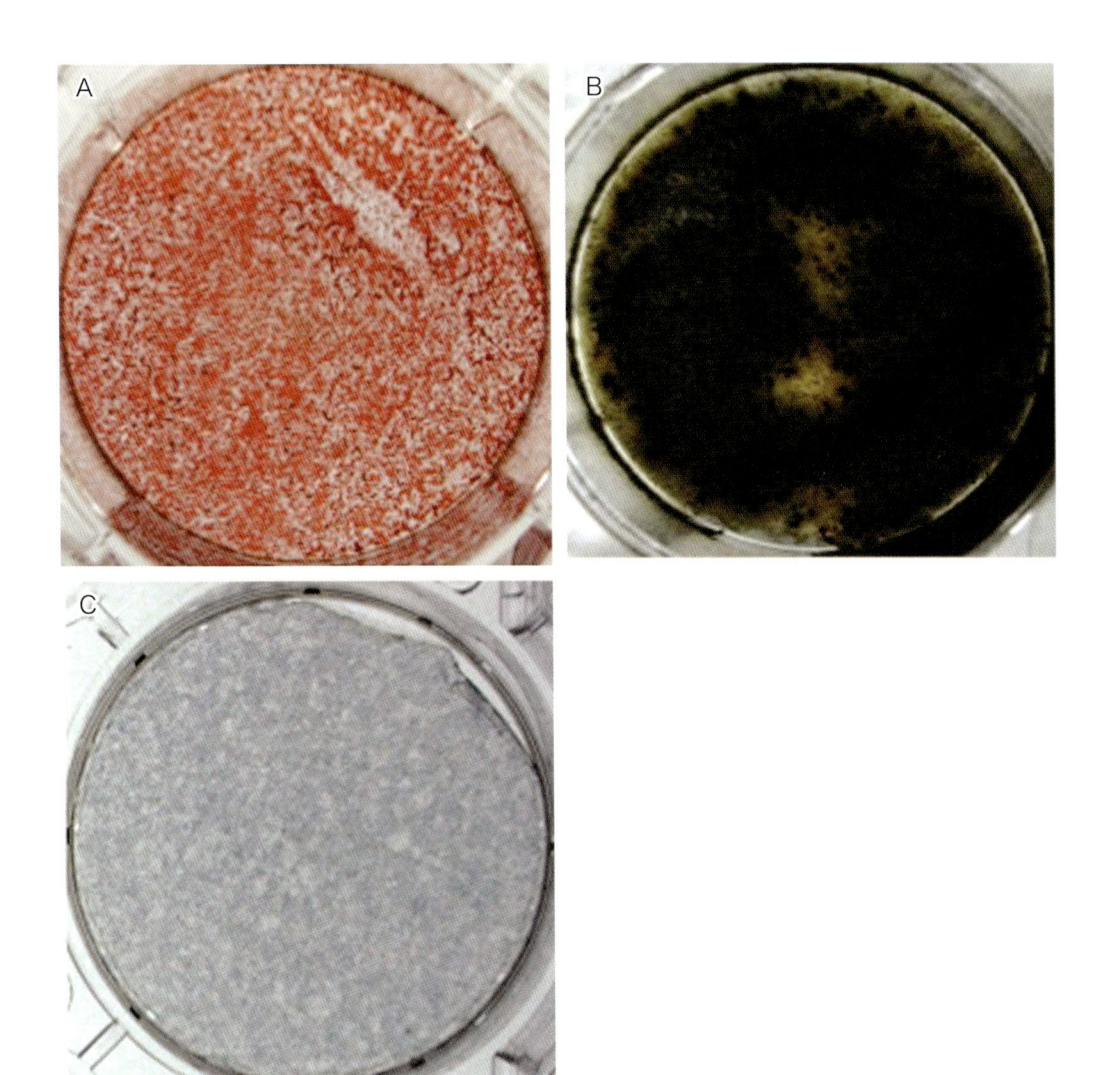

図3　骨分化能の評価
A) アリザリンレッド染色．B) フォンコッサ染色．C) アルカリホスファターゼ染色

❷ 4％パラホルムアルデヒドで固定（15分）する
　↓
❸ 硝酸銀液処理（遮光）をする
　↓
❹ 蒸留水による洗浄3回洗浄する
　↓
❺ 炭酸ナトリウム-ホルムアルデヒドによる処理，2分
　↓

❻ 蒸留水で2回洗浄後，評価する（図3B）

3）カルシウム含有量定量

❶ PBSで2回洗浄する[*6]

⬇

❷ ギ酸を1 mL/wellとなるように加え，室温で12時間以上浸透させる

⬇

❸ 上清を回収する

⬇

❹ N-アッセイ L-Caを用いてカルシウム含有量を定量する

4）アルカリホスファターゼ染色

❶ 4％PFA/PBSで30分固定する

⬇

❷ PBSにて3回洗浄する[*6]

⬇

❸ 組織染色用アルカリホスファターゼ基質キットを用い，室温で10分，反応させる

⬇

❹ PBSで洗浄後，評価する（図3C）

> ⚠ **トラブルへの対応**
>
> いずれの方法でも，単層培養に移った細胞群は，MSCを含むさまざまな分化段階の細胞が混在している状態であり，培養法の相違によって最終的な結果が異なってくることが予想される（図2A〜C）．継代を重ねることで特定の細胞の集団に収束してくると考えられ，安定した結果は得られる可能性はあるが，一方で特定の分化能をもった細胞を失っている可能性もあることを留意すべきである．

実験結果

iPS細胞よりEB形成を介した骨分化誘導を行い，その後RT-PCRにて遺伝子発現を評価したところ，図4に示すように培養期間に応じて骨関連遺伝子の発現が誘導されていることを確認できた．

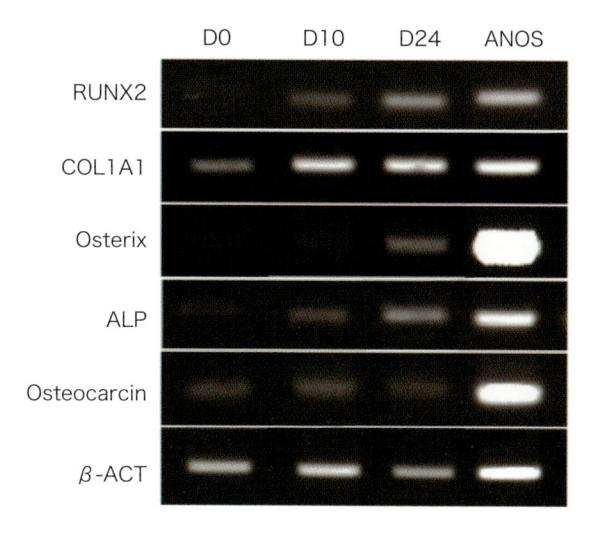

図4 骨関連遺伝子の発現
分化誘導前（D0），誘導開始後10日目（D10）および24日目（D24）の骨関連遺伝子の発現．ANOSはヒト骨肉腫細胞株

おわりに

　iPS細胞からのMSCの誘導は，MSC自体の理解にもつながる重要な課題である．しかし将来的にiPS細胞バンクから他家移植用のiPS細胞の供給が可能となり，骨組織の再生医療への応用が現実的なものとなった場合には，現在の分化誘導法では不充分であることが予想される．in vitroでの足場を用いた3次元培養法の開発など，新規の技術が必要となると考えられる．

◆ 文献

1）Takemoto, T. et al. : Nature, 470: 394-398, 2011
2）Mahmood, A. et al. : J. Bone Miner. Res., 25: 1216-1233, 2010
3）Kim, S. et al. : Biomaterials, 29: 1043-1053, 2008
4）Hwang, N. S. et al. : Proc. Natl. Acad. Sci. USA, 105: 20641-20646, 2008
5）Tremoleda, J. L. et al. : Cloning Stem Cells, 10: 119-132, 2008
6）Brown, S. E. et al. : Cells. Tissues. Organs, 189: 256-260, 2009
7）Lee, K. W. et al. : Stem Cells Dev., 19: 557-568, 2010
8）Barberi, T. et al. : PLoS Med., 2: e161, 2005
9）Olivier, E. N. et al. : Stem Cells, 24: 1914-1922, 2006
10）Karp, J. M. et al. : Stem Cells, 24: 835-843, 2006
11）de Peppo G. M. et al. : Tissue Eng. Part A, 16: 3413-3426, 2010
12）Hu, J. et al. : Tissue Eng. Part A, 16: 3507-3514, 2010
13）Zou, L. et al. : Sci. Rep., 3: 2243, 2013

III 分化誘導のプロトコール

13 始原生殖細胞への分化誘導

中木文雄, 林 克彦, 斎藤通紀

フローチャート

～-2日: ES細胞の培養 → 当日: **KSR, Activin A, bFGF 添加**によるEpiLCsへの分化 → 2日: **BMP4, LIF, SCF, EGF 添加**によるPGCLCsへの誘導 → 6日: PGCLCsの回収・機能検証

はじめに

　生殖細胞系譜は，次世代に遺伝情報を伝達する唯一の細胞系譜である．マウス生殖細胞の発生過程では，多能性遺伝子の活性化，体細胞プログラムの抑制とともに，DNAメチル化やヒストン修飾といったエピゲノム情報が書き換えられる「エピジェネティックリプログラミング」が生じることが知られている[1]．これらのイベントは生殖細胞に特徴的なものであるが，その分子メカニズムには不明な点が多い．その理由として，個体発生初期に誘導される始原生殖細胞(primordial germ cells：PGCs)の数が非常に少なく，マウスでは受精後約7.25日の原腸胚においてわずか40細胞程度であることが挙げられる．PGCsが10^4細胞程度まで増殖するのは，生殖堤へと移動し性決定が完了する受精後約12.5日頃になるが，この時点でリプログラミングはほぼ完了している．エピジェネティックリプログラミングが起きている時期の細胞を多数得るために，*in vitro*でこの発生過程を再現する培養系を構築できれば，多くの新たな知見が得られることが期待される．本項では，多能性幹細胞(マウスES細胞またはマウスiPS細胞)を起点として，機能的な始原生殖細胞を誘導する培養法について紹介する．

培養系の概説

　本培養系は，*in vivo*におけるPGCsの分化誘導をStep-by-stepで再現する点を特徴としている．マウスの発生過程では，胚盤胞が形成され，内部細胞塊がエピブラストへと分化し，エピブラストにBMP4(bone morphogenetic protein 4)のシグナルが入ることにより，始原生殖細胞が誘導される．これを*in vitro*で再構築すると，**まず多能性幹細胞をエピブラスト様細胞(epiblast-like cells：EpiLCs)に分化させ，次にBMP4を添加して培養することでPGC様細胞(PGC-like cells：PGCLCs)を誘導する**，となる(図1)．得られたPGCLCsは，移植して*in vivo*で機能検証を行うことが可能であり，実際，オスの細

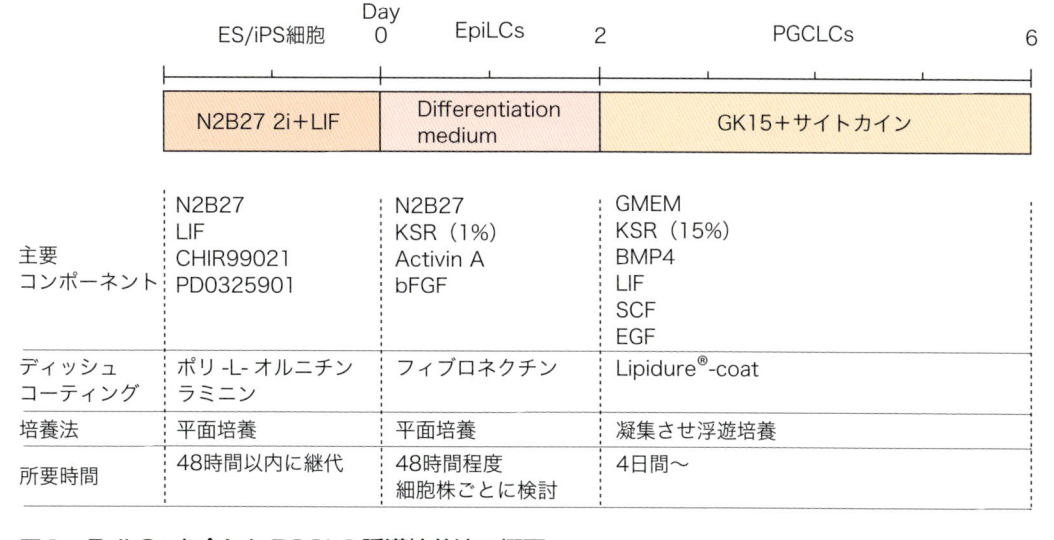

	ES/iPS細胞	Day 0	EpiLCs	2	PGCLCs	6
	N2B27 2i+LIF		Differentiation medium		GK15＋サイトカイン	
主要コンポーネント	N2B27 LIF CHIR99021 PD0325901		N2B27 KSR（1%） Activin A bFGF		GMEM KSR（15%） BMP4 LIF SCF EGF	
ディッシュコーティング	ポリ-L-オルニチン ラミニン		フィブロネクチン		Lipidure®-coat	
培養法	平面培養		平面培養		凝集させ浮遊培養	
所要時間	48時間以内に継代		48時間程度 細胞株ごとに検討		4日間〜	

図1　EpiLCsを介したPGCLC誘導培養法の概要

胞は精細管移植法，メスの細胞は再構成卵巣移植法により，それぞれ機能的な精子および卵に分化することが確認されている[2)3)].

準　備

細胞

　PGCLCsの誘導を特異的に観察するため，当研究室ではレポーター遺伝子 *Blimp1-mVenus*, *stella-ECFP*（以下，BVSCレポーターと呼ぶ）を含むトランスジェニックマウス由来のES細胞株を用いている[4)]．蛍光タンパク質を指標に細胞をソートすることも容易である．レポーターをもたないES細胞株の場合も，表面抗原（SSEA1, CD61）を指標に誘導を確認し，ソートすることが可能である．ES細胞は2i + LIFによる無血清培養[5)]で維持するため，血清を使わずに樹立，培養されたものが望ましい．

1. ES細胞の培養

　特に断りのない限り，これらの試薬，器具は分化誘導時も用いる．また，培地調製，培養操作はすべてクリーンベンチ内で行う．
☐ TrypLE™ Express（ライフテクノロジーズ社, #12604-021）
☐ PBS pH 7.2（リン酸緩衝生理食塩水）（ライフテクノロジーズ社, #20012-027）
☐ 培養用滅菌蒸留水（ライフテクノロジーズ社, #15230-162）

- □ Falcon™マルチウェル細胞培養用プレート（6-wellおよび12-well）（BD Biosciences社，#353046および#353043）
- □ Falcon™コニカルチューブ（15 mLおよび50 mL）（BD Biosciences社，#352196および#352070）
- □ CO_2インキュベーター[*1]
- □ 低吸着チップ（100〜1,000 μLおよび1〜200 μL）（Sorenson BioScience社，#10231Tおよび#15671T）
  本培養系では細胞数が非常に重要であるため，低吸着チップで培養操作を行うことにより安定した結果が得られる．
- □ 遠心分離機
  当研究室ではエッペンドルフ社，#5702を用いている．
- □ 血球計数板

[*1] 核型XXの場合，5% O_2で培養するため，O_2濃度もコントロール可能なもの．

試薬

- □ DMEM/F12（ライフテクノロジーズ社，#11330-032）
  HEPES，Phenol red含有．
- □ DMEM/F12（ライフテクノロジーズ社，#21041-025）
  HEPES，Phenol red非含有．
- □ BSA（ウシ血清アルブミンFraction V）（ライフテクノロジーズ社，#15260-037）
  7.5%（w/v）溶液．
- □ インスリン（ウシ膵臓由来）（シグマ・アルドリッチ社，#I-1882）
  フィルター滅菌した10 mM HCl溶液に4℃，オーバーナイトで溶解し，25 mg/mLストック溶液を作製する．分注して−20℃以下で保存．
- □ アポ-トランスフェリン（ヒト由来）（シグマ・アルドリッチ社，#T1147）
  滅菌蒸留水に4℃オーバーナイトで溶解し，100 mg/mLストック溶液を作製する．分注して−20℃以下で保存．
- □ プロゲステロン（シグマ・アルドリッチ社，#P8783）
  エタノールに溶解し0.6 mg/mLストック溶液を作製する．0.22 μmフィルターで滅菌し，分注して−20℃以下で保存．
- □ プトレシン二塩酸塩（シグマ・アルドリッチ社，#P5780）
  滅菌蒸留水に溶解し160 mg/mLストック溶液を作製する．0.22 μmフィルターで滅菌し，分注して−20℃以下で保存．
- □ 亜セレン酸ナトリウム（シグマ・アルドリッチ社，#S5261）
  滅菌蒸留水に溶解し3 mMストック溶液を作製する．0.22 μmフィルターで滅菌し，分注して−20℃以下で保存．
- □ 2-ME（55 mM溶液）（ライフテクノロジーズ社，#21985-023）
- □ Neurobasal® Medium（ライフテクノロジーズ社，#12348-017）

Phenol red非含有.

- [ ] B27® supplement minus vitamin A（ライフテクノロジーズ社, #12587-010）
- [ ] ペニシリン／ストレプトマイシン溶液（10,000 U/mL／10,000 μg/mL溶液）（ライフテクノロジーズ社, #15140）
- [ ] L-グルタミン溶液（200 mM溶液）（ライフテクノロジーズ社, #25030）
- [ ] CHIR99021（Biovision社, #1677-5）
    DMSOに溶解し30 mMストック溶液を作製する．分注して-80℃で保存．
- [ ] PD0325901（Stemgent社, #04-0006）
    DMSOに溶解し10 mMストック溶液を作製する．分注して-80℃で保存．
- [ ] LIF（ESGRO®）（メルク社, #ESG1107）
    10^7 U/mL溶液を分注して4℃保存．

培地の調製

- [ ] Wash medium

    4℃保存．

		（最終濃度）
DMEM/F12	500.0 mL	
BSA	6.7 mL	(0.1%)

- [ ] N2B27 medium

    原法[6]から2点変更しており，基礎培地はHEPES，フェノールレッド非含有，B27 supplementはビタミンA非含有のものを用いている．はじめにN2サプリメント100×溶液を下記の通り調製する．

    【N2サプリメント100×溶液】　　　　（最終濃度）

DMEM/F12	3,595	μL	
インスリン	500	μL	(2.5 mg/mL)
アポ-トランスフェリン	500	μL	(10 mg/mL)
プロゲステロン	16.7	μL	(2 μg/mL)
プトレシン二塩酸塩	50	μL	(1.6 mg/mL)
亜セレン酸ナトリウム	5	μL	(3 μM)
BSA*2	333.3	μL	(5 mg/mL)
合計	5	mL	

    *2 N2B27作製用には分注し-20℃以下で保存しておくことが望ましい．

    N2サプリメント調製後，ただちにN2B27 mediumを調製する．

    【A液】　　　　　　　　　　　　　　　　　　（最終濃度）

DMEM/F12（HEPES，Phenol red非含有）	495 mL	
調製したN2サプリメント	5 mL	(1×)
2-ME	900 μL	(0.1 mM)

【B液】　　　　　　　　　　　　　　　　　（最終濃度）
Neurobasal® Medium（Phenol red非含有）480 mL
B27 supplement minus　　　　　　10 mL
vitamin A
ペニシリン／ストレプトマイシン溶液　　5 mL (100U/mL/100μg/mL)
L-グルタミン溶液　　　　　　　　　　5 mL　　　(2mM)
2-ME　　　　　　　　　　　　　　　900μL　　 (0.1mM)

A液とB液を20 mLずつ混合して50 mLチューブに分注し，−80℃で保存する．解凍後は4℃で保存し2週間以内に使用する．

☐ **N2B27 2i + LIF medium**

上記N2B27 mediumに，GSK3阻害剤であるCHIR99021およびMEK阻害剤であるPD0325901（2i）と，LIFを添加したもの[5]．4℃保存．2週間以内に使用する．使用時には使用する分だけ分注し，37℃に加温しておく．

　　　　　　　　　　　　　　　（最終濃度）
N2B27 medium　　40　 mL
CHIR99021　　　　4.0 μL　　（3 μM）
PD0325901　　　　1.6 μL　　（0.4 μM）
LIF　　　　　　　　4.0 μL　　（10^3 U/mL）

培養ディッシュの準備

☐ ポリ-L-オルニチン（シグマ・アルドリッチ社，#P3655）
滅菌蒸留水に溶解し，0.01％（w/v）溶液を作製する．4℃で保存．

☐ ラミニン（マウス由来）(BD Biosciences社，#354232)
2 mg/mL溶液を購入後分注し−80℃に保存．解凍後は4℃で保存．On iceで取り扱う．

方法：0.01％ ポリ-L-オルニチン 1 mLを6ウェルプレートに加え，1時間以上（〜オーバーナイト）室温でインキュベーションする．PBSで2回洗浄し，ラミニン（10〜300 ng/mL）[*3]溶液を加え，1時間以上（オーバーナイトが望ましい）37℃のCO_2インキュベーターでインキュベーションする．使用直前にPBSで2回洗浄し，培地を加える．乾燥させないよう注意する．

*3　核型XYでは10 ng/mL核型XXでは300 ng/mLとする．接着が弱い場合は，濃度を検討する必要がある．

2. EpiLCsの分化誘導

試薬

- □ KSR (KnockOut™ Serum Replacement)（ライフテクノロジーズ社, #10828-028）

  分注し, -20℃以下で凍結保存. 解凍後は4℃で保存し2週間以内に使用する*4.

- □ ヒト組換えActivin A（Peprotech社, #120-14）

  滅菌蒸留水に溶解し, 50 μg/mL溶液を作製する. 分注して-20℃以下で保存.

- □ ヒト組換えbFGF（ライフテクノロジーズ社, #13256-029）

  フィルター滅菌した10 mM Tris緩衝液pH 7.6, 0.1% BSA溶液を溶媒として, 10 μg/mL溶液を作製する. 分注して-20℃以下で保存.

培地の調製

- □ Differentiation Medium

  ES細胞培養と同じN2B27 mediumを基礎培地とする*4. 用事調製. 使用前に37℃に加温しておく.

		（最終濃度）
N2B27 medium	1 mL	
KSR*5	10.0 μL	(1%)
ヒト組換えActivin A	0.4 μL	(20 ng/mL)
ヒト組換えbFGF	1.2 μL	(12 ng/mL)

培養ディッシュの準備

- □ フィブロネクチン（ヒト由来）（メルク社, #FC010）

  1 mg/mL溶液を4℃で保存.

  方法：フィブロネクチン（1 mg/mL）をPBSで希釈（10 μL/600 μL）し, 12ウェルプレートに600 μL/well加え, 37℃のCO₂インキュベーターで1～2時間インキュベーションし, コーティングする. 溶液を除いた後の洗浄は不要だが, 乾燥させないように注意する.

3. PGCLCsの誘導

試薬

- □ GMEM（ライフテクノロジーズ社, #11710-035）
- □ 非必須アミノ酸（ライフテクノロジーズ社, #11140）
- □ ピルビン酸ナトリウム（ライフテクノロジーズ社 #11360）

培地の調製

- □ GK15

  調製法：最初に2-MEをGMEMに加えた後, 他の試薬を混合する.

---

*4 解凍後2週間以上経過したものは使用しない.

*5 PGCLC誘導効率にロット差が認められるため, ロットチェックを行う必要がある.
⚠ トラブルへの対応 も参照

用時調製とし，使用前に37℃に加温しておく．

（最終濃度）

GMEM	8.1	mL	
2-ME	18	μL	(0.1 mM)
KSR*6	1.5	mL	(15%)
ペニシリン／ストレプトマイシン*7	100	μL	(100 U/mL／100 μg/mL)
L-グルタミン*7	100	μL	(2 mM)
非必須アミノ酸*7	100	μL	(0.1 mM)
ピルビン酸ナトリウム*7	100	μL	(1 mM)
合計	約10	mL	

PGCLCsの誘導

BMP4，LIF*8，SCF（stem cell factor），EGF（epidermal growth factor）の各サイトカインを用いる．ストック溶液の調製法は下記の通り．凍結保存していたサイトカインのストック溶液は解凍後4℃に保存し，2週間以内に使用する．

□ ヒト組換えBMP4（R&D社，#314-BP）

BSA 0.1％を含む4 mM HCl溶液をフィルター滅菌したものを溶媒として，50 μg/mLストック溶液を作製する．分注して−80℃で保存する．

□ マウス組換えSCF（R&D社，#455-MC）

BSA 0.1％を含むPBS（pH 7.2）を溶媒として，50 μg/mLストック溶液を作製する．分注して−80℃で保存する．

□ マウス組換えEGF（R&D社，#2028-EG）

BSA 0.1％を含むPBS（pH 7.2）を溶媒として，500 μg/mLストック溶液を作製する．分注して−80℃で保存する．

培養ディッシュ

□ Lipidure®-coat 96ウェルプレート丸底（サーモサイエンティフィック社，#81100525）

4. PGCLCsの回収

□ 10×PBS（Ca^{2+}, Mg^{2+}含有）（シグマ・アルドリッチ社，#D1283）

□ Photo Buffer

以下を混合し，フィルター滅菌したもの．

（最終濃度）

10×PBS（Ca^{2+}, Mg^{2+}含有）	4 mL	(1×)
KSR	2 mL	(5%)
培養用滅菌蒸留水	34 mL	
合計	40 mL	

*6 ロットチェックを行い，EpiLCsの誘導に用いたものと同じロットを用いる．

*7 分注．−20℃以下で保存とし，解凍後それぞれ2週間以内のものを使用する．

*8 ES細胞培養に用いるものと共通．4℃で保存．

- □ FACS Buffer
  PBS（pH 7.2）にBSAを最終濃度0.1％となるように加えたもの．
- □ Anti-SSEA1 Alexa Fluor® 647抗体（eBioscience社，#51-8813）
- □ PE anti-human CD61抗体（BioLegend社，#104307）
- □ 35μmセルストレーナー（ポリスチレンチューブ付）（BD Biosciences社，#352235）
- □ ガラス毛細管マイクロピペット（Drummond社，#2-000-100）
- □ 蛍光実体顕微鏡
- □ フローサイトメーター（セルソーター）
  当研究室ではFACSAria™ III（BD Biosciences社）を用いている．

プロトコール

培養系の全体的な流れはp.259図1の通り．ES細胞を2i + LIF，フィーダーフリーの条件下で培養した後，EpiLCsへと分化させる．36〜48時間程度分化させたところでEpiLCsを回収し，浮遊培養で細胞を凝集させてPGCLCsを誘導する．培養4日目にはPGCLCsが誘導され，回収可能となる．

1. ES細胞の培養

準備1.に記載した，オルニチン・ラミニンコートされたディッシュを用いて，ES細胞を3回以上継代し，フィーダー細胞を除く．EpiLC分化誘導には，フィーダーフリー化して培養したES細胞を用いる．当研究室で標準的に行っている継代の方法は下記の通り．

❶ 古い培地を丁寧に吸引する[*1]

⬇

❷ TrypLE™ 1 mLを加え，37℃のCO_2インキュベーターで4分間インキュベーションする

⬇

❸ Wash medium 4 mLを加えて希釈し，反応を止めると同時に，丁寧にピペッティングし，細胞を解離させる[*2]

⬇

❹ 細胞数を数え，2.5×10^5 cells[*3]相当の懸濁液を15 mLチューブに移す

⬇

❺ 220 G，3分間遠心し，細胞をペレットにし，上清を除く

⬇

*1 コロニーが剥がれやすいのでプレートを傾けないほうがよい．

*2 コロニーが充分ほぐれていない状態で継代すると，短時間でコロニーが大きくなり，ディッシュから剥がれてしまうので注意する．

*3 適切な細胞数は各ES細胞株に異なる可能性がある．継代の間隔を考えながら検討する必要がある．⚠トラブルへの対応も参照．

❻ N2B27 2i + LIF mediumに懸濁し，オルニチン・ラミニンコートしたプレートに同培地を入れ，懸濁液を加える
培地の量は2 mL/well（6ウェルプレート）を目安とする．

❼ CO_2インキュベーターを用いて37℃，5% CO_2，95% Air（XY）または5% CO_2，5% O_2，90% N_2（XX）で培養する
継代は48時間後を目安とする．

2. EpiLCsの分化誘導

EpiLCsはES細胞分化過程における一過性の状態を指しており，その分化時間が誘導効率に大きく影響するため，細胞株ごとに検討する必要がある．ここでは標準的な48時間の場合を記載する[*4]．

❶ フィーダーフリー化したES細胞をTrypLE™で処理し，Wash mediumで希釈し，反応を停止する

1. ❶〜❸と同様．

❷ すべての細胞を15 mLチューブに回収し，220 G, 3分間遠心し，細胞をペレットにする
上清を除き，Differentiation mediumに懸濁し，細胞数を数える．

❸ フィブロネクチンコートしたディッシュに1 mLのDifferentiation mediumを入れ，1×10^5 cells/wellの懸濁液を加える

❹ CO_2インキュベーターを用いて37℃，5% CO_2，95% Air（XXおよびXY）で24時間培養する

❺ 新しいDifferentiation mediumに入れかえる

❻ 37℃，5% CO_2，95% Air（XXおよびXY）で24時間培養する

3. PGCLCsの誘導

ES細胞のコロニーは球状であったが，EpiLCsへと分化すると平坦な上皮様となり，広がるように増殖する（図2）．分化誘導したEpiLCsを回収し，PGCLCsの誘導を行う．

❶ Differentiation Mediumを除き，EpiLCsをPBSで静かに1回洗浄する

*4 安定してPGCLCsを誘導するには，EpiLCsの分化誘導時間を最適化し，厳守することが重要． ⚠トラブルへの対応 も参照．

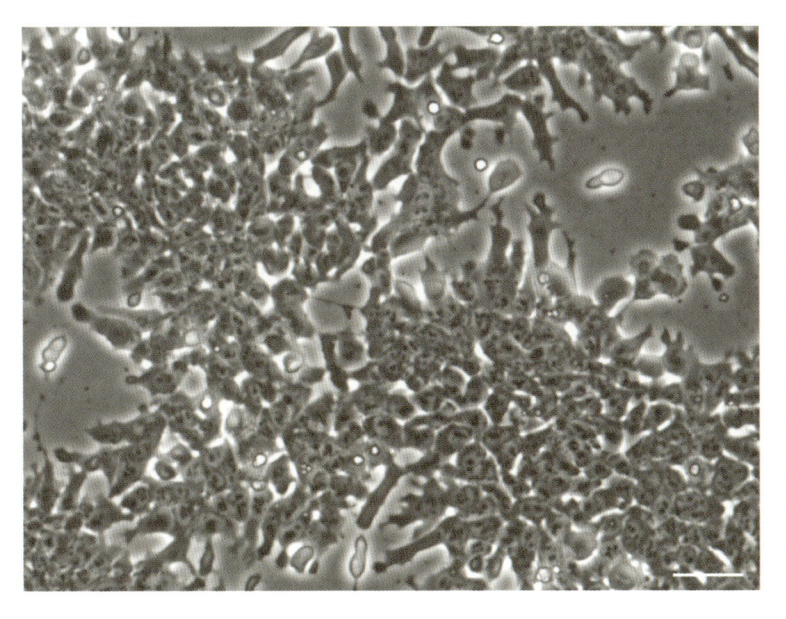

図2 EpiLCs
Bar：50 μm

❷ PBSを除き，TrypLE™ 400 μLを加え，室温で2分間インキュベーションする

❸ Wash Medium 800 μLを加え，細胞を15 mLチューブに回収する

❹ Wash Mediumをさらに800 μL加え，ディッシュを洗うようにしてすべてのEpiLCsをチューブに回収する（合計2 mLとなる）
細胞数を数え，合計細胞数を算出する．

❺ 220 G，3分間遠心し，ペレットの上清を除く

❻ 細胞を 1×10^6 cells/mL（＝1,000cells/μL）となるように，GK15に懸濁する

❼ BMP4 ＋ LIF ＋ SCF ＋ EGFを加えたGK15[*5]に，100 μLあたり2 μL（2,000細胞）の懸濁液を加える
サイトカインの濃度は下記の通り．

[*5] GK15とLIFのみで培養するネガティブコントロールも同様に作製する．

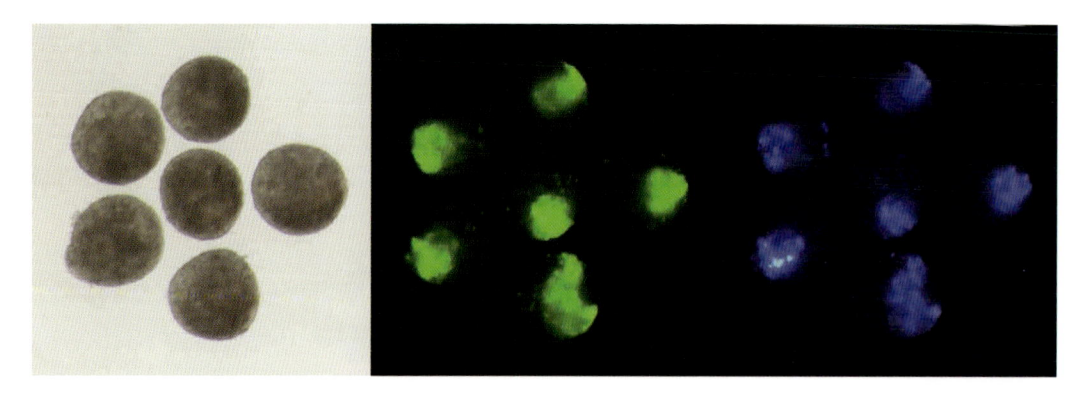

図3 誘導されたPGCLCs
誘導4日目の細胞凝集塊(左:明視野).蛍光実体顕微鏡下で,BV(中)SC(右)の蛍光を発する細胞集団が認められる

```
【GK15 1 mLあたりの添加量】          (最終濃度)
BMP4              10   μL       (500 ng/mL)
LIF               0.1  μL       (10³ U/mL)
SCF               2    μL       (100 ng/mL)
EGF               0.1  μL       (50 ng/mL)
```

❽ Lipidure®-coat 96ウェルプレート(U底)の各ウェルに,100 μLずつ加え,CO_2インキュベーターを用いて37℃,5% CO_2,95% Air(XXおよびXY)で4日間培養する*6

4. PGCLCsの回収

当研究室では,蛍光実体顕微鏡下でBVSCレポーター遺伝子の発現を観察することにより,誘導を確認している.観察は,Photo bufferを入れたディッシュにガラス毛細管マイクロピペット*7を用いて細胞塊を移し,最小限の時間で行う.培養2日目にはBLIMP1陽性細胞が明らかとなり,4日目以降にはレポーター陽性細胞が集合し,細胞塊の中でクラスター状に分布する(図3).細胞回収の方法として,蛍光タンパク質を指標にソートする場合と,表面抗原を利用してソートする場合の2種類の方法がある.いずれの場合も,細胞塊を回収し,酵素的に解離してサンプルを調製するところまでは同様である.

❶ マイクロピペットなどを用いて細胞塊を回収する

充分な量のPBSを加えた15 mLコニカルチューブに回収する.

*6 細胞がU底の底部に集まり,12時間程度で凝集する.その後,球状の塊をつくりながら増殖する.

*7 GK15 mediumの持ち込みを最小限にするため,細胞塊の大きさに合わせてガスバーナーなどを用いてガラス毛細管を細くする.

❷ 220 G, 1分間遠心し，細胞塊を底に集め，静かに上清を除く

❸ TrypLE™を加え，3〜7分程度37℃で温める
指でタッピングしながら，細胞塊が解離するのを確認する[*8].

❹ Wash mediumを加えて希釈し反応を停止する
丁寧にピペッティングし，細胞塊をほぐす．実体顕微鏡下でピペッティングの回数を最低限にすることが望ましい．表面抗原を用いて抗体染色を行う場合は，❺に進む．蛍光タンパク質を用いてPGCLCsをソートする場合は，⓫に進む．

❺ 70 μmセルストレーナーを通して新しい15 mLチューブに移す

❻ 220 G, 3分間遠心し，ペレットにする．適量のFACS bufferに再懸濁する

❼ 懸濁液に，抗体を下記の希釈率で加える[*9]

| Anti-SSEA1 Alexa Fluor647 抗体 | 1：20 |
| PE anti-human CD61 抗体 | 1：200 |

❽ On iceで15分間インキュベートする

❾ FACS bufferを5 mL以上加え，懸濁液を少なくとも5倍以上に希釈する

❿ 220 G, 5分間遠心し，細胞をペレットにし，静かに上清を除く

⓫ 適量のFACS bufferに再懸濁する．35 μmセルストレーナーキャップを通してポリエチレンチューブに移す
ソートするまでon iceで維持する．

⓬ ソーティング機能のあるフローサイトメーターを用いて細胞をソートする
当研究室ではFACSAria™ IIIを用いている．100 μmノズルを用いてセットアップする．レーザーおよび検出器は，用いる蛍光タンパク質，蛍光色素に応じて適切に選択する[*10][*11][*12]．

[*8] 培養2日目であれば3分程度，4日目では7分程度で解離する．細胞へのダメージを防ぐため，なるべく短時間で行う．

[*9] 抗体濃度はデータシートを目安に最適化を行う．

[*10] 上記の抗SSEA1抗体，抗CD61抗体はそれぞれAPCチャネル，PEチャネルで検出される．

[*11] 誘導効率が低いとソートに時間がかかるため，ソート中冷却可能なデバイスを用いることが望ましい．

[*12] PGCLCsを集めるチューブは細胞数に応じて適宜選択する．細胞数のロスを減らすには，15 mLコニカルチューブまたは1.5 mLマイクロチューブに直接ソートする．ソートするチューブには，あらかじめBSAを含む培地（Wash mediumなど）を1 mL程度入れておく．

❸ 220 G, 10分間以上遠心し, 細胞をペレットにする. 上清を除く

❹ 回収したPGCLCsは, ただちに機能解析および生化学的解析に使用する

⚠ トラブルへの対応

■ フィーダーフリー培養で細胞が生育しない
→最初に播く細胞の数を増やし, 密度を上げる
→培地を新たに解凍する

この培養法は無血清かつフィーダーフリーであるため, 細胞の生育が培地の活性に大きく依存する. 培地は−80℃で保存し, 解凍後2iおよびLIFを加え, 2週間以内に使用する.

■ フィーダーフリー培養で細胞が接着しない
→ラミニン濃度を検討する
→コロニーが大きくなりすぎないように維持する

コロニーは大きくなるほど浮遊しやすくなるので, 次の継代時にあまり細胞が増えすぎないように, 細胞数, 培養時間を調節する. 48時間を目安として継代できるようにする. 継代はできるだけ単一の細胞に解離させた状態で行い, 均等に細胞が分布するよう特に注意する.

→培養ディッシュを小さくする

■ EpiLCへと分化しない. ES細胞様のコロニーが残る
→ES細胞のコロニーが混入しないよう, 単一の細胞に解離させた状態で播く
→KSR濃度(1%)を確認する

■ PGCLC誘導効率が低い

PGCLCsの誘導効率は, ES細胞株ごとに大きく異なることが明らかになっている. 実験の目的に合わせ, 比較検討を行い, 誘導効率の高い細胞株を選択する必要がある. ここではさらに, 各細胞株で誘導効率を高めるうえで注意すべき点について記載する.

→継代数の少ないES細胞を使用する

継代数が多い細胞株では, 異数体となるリスクが高く, 実験結果が不安定になる可能性がある. できるだけ早い継代数のES細胞をフィーダーフリー化し, 分注して細胞ストックを多数作製して実験に用いることが望ましい.

→EpiLCsの分化時間を最適化する

EpiLCsの分化時間は誘導効率において非常に重要であり, 3〜6時間程度の差でも変化が認められる. したがって, コンスタントにPGCLCsを得るためには, 分化時間を常に一定とする必要がある.

→細胞塊あたりの細胞数を検討する
→KSRのロットチェックを行う
→抗体の活性を確認する(表面抗原を用いる場合)

PGCLCsの機能検証

機能的な検証を行う場合，PGCLCsをソート後可及的速やかに移植実験を行う．当研究室で行っている機能検証実験の概要を下記に紹介する．詳細については下記参考文献，参考図書を参照されたい．動物実験は，すべて所属施設のガイドラインに従って実施する．

1. 精子形成 [2)][7)]

精細管移植法は，**B6WBF1-*W/W^V*マウス**（SLC社）を用いて行う．生後7日齢の*W/W^V*雄マウスを氷上で低体温麻酔し，下腹部皮膚，腹膜を切開する．精巣を牽引して露出し，囊状の精巣網を確認する．トリパンブルーを含む緩衝液に，回収したPGCLCsを$5×10^3$ cells/μLの濃度で希釈する．PGCLCsを精巣網内にガラス毛細管を用いて，1精巣あたり2 μL（$1×10^4$ cells）注入する．精巣を復位して腹膜を縫合し，皮膚切開部を縫合する．加温してマウスの回復を促す．10週間後に精巣を摘出し，精細管内での精子形成の有無を観察する．

2. 卵形成 [3)][8)][9)]

1）再構成卵巣の作製

妊娠ICRマウス（妊娠12.5日，SLC社）を安楽死させ，子宮から胎仔を得る．実体顕微鏡下で胎仔の腹部を切開し，雌の生殖堤を切り出し，中腎組織を切除後，トリプシン処理し，細胞を解離する．得られた細胞を抗SSEA1マイクロビーズ（Miltenyi Biotec社）と混合し，**MACS法**によって始原生殖細胞を除く．得られた**体細胞とPGCLCs**をGK15に懸濁して**10：1の比**で混合し，Lipidure®-coat 96ウェルプレート（U底）で2日間培養し，凝集させる．

2）再構成卵巣の移植

雌のヌードマウス〔KSNマウス（SLC社）〕を麻酔し，側腹部（背側腎臓付近）の皮膚および腹膜を切開し，卵巣を牽引して露出する．実体顕微鏡下で卵巣被膜を穿孔し，卵巣をマイクロ剪刀で切開する．切開部分にガラス毛細管を用いて培養した再構成卵巣を注入する．被膜穿孔部を摂子で圧着，卵巣を復位し，腹膜を縫合した後，皮膚切開部をクリッピングする．32日後に卵巣を摘出し，移植片中の卵形成を観察する．

B6WBF1-*W/W^V*マウス：*Kit*遺伝子の突然変異マウスであり，生殖細胞を欠く．

MACS（Magnetic-activated cell sorting）法：抗体を結合させた磁性ビーズを用いて，磁気によって目的の細胞を分ける方法．ここではSSEA1を発現する始原生殖細胞を除くために行っている．具体的には，抗SSEA1ビーズと混合した生殖堤の細胞を，MiniMACS™セパレーター（Miltenyi Biotec社）により磁気をかけたMACS MSカラム（Miltenyi Biotec社）に通す．このときビーズに結合した始原生殖細胞はカラムに残り，体細胞のみカラムを通過する．

体細胞とPGCLCs：体細胞およびPGCLCsの精製は，複数人で同時並行して行うことが望ましい．

比率の目安：体細胞50,000細胞＋PGCLCs 5,000細胞を目安として検討する．

実験結果

サイトカインを加え4日目には，細胞塊中にBVSCレポーターがともに陽性となる細胞が誘導される．蛍光顕微鏡写真およびフローサイトメトリーの結果は図3，図4のようになる．表面抗原を用いて染色し，フローサイトメトリーを行った場合も図4に示す．SSEA1およびCD61共陽性の細胞集団が，PGCLCsに相当する．ソートする場合のゲートの一例を図中に示す．これらのPGCLCsは，遺伝子発現解析，エピゲノム解析により，受精後約9.5日頃のPGCsに近いと推定されている[2]．培養期間を4日以上に延長しても，生殖細胞後期マーカー（$Ddx4, Dazl$など）の強発現には至らない．これらのマーカーを発現させるには，例えば再構成卵巣の培養のように，培養系を変更する必要がある[3]．

機能解析を行った場合の結果の一例を示す（図5）．雄の細胞は精細管内に移植すると精子形成が認められる．また，雌の細胞では再構成卵巣内で卵胞形成が認められる．これらの配偶子は，野生型の配偶子と体外受精・胚移植を行うことにより，正常な産仔の産出に寄与することが確認されている．

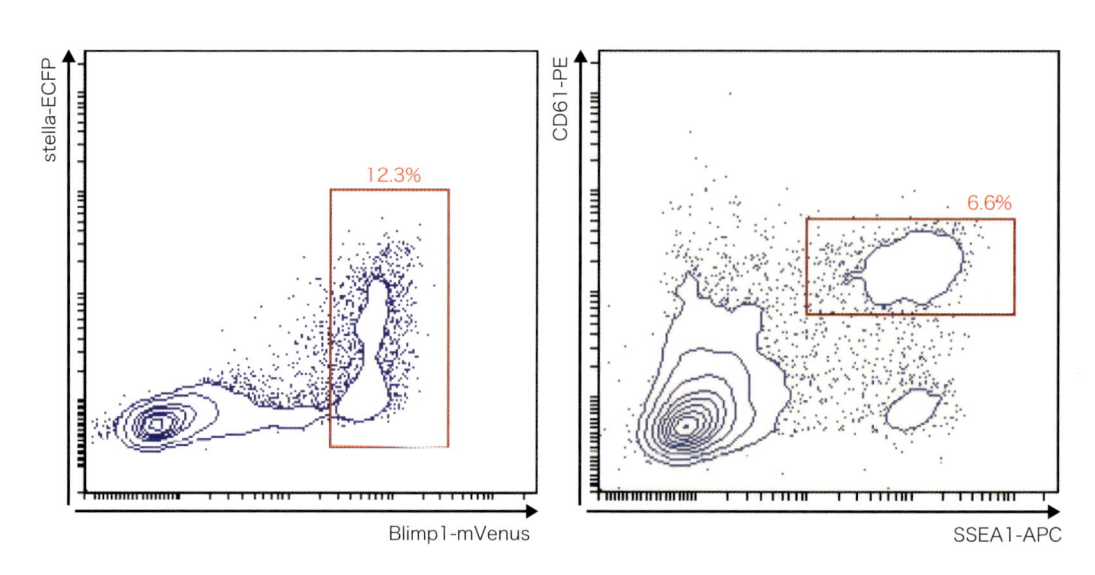

図4 フローサイトメトリーによるPGCLCsを含む細胞凝集塊の展開例
誘導4日目の細胞凝集塊をフローサイトメトリーで展開した．A)図3に示すBVSCレポーターの蛍光で展開した場合．BVをFITCチャネルで，SCをAmCyan Horizon V500チャネルで検出した．SC陽性細胞はほぼすべてBV陽性となっている．BV陽性細胞（ゲート参照）がPGCLCsに相当する．B)抗SSEA1抗体，抗CD61抗体で染色した場合．それぞれAPCチャネル，PEチャネルで検出した．両マーカーが共陽性の細胞集団（ゲート参照）が，PGCLCsである

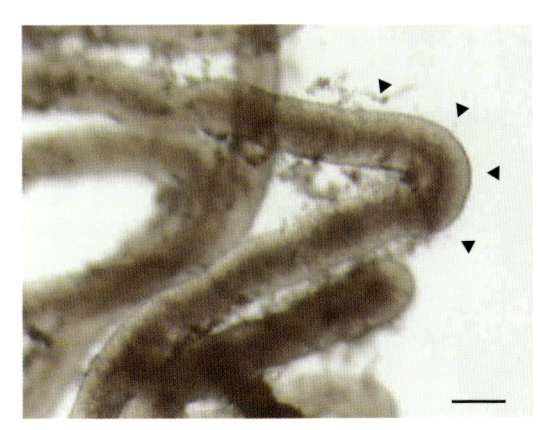

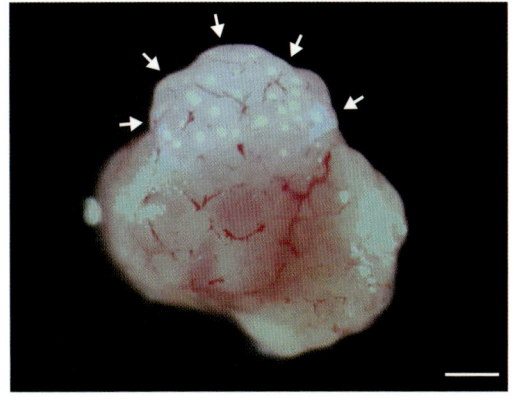

図5　PGCLCsの機能検証
図4に示す通り，BVレポーターでPGCLCsをソートし，雌雄それぞれ移植を行った．A）生後7日齢のW/W^vマウスの精巣に移植した．10週間後に精巣を摘出し，実体顕微鏡下で精細管を剥離して，観察した．精子形成のコロニーが認められる（矢頭：精細管内で細胞が増殖している）．Bar：200 μm．B）再構成卵巣を2日間培養し，ヌードマウスの卵巣被膜下に移植した．32日後に移植卵巣を摘出して実体顕微鏡で観察した．写真は明視野とCFP蛍光写真のマージ像．矢印で示す部分が移植片に相当する．移植片内でstella-ECFP陽性の卵母細胞が認められる．Bar：500 μm

おわりに

　本項では，BMP4を初めとするサイトカインを用いたPGCLC誘導の方法について概説した．この培養系を利用することにより，従来困難であった生殖細胞初期発生の分子メカニズムにアプローチすることが可能となる．

　研究例として，生殖細胞プログラムを起動するのに充分な転写因子群の同定について紹介したい．われわれの研究グループでは，本培養系を利用して，生殖細胞運命決定において特に重要な遺伝子を用いてPGCLCsを誘導することを試みた．BVSCレポーター遺伝子を有し，rtTA（reverse tetracycline-regulated transactivator）を恒常的に発現するES細胞を樹立し，テトラサイクリン発現誘導システムを利用できるようにした．このES細胞に*Blimp1*，*Prdm14*，*Tfap2c*の3遺伝子を導入した．これらの外来遺伝子は，テトラサイクリン応答配列を有するプロモーターによって発現が支配されており，ドキシサイクリン添加により発現が誘導される．本プロトコールに従い，このES細胞をEpiLCsに分化させ，GK15培地内で細胞を凝集させた．このときサイトカインではなくドキシサイクリンを加え，3遺伝子の発現を誘導した．その結果，培養2日目にはBVSCレポーター遺伝子がともに陽性となった．これらのレポーター陽性細胞をソートして精細管移植を行うと，機能的な精子へと分化した．遺伝子発現解析により，これら3遺伝子によって，体細胞プログラムを経ることなく直接的に生殖細胞プログラムが活性化していることが明らかとなった[10]．現在この細胞を用いて，生殖細胞プログラムによるエピジェネティックリプログラミングの分子機構の解明を試みている．

　本培養系はマウスES細胞，マウスiPS細胞において機能検証がなされている．他の動物

種,特にヒトにおいても,同様のStep-by-stepアプローチによって生殖細胞が誘導されることが期待される.その前提として,ヒト多能性幹細胞の生物学的特徴,特にマウス多能性幹細胞との異同や,霊長類における生殖細胞の発生過程を把握することも,重要なテーマとなっている.

◆ 文献

1) Saitou, M. et al. : Development, 139: 15-31, 2012
2) Hayashi, K. : Cell, 146: 519-532, 2011
3) Hayashi, K. et al. : Science, 338: 971-975, 2012
4) Ohinata, Y. et al. : Reproduction, 136: 503-514, 2008
5) Ying, Q.-L. et al. : Nature, 453: 519-523, 2008
6) Nichols, J. & Ying, Q.-L. : Methods Mol. Biol., 329: 91-98, 2006
7) Chuma, S. : Development, 132: 117-122, 2004
8) Hashimoto, K. et al. : Dav. Growth. Differ., 34 : 233-238, 1992
9) Matoba, S. & Ogura, A. : Biolo. Reprod., 84: 631-638, 2011
10) Nakaki, F. et al. Nature, 501: 222-226, 2013

◆ 参考図書

1) 林克彦,斎藤通紀:実験医学,30:pp.157-162, 2012
2) 『卵子学』(森崇英/編), 京都大学学術出版会, 2011

III 分化誘導のプロトコール

14 腫瘍細胞からのiPS細胞作製と分化誘導

荒井俊也，黒川峰夫

フローチャート

iPS細胞の樹立

−7日	−6日	当日	14〜24日
血液/骨髄液からのCD34陽性単球核の単離	FLT3L, SCF, IL-3, IL-6 添加によるCD34陽性単球核のサスペンド	OCT3/4, SK, UL, EBNA のエレクトロポレーションによるiPS細胞への誘導	コロニーの出現・継代

血球分化誘導

−1日	当日	14〜15日
フィーダー細胞（C3H10T1/2細胞）の準備	VEGF 添加による幼若造血細胞への誘導	SCF, TPO, heparin 添加による巨核球系への誘導

はじめに

　腫瘍を含む難病の希少細胞からiPS細胞を作製することは，その疾患の病態を解明し治療を開発するうえで大変有用であると考えられる．しかし，これまでにさまざまなiPS細胞作製の技術が開発されてきたにもかかわらず，正常細胞に比べて疾患細胞，特に腫瘍細胞からのiPS細胞作製は非常に困難であり，その報告は世界的にみても少数にとどまっている[1)2)]．

　われわれの研究室では，これまでの経験から，京都大学iPS細胞研究所の開発したエピゾーマルベクターによるリプログラミング因子の導入が，腫瘍細胞からのiPS細胞作製効率を高める1つの有効な方法であると考えている[3)]．本項では，この方法を用いた腫瘍細胞からのiPS細胞作製と，腫瘍由来iPS細胞からの血球分化誘導の実際について概説する．

準備

必要な試薬や機器

- □ 単核球分離試薬
  Lymphoprep™（Axis-Shield社, #1114544）など．
- □ hCD34-PE抗体，hCD43-PE抗体，hCD34-APC抗体，hCD41a-APC抗体，hCD42b-抗体
- □ サイトカイン
  rhSCF, rhFLT3L, rhIL-3, rhIL-6, rhTPO

- ☐ Anti-PE MicroBeads（Miltenyi Biotec社, #130-048-801）
- ☐ MEF（Mouse embryonic fibroblasts）フィーダー細胞

  マウス胎生 13.5 日胚より作製する．作製方法は他に譲るが，腫瘍細胞由来 iPS 細胞の樹立や維持においてはフレッシュな MEF を用いることがきわめて重要であるため，当研究室では 2 回継代以内の MEF を使用している．また，マイトマイシン C 処理（10 μg/mL）を通常は 3 時間程度かけるが，2 時間以内に抑えている．当研究室では $2.5〜3×10^5$ cells/dish（60 mm ディッシュ）の MEF を用いている．

- ☐ ROCK inhibitor

  Y-27632（和光純薬工業社, #257-00511）など．10 mM 水溶液の stock solution を作製し −20℃で保管しておく．

- ☐ C3H10T1/2 細胞
- ☐ マイトマイシン C

  2 mg/mL PBS の stock solution を作製し，−20℃で保管しておく．

- ☐ プラスミド

  pCXLE-hOCT3/4-shp53-F, pCXLE-hSK, pCXLE-hUL, pCXWB-EBNA1〔米国 NPO Addgene より入手可能（図 1）〕[3)4)]

- ☐ ヒト CD34⁺ 細胞用 Nucleofector™ キット（ロンザ社, #VAPA-1003）
- ☐ Valproic acid
- ☐ D-MEM/F12（ライフテクノロジーズ社, #11320-033）
- ☐ KSR（ライフテクノロジーズ社, #10828-028）
- ☐ トリプシン（ライフテクノロジーズ社, #25300-054）
- ☐ 凍結保存液（ガラス化法）（リプロセル社, #RCHEFM001）
- ☐ VEGF（R＆D社, #293-VE-050 など）

  20 ng/mL PBS〔0.1 %（w/v）の BSA を含む〕の stock solution を作製し，−20℃で保管しておく．

- ☐ BME（ライフテクノロジーズ社, #21010-046）
- ☐ ITS-X（Insulin-Transferrin-Selenium-Ethanolamine）（ライフテクノロジーズ社, #51500-056）
- ☐ PSG（Penicillin-Streptomycin Glutamine）（ライフテクノロジーズ社, #10378-016）
- ☐ MTG（1-Thioglycerol）（シグマ・アルドリッチ社, #M6145）
- ☐ Ascorbic acid（シグマ・アルドリッチ社, #A4544）
- ☐ Iscove's Modified Dulbecco's Medium（シグマ・アルドリッチ社, #13390）
- ☐ 半固形培地 MethoCult™ H4034 Optimum（STEMCELL Technologies社, #04034）

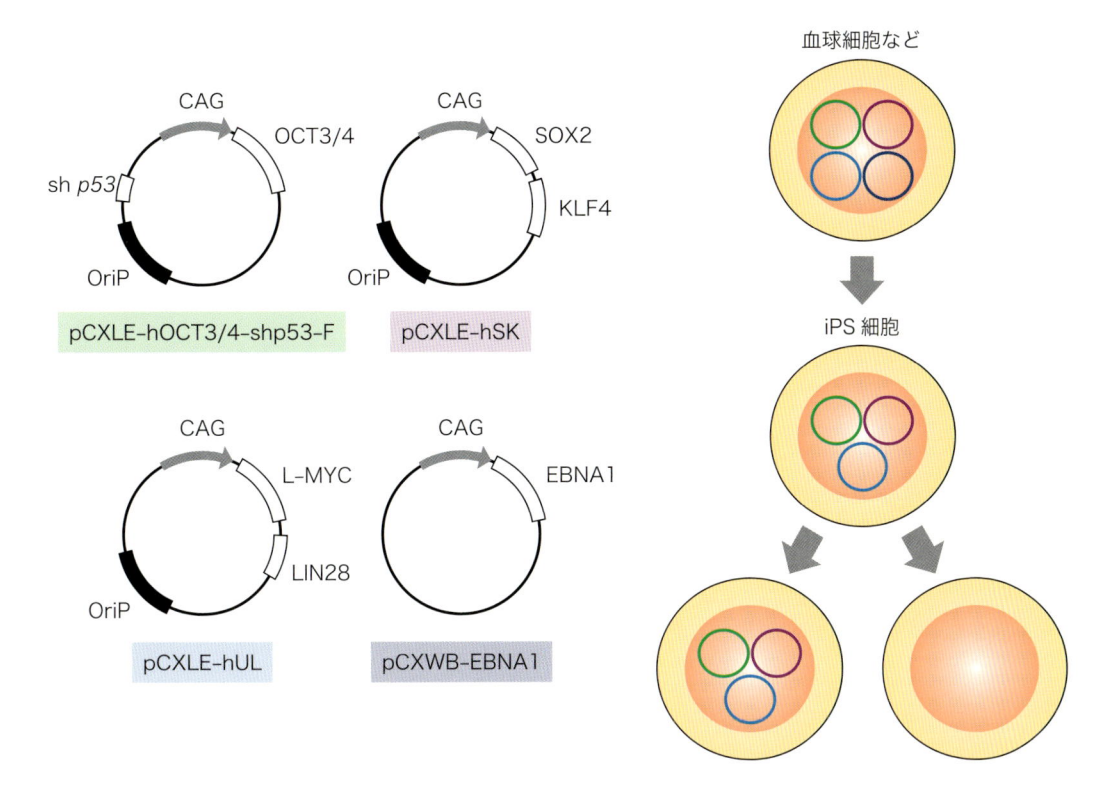

図1 エピゾーマルベクターを用いたiPS細胞の作製

4つのベクターをエレクトロポレーションで導入する．OCT3/4，SOX2，KLF4，L-MYC，LIN28，shRNAの発現ベクターは複製起点であるOriP配列を含んでおり，細胞内で複製される．EBNA1はベクターの複製やリプログラミング因子の転写を促進する．これらのベクターはゲノムに挿入されず，複製に要する時間がiPS細胞の細胞周期より長いため，継代するごとにベクターを含まないiPS細胞の比率が増えていく

- □ 半固形培地Mega Cult-C（STEMCELL Technologies社，#04973）
- □ autoMACS® 自動磁気細胞分離装置（Miltenyi Biotec社）
  またはそれに準じる細胞分離装置．
- □ Nucleofector™ 2b装置（ロンザ社，#AAB-1001）
- □ FACS Cell Sorter
- □ マルチガスインキュベーター（なければ通常のCO_2インキュベーターでもよい）
  低酸素培養下では通常に比べて2～3倍程度iPS細胞の樹立効率が高くなる．

試薬・培地の調製

☐ PBS

		(最終濃度)
NaCl	8 g	(137 mM)
KCl	0.2 g	(2.68 mM)
$Na_2HPO_4/12H_2O$	2.4 g	(8.1 mM)
KH_2PO_4	0.2 g	(1.47 mM)
HCl	少量[*1]	
水	Up to 1 L	

*1 pH=7.4となるように.

☐ MACSバッファー

		(最終濃度)
BSA	2.5 g	(0.5 %)
0.5M EDTA	2 mL	(2 mM)
PBS	498 mL	
HCl	少量[*2]	
Total	約500 mL	

*2 pH=7.2となるように.

☐ 細胞解離液

		(最終濃度)
PBS	28 mL	
10M $CaCl_2$	16 μL	
KSR	8 mL	(2.5 %)
Trypsin	4 mL	

☐ MEF培地

		(最終濃度)
MEF	450 mL	
FCS	50 mL	(10 %)
Total	500 mL	

☐ エレクトロポーション反応液（5×10^6 細胞まで処理可能）

		(最終濃度)
Human CD34⁺ cell Nucleofector® Solution	82 μL	
Human CD34⁺ cell Nucleofector® Supplement	18 μL	
pCXLE-hOCT3/4-shp53-F	0.83 μL	(1μg/μL)
pCXLE-hSK	0.83 μL	(1μg/μL)
pCXLE-hUL	0.83 μL	(1μg/μL)
pCXWB-EBNA1	0.5 μL	(1μg/μL)
Total	103 μL	

□ iPSC 培地

		（最終濃度）
D-MEM/F12	389.5 mL	
KSR	100 mL	
200 mM L-glutamine	5 mL	(2 mM)
10 mM MEM NEAA	5 mL	(100 μM)
β-mercaptoethanol	0.5 mL	(100 μM)
bFGF		(4 ng/mL)
Total	500 mL	

□ C3H10T1/2 用培地

		（最終濃度）
BME	500 mL	
FBS（非働化済み）	56 mL	(10%)
PSG	5.6 mL	(1%)
Total	561.6 mL	

□ 血球分化用培地

		（最終濃度）
IMDM	500 mL	
FBS*3	90 mL	
ITS-X	6 mL	(1%)
PSG	6 mL	(1%)
0.45 M MTG	0.6 mL	(450 μM)
50 mg/mL Ascorbic acid	0.6 mL	(50 μg/mL)
Total	603.2 mL	

*3 非働化しないで用いる．

□ PI 染色液

		（最終濃度）
PI	0.01 g	(50ng/mL)
クエン酸ナトリウム	0.2 g	(1ng/mL)
Triton X-100	0.2 g	(1ng/mL)
RNase A	2 g	(10mg/mL)
DDW	200 mL	
Total	200 mL	

プロトコール

1. 腫瘍細胞からのiPS細胞樹立

ヒト血液・骨髄液細胞からのCD34陽性単核球の単離

あらかじめ，使用する分のLymphoprep™を室温にしておく．

❶ EDTAやヘパリンで抗凝固処理した血液/骨髄液をPBSで希釈する*1

*1 血液の場合は2倍，骨髄液の場合は5倍に希釈する．

❷ 50mLチューブに❶の半量のLymphoprep™を入れ，その上に❶を液面が乱れないように注意深く緩徐に重層する

❸ スイングローターを用いて室温，800Gで20分遠心する

　加速減速とも緩やかに行うように遠心機を設定しておく．

❹ 遠心後は図2のように検体（血漿）とメディウム（Lymphoprep™）の境界面に単核球のバンドが形成される

　上部の血漿をあらかた吸引除去した後に，200μLのマイクロピペットを用いて注意深く単核球バンドを採取する*2．

*2 下層のLymphoprep™は細胞毒性があるため極力混入しないようにする．

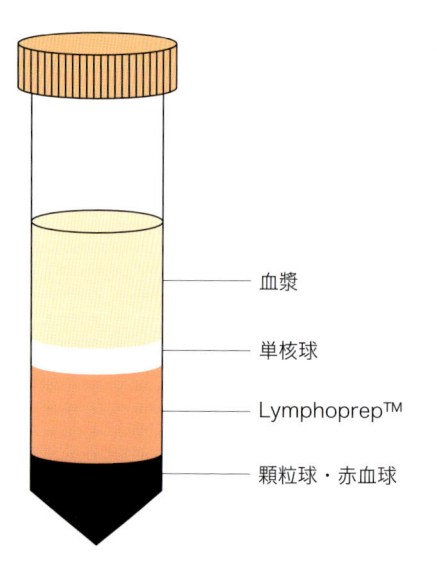

図2 単核球分離

希釈した血液/骨髄液をLymphoprep™に重層して遠心すると血漿とLymphoprep™の境界面に明瞭な単核球のバンドが形成される．血漿を吸引除去したうえで，このバンドの部分をマイクロピペットを使って採取する

- 血漿
- 単核球
- Lymphoprep™
- 顆粒球・赤血球

❺ 採取した単核球を10mL程度のPBSで希釈して，細胞数を計測する

　その後，4℃，300Gで5分間遠心して細胞をペレット化する．この操作を2回行う．

❻ MACSバッファー100μL，hCD34-PE抗体3μLで細胞をサスペンドし，遮光してon iceで30分間インキュベートする

❼ 10mL以上のPBSで希釈し，4℃，300Gで5分間遠心して上清を除去する

❽ 2×10^7細胞あたり10μLのAnti-PE MicroBeadsと90μLのMACSバッファーで細胞をサスペンドし，遮光してon iceで15分間インキュベートする

❾ PBSで希釈し，4℃，300Gで5分間遠心して上清を除去する

⬇

❿ 2mLのMACSバッファーでサスペンドし，autoMACS® 自動磁気細胞分離装置を用いてMicroBeadsに結合したhCD34陽性細胞を回収する*3

*3 MACS® 細胞分離カラムなどを用いてもよい．

エピゾーマルベクターを用いたヒトCD34陽性血球からのiPS細胞の樹立[3)4)]

❶ サイトカイン*4を添加したMEF培地を用いて，$1\sim10\times10^4$ cells/mLとなるようにhCD34陽性血球をサスペンドする（0日目）

48ウェルプレートに500 μL/wellで播く．37℃，5% CO_2，5% O_2で6日間培養する．この間培地交換は行わない．

*4
hFLT3L	100 ng/mL
hSCF	100 ng/mL
hIL-3	50 ng/mL
hIL-6	50 ng/mL
hTPO	10 ng/mL

⬇

❷ 必要枚数の60 mmディッシュを0.1％ゼラチン/PBSでコートし室温または37℃で30分以上インキュベートする（5日目）

ゼラチンを吸引除去し，MEF用培地3mL/dishでサスペンドしたマイトマイシンC処理済みMEF $2.5\sim3\times10^5$ cellsを播く．1枚のディッシュにエレクトロポレーションした細胞を1.0×10^5 cellsまで播くことができる．

⬇

❸ ❷のMEFディッシュの培地を除去し，サイトカイン*5とROCK inhibitor 10 μMを添加したMEF培地を3 mL/dish入れて37℃にしておく（6日目）

*5
hFLT3L	50 ng/mL
hSCF	50 ng/mL
hIL-3	20 ng/mL
hIL-6	20 ng/mL
hTPO	5 ng/mL

⬇

❹ 6日間培養した細胞から1.–2)の方法でCD34陽性分画を回収し，エレクトロポレーション反応液100 μLでサスペンドする．Amaxa Nucleofector IIのプログラムU-008でエレクトロポレーションを行う

⬇

❺ 細胞を❷のゼラチンコートディッシュに播種し，37℃，5% CO_2，5% O_2で培養する*6

*6 播種する細胞数は$0.2\sim1.0\times10^5$ cells/dish（60 mmディッシュ）を目安とする．

⬇

❻ MEF用培地を吸引し，Valproic acid 0.5 mM，ROCK inhibitor 10 μMを加えたiPSC培地3 mLに交換する（8日目）

以降，2日に1回の頻度で同様の培地を用いて培地交換を行う．

⬇

❼ この頃，死んだMEFが剥がれてフィーダーが薄くなってくる（15日目）

マイトマイシンC処理したMEFを$1.8×10^5$ cells/dish（60 mmディッシュ）ほど，培養中のディッシュに新たに加える．

⬇

❽ Day 20〜30以降：肉眼で見えるコロニーが出現してきたら，培地交換を1日1回にする[*7][*8]

⬇

❾ ES細胞様コロニーが成長したら，分化が始まる前に単離する[*9]

2. 腫瘍由来iPS細胞からの血球分化誘導

iPS細胞から血球への分化[5)]

❶ フィーダーに用いるC3H10T1/2細胞株を100 mmディッシュで培養する[*10]

⬇

❷ 分化誘導1日前：血球分化に用いるC3H10T1/2細胞の100 mmゼラチンコートディッシュを作製する

C3H10T1/2細胞の増殖をマイトマイシンC処理（10 μg/mL，2時間）で止め，$8×10^5$ cells/dish（100 mmディッシュ）の濃度で使用前日に播き，C3H10T1/2用培地を入れておく[*11]．

⬇

❸ あらかじめ，前日に作製したC3H10T1/2細胞の培地をVEGF 20 ng/mL添加血球分化培地に入れ替えて37℃にしておく（0日目）

iPS細胞を継代の際の要領で剥がし，できるだけ大きな細胞塊のまま，$1×10^5$ cells/dish（100 mmディッシュ）の細胞濃度で播く[*12]．以後3日ごとに培地全量を交換する．

⬇

❹ フィーダー上に嚢状の構造物（iPS-Sac）が形成され，その中に血球が産生される（図3）（14〜15日目）

10 mLピペットで物理的にディッシュ全面をこすり，フィーダーごと血球細胞を採取し，40 μmセルストレイナーを通して回収する．500Gで10分間遠心してペレットダウンする．

⬇

❺ hCD43-PE抗体5 μL，hCD34-APC抗体5 μL，MACSバッファー90 μL[*13]でペレットをサスペンドし，遮光してon iceで30分間インキュベートする

⬇

❻ MACSバッファー5 mL程度で洗浄し，遠心後上清を除去したのち，1% 7-AAD入りMACSバッファー400 μLを加えてサスペンドし，遮光してon iceで5分間インキュベートする

[*7] 正常細胞からの樹立では大体エレクトロポレーションから4週間以内にコロニーが出現してくるが，腫瘍細胞ではより遅れてコロニーが出現することがあるので，8週くらいまで培養を継続するのが望ましい．

[*8] 初めに出現してくるコロニーは完全にリプログラミングされないpseudoコロニーであることが多い．

[*9] 腫瘍細胞から作製されたES細胞様コロニーがiPS細胞として安定するのに数継代かかり，その間はiPS培地にRock inhibitor 10 μmを加えつづけておくのが望ましい．

[*10] 1：8〜1：10の希釈率で週に2回継代するくらいの増殖速度である．

[*11] 80〜90%コンフルエントからおよそ$2×10^6$ cells/dish（100 mmディッシュ）の細胞が得られる．

[*12] 6 cmディッシュで最大限増殖させたiPS細胞は2〜$3×10^6$個くらいになっている．細胞を過剰に投与すると却って血球分化効率が下がってしまうので，適切な細胞数をもちこむことが重要である．

[*13] 100 mmディッシュ10枚分までの細胞にはこの抗体量で充分である．

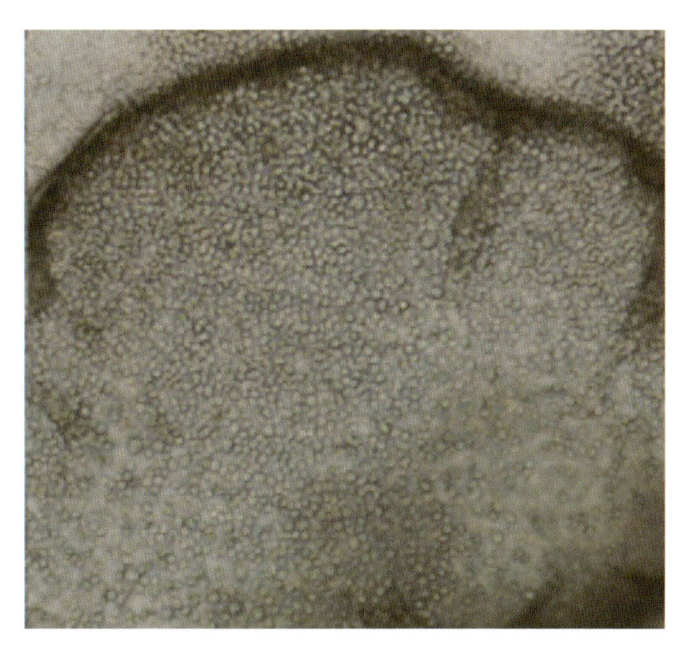

図3 iPS-Sac
C3H10T1/2フィーダー細胞上にiPS細胞塊を播いてVEGFで血球に分化誘導すると、およそ2週間でiPS-Sacと呼ばれる嚢状の構造物の中に血球が現れてくる。播種する際のiPS細胞塊の大きさと密度が重要である

❼ FACSチューブに移し、FACS Ariaで7-AAD陰性、hCD43-PE陽性、hCD34-APC陽性の幼若造血細胞分画をソートする*14

幼若造血細胞から巨核球系への分化

上記で回収したhCD43, hCD34陽性細胞を用いる。

❶ Day −1：マイトマイシンC処理したC3H10T1/2細胞の6ウェルプレートを血球分化誘導のときと同じ要領で作製しておく

$1.3×10^5$ cells/dish（6ウェルプレート）の濃度で使用前日に播き、C3H10T1/2用培地を入れておく。

❷ ❶のプレートの培地をSCF 50 ng/mL, TPO 10 ng/mL, heparin 25 U/mLを添加した血球分化培地（VEGFは含まない）に替えておく（0日目）

hCD43, hCD34陽性細胞 $2〜3×10^4$ cells/wellを播く。以後、3日ごとに培地を交換する。

❸ 非接着細胞を回収し、MACSバッファーで洗浄後、hCD41a-APC 2μL, hCD42b-PE 2μL, MACSバッファー 96μLで

*14 分化誘導が問題なく成功すると、$1×10^5$ cells/dish（100 mmディッシュ）以上の幼若造血細胞を得ることができる。

サスペンドし，遮光してon iceで30分間インキュベートする（9日目）

⬇

❹-1　FACSでhCD41a, hCD42bの発現を解析し，巨核球の成熟を評価する（図4）

❹-2　MACSバッファーで洗浄後，5μLのAnti-PE Micro-Beadsと45μLのMACSバッファーでサスペンドし，遮光してon iceで15分間インキュベートする

MACSバッファーで洗浄後，MACSバッファー2 mLでサスペンドし，autoMACS® 自動磁気細胞分離装置を用いてhCD42b陽性細胞を回収する[*15]．PI染色液を10^5細胞あたり100μL加え，遮光して室温で30分間インキュベートする．FACSでhCD42b陽性分画のPIを解析し，巨核球の倍数性を評価する．

[*15] MACS® 細胞分離カラムなどを用いて行うことも可能である．

幼若造血細胞を用いたコロニーアッセイによる分化傾向の評価

iPS細胞から血球への分化で回収したhCD43, hCD34陽性細胞を用いる．

❶ rhSCF, rhGM-CSF, rhG-CSF, rhIL-3, rhEpoを含む半固形培地Metho Cult™ H4034に上記細胞を2×10^4 cells/mLの割合で混合し，14日間培養する

顕微鏡下で，CFU-GEMM, BFU-E, CFU-GM, CFU-G, CFU-Mの形成をカウントする（図5）[6]．

⬇

❷ rhTPO, rhIL-3, rhIL-6を含む半固形培地Mega Cult-Cに上記細胞を2.5×10^4 cells/mLの割合で混合し，14日間培養する

CD41を免疫染色して陽性コロニーをカウントする[7]．

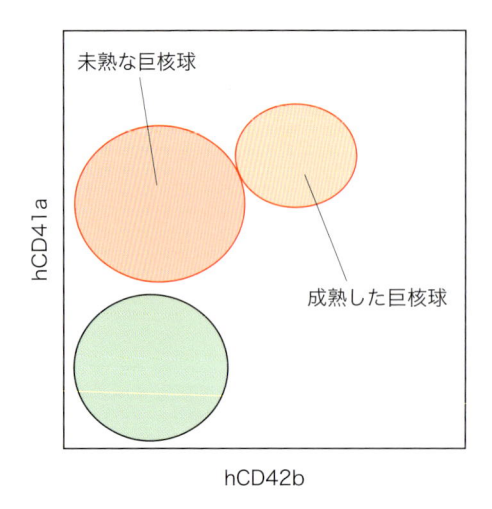

図4　液体培地上での巨核球系への分化誘導
TPOなどを用いて幼若な血球を巨核球系に分化誘導すると，2週間程度でhCD41aやhCD42bが陽性の細胞が出現してくる．hCD41a陽性細胞が巨核球系細胞であるが，なかでもhCD42b陽性細胞はより成熟した細胞であり，この分画を単離して倍数性の観察を行うことができる．

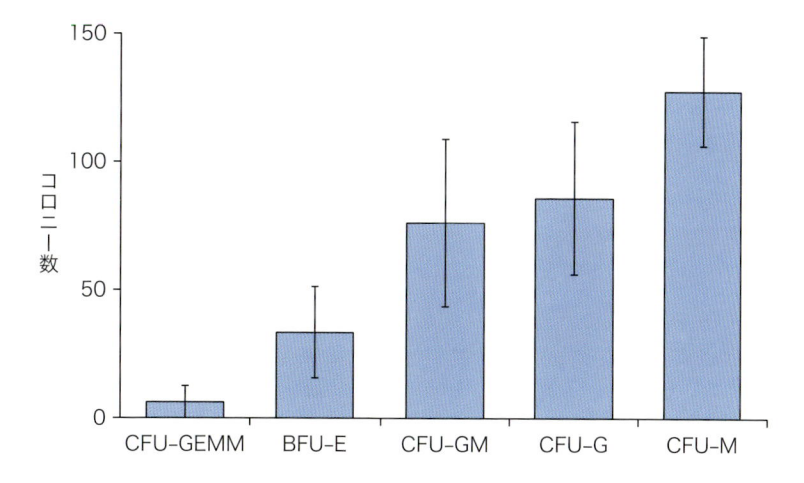

図5 コロニーアッセイによる造血能の評価
サイトカイン入りの半固形培地で幼若な血球を分化誘導し，骨髄球系，単球系，赤芽球系の分化能を評価することができる．ここに示しているのは正常iPS細胞から分化誘導した血球のコロニー形成である

⚠ トラブルへの対応

■ iPS細胞の樹立効率が低い・iPS細胞が分化しやすい

腫瘍細胞由来のiPS細胞は樹立の効率が低いのに加えて，樹立後も容易に分化しやすいという扱いづらさがある．われわれの研究室では，なるべく新鮮なMEFをフィーダーに用いることで腫瘍細胞由来iPS細胞の未分化性が維持されやすくなることを見出しており，MEFはなるべく継代回数の少ないものを用い，マイトマイシンCの処理時間もなるべく少なくし，播いてからなるべく時間を空けずにiPS細胞をのせるようにしている．また，ゼラチンコートディッシュよりもコラーゲンコートディッシュを用いた方が，未分化性の維持には有効なようである．

■ 血球への分化効率が低い

iPS細胞から血球への分化効率が下がった場合には，iPS細胞自体の問題，C3H10T1/2フィーダー細胞の問題，血球分化用培地の問題を考慮する必要がある．iPS細胞自体については，未分化性が維持できているかのほかに，マイコプラズマの感染を起こしていないか，などが問題となるので，定期的な感染のモニタリングは重要である．フィーダー細胞は長期に継代していると血球分化支持能が落ちてくるので10継代程度を目安に新しいものに替える．血球分化用培地の血清は分化誘導効率に強く影響するので，ロットチェックの際に性能のよいものを選ぶことが重要である．

実験結果

　われわれはこのような実験系で，慢性骨髄性白血病（CML）の患者細胞からiPS細胞を作製することに成功した[2]．CML由来のiPS細胞では正常のiPS細胞と比較してグローバルな遺伝子発現やDNAメチル化状態に大きな差がなく，リプログラミングの過程で白血病遺伝子異常の影響の多くが打ち消されることがわかった．一方で，CMLに特異的なBCR-ABLキメラ遺伝子の下流シグナルのいくつかは亢進しており，同疾患の特効薬であるチロシンキナーゼ阻害剤イマチニブが，CMLのiPS細胞由来の血球の増殖を特異的に抑制することが確かめられた．このような結果から，iPS細胞から血球への分化誘導の過程で，遺伝子異常による病態が再現されうることがわかった．

おわりに

　腫瘍を含む血液・骨髄細胞からのiPS細胞作製法と，そこから血球への分化誘導法や評価法，また腫瘍細胞を扱う際に注意すべきポイントについて概説した．iPS細胞の実験は細胞の状態やフィーダーの状態，培地の状態などによって敏感に影響を受けるので，普遍的な至適条件は存在しない．繊細な腫瘍由来iPS細胞を自由に増幅し，そこから充分な血球を分化誘導するためには，今回紹介したようなプロトコールをベースとしてさまざまな条件検討が必要であることに留意されたい．

◆ 文献

1) Kumano, K. et al. : Int. J. Hematol., 98: 144–152, 2013
2) Kumano, K. et al. : Blood, 119: 6234–6242, 2012
3) Okita, K. et al. : Nat. Methods, 8: 409–412, 2011
4) Okita, K. et al. : Stem Cells, 31: 458–466, 2013
5) Takayama, N. et al. : Blood, 111: 5298–5306, 2008
6) Tilgner, K. et al. : Cell Death Differ., 20: 1089–1100, 2013
7) Lu, S. J. et al. : Cell Res., 21: 530–545, 2011

Ⅳ 疾患モデル細胞・トランスジェニック

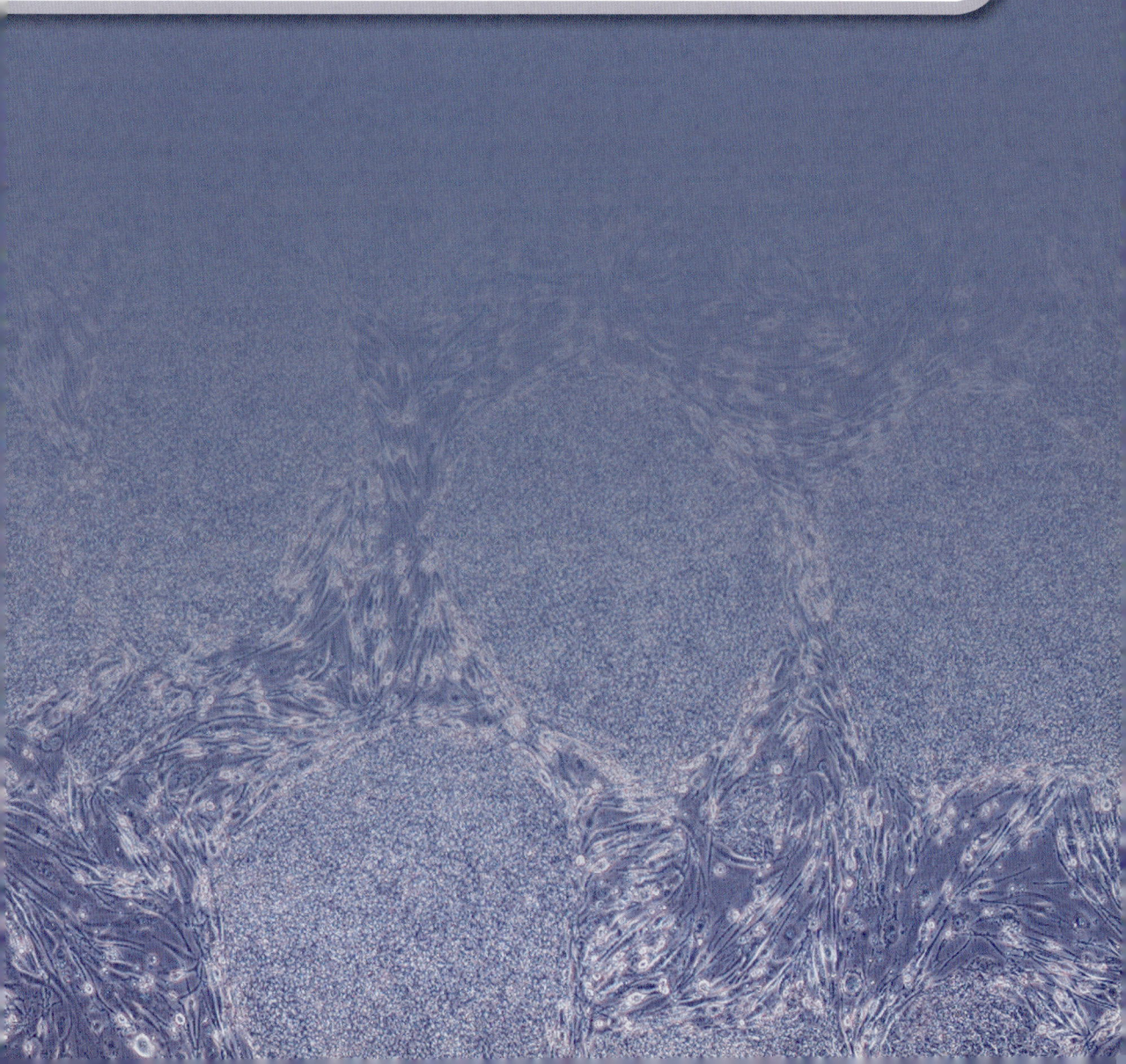

IV 疾患モデル細胞・トランスジェニック

1 遺伝子改変法①
部位特異的組換え酵素システム

大塚正人, 角田 茂

フローチャート

【RMCE法のES・iPS細胞への応用】

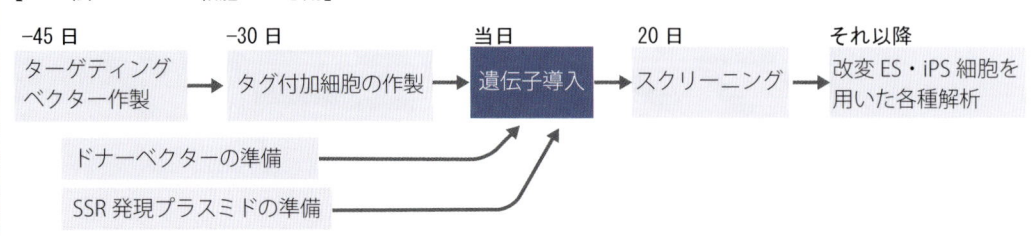

-45日 ターゲティングベクター作製 → -30日 タグ付加細胞の作製 → 当日 遺伝子導入 → 20日 スクリーニング → それ以降 改変ES・iPS細胞を用いた各種解析

ドナーベクターの準備 →
SSR発現プラスミドの準備 →

はじめに

遺伝子を改変する技術,すなわち遺伝子工学技術はここ数年,大きく発展を遂げている.その中で,Cre-loxPシステムに代表される部位特異的組換え酵素(site-specific recombinase:SSR)システムは,培養細胞での遺伝子操作に留まらず,動物個体における遺伝子改変に幅広く用いられてきた.すなわち,生命現象にきわめて重要な遺伝子を標的遺伝子破壊した場合,個体発生の過程で問題が生じて胎生致死,あるいは想定外の重篤な疾患発症などが起こってしまい,当初の目的の生命現象を解析できないことがある.このようなとき,細胞種特異的あるいは時期特異的(薬剤による誘導など)に遺伝子を破壊する**コンディショナルノックアウト**が有効となるが,その核心技術としてSSRシステムが利用されている.一方, in vitro 実験においては,特定細胞分化時の**コンディショナルノックイン**や,複数種類のSSRと変異型標的配列を用いての遺伝子導入/交換(Recombinase-Mediated Cassette Exchange:**RMCE法**)にも応用されている.そしてこれらは,ES・iPS細胞を用いた研究にも多数利用されている.本項ではSSRを利用した遺伝子組換え技術について概説する.

A. コンディショナルノックアウト

GuらによるCre-loxPシステム(図1)を用いた遺伝子欠損マウス作製技術が確立して以来,この系を利用することにより,それまで不可能だった胎生致死を引き起こす遺伝子に対して,成体での遺伝子欠損マウスの解析が可能になり,広く利用されるようになった.基本的には, loxP配列で標的遺伝子の重要部位をコードするエキソンを挟んだコンディ

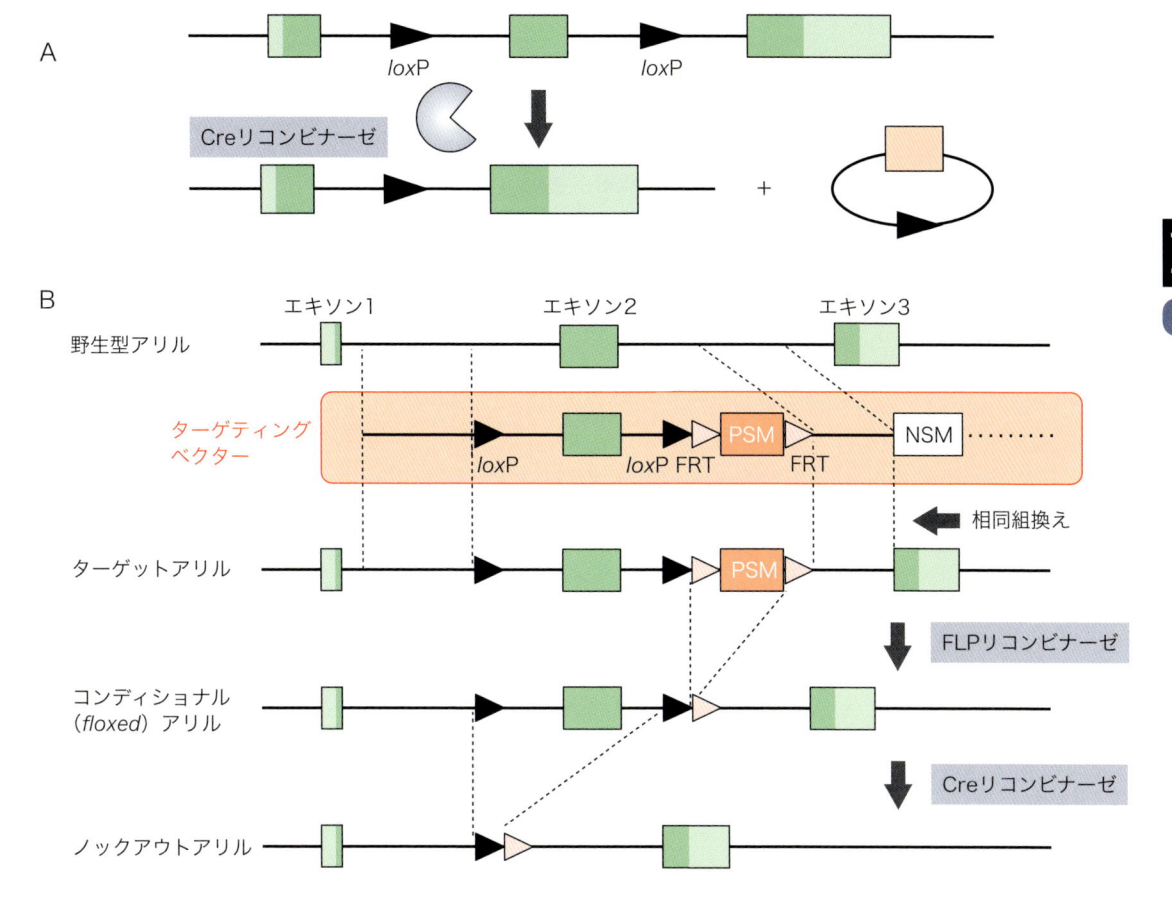

図1 Cre-loxPシステムを用いたコンディショナルノックアウトの原理

A) Cre-loxPシステムの概要．loxP配列で挟んであるコンディショナル（floxed）アリルに対してCreリコンビナーゼを作用させると，loxP配列部位で組換えが起こる．B) ターゲティングベクターを用いた相同組換えにより標的遺伝子の重要エキソン部位にloxP配列を挿入したコンディショナル（floxed）アリルに対して，Creリコンビナーゼが作用することにより，ノックアウトアリルをつくり出す．PSM：ポジティブ選抜マーカー，NSM：ネガティブ選択マーカー

ショナル（floxed）アリルを作製し，さらに特定の細胞種で発現するCreリコンビナーゼと組み合わせることにより，特定の細胞種に分化したときに組換えが起こる（図1）．ただし，「ノックアウト」とするには，X染色体上の遺伝子以外では両アリルに変異を導入する必要がある．この場合は，最新のゲノム編集テクノロジーを応用すれば可能であるが（詳細については他項参照），一般的にはコンディショナルノックアウトES・iPS細胞を作出する場合，すでに確立・系統化されているコンディショナルノックアウトマウスからES・iPS細胞を樹立するという方法が取られている．ここでは，通常のコンディショナルノックアウトマウス作製の手順を解説する．なお，ノックアウトマウスプロジェクト（http://www.mousephenotype.org）において大規模にコンディショナルノックアウトES細胞が作製されていることから，目的の遺伝子についてすでに樹立されているか確認してから実験計画を立てるようにする．

準 備

- [ ] pCAG-NCre（Addgene, #26647）[1]
  あるいはCreリコンビナーゼを発現させるための発現プラスミド.
- [ ] pCAGGS-FLPe（Gene Bridges GmbH社, #A201）
- [ ] SSR標的配列を有するターゲティングベクター（Addgene）
- [ ] FLPeトランスジェニックマウス（理研BRC：RBRC01834）

プロトコール

❶ loxP配列挿入箇所[*1]を決める

このときに重要なことは，loxP配列をゲノム上のどこに挿入させるかであり，以下の2点を考慮する必要がある.

1）標的遺伝子のRNA発現量やタンパク質の機能に影響がないloxP配列の挿入部位を決める

loxP配列が挿入されたコンディショナルアリル（floxedアリル）において，正常アリルと同等のmRNAの発現量が維持されなければならない．そのため，遺伝子の発現制御に関与する領域にloxP配列やポジティブ選択マーカー遺伝子を挿入することを避ける必要がある．

2）欠失させることにより遺伝子の機能が失われる領域（エキソン）を決める

エキソンが多数ある大きな遺伝子の場合，欠失させる標的エキソンは表1のような基準で選択する．

表1　エキソンが多数ある遺伝子における留意点

標的エキソン	基準
重要な機能ドメインをコードするエキソン	転写因子の場合はDNA結合ドメイン，酵素タンパク質の場合は酵素活性部位などを選ぶ
タンパク質翻訳の際，フレームがずれて正常なタンパク質ができなくなるエキソン	翻訳開始コドンを含むエキソンの下流のエキソンを欠損させた場合，スプライシングにより，そのエキソンを含まない短いmRNAができる．このときフレームがずれるようにする．また，なるべくmRNAの5'側のエキソンが望ましい
他の遺伝子産物に影響を与えないエキソン	同一遺伝子座に異なる遺伝子が存在する（相補鎖からの逆向きの遺伝子やイントロン中のmiRNAなど）場合があるので，そのような領域をloxP配列で挟むことは避けるようにする

❷ ターゲティングベクターを作製する

SSR標的配列はオリゴDNA合成で作製すると簡単である．なお，

[*1] loxP配列の挿入部位：ゲノム配列における発現制御領域をある程度予測する必要がある．マウスゲノム配列データベースとしてUCSCのゲノムブラウザ（http://genome.ucsc.edu/cgi-bin/hgGateway）などでは，非特異的配列の存在や動物種間の保存度を視覚的に見ることが可能であり，非常に便利である．loxP配列の挿入位置は，動物種間で保存されている領域は避けるべきである．また，mRNAのスプライシングに影響を与えないようにするため，エキソンの上流から100 bp程度（ラリアット構造の形成に必須の配列を含むため）は離すようにする．また，5'UTRにloxP配列を挿入する際には，loxPの「向き」に注意する必要がある．loxPのコア配列部分に「ATG」となる配列が存在するため，向きによっては5'UTRに新たに翻訳開始コドンをつくり出してしまう危険性がある．

以下の2点に注意する*2．これらを考慮したうえで，図1のようなネガティブ選択マーカーを加えたターゲティングベクターを作出する．

1) **アームの設計**：5'側，3'側を合わせて5～8 kb程度となるようにデザインする．また，アーム中の遠位*lox*P配列の外側は1～3 kb程度になるようにする（一次スクリーニングに用いるため）．さらに，三次スクリーニングのためのサザンハイブリダイゼーション法が適用できるように，制限酵素サイトをチェックした後デザインを行う（特異的プローブが設計できるよう注意する）．

2) **ポジティブ選択マーカー遺伝子**：ES細胞の相同組換え体単離のためのポジティブ選択マーカー遺伝子には，PGKやMC1などの強力なプロモーターが含まれる．そのため，そのままゲノム中に残存した場合，標的遺伝子やその周辺の遺伝子発現に影響を与える可能性があるので，最終的にはゲノムから除去する必要がある．そこで，ポジティブ選択マーカー遺伝子としては*FRT*配列で挟み込んだものを用い，FLPリコンビナーゼにより組換え・除去できるようにしておく．

*2 ただしES細胞を用いた実験で，その後個体化する場合に限る．*in vitro*実験のみの場合，両アレルに変異を導入する必要があるため，通常のターゲティング法では片側ずつ2回連続して行わねばならず，現実的ではない．そのため，最新のゲノム編集テクノロジーを応用する必要がある．

❸ **スクリーニング条件の検討を行う**

1) **一次スクリーニング**：ポジティブ選択マーカーから遠位のアーム内の*lox*P配列は相同組換えの際，欠失する場合がある．そのため，遠位*lox*P配列部分にPCRプライマーを設計し，これを指標にスクリーニングを行えるようにする．

2) **二次スクリーニング**：一次スクリーニングにより陽性と判定されたクローンについて，反対側のアームに対してPCR法による二次スクリーニングを行い，相同組換えクローンであることを確定する．

3) **三次スクリーニング**：クローンの再培養・凍結保存を行った後，サザンハイブリダイゼーション法を行うことにより，正確な相同組換え反応の確認に加えて，クローンの純度とベクターの余計な挿入の有無を判定できる．

❹ **相同組換えクローンを単離・樹立する**
ターゲティングベクターをエレクトロポレーションにより導入した後，薬剤選抜を行う（詳細については，他書を参照）．シングルコロニーの単離培養を行い，相同組換えクローンのスクリーニングを行う．

❺ **個体化する場合は得られたターゲットクローンを用いてキメラ作製を行う**
また，マウスの系統化/生殖系列検査の過程で，ポジティブ選択マーカー遺伝子を除去するため，FLPeトランスジェニックマウスとの交配を行う．

❻ **Creリコンビナーゼ発現トランスジェニック（ドライバー）マウスとの交配を行う**
なお，Creドライバーマウスの情報はデータベースが構築されている[2]．*in vitro*実験でのCre発現プロモーター選択の参考になることから，きわめて有用である．

> ⚠ **トラブルへの対応**
> ■ **遺伝子座によっては相同組換えクローンがなかなか得られない**
> そのようなときは，アームを長くするか，ポジティブ/ネガティブ選択マーカーカセットの挿入位置を変更するなど，ターゲティングベクターの見直しをすることにより，相同組換え効率が向上することがある．

B. コンディショナルノックイン

コンディショナルノックアウト法の応用型であり，特定の細胞種でのみノックインした変異遺伝子が発現する方法である．優性変異体の場合は，ヘテロ型でよいため，*in vitro*実験にも簡単に応用できる．いくつかの方法が考案されているが[3]，ここでは代表的なミニジーン法（図2）を紹介する．

準備

- ☐ pCAG-NCre（Addgene, #26647）[1]
  あるいはCreリコンビナーゼを発現させるための発現プラスミド．
- ☐ pCAGGS-FLPe（Gene Bridges GmbH社, #A201）
- ☐ SSR標的配列を有するターゲティングベクター（Addgene）

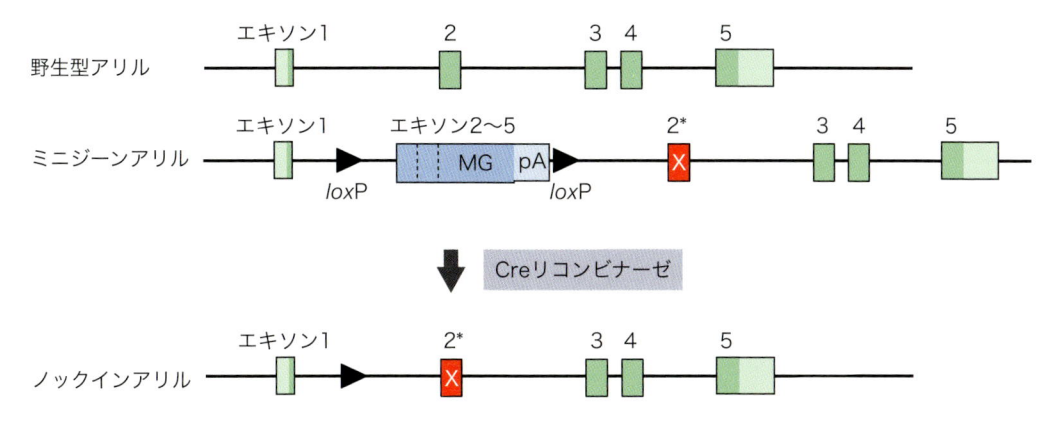

図2 コンディショナルノックインの概略図
変異を導入したい部位を含むエキソンに対して，それ以降をすべて繋いだ正常型ミニジーンを作製し，loxP配列で挟み込む．下流の本来のエキソン部分は変異を導入したものとすることにより，Creリコンビナーゼが作用した細胞でのみ変異型遺伝子を発現させることが可能となる．MG：ミニジーン，pA：ポリA付加シグナル，X：変異導入箇所

□ FLPeトランスジェニックマウス（理研BRC：RBRC01835）

プロトコール

❶ **コンディショナルノックインのコンストラクトをデザインする（loxP配列挿入箇所の決定）**

以下の点に注意する．①変異を入れるエキソンから最終コーディングエキソンまでを1つに繋いだミニジーンを作製し，遺伝子座にミニジーンがノックインした状態をつくり出す．このとき，ミニジーンの3′側下流にはポリA付加シグナルを必ず配置する．②loxP配列の挿入は，スプライシングアクセプター部位から100 bp以上離れた位置とする．③ポジティブ選択マーカー遺伝子はターゲット遺伝子とは転写が反対側となるようにし，下流のloxP配列の内側に配置する．

❷ **ターゲティングベクターを作製する**

ターゲティングベクターの基本的な構造およびその後の流れは「コンディショナルノックアウト」と同様である．なお，in vitroで使用する場合は，FLP発現プラスミドを導入してポジティブ選択マーカーを除去した後（ただし，遺伝子座によっては除去が不要の場合もある），Creリコンビナーゼ遺伝子を導入したクローンを用いて実験を行う．

C. RMCE法

　Cre-*lox*PやFLP-FRTシステムなどのSSRによる部位特異的組換え系は，上記A，Bで示したように各組換え酵素標的配列（*lox*PやFRT）に挟まれた遺伝子領域を削除する目的で使用されることが多い．その一方で，変異型の*lox*P配列またはFRT配列を使用して遺伝子の挿入を行うことも可能である．このときに，2個の組換え酵素標的配列を用いることにより，その2個の配列に挟まれた領域を別のDNAに置き換えることができる．これをRMCE法と呼ぶ．これにより，狙った遺伝子座位に1コピーの目的遺伝子を，ベクター配列が含まない形で挿入することが可能となる．

　SSRを遺伝子の挿入に応用する場合，*lox*P配列またはFRT配列などの目印（タグ）をあらかじめ目的のゲノム座位に挿入しておく必要がある．これは，上記A，Bで記載した遺伝子ターゲティング法を利用して挿入する場合が一般的である．1度タグを挿入した細胞が得られると，次からは遺伝子ターゲティング法より効率のよいRMCE法を用いて高効率で目的遺伝子を挿入（置換）することが可能となる．目的遺伝子部分だけが異なるベクターを作製すれば，同じ遺伝子座位にさまざまなDNAコンストラクトを次々と効率よく挿入できるといった利点がある（図3）．またランダム挿入によって他の遺伝子を破壊してしまう恐れを回避することができる．そのため，RMCE法はES細胞やiPS細胞による各種研究・解析に応用可能である．これまでに，山中因子（*Oct4, Sox2, Klf4, c-Myc*）の発現カセットをゲノムに挿入してiPS細胞を作製した後に，RMCE法を用いて山中因子発現カセットを目的遺伝子発現カセットに置換する技術も報告されている[4]．これにより，「不要になったリプログラミングカセットの除去」と「遺伝子治療などを目的とした発現カセットの安全なゲノム領域への挿入」を同時に行うこともできる．

準　備

- [ ] pCAG-NCre（Addgene，#26647）[1]
- [ ] SSR標的配列を有するターゲティングベクター，およびドナーベクター（Addgene）
- [ ] リポフェクタミン®2000（ライフテクノロジーズ社）

プロトコール

❶ 使用する組換え系とその標的配列を選択する[*1]

　Cre，あるいはFLP組換えシステムを利用する場合が一般的であるが，いずれの組換え酵素に対しても複数の変異型標的配列が開発されており，どの配列の組み合わせを用いるかがRMCE法の挿入効率に影響する．また，各標的配列はコア部分の配列の方向性によって向きが規定されるが，RMCE法に用いる2個の標的

*1　2006年から国際的に進められている網羅的ノックアウトマウス作製プロジェクト（IKMC）において使用されているターゲティングベクターは，野生型*lox*P配列と野生型FRT配列の両方を有したものとなっている．最近，

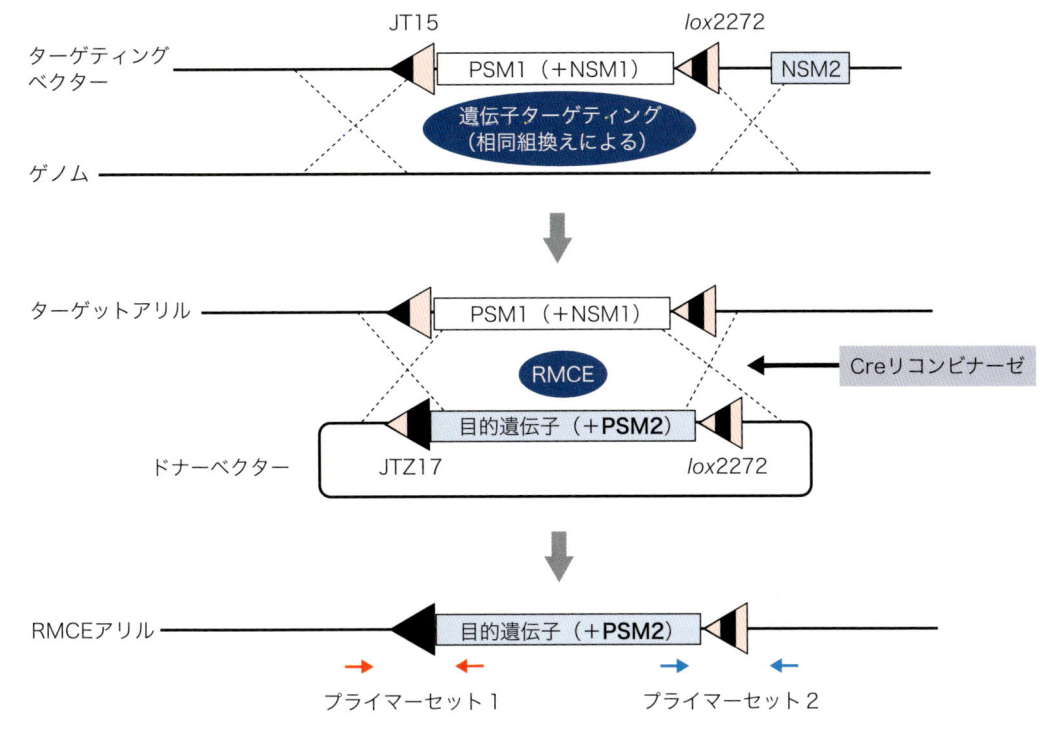

図3 RMCE法の概略

ここではCre-*lox*P系（変異型*lox*P配列としてJT15/JTZ17と*lox*2272を使用）による例を示す．RMCE法を行うためには，まずSSR標的配列（JT15と*lox*2272）を任意のゲノム上に付加する必要がある．そのために，ターゲティングベクターを用いた遺伝子ターゲティング法（相同組換えによる）を行う．得られた相同組換えクローンは，JT15と*lox*2272のタグが付加されたターゲットアリルを有している（タグ付加細胞）．次に，JTZ17および*lox*2272配列とそれらに挟まれた目的遺伝子を有するドナーベクターを，Cre発現プラスミドと一緒にタグ付加細胞に導入し，RMCE法を行う．一般的に，相同組換えによる遺伝子ターゲティング法と比較してRMCE法の導入効率はきわめて高い．RMCEアリルを有する目的クローンのスクリーニングは，図中に示した2種類のプライマーセット（1および2）を用い，PCR法で行う．PSM：ポジティブ選択マーカー，NSM：ネガティブ選択マーカー

配列の向きを同方向にするか，あるいは逆向きの方向に設置するかによっても挿入効率やその安定性に差が生じる．われわれは，JT15，JTZ17と*lox*2272という変異型*lox*P配列（表2）の組み合わせを使用して，効率よく安定した遺伝子挿入を行うことに成功している[1]．ちなみに，*lox*P同士に挟まれたfloxedアリルをRMCE法で挿入したい場合にはCre-*lox*Pシステムを用いることができないため，FLP-FRTシステムを利用することとなる．

❷ 目的の遺伝子座位にタグを挿入する[*2]

変異型*lox*P配列またはFRT配列を有するターゲティングベクターを作製し，前記A，Bで記載した方法で遺伝子ターゲティングを行う．われわれはJT15と*lox*2272を使用している．ターゲティングベクターは，通常ポジティブ選択マーカー遺伝子を含む（図

> CreとFLPを同時に作用させることにより，これら*lox*P配列とFRT配列間に存在する配列を他のレポーター遺伝子配列に置換する"dual RMCE法"が開発された[5)6)]．これにより，膨大なノックアウトES細胞リソースについて，そのターゲット遺伝子を効率よく簡便に改変することが可能となった．

[*2] 通常，RMCE法はプラスミドサイズ（〜15kb）のDNAコンストラクトの挿入に利用されているが，本原理を応用してBAC（Bacterial Arti-

表2 変異型loxPおよびFRT配列

loxP配列　5'-ATAACTTCGTATA　gcatacat　TATACGAAGTTAT-3'
FRT配列　5'-GAAGTTCCTATTC　tctagaaa　GTATAGGAACTTC-3'
　　　　　（パリンドローム様繰り返し ー（コア）ー パリンドローム様繰り返し）

	変異体名	配列	種類
loxP	lox66	…TATACGAA*CGGTA*	3'パリンドローム配列変異体
	lox71	*TACCG*TTCGTATA…	5'パリンドローム配列変異体
	JT15	A*ATTA*TTCGTATA…	5'パリンドローム配列変異体
	JTZ17	…TATA*GCAA*TTAT	3'パリンドローム配列変異体
	lox FAS	ta*cctttc*	コア部分変異体
	lox511	g*t*atacat	コア部分変異，1塩基
	lox2272	g*g*atac*t*t	コア部分変異，2塩基
	lox2372	g*g*atac*c*t	コア部分変異，2塩基
FRT	F3	tt*caa*a*t*a	コア部分変異，4塩基
	F5	tt*c*a*aaa*g	コア部分変異，4塩基
	F10	*a*ctag*a*a*t*	コア部分変異，2塩基
	F11	t*ga*ac*t*aa	コア部分変異，4塩基
	F12	tt*t*c*tg*aa	コア部分変異，4塩基
	F13	tc*atat*aa	コア部分変異，4塩基
	F14	ta*t*c*ag*aa	コア部分変異，4塩基
	F15	t*tatagg*a	コア部分変異，6塩基
	F16	tc*cggc*a	コア部分変異，4塩基

（変異塩基を下線および斜体で表示）

loxP/FRT配列は，8塩基のコア配列の両側に13塩基のパリンドローム様繰り返し配列をもつ，特徴的な構造をしている．非対称性のコア配列が各配列の方向性を決定している．SSRを介してDNA鎖の開裂および2つのloxP/FRT部位間での組換えが生じるが，これは8塩基のコア配列内で起こる．変異体が多数開発されており，同一のコア配列を有するloxP/FRT配列間では効率よく組換えが起こるが，異なるコア配列間やパリンドローム変異体と野生型loxP/FRT部位間では組換えが生じにくくなっている

3：PSM1）．場合によっては，ポジティブ選択マーカーだけでなくネガティブ選択マーカー（図3：NSM1）も同時に挿入させる場合もある．これは下記❺でRMCE法を行う際の選択マーカーとして使用するものであるが，必ずしも必要ではない．ポジティブ選択，ネガティブ選択の両方の機能を有する*puro*Δ*tk*カセットなども使用される[8]．細胞にターゲティングベクターをエレクトロポレーション後，ポジティブ選択マーカーを利用して目的の相同組換え体を単離・樹立する．

⬇

❸ 置換用ベクター（ドナーベクター）を作製する

❶で選んだ組換え酵素標的配列と適合する（組換えが生じうる）2個の標的配列を含むベクターを作製し，その2個の標的配列内に置換すべき目的遺伝子をクローニングする[*2]．例えば，上記❷で使用したJT15とlox2272に対する標的配列は，JTZ17と

ficial Chromosome）サイズ（>100kb）のDNAを挿入することも可能である．これはRMGR（Recombinase-Mediated Genomic Replacement）法と呼ばれ，マウスαグロビン調節領域をヒト型に置換する目的で使用された[7]．

lox2272の組み合わせとなる（図3）．この場合，JTZ17とlox2272の間に挿入すべき目的遺伝子をクローニングする．目的遺伝子に加えて第二のポジティブ選択マーカー（図3：PSM2）を含める場合もある．

❹ ドナーベクターとSSR発現プラスミドを，❷で樹立したタグ付加細胞へ導入する

RMCE法による遺伝子挿入効率は相同組換え法と比較してきわめて高いため，エレクトロポレーション法以外にもリポフェクタミン®2000などによる遺伝子導入法（リポフェクション法）を用いてもよい．この場合，用いる細胞数は$1〜2×10^5$個程度で充分であり，われわれは6ウェルプレートで処理している*3．

❺ 目的の細胞をスクリーニングする

❹で播種した細胞からシングルコロニーの単離培養を行い，目的の組換えクローンのスクリーニングを行う（図4A）．この場合，SSRによる組換えによって挿入された目的遺伝子領域の境界部分を挟む形でPCR法を行い，両方の境界領域のPCRがポジティブであるクローンを選択する．また，ポジティブ選択マーカーとしてレポーター遺伝子を使用した場合（図3：PSM2），その発現に基づいて目的の細胞を選択することも可能である（図4B）．

*3 使用するベクター量は以下の通りである．エレクトロポレーション法で導入する場合，$5×10^6$個の細胞に対してドナーベクター10μgとSSR発現プラスミド10μgを用い，6ウェルプレート上でリポフェクタミン®2000処理によって導入する場合，$1〜2×10^5$個の細胞に対してドナーベクター5μgとSSR発現プラスミド5μgを用いている．ベクター量をさらに減らすことは可能だと考えられる．エレクトロポレーション法で処理した細胞は，1/8量〜1/2量を100 mmシャーレに播種し，24時間後に薬剤選択など〔ネガティブ選択マーカー（図3：NSM1），あるいは❷で使用したものとは異なるポジティブ選択マーカー（図3：PSM2）による〕を開始する．リポフェクタミン®2000で処理した細胞は24時間後に薬剤選択を開始し，次の日に100 mmシャーレに継代（パッセージ）を行う．

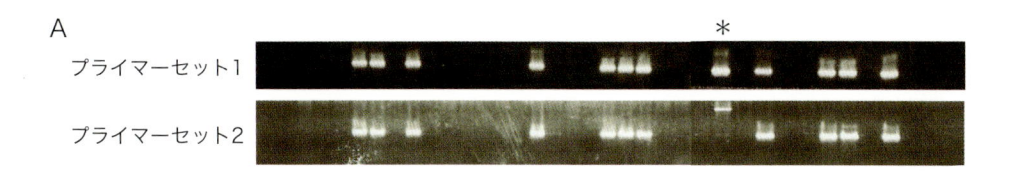

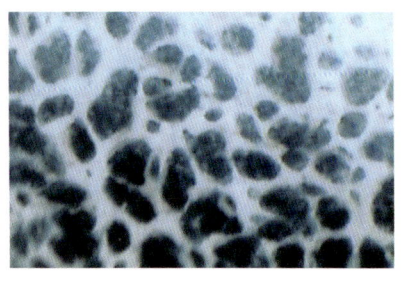

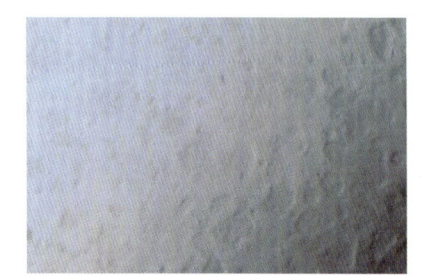

図4 目的の組換え体のスクリーニング

A) 組換えの境界部分を挟む形で2種類のPCRを行う．使用するプライマーセットの位置は図3に示した通りである．ここでは，単離した37クローンのうち11クローン（30％）が目的の組換え体であった．＊印のクローンは片方の標的配列のみを介して挿入されたクローンである．B) lacZ遺伝子をポジティブ選択マーカーとして使用した場合のX-gal染色像．RMCE法でlacZ遺伝子が正しく挿入された場合，目的の組換え体をX-gal染色で同定することが可能である．
左：目的のクローン，右：ランダム挿入クローン

> ⚠️ **トラブルへの対応**
>
> **■リポフェクション法を介したRMCE法が分化能に影響する**
>
> 　われわれは，リポフェクタミン®2000でRMCE法を行ったES細胞から遺伝子改変マウス個体の作製に成功しているものの[1]，リポフェクタミン®2000の毒性が細胞の未分化能に影響を及ぼす恐れもあるため，ES細胞の培養は慎重に行う必要がある．
>
> **■不完全な組換え体が得られた**
>
> 　目的の組換え体をスクリーニングする際に，ときおり2個の標的配列のうち片方だけを介して組換えが生じたクローンが得られることがある（図4A：＊印）．通常は正確な組換え体が多く単離できるためこのようなクローンを使用することはないが，この不完全な組換え体にさらにSSRを作用させることにより，目的の組換え体に変換することも可能である．

実験例

1. コンディショナルノックアウト

　相同組換えESクローンのスクリーニングにおいて，PCR法により二次スクリーニングまで行い陽性を2クローン得たが，サザンハイブリダイゼーション法による三次スクリーニングを行ったところ，そのうち1クローンは予想と異なるバンドパターンを示した（図5）．低頻度ではあるが，このような事例が発生する可能性があることから，必ずサザンハイブリダイゼーションでの確認を行うか，あるいは複数クローンでマウスを樹立する必要がある．

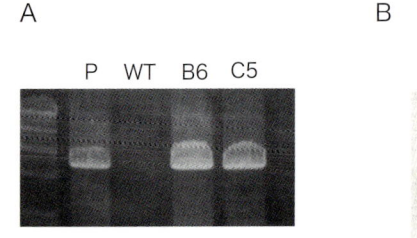

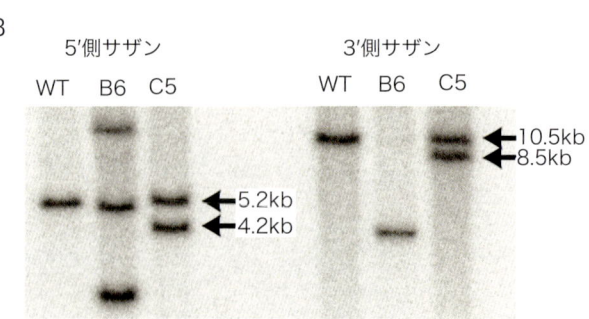

図5　相同組換えクローンのスクリーニング
A) PCRによる二次スクリーニングをしたところ，B6，C5クローンともに陽性であった．B) サザンハイブリダイゼーション法による三次スクリーニングを行ったところ，B6クローンは5′側／3′側ともに予想とは異なるパターンを示し，不適なクローンであることがわかった

2. RMCE法

　　RMCE法によって目的の組換えクローンが得られる効率は，使用する変異標的配列の組み合わせ，薬剤選択方法，標的遺伝子座位などによって変化しうる．われわれが*Rosa26*遺伝子座位と*H2-Tw3*遺伝子座位で行った場合，10〜100％の効率で目的クローンを得ることに成功している（図4）[1]．

おわりに

　　SSRは，今回取り上げたCre-*lox*P，FLP-FRTシステム以外にも，Dre-roxという第三のSSRや[9]，φC31インテグラーゼを用いた挿入システムなどが実用化されており[10]，工夫次第でさまざまな遺伝子改変ができるようになっている．レポーター遺伝子と組み合わせることによりFate-mappingにも応用されており[11]，幹細胞研究の分野で今後ますます利用が増えるものと考えられる．

◆ 文献

1) Ohtsuka, M. et al.：Nucleic Acids Res., 38：e198, 2010
2) Murray, S. A. et al.：Mamm. Genome, 23：587-599, 2012
3) Bayascas, J. R. et al.：J. Biol. Chem., 281：28772-28781, 2006
4) Grabundzija, I. et al.：Nucleic Acids Res, 41：1829-1847, 2013
5) Osterwalder, M. et al.：Nat. Methods, 7：893-895, 2010
6) Anderson, R. P. et al.：Nucleic Acids Res., 40：e62, 2012
7) Wallace, H. A. et al.：Cell, 128：197-209, 2007
8) Prosser, H. M. et al.：Nat. Biotechnol., 29：840-845, 2011
9) Anastassiadis, K. et al.：Dis. Model. Mech., 2：508-515, 2009
10) Thyagarajan, B. et al.：Mol. Cell. Biol., 21：3926-3934, 2001
11) Moretti, A. et al.：FASEB J., 24：700-711, 2010

◆ 参考図書

1) 『改訂第五版 新 遺伝子工学ハンドブック』（松村正實ほか／編），羊土社，2010
2) 『マウス胚の操作マニュアル＜第三版＞』（Andras Nagyほか／著，山内一也ほか／訳），近代出版，2005

IV 疾患モデル細胞・トランスジェニック

2 遺伝子改変法②
HAC/MAC

香月康宏，阿部智志，押村光雄

フローチャート

【人工染色体を用いた遺伝子導入マウスの作製】

1カ月前（or 5カ月前）
挿入型クローニング法（or 転座型クローニング法）による
目的遺伝子搭載 HAC/MAC の作製

当日
微小核細胞融合法による
目的遺伝子搭載 HAC/MAC 導入

3カ月
HAC/MAC 導入細胞の解析と
キメラマウスの作製

レシピエント細胞（マウス ES 細胞）の準備

はじめに

　ヒトやマウスなどの動物細胞に外来遺伝子を発現させるためのベクターの開発は遺伝子機能を解析するためのツールであるばかりでなく，産業（医薬品生産やスクリーニング細胞作製など）や医療（遺伝子治療など）への応用面でも重要な役割を果たしてきた．従来の遺伝子導入には大腸菌/酵母を宿主としたクローン化DNAが用いられているが，安定発現細胞株を取得しようとした場合，導入遺伝子は宿主染色体上にランダムに，多くの場合複数コピー挿入される．したがって，導入遺伝子の発現が一定ではなく，宿主の染色体上の遺伝子機能を破壊する可能性ももっている．近年，染色体の特定部位（ROSA26部位など）に目的遺伝子を導入する方法も開発されているが[1]，必ずしも巨大な遺伝子，複数の遺伝子を同時に安定的に導入できないのが現状である．さらに，複数の細胞系や細胞（in vitro）とマウス（in vivo）との比較をしたい場合，上述のコピー数や導入部位が細胞ライン・マウスラインごとに異なることから，それぞれの比較検討が困難であった．

　これらを解決できる1つの方法は自立複製・分配が可能なヒト人工染色体（human artificial chromosome：HAC）あるいはマウス人工染色体（mouse artificial chromosome：MAC）をベクターとして利用して遺伝子を導入することである[2) 3)]．HAC/MACベクターの利点は次の3点があげられる．①宿主染色体に挿入されず独立して維持されることから，宿主遺伝子を破壊しない．②一定のコピー数で安定に保持され，自己のプロモーターを含む遺伝子領域を導入することにより宿主細胞の生理的発現制御を受けることから，過剰発現や発現消失が起きる可能性が低い．③導入可能なDNAサイズに制約がないことから，発現

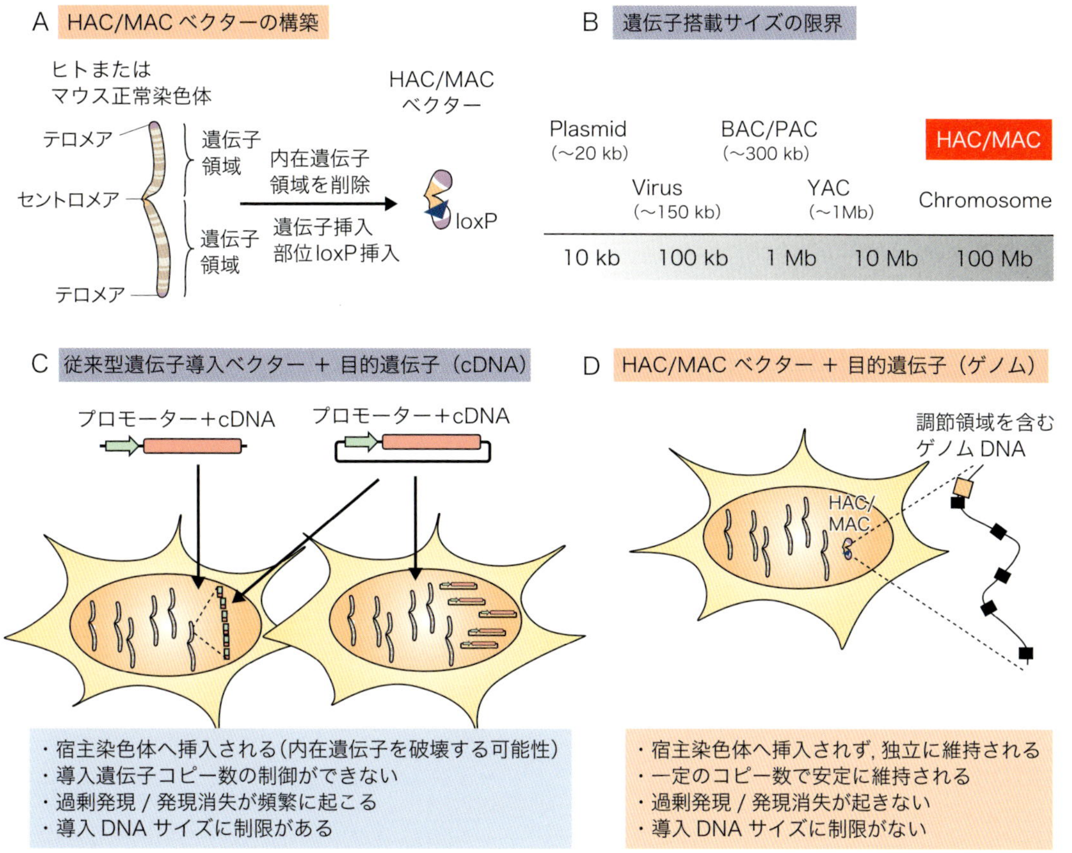

図1 HAC/MACベクターの構築方法と特徴

A) HAC/MACベクターの構築方法．HAC：ヒト由来セントロメアをもつ人工染色体．MAC：マウス由来セントロメアをもつ人工染色体．B) 各種ベクターの遺伝子搭載サイズの限界．C) 従来型遺伝子導入法の課題．D) HAC/MACベクターによる遺伝子導入法の利点．参考文献4を元に作成

調節領域を含む遺伝子や複数遺伝子/アイソフォームの導入が可能となる（図1）．本項ではHAC/MACベクターを用いた遺伝子導入方法を中心に概説する．

準備

- □ Cre発現ベクター（pBS185）
  Addgeneより購入可能（#11916）．
- □ 各種MAC/HAC保持CHO細胞
  鳥取大学より譲渡可能[2)3)]．
- □ MAC/HAC対応遺伝子挿入用ベクター
  p*lox*P-3'HPRT-HS4×2，pPAC*lox*P-3'HPRT-HS4，pHS4，p*lox*Zeo-*lox*P-3'HPRT（鳥取大学より譲渡可能）．

- ☐ SW102

    NCI*1 より入手可能.
- ☐ F12（和光純薬工業社, #087-08335）
- ☐ 50×HAT（シグマ・アルドリッチ社, #H0262-10VL）
- ☐ G418（プロメガ社, #V7983）
- ☐ Hygromycin B（和光純薬工業社, #085-06153）
- ☐ Blasticidin S. Hydrochloride（科研製薬社, #KK-400）
- ☐ QIAGEN Plasmid Midi Kit（キアゲン社, #12143）
- ☐ Nucleobond BAC100（タカラバイオ社, #740579）
- ☐ Large-Construct kit（キアゲン社, #12462）
- ☐ BAC/PAC Isolation kit, EZ gene（BIOMIGA社, #PD1311-01）
- ☐ GENECLEAN Turbo kit（Q-Biogene社, #1102-200）
- ☐ Lipofectamine® 2000（ライフテクノロジーズ社, #11668-027）*2

    Lipofectamine® LTX（ライフテクノロジーズ社, #15338030）, CalPhos™ Mammalian Transfection Kit（タカラバイオ社, #631312）, GeneJuice® Transfection Reagent（メルク社, #70967）, Fugene® HD（プロメガ社, #E2311）など.

*1 http://ncifrederick.cancer.gov/research/brb/recombineeringInformation.aspx

*2 われわれは通常Lipofectamine® 2000を使っている. 他のトランスフェクション試薬でもよい.

プロトコール

前項に記載されているCre-loxPシステムを利用して, HAC/MACベクター上に目的遺伝子を搭載する. HAC/MACベクターへの遺伝子クローニング方法は, ①挿入型クローニング, ②転座型クローニング, の2つのクローニング方法に分けられる（図2, 図3）4). いずれのクローニング方法の場合も目的遺伝子を搭載したHAC/MACベクターを微小核細胞融合法（Microcell-Mediated Chromosome Transfer：MMCT）を用いてマウスES・iPS細胞などの受容細胞に導入することができる.

1. 各種HAC/MACベクターを保持するCHO細胞の準備

これまでに基本ベクターとしてHACは4種類（21HAC1, 21HAC2, 21HAC3, 21HAC4）, MACは2種類（MAC1, MAC2）作製されている（表1）. 蛍光遺伝子が搭載されている21HAC2やMAC1は, 後に述べる染色体導入の際に導入クローンの選別に有用である. 5′HPRT-loxP, loxP-3′HPRT, 3′neo-loxPのいずれかがHAC/MACベクター上に搭載されているので, それぞれに対応した

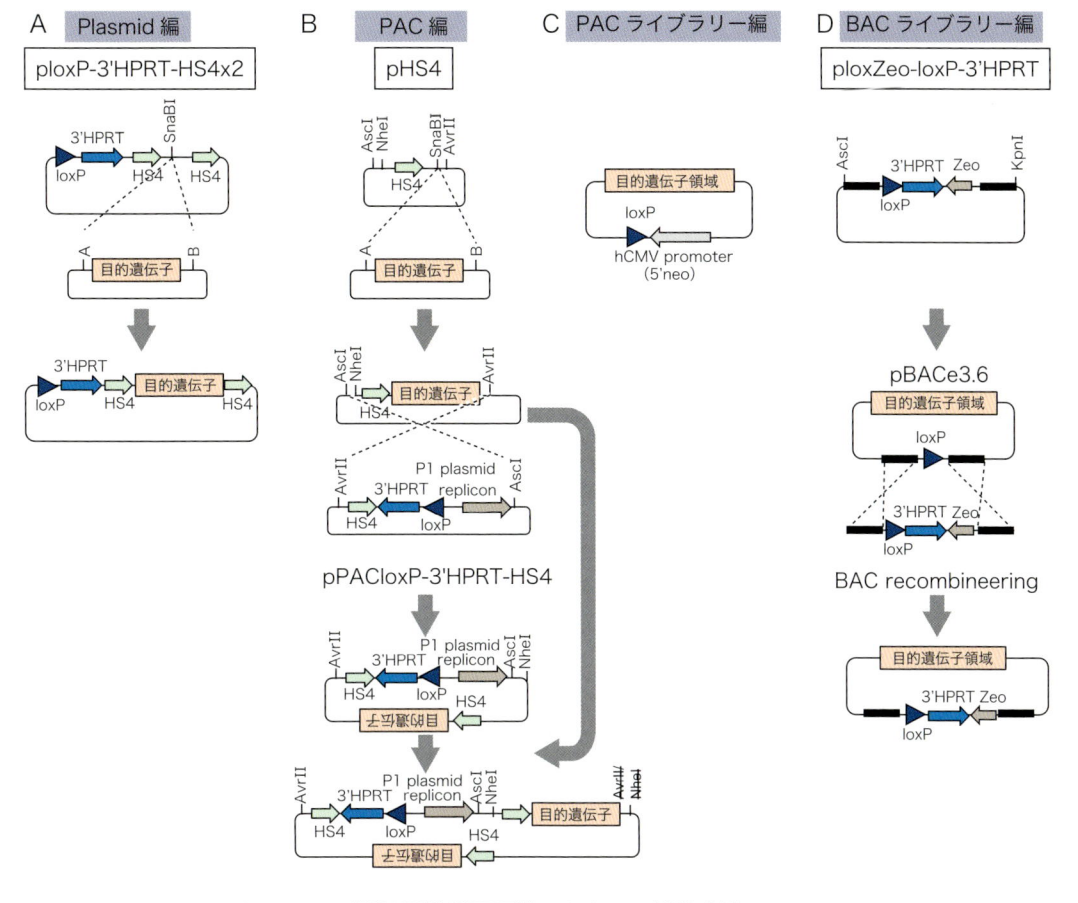

図2 HAC/MACベクターへの遺伝子搭載用環状ベクターの構築方法
A) plasmid編. B) PAC編. C) PACライブラリー編. D) BACライブラリー編

表1 HAC/MACベクター基本情報のまとめ

HAC/MAC名称	選択薬剤	薬剤濃度	蛍光遺伝子	搭載組換え部位	ベクター側組換え部位	Cre発現後の選択薬剤
21HAC1	hygromycin	500 μg/mL	なし	5'HPRT-loxP	loxP-3'HPRT	HAT
21HAC2	BS	8 μg/mL	EGFP	5'HPRT-loxP	loxP-3'HPRT	HAT
21HAC3	G418	800 μg/mL	EGFP/DS-Red	5'HPRT-loxP	loxP-3'HPRT	HAT
21HAC4	BS	8 μg/mL	なし	3'neo-loxP	loxP-5'neo	G418
MAC1	G418	800 μg/mL	EGFP	loxP-3'HPRT	5'HPRT-loxP	HAT
MAC2	hygromycin	500 μg/mL	なし	5'HPRT-loxP	loxP-3'HPRT	HAT

loxP-3'HPRT, 5'HPRT-loxP, loxP-5'neoを遺伝子挿入用ベクターに搭載しておく必要がある．すべてのCHO細胞はF12に最終濃度10％のFBSを添加した培地を基本とし，表1に示す各種選択薬剤をHAC/MAC維持のために添加する．Cre-loxPシステムによっ

て，組換えが起こった細胞では薬剤耐性遺伝子が発現し，各選択薬剤（HATあるいはG418）に耐性となるので，HAC/MAC維持薬剤に加えHATあるいはG418を加えることで組換えクローンを選別することが可能である．なお，各種HAC/MACベクターの詳細な構造は文献2および3を参照されたい．

2. HAC/MACベクターへの遺伝子搭載：挿入型クローニング

1）挿入用ベクターの構築（図2）

21HAC1，21HAC2あるいはMAC2へ導入するための*lox*P-3′HPRTを含む各種ベクター構築を例に紹介する．DNAサイズごとに4種類の構築方法が考えられる．

1-1）plasmid編（図2A）

plasmidベクターである*lox*P-3′HPRT含むp*lox*P-3′HPRT-HS4×2ベクターに目的遺伝子を含む発現カセットをHS4配列（インスレーター配列）の間のクローニングサイトにクローニングすればよい．そのため発現カセットさえあれば1ステップのライゲーションで挿入用ベクターの準備ができる．現在のところ，plasmidベクターのDNAサイズが20 kb以内となるような遺伝子にしか適用できない．

❶ p*lox*P-3'HPRT-HS4×2ベクターのSnaBⅠサイトに発現カセットをブランティングしてライゲーションする

⬇

❷ 目的のplasmidを大量培養後，Plasmid Midi KitなどでトランスフェクショングレードのDNAを精製する

1-2）PAC編（図2B）

20 kbを超える遺伝子やゲノムDNAの場合はPACの利用が勧められる．pHS4ベクターへ発現カセットをクローニングしておけば，コピー数を増やしていくことも可能であり，複数の遺伝子を1つのPACに搭載することも可能である．約150 kb程度までであれば連続して1つのPACに遺伝子をクローニング可能である．

❶ 発現カセットをインスレーターを含むplasmid（pHS4）のSnaBⅠサイトにブランティングしてライゲーションする

⬇

❷ AscⅠ/AvrⅡサイトを用いて発現カセットが入ったpHS4をpPAC*lox*P-3′HPRT-HS4とライゲーションする

⬇

❸ 上記ベクターに追加して，さらに遺伝子を挿入したい場合，AvrⅡとNheⅠの突出末端が相補的であるので，上記遺伝子挿入済みpPAC*lox*P-3′HPRT-HS4のAscⅠ/NheⅠサイトに再びAscⅠ/AvrⅡサイトを用いて遺伝子を挿入することで，目的遺伝子の複数コピーを1つのPACに導入することが可能である

⬇

❹ 得られたPACをPCRで確認後，大量培養し，Nucleobond BAC100 kitなどでトランスフェクショングレードのDNAを精製する

1-3）PAC（RPCI-6）ライブラリー編（図2C）

オークランド小児病院研究所（CHORI）で開発されたヒトゲノムライブラリーの1つであるRPCI-6（PACライブラリー）は*lox*PとhCMV promoter（*lox*P-5′neo）が搭載されており[5]，promoter-less-neoと*lox*P（3′neo-*lox*P）が搭載された21HAC4上へのクローニングが可能である．したがって，目的遺伝子を含むPACをメンブレンブロッティングにてスクリーニング後，そのPACを改変する必要がなく直接利用できる．また，有償ではあるがライブラリーからの目的クローンのスクリーニングもCHORIにて委託することが可能である．ただし，現在のところ目的遺伝子がヒト以外の場合は適用できない．

❶ CHORIからRPCI-6ライブラリーのBACクローンがスポットされたメンブレンを購入する

⬇

❷ 目的遺伝子内の特異的配列（200〜500bp程度）をPCRにて増幅し，PCRプロダクトをプローブにして，メンブレンブロッティングを行い，候補クローンを選別する[*1]

⬇

❸ 候補クローンをCHORIから購入し，指定の選択薬剤（Km）入りのLBプレートに播種し，37℃でオーバーナイトで培養する

⬇

❹ シングルクローンをKm入りのLB培地（2 mL）に複数クローンそれぞれピックアップし，37℃でオーバーナイト後，ミニプレップにてDNAを抽出し，グリセロールストックを取る

⬇

❺ 遺伝子内に3カ所以上のプライマーを設計し，抽出したDNAを用いてPCRにて目的遺伝子領域が含まれるか確認する

⬇

*1 メンブレンスクリーニングの詳細はサイト（http://bacpac.chori.org/）を参照されたい．

❻ Nucleobond BAC100，Large-Construct kitなどにてトランスフェクショングレードのDNAを精製する

1-4）BACライブラリー編（図2D）

既存のpBACe3.6をベースとしたBACライブラリーなどにはloxPサイトが存在するが，HAC/MACへの薬剤選択のためのloxP-3′HPRTなどが存在しない．よって，以下に示すBAC recombineering法[6]を用いてBACライブラリーに元から存在するloxPサイトをloxP-3′HPRTなどに置き換える．loxPサイトが入っていないBACライブラリーにおいても同様の手法を用いてloxP-3'HPRTを挿入する．遺伝子そのものではなく，遺伝子プロモーターの下流にGFPなどをノックインすることでレポーターとしてBACを導入したい場合も，loxP-3'HPRTを挿入した後にBACを改変すればよい．

❶ UCSCやNCBIのwebサイトから目的の遺伝子を含むBACクローンを選別する

⬇

❷ CHORIから上記クローンを購入[*2]し，Cmなど指定の選択薬剤入りのLBプレートに播種し，37℃オーバーナイトで培養する

⬇

❸ シングルクローンをCm入りのLB培地（2 mL）に複数クローンそれぞれピックアップし，ミニプレップにてDNAを抽出し，グリセロールストックを取る

⬇

❹ 遺伝子内に3カ所以上のプライマーを設計し，抽出したDNAを用いてPCRにて目的遺伝子領域が含まれるか確認する

⬇

❺ 大腸菌宿主をDH10BなどからSW102（DY380由来）へトランスフォームする[*3]

⬇

❻ 50mLチューブで選択薬剤入り5mL LB，32℃で培養を行う

⬇

❼ そのうち2.5mLを選択薬剤入り50mL LBに移して32℃で培養する

⬇

❽ ODをチェック（0.5±0.1）して10mLを100mLフラスコに移す

⬇

*2 日本では有限会社ジェノテックスなどが一部のライブラリーを販売している．

*3 SW102は32℃で培養する．

❾ ウォーターバスで42℃,15分振盪し,氷水において10分振盪する

⬇

❿ 50mLチューブへ移し,5,000rpm(3,000G),5分,0℃で遠心する.上清を除去し,冷やした1mM HEPES 1mLにて懸濁する

⬇

⓫ ❿を3回繰り返す(計4回のウォッシュ)

⬇

⓬ 4回目の上清除去後1μgのBAC recombineering用loxP-3′ HPRT挿入ベクター[*4]を加えて1mM HEPESで計50μLになるように調整する

⬇

⓭ 専用のキュベットに入れ,エレクトロポレーションを行う[*5].

⬇

⓮ 1mL SOCを加え15mLチューブで32℃,1時間振盪後,薬剤(Zeocin,25μg/mL)を含むプレートに播種する.32℃オーバーナイトで培養する

⬇

⓯ 得られたコロニーについてコロニーPCRなどでスクリーニングを行う

⬇

⓰ 目的のクローンを32℃で大量培養し,Nucleobond BAC100 kitなどでトランスフェクショングレードのDNAを精製する

[*4] ploxZeo-loxP-3′ HPRTよりAscI/KpnIサイトにて切り出し,精製.

[*5] 1.75kV,200Ω,25μF

2)CHO細胞におけるCre-loxP組換え(図3A)

上記1)で準備した各種環状ベクターを,HACあるいはMACが保持されたCHO細胞にCre発現ベクターとともに導入するが,その際にplasmid,PAC,BACによって細胞数やベクターの比率を変える必要がある.なお,挿入型クローニングではMb単位の遺伝子をクローニングできない.

❶ 目的に応じてHACあるいはMACが保持されたCHO細胞を準備し,各種ベクターに応じて細胞数を調整する(表2)

⬇

❷ 各種ベクターとCre発現ベクター(pBS185)を各キットのプロトコールに従い,コトランスフェクションする

⬇

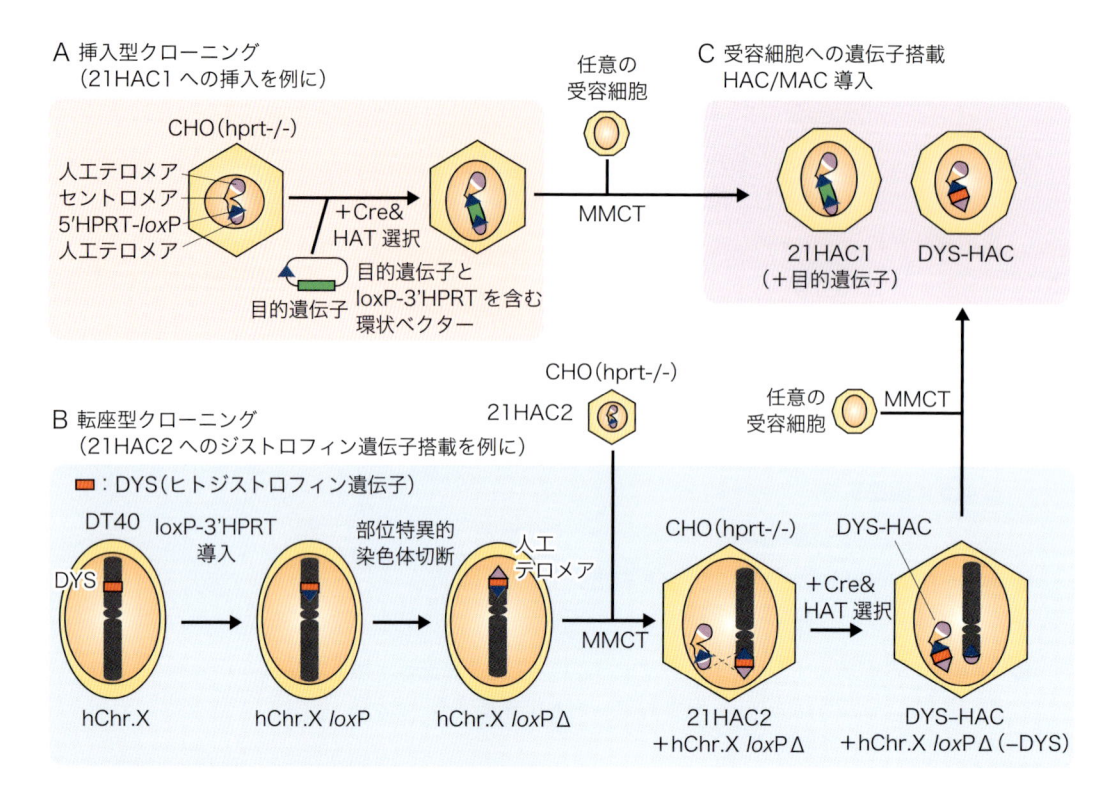

図3 HAC/MACベクターへの遺伝子搭載方法
A）挿入型クローニング．B）転座型クローニング．C）受容細胞へのHAC/MACベクターの導入．参考文献4を元に作成

表2 HAC/MAC保持CHO細胞へのベクター導入条件

クローニング型	スケール	細胞数	pBS185	ベクター	遺伝子導入試薬
挿入型（plasmid）	60 mmディッシュ	2×10^6	2μg	6μg	Lipofectamine 2000 20μL
挿入型（BAC, PAC）	100 mmディッシュ	6×10^6	6μg	15μg	Lipofectamine 2000 60μL
転座型	100 mmディッシュ	6×10^6	6μg	–	Lipofectamine 2000 60μL

❸ トランスフェクションから24時間後に，トランスフェクションスケールの5〜10倍のスケールに継代培養（パッセージ）する

⬇

❹ パッセージから24時間後に選択薬剤（1×HATあるいはG418 800μg/mL）を添加する

⬇

❺ 2〜3日おきに選択薬剤入りの培地で培地交換する

⬇

❻ トランスフェクションから10〜14日目にはコロニーが出現するので，大きくなりすぎないうちにクローニングチャンバーなどを用いて，コロニーをピックアップし，24ウェルプレートへ播種する

⬇

❼ 数日後，細胞が増えたら，1クローンにつき12ウェルプレートの2ウェル分へスケールアップし，細胞が増えたら，ストックおよびDNAを各ウェルから調製する

⬇

❽ 上記DNAを鋳型にして，組換え部位のjunction primerおよび目的遺伝子領域のprimerを用いてPCRスクリーニングを行い，候補クローンを選別する

上記，junction primerの配列・PCR条件は文献2を参照されたい．

⬇

❾ 候補クローンに関して，ストックを立ち上げ，ストック用，FISH解析用にスケールアップする

⬇

❿ HAC/MAC特異的プローブ（Human Cot-1 DNA /Mouse Cot-1 DNA）と目的遺伝子特異的プローブ（導入に用いた環状ベクター）を用いたFISH解析により目的遺伝子が内在CHO染色体に挿入されずHAC/MAC上に存在するか，HAC/MACが内在CHO染色体に転座していないか，などを確認し，次のステップ（4.）のMMCTに用いるためのクローンを選別する

3. HAC/MACベクターへの遺伝子搭載：転座型クローニング（図3B）

　BACベクターなどにクローニングが困難なMbを超える遺伝子（群）をHAC/MACベクターに搭載するために転座型クローニング方法が開発された．単一のヒト遺伝子の中で最も大きい遺伝子であるジストロフィン遺伝子2.4 MbをHACベクターに搭載する方法を例に転座型クローニング方法を以下に説明する．以下で用いるニワトリB細胞前駆細胞株DT40細胞では挿入される遺伝子座に関係なくターゲットインテグレーションが効率よく起こり，さらにこの性質はニワトリゲノムに対してだけでなくDT40細胞に移入されたヒト染色体においても同様の効率で相同組換えを起こすことがわかっている[7]．DT40細胞での目的染色体の部位特異的染色体切断や部位特異的loxP挿入の詳細なプロトコールは『実験医学別冊クロマチン・染色体実験プロトコール』（参考図書2）を参照されたい．

❶ 目的遺伝子（ジストロフィン）を含むヒトX染色体を保持するマウスA9細胞ライブラリー[8]から，前述の相同組換え頻度の高いトリDT40細胞へMMCT法を用いて導入する[*5]

⬇

❷ loxP-3′ HPRT挿入用ターゲティングベクターを構築後，X染色体が導入されたDT40細胞へエレクトロポレーション法により導入し，X染色体染色体上のジストロフィン遺伝子が存在するセントロメア側にloxP-3′ HPRTを挿入する

⬇

❸ 部位特異的切断用ターゲティングベクターを構築後，上記で作製されたloxP導入X染色体が導入されたDT40細胞へエレクトロポレーション法により導入し，X染色体染色体上のジストロフィン遺伝子が存在するテロメア側にテロメアリピート配列（TTAGGG）$_n$約1kbを部位特異的に挿入することでX染色体を部位特異的に切断する

⬇

❹ 上記で作製された改変X染色体をHAC導入CHO（hprt欠損）細胞へMMCT法により導入する

⬇

❺ 上記で作製されたCHO細胞にCre発現ベクター（pBS185）をキットのプロトコールに従いトランスフェクションする（表2）

⬇

❻ トランスフェクションから24時間後にトランスフェクションスケールの5〜10倍のスケールに継代培養（パッセージ）する

⬇

❼ パッセージから24時間後に選択薬剤（1×HAT）を添加する

⬇

❽ 2〜3日おきに選択薬剤入りの培地で培地交換する

⬇

❾ トランスフェクションから10〜14日目にはコロニーが出現するので，大きくなりすぎないうちにクローニングチャンバーなどを用いて，コロニーをピックアップし，24ウェルプレートへ播種する

⬇

❿ 数日後，細胞が増えたら，1クローンにつき12ウェルプレートの2ウェル分へスケールアップし，細胞が増えたら，ストックおよびDNAを各ウェルから調製する

⬇

*5 ヒト2, 3, 5, 6, 7, 11, 14, 15, 21, 22番およびX染色体を保持するDT40細胞は作製できているが，さらに必要な染色体があればヒト染色体を保持するA9細胞からそのヒト染色体をDT40細胞へ移入する必要がある．

⓫ 前項の挿入型クローニングで解説した要領でPCR，FISHを行い，次のステップのMMCTに用いるためのクローンを選別する

4. ES・iPS 細胞への染色体導入（図3C）

前記 2. 3. で構築した遺伝子搭載 HAC/MAC ベクターは MMCT 法を用いてマウス ES 細胞などの目的細胞に導入する．染色体導入の詳細なプロトコールは参考図書2を参照されたい．以下にマウス ES・iPS への染色体導入の簡単なプロトコールを示す．なお，現在のところ，ヒト iPS 細胞への HAC/MAC ベクター（染色体）導入は成功していない．ヒト iPS 細胞に目的遺伝子搭載 HAC/MAC を導入したい場合，ヒト線維芽細胞に目的遺伝子搭載 HAC/MAC をあらかじめ導入してから iPS 細胞を誘導する必要がある．一方，シングルセルクローニングが容易な KhES1 由来の亜株[9]では染色体導入が可能であることが示されている（投稿準備中）．

❶ 専用のフラスコを用いて，1融合あたり12フラスコ分のCHO細胞（目的遺伝子搭載HAC/MACベクター含む）を準備する

⬇

❷ 0.1μg/mLになるようにコルセミドを添加したF12/20％FBS培地で培地交換する

⬇

❸ 48時間後に同様のコルセミド添加培地で培地交換し，コルセミド処理72時間後に微小核細胞の回収を開始し，最終的に無血清のDMEM 5mLに懸濁する

⬇

❹ $5\times10^6 \sim 1\times10^7$ のマウスES・iPS細胞をシングルセルになるように回収し，DMEMで2回ウォッシュする

⬇

❺ マウスES・iPS細胞懸濁液を遠心後，微小核細胞懸濁液（DMEM 5 mL）を添加して，遠心する

⬇

❻ 上清を除去して，0.5 mLのPEG1000を添加し，軽くタッピング後，PEG添加開始から90秒間処理する

⬇

❼ 無血清のDMEM 13 mLをゆっくりと添加し，軽くピペッティングを行う

⬇

❽ 遠心分離後，あらかじめ前日に準備しておいたフィーダー細胞上（100 mmディッシュ2～3枚）に播種する

❾ 24時間後，培地交換とともにG418などの選択薬剤を添加する

❿ 7〜10日後，コロニーをピックアップし，スケールアップ後，CHO細胞で実施したようなストック，PCR解析，FISH解析を実施する

⓫ 候補クローンを用いて，*in vitro* 分化誘導，キメラマウスの作製，テラトーマの作製などを行い，機能解析を実施する

⚠ トラブルへの対応

■ PACへの複数遺伝子のクローニングで目的クローンが得られない
→PACのDNA収量およびゲル抽出における精製の問題
スモールスケールで抽出が行えるBAC/PAC Isolation kit，例えばEZ geneキット，ゲル抽出においては長鎖を精製できるGENECLEAN Turbo kitなど市販のキットを用いる．

■ PACライブラリースクリーニングで目的クローンが得られない
→スクリーニングに用いるプローブの配列の問題
異なる配列認識プローブを作製してスクリーニングを行う．

■ BAC recombineeringで組換えクローンが取得できない
→ターゲティングに用いる相同領域の問題
相同領域の配列を変更してBAC recombineeringを行う．

■ Cre-*lox*P組換えにて薬剤耐性クローンが取得できない
→細胞への毒性が高い，プラスミドの純度が低い
ベクター比率を変えてみる，トランスフェクションスケールを上げる（細胞数を増やす），準備の項に示す他のトランスフェクション試薬を使用してみる．

■ 挿入型Cre-*lox*Pにて薬剤耐性クローンは取得できるが目的の組換え体が取得できない
→プラスミドの純度が低い
プラスミドの精製を再度やり直す，導入キットを変えてみる，解析クローン数を増やす．

■ MMCTにてクローンが取得できない
→PEGの毒性が強すぎる，レシピエント細胞の状態が悪い，ドナーCHO細胞のミクロセル形成率が悪い
細胞を対数増殖期の細胞を準備する，PEG処理時間を少し短くする，PEGの作製時にpHに注意する，ミクロセル形成率のよいドナーCHO細胞を選別する．

実験例

HAC/MACベクターは培養細胞やマウスを用いた *in vitro, in vivo* における目的遺伝子の機能解析に利用できるだけでなく，遺伝子・細胞治療にも利用されることが期待される．これまでにわれわれはHACベクターを用いた機能解析や遺伝子・細胞治療の基盤研究を実施してきており，それらの成果および他のグループからのHAC研究の成果のまとめを文献4に記載しているので，詳しくはそちらを参照されたい．以下にヒトiPS細胞を用いた遺伝子・細胞治療の実験例とマウスES細胞を用いたヒト化モデルマウス作製の実験例を示す．

1. 筋ジストロフィーモデルマウスの遺伝子治療例

遺伝子・細胞治療の例として，エキソン4〜43の巨大領域に欠損があるデュシェンヌ型筋ジストロフィー（DMD）患者由来線維芽細胞に，転座型クローニング法で作製したヒト

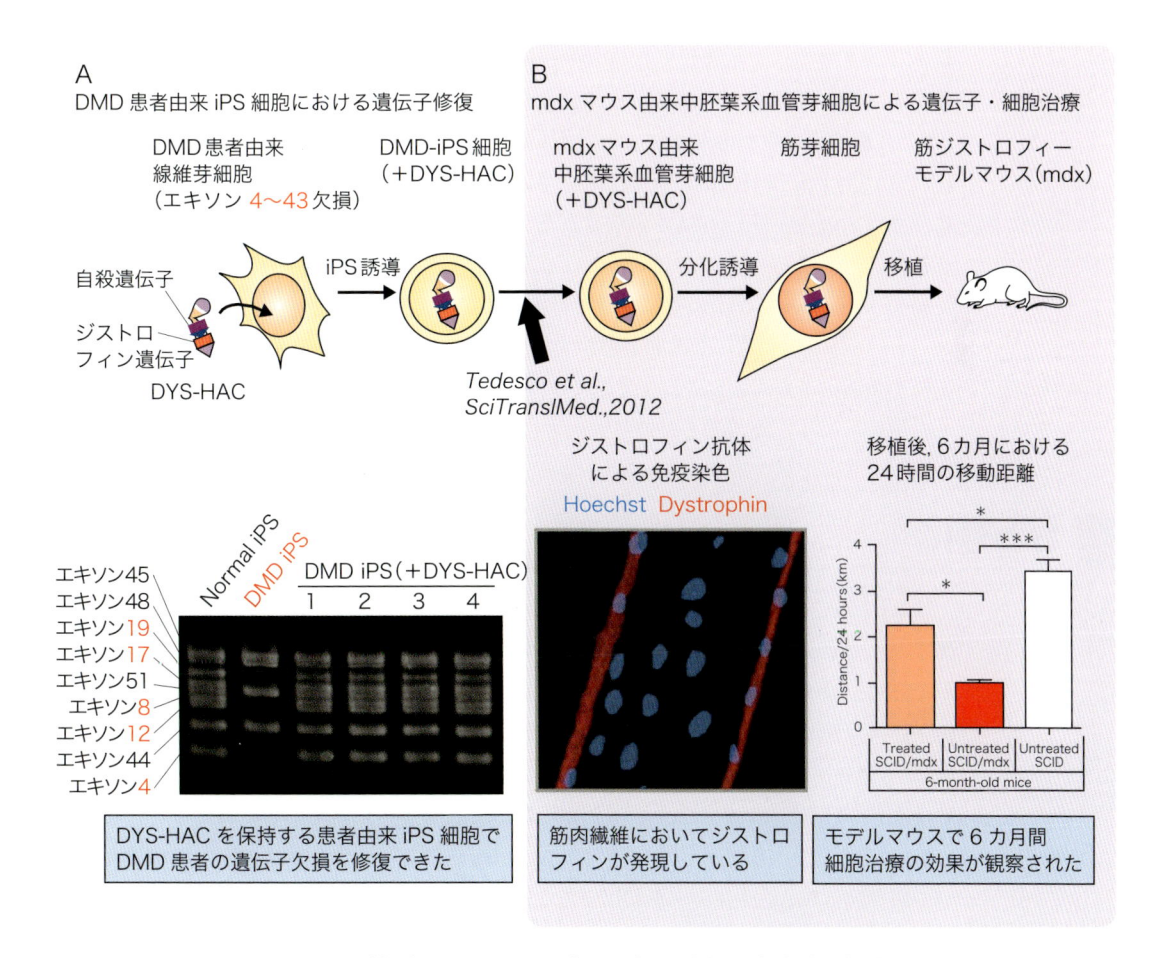

図4 HACベクターを用いた筋ジストロフィー（DMD）の遺伝子治療法の概略
A）DMD患者由来iPS細胞における遺伝子修復．文献10より転載．B）mdxマウス由来中胚葉系血管芽細胞による遺伝子・細胞治療．文献11より転載

ジストロフィン遺伝子2.4Mbゲノムを保持するDYS-HACベクターを導入することで，内在ゲノムを傷つけることなく，その原因遺伝子を完全に修復した（図4A）[10]．一方，近年Cossuらのグループは上記DYS-HACと中胚葉系血管芽細胞を用いてmdxマウスの遺伝子細胞治療に成功し，遺伝子修復済み中胚葉系血管芽細胞由来の筋肉細胞が長期にわたり安定的に機能することが示された（図4B）[11]．さらに，同グループによりヒトiPS細胞から中胚葉系血管芽細胞への効率的分化誘導技術が確立された[12]．上述の遺伝子修復済みDMD-iPS細胞にその技術を適応してモデル動物で治療効果と安全性が証明されれば，DMD患者への治療研究が可能になるものと考えられる．

2. トランスクロモソミックマウス作製例

ヒトの薬物代謝を外挿するためのヒト化モデルマウス作製の例として，転座型クローニング法を用いて，ヒトCYP3A遺伝子クラスター全長を含む約700 kbをHACベクターにクローニングし（CYP3A-HAC），そのCYP3A-HACをマウスES細胞に導入することでヒト化CYP3Aマウスを作製した[13]．従来技術で作製した遺伝子導入マウス系統であるトランスジェニックマウスと区別して，外来染色体が子孫伝達するマウス系統をトランスクロモソミック（Tc）マウスと呼んでいる[14]．このCYP3A-HACマウスでは肝臓と小腸特異的にCYP3A遺伝子発現が再現され，また成体期特異的なCYP3A4は成体期に，胎仔期特異的なCYP3A7は胎仔期特異的に発現した．さらに完全なヒト化CYP3Aマウスを作製するために，マウスの内在性Cyp3aが破壊されたマウスを作製し，CYP3A-HAC/Cyp3aKOマウスを作製した．このマウスがヒトにおける薬物相互作用を再現できるか否かについて検討した結果，CYP3Aを介する薬物代謝に対するCYP3A阻害薬の影響は「ヒト化CYP3Aマウス」と「ヒト」でよく一致することが明らかとなった．新規ヒト化CYP3AマウスはCYP3A遺伝子の遺伝子発現制御を解析するモデルやCYP3Aの阻害に関する薬物相互作用を予測する有用なモデルとなることが期待される．

おわりに

HAC/MACベクターを用いた遺伝子導入技術は，従来のトランスジェニック技術では困難であった巨大な遺伝子・複数の遺伝子を細胞や動物に安定に導入できる点できわめて有用である．また，従来のベクター系や相同組換え技術では完全に治療できなかった巨大遺伝子原因疾患や遺伝子変異部位未知の疾患の遺伝子・細胞治療の試みにも応用可能である．HACベクターはヒト細胞ではきわめて安定であるものの，マウス細胞中では必ずしも安定ではない．MACベクターはマウス細胞・個体できわめて安定であるだけでなく，ヒト細胞でも安定である．したがって，マウスを用いた研究あるいはマウスとヒト細胞の両方を用いた研究にはMACベクターを利用することが勧められる．一方，ヒト細胞での利用に限る場合，あるいは遺伝子治療をめざす研究の場合はHACベクターの利用が勧められる．本項では紹介しなかったが，挿入型クローニング方法の応用として，マルチインテグレース（MI）システムをHAC/MACベクターに適用し，本項で紹介したCre-loxPシステムと同様の手法

を用いて，最大5つの環状DNAをHAC/MACベクターに搭載することが可能となっている[15]．また，Tetシステムを用いて人為的にHACを除去できるtet-O-HACも構築されており，Cre-loxPシステムにより同様に環状ベクターを導入することが可能であることから，tet-O-HACは人為的条件下での遺伝子機能解析に有用なツールといえる[16]．

現在のところHAC/MACベクターの受容細胞への導入効率は$1×10^{-6}$〜$1×10^{-4}$程度であり，分裂寿命をもたない不死化細胞やマウスES細胞などへの適用は容易であるが，少数の組織幹細胞への移入や，in vivoでの遺伝子導入には適していない．本項では導入効率に関して紙数の都合上述べなかったが，麻疹ウイルスの融合機構を利用して特定のヒト不死化細胞への導入効率の改善に成功しており[17]，組織幹細胞などへの適用が期待される．また，最近急速に技術革新してきたⅣ-4で紹介されているZFN, TALEN, CRISPR/Casシステムなど[18)19)]を用いたゲノム編集技術を染色体工学技術に利用することによって，より簡便なHAC/MACによる遺伝子導入システムの構築が可能となることが期待される．

以上のように，HAC/MACベクターは遺伝子導入動物の作製，タンパク質高発現細胞の作製，遺伝子相互作用の解析，遺伝子機能解析などに有用な次世代遺伝子導入ベクターとして期待できる．

◆ 文献

1) Haenebalcke, L. et al. : Cell Rep., 3: 335-341, 2013
2) Kazuki, Y. et al. : Gene Ther., 18: 384-393, 2011
3) Takiguchi, M. et al. : ACS Synth. Biol., 2012
4) Kazuki, Y. & Oshimura, M. : Mol. Ther., 19: 1591-1601, 2011
5) Frengen, E. et al. : Genomics, 68: 118-126, 2000
6) Copeland, N. G. et al. : Nat. Rev. Genet., 2: 769-779, 2001
7) Kuroiwa, Y. et al. : Nat. Biotechnol., 18: 1086-1090, 2000
8) Koi, M. et al. : Jpn. J. Cancer Res., 80: 413-418, 1989
9) Hasegawa, K. et al. : Stem Cells, 24: 2649-2660, 2006
10) Kazuki, Y. et al. : Mol. Ther., 18: 386-393, 2010
11) Tedesco, F. S. et al. : Sci. Transl. Med., 3: 96ra78, 2011
12) Tedesco, F. S. et al. : Sci. Transl. Med., 4: 140ra89, 2012
13) Kazuki, Y. et al. : Hum. Mol. Genet., 22: 578-592, 2013
14) Tomizuka, K. et al. : Nat. Genet., 16: 133-143, 1997
15) Yamaguchi, S. et al. : PLoS One, 6: e17267, 2011
16) Iida, Y. et al. : DNA Res., 17: 293-301, 2010
17) Katoh, M. et al. : BMC Biotechnol., 10: 37, 2010
18) Sakuma, T. et al. : Genes Cells, 18: 315-326, 2013
19) Wang, H. et al. : Cell, 153: 910-918, 2013

◆ 参考図書

1)『改訂培養細胞実験ハンドブック』(黒木登志夫／監，許南浩，中村幸夫／編)，羊土社，2008
2)『基礎から先端までのクロマチン・染色体実験プロトコール』，(押村光雄，平岡泰／編)，羊土社，2004
3)『New Vectors For Gene Delivery : Human and Mouse Artificial Chromosomes』(Oshimura, M. et al.), John Wiley & Sons, 2013

IV 疾患モデル細胞・トランスジェニック

3 遺伝子改変法③
トランスポゾンによるゲノム改変

堀江恭二, 國府 力, 竹田潤二

フローチャート

【トランスポゾンによる遺伝子導入】

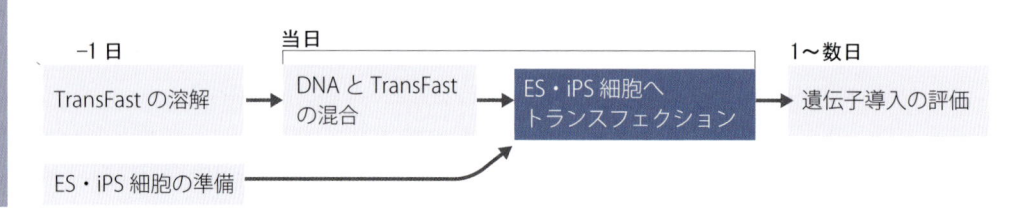

-1日: TransFastの溶解 / ES・iPS細胞の準備
当日: DNAとTransFastの混合 → ES・iPS細胞へトランスフェクション
1～数日: 遺伝子導入の評価

はじめに

　ヒトやマウスなどの哺乳動物細胞へ外来性配列を導入するためのベクターとして，古くからレトロウイルスベクターが用いられてきた．これに対し，近年，トランスポゾンがベクターとして広く用いられるようになってきた．トランスポゾンとはさまざまな生物種のゲノム上に存在するDNA配列であり，ゲノム上をある場所から別の場所へと転移する．トランスポゾンは，自然界では，トランスポゾンの転移を触媒する酵素であるトランスポゼースと，その両側に位置するトランスポゼースの認識配列という形で存在する（図1A）．そして，トランスポゼースが発現すると，それ自身の両側の認識配列に作用してトランスポゾン配列の全長を切り出し，ゲノム上の別の場所へ挿入させる．

　トランスポゾンをベクターとして用いる場合には，トランスポゼース配列を発現するベクターと，トランスポゼースの代わりにゲノムへ挿入するDNA配列をトランスポゼース認識配列で挟んだベクターを構築する（図1B）．この両者を細胞内へ導入すると，細胞内で発現したトランスポゼースが，トランスポゼース認識配列で挟まれた領域をベクターから切り出し，ゲノムへ挿入する．

　トランスポゾンにはさまざまな種類が存在するが，ヒトやマウスのES・iPS細胞で用いられているものとしては，*piggyBac, Tol2, Sleeping Beauty*が挙げられる．これらは各々，蛾，メダカ，サケのゲノムから単離，もしくは単離後に改変されたものであり，ヒトやマウスのゲノム上に存在するトランスポゾンへは作用しないと考えられ，ベクターとして安全なものと考えられる．

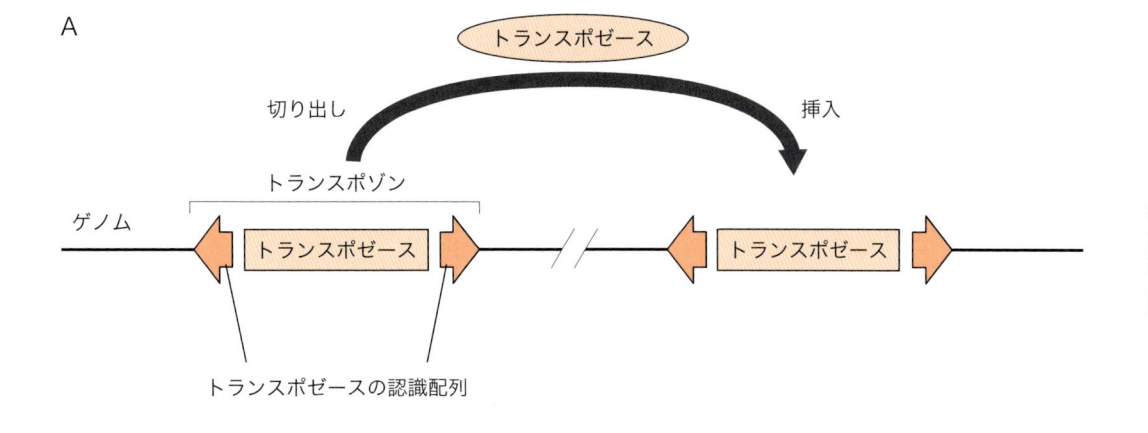

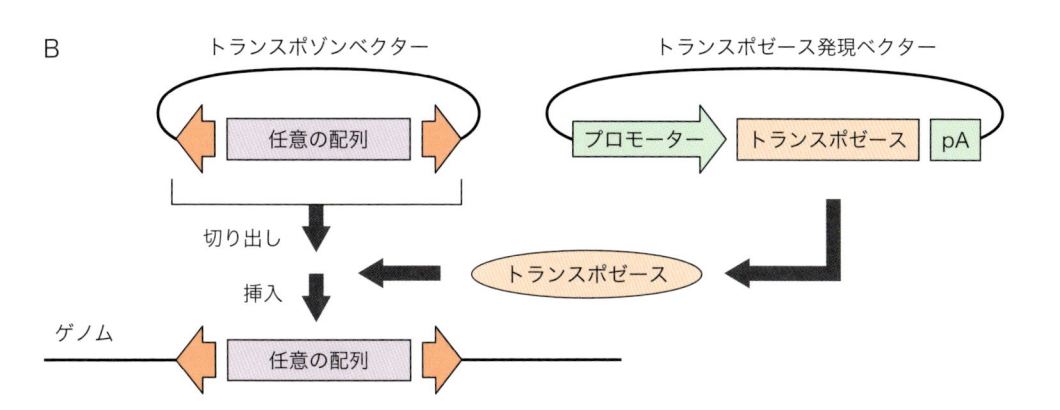

図1　トランスポゾンシステムの概要
A）自然界におけるトランスポゾンの構造と転移様式．B）トランスポゾンを利用したベクター系の概要．トランスポゾンをプラスミドへクローニング後，トランスポゼースのかわりに，任意の配列を配置する．トランスポゼースは，別のプラスミドから，実験系に適したプロモーターにより発現させる．トランスポゼースが発現すると，トランスポゾンベクターからトランスポゾン配列が切り出され，ゲノム上へ挿入される

トランスポゾンの特徴

　　トランスポゾンを効果的に利用するには，トランスポゾンの特徴を理解する必要がある．以下に，特徴を列挙する．

1. プラスミドに対する利点

　　従来のプラスミドのトランスフェクションと比べて，ゲノムへの導入効率が数十〜数百倍程度高い．また，従来のプラスミドのトランスフェクションでは，プラスミドDNAのどの部位がゲノムへ組み込まれるかが不明瞭であるが，これに対して，トランスポゾンシステムでは，トランスポゼースの認識配列で挟まれた領域が挿入されるため，より確実な実験結果を期待できる．挿入部位のゲノム配列も，容易に決定できる．

2. レトロウイルスに対する利点

　レトロウイルスは，内部に繰り返し配列を含むと，逆転写の過程で配列が欠失しやすい．これに対して，トランスポゾンは，逆転写を経ずにDNAのまま転移反応が生じるため，ゲノムへ挿入される配列の安定性が保たれる[1]．またレトロウイルスでは，ウイルスゲノムの転写方向にpolyA付加シグナルやsplice acceptorとして機能する配列を含むと，ウイルスゲノム自体の形成効率が低下し感染効率が低下するが，トランスポゾンは転写を介さないため，転移反応が安定している．さらに，トランスポゾンは，レトロウイルスに比べて，挿入部位の偏りが少ない．*piggyBac*のゲノムへの挿入により遺伝子破壊を行うと，レトロウイルスよりも多くの遺伝子を破壊できることが報告されている．なお，レトロウイルスは組換えDNA実験における拡散防止措置上，P2レベルの実験室が必要であるが，トランスポゾンでは，通常はP1レベルでの実験が可能である．

3. *piggyBac*, *Tol2*, *Sleeping Beauty* それぞれの特徴

　*piggyBac*や*Tol2*では，BAC（bacterial artificial chromosome）のような100kb前後の配列に対しても，ゲノムへの挿入に有効との報告がある[2]．大きな断片を挿入できる性質は，複数の遺伝子を1つのベクターで効率的に導入する際にも好都合である．この性質を利用して，*piggyBac*で複数の初期化誘導遺伝子を効率的に体細胞へ導入してiPS細胞を作製することが可能である[3]～[5]．また，トランスポゼースの発現により，いったん導入した配列をゲノムから切り出すことが可能である．ゲノムへの再挿入が生じない場合もあり，特に*piggyBac*では，切り出し後の配列が挿入前と同一になるため，完全に元のゲノム状態を再現できる．この特徴を利用することで，*piggyBac*で初期化誘導遺伝子を導入してiPS細胞を作製後に，初期化誘導遺伝子自体をゲノムから除去したり[5]，ジーンターゲティングによるゲノム改変時の選択マーカーを除去したり[6]することが可能である（図2）．なお*piggyBac*ではTTAAが，*Sleeping Beauty*ではTAが，転移の際に標的配列となる．*Tol2*については，明確な標的配列はない．*Sleeping Beauty*は，ゲノムから切り出されて再挿入する際に，転移前の近傍3～4Mb以内に集積する．この性質を利用して，ゲノムの特定の領域へ集中的に変異を導入したり[7]，レポーター遺伝子を用いたシスエレメント解析を行ったりすることが可能である[8]．

4. トランスポゾンの難点

　トランスポゾンを用いると，通常，多コピーのベクターがゲノムの異なる座位へ挿入される．1コピーのみの挿入が望ましい場合は，トランスフェクションに用いるDNAの量を減らすことである程度は対処できるものの，著者らの経験では，大部分が1コピー挿入という状況を達成しようとすると，きわめて導入効率が低い状況にならざるを得ない．この点では，レトロウイルスベクターの方が，容易に1コピー挿入を達成できる．

　著者らは，マウスES細胞でランダムに遺伝子を破壊する際に，レトロウイルスでは同一の遺伝子への挿入が顕著なため，*Tol2*を用いることでより多くの遺伝子破壊を達成できたが，その際には，1コピー挿入の細胞をスクリーニングするための工程が必要であった[9]．

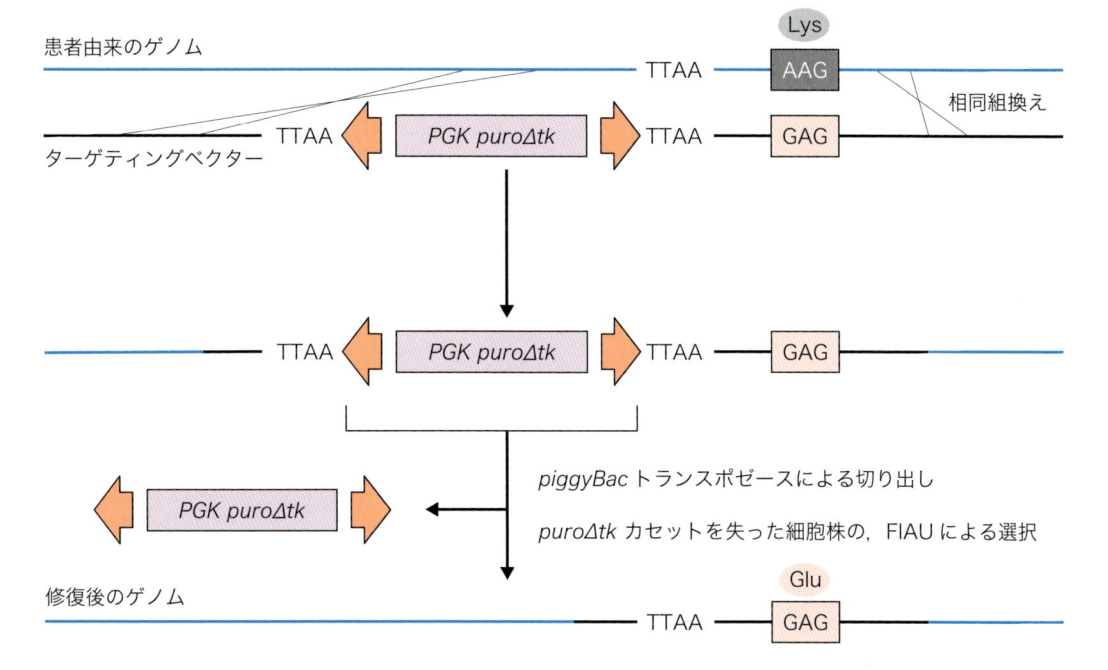

図2 piggyBac の切り出し反応を利用した，α1アンチトリプシン欠損症患者由来ゲノムの修復
GAGからAAGへの一塩基置換によって，GluからLysのアミノ酸変異が生じた患者由来のiPS細胞に対して，遺伝子ターゲティング法により，点変異を修復した．その際に選択マーカーとして用いた **puroΔtk** は，piggyBac トランスポゾンで挟まれている．このため，点変異が修復された細胞株にて piggyBac トランスポゼースを発現させることにより，ゲノムから切り出すことができる．切り出された puroΔtk カセットは，ゲノムへ再挿入される場合と，再挿入されずに失われる場合がある．puroΔtk カセットを失った細胞を，FIAU耐性株として選択することにより，点変異のみが修復された細胞株を樹立できた．トランスポゾンの挿入は，TTAA配列を標的とすることが知られているため，本実験でも，ゲノム上のTTAA配列に対して piggyBac が配置されたベクターが用いられた．文献6を元に作成

　　最近，異なる **barcode配列** を配置した Tol2 ベクターをプールして transfect することで，効果的に1コピー挿入の細胞をスクリーニングする方法が報告された[1]．

　このように，トランスポゾンの利用法は多岐に渡り，各利用法ごとにプロトコールも異なる．しかしながら，もっとも多用され，かつ，基本となるのは，外来性配列をできるだけ効率的にゲノムへ挿入する方法であろう．そこで，本項では，マウスES細胞を例にして，トランスポゾンベクターのゲノムへの高効率導入法のプロトコールを紹介する．

---

barcode配列：数十個の塩基で構成される配列で，異なるベクターに異なる配列を導入することで，ベクターを識別する目印となる．複数のベクターがゲノムへ挿入された際には，ゲノムからbarcode領域をPCRで増幅してシーケンシングを行うと，塩基配列の重なりとして検出される．詳しくは，文献1を参照．

puroΔtk：ピューロマイシン耐性遺伝子（puro）と単純ヘルペスウイルス由来チミジンキナーゼ遺伝子（tk）を人工的に融合して作製した遺伝子．Δは，tk遺伝子の5'側が欠失していることを表す．tk遺伝子が発現すると，FIAU（1-(2-deoxy-2-fluoro-β-D-arabinofuranosyl)-5-iodouracil）が毒性物質に変換されるため，細胞は死滅する．

準　備

1. ベクターの入手先

☐ *piggyBac*

トランスポゼースベクターについては，著者らは，コドンを哺乳動物用に変換したmPBベクター[10]や，さらに転移効率を高めるためのアミノ酸置換を導入したpCMV-hyPBase[11]を用いている．いずれも，右記のURL[*1]からリクエストできる．トランスポゾンベクターについては，これらの文献に記載のいずれにおいても，転移効率に大きな差はない．

[*1] http://www.sanger.ac.uk/form/Sanger_CloneRequests

☐ *Tol2*

Tol2のベクター系は，国立遺伝学研究所の川上浩一らが開発し，右記の同氏のホームページ[*2]からリクエストできる．われわれは，トランスポゼースベクターにはpCAGGS-T2TPを，トランスポゾンベクターにはpT2AL200R150G[12]を用いている．

[*2] http://kawakami.lab.nig.ac.jp/

☐ *Sleeping Beauty*

*Sleeping Beauty*ベクターには，さまざまな改良型が存在する．トランスポゼースベクターは，pCMV(CAG)T7-SB10013の活性が高く，Addgene社から入手可能である．トランスポゾンベクターは，筆者らは，右記のURL[*3]のpT2/HBを使用している．

[*3] http://www.cbs.umn.edu/lab/hackett/plasmid-info

2. 細胞，試薬類

☐ マウスES細胞

1回のトランスフェクションに，2.5×10^5個の細胞を用いる．実験の規模に応じて，スケールアップする．

☐ ES細胞用培地

☐ PBS（phosphate buffered saline）

☐ トリプシン/EDTA

☐ トランスポゾンベクターおよびトランスポゼースベクター

ベクターを溶解しているTris-HClのトランスフェクションへのもち込みが少なくなるように，0.5〜1μg/μL程度の濃度に調製している．

☐ TransFast™ Transfection Regent（プロメガ社, #E2431）

トランクフェクションの前日に，添付の水で溶解し，凍結保存しておく．トランクフェクション当日は，37℃のインキュベーター内で30分間置くことで，溶解させる．またこの間，ときどきボルテッ

クスにて撹拌し，充分に溶解させる．著者らの経験では，凍結融解を繰り返しても，トランスフェクション効率の明らかな低下は認めない．

プロトコール

1. 細胞の調製

❶ 24ウェルプレートの1ウェルにコンフルエントな細胞を準備する[*1]

⬇

❷ 培地を吸引し，PBS 1 mLを加えて吸引する[*2]

⬇

❸ トリプシン/EDTA 0.25 mLを添加し，37℃で10分間，インキュベートする[*3]

⬇

❹ 培地を1 mL添加して，1細胞に解離するまで撹拌する

⬇

❺ 培地を1 mL添加済みの15 mL用遠沈管へ，細胞を移す

⬇

❻ 1,000 rpm（190G）で5分遠心する

⬇

❼ 上清を吸引後，遠沈管の先端部を数回タッピングして，ペレットを壊す

⬇

❽ 0.5 mLの培地へ細胞を懸濁後，細胞数をカウントし，1×10^6 cells/mLに調製する

2. DNAとTransFast™の複合体の調製

❶ DNAとTransFast™を以下のように加え，ボルテックスで短時間混合する

トランスポゾンベクター	1.25 μg
トランスポゼースベクター	1.25 μg
TransFast™	15 μL
培地	総量が250 μLになるようにする

⬇

❷ 室温で15分間静置する

*1 下記に示すように，われわれは，2.5×10^5個の細胞を，一度のトランスフェクションに使用している．24ウェルプレートでコンフルエントな状態では，1×10^6 cells/well程度の細胞が得られると予想される．

*2 本操作を2回行った方が，トリプシン/EDTAによる細胞の解離の効率がよい．

*3 3分後に，一度，ディッシュを揺らして，細胞をディッシュの底から離れるようにすると，その後の細胞の解離の効率が上がる．

3. トランスフェクション

❶ **2.** で作製したDNA-TransFast複合体250 μLに**1.** で調製した細胞を250 μL（2.5×10^5 個）加え，穏やかに撹拌する

⬇

❷ DNA-TransFast-細胞の混合液500 μLを，フィーダー細胞またはゼラチンなどでコーティングした，24ウェルプレートの1ウェルへ播種する

⬇

❸ 37℃，5％ CO_2 で1時間培養する

⬇

❹ 培地を1 mL添加する

⬇

❺ 37℃，5％ CO_2 で3時間培養する

⬇

❻ 細胞が底から剥がれないように，ゆっくりと培地を除き，1 mLの培地を加える

⚠ トラブルへの対応

■ ゲノム導入効率が低い

*piggyBac*と*Tol2*については，トランスポゾンのゲノムへの導入効率は，トランスフェクション自体の効率と明らかに相関する．よって，導入効率が低い場合には，EGFPのようなレポーターを用いてトランスフェクションの条件設定を行うことが重要である．筆者らは，条件設定の終了後も，トランスフェクション効率をモニターするためのコントロールとして，EGFPの発現ベクターの導入実験を併行して行っている．CAGプロモーターを用いた場合は，トランスフェクションの24時間後に，約半数の細胞がEGFP陽性になる．

*Sleeping Beauty*については，トランスポゼースの過剰発現により，ベクターのゲノムへの挿入効率が低下しうるとの報告があり，予備実験として，トランスポゼースの量を変化させて，至適条件を見出すことが重要である．

実験例

マウスES細胞においては，*piggyBac*を使用した際には，上記プロトコールにて約半数の細胞において，ベクターのゲノムへの挿入を認める．

おわりに

　トランスポゾンによる遺伝子導入法は，従来の遺伝子導入法と比べてきわめて簡便である．しかしながら冒頭に述べたように，トランスポゾンには単なる効率に留まらない特徴があるため，それらを活かすことで，さまざまな分野へと応用されることを期待したい．

◆ 文献

1) Mayasari, N. I. et al. : Nucleic Acids Res., 40: e97, 2012
2) Suster, M. L. et al. : BMC Genomics, 10: 477, 2009
3) Kaji, K. et al. : Nature, 458: 771-775, 2009
4) Woltjen, K. et al. : Nature, 458: 766-770, 2009
5) Yusa, K. et al. : Nat. Methods, 6: 363-369, 2009
6) Yusa, K. et al. : Nature, 478: 391-394, 2011
7) Keng, V. W. et al. : Nat. Methods, 2: 763-769, 2005
8) Kokubu, C. et al. : Nat. Genet., 41: 946-952, 2009
9) Horie, K. et al. : Nat. Methods, 8: 1071-1077, 2011
10) Cadiñanos, J. & Bradley, A. : Nucleic Acids Res., 35: e87, 2007
11) Yusa, K. et al. : Proc. Natl. Acad. Sci. USA, 108: 1531-1536, 2011
12) Urasaki, A. et al. : Genetics, 174: 639-649, 2006
13) Mátés, L. et al. : Nat. Genet., 41: 753-761, 2009

IV 疾患モデル細胞・トランスジェニック

4 遺伝子改変法④
TALENによる遺伝子ターゲティング

李　紅梅，佐久間哲史，堀田秋津，山本　卓

フローチャート

【TALENを用いた遺伝子ターゲティング】

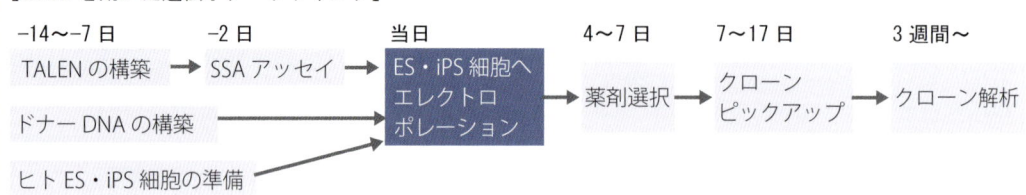

-14〜-7日：TALENの構築／ドナーDNAの構築／ヒトES・iPS細胞の準備 → -2日：SSAアッセイ → 当日：ES・iPS細胞へエレクトロポレーション → 4〜7日：薬剤選択 → 7〜17日：クローンピックアップ → 3週間〜：クローン解析

はじめに

　近年，遺伝子のノックアウトやノックインに利用可能な人工ヌクレアーゼの**ZFN**（zinc-finger nuclease）や**TALEN**（transcription activator-like effector nuclease），RNA誘導型ヌクレアーゼの**CRISPR/Cas**システムが開発された．人工ヌクレアーゼによって任意のDNA領域にDNA二重鎖切断（DSB）を導入し，非相同末端結合（NHEJ）や相同組換え（HR）などの修復過程を介して遺伝子改変を行う．NHEJを介した修復では，挿入や欠失が導入されるため，標的遺伝子への変異導入が可能な一方，HRを介した修復では，ドナーベクターを共導入することで，遺伝子ターゲティングが可能である．これらの部位特異的ヌクレアーゼを用いることで，遺伝子改変が困難であった生物や細胞において標的遺伝子を狙った遺伝子改変（**ゲノム編集**）が可能となり[1)2)]，ヒトES・iPS細胞での遺伝子改変も競って進められている[3)4)]．

　本項では，ターゲット部位設計の自由度が高く，配列認識特異性が高いTALENに焦点を合わせる．われわれが行っているヒト培養細胞でのシングルストランドアニーリング（SSA）アッセイ（図1）による組換え活性評価法と，ドナーベクターを用いたiPS細胞での遺伝子ターゲティング法について概説する．SSAアッセイによってTALENの活性を事前に確認することが，実験を効率的に進めるうえで重要である．

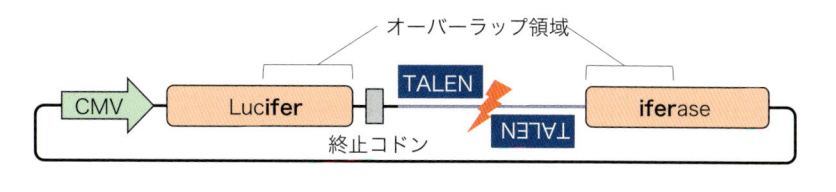

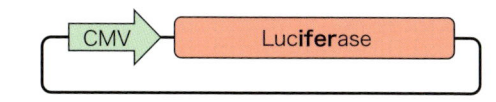

図1　SSAアッセイの概要

SSAアッセイでは，重複する配列をもたせて分断したルシフェラーゼ遺伝子配列の間にTALEN認識配列を挿入したレポーターベクターを構築し，TALEN発現ベクターとともに細胞に導入する．TALENによる切断が起こると，SSAによって分断したルシフェラーゼ遺伝子が修復し，活性が回復する．よって，ルシフェラーゼの化学発光の強度を測定することで，TALENの切断活性を算出することができる

準備

1. プラスミドベクターの構築

☐ Golden Gate TALEN and TAL Effector Kit 2.0（Addgene）
　TALEN発現ベクターの作製キット．
☐ pGL4-SSAベクター
　Yamamoto Lab TALEN Accessory Pack（Addgene）に含まれる．
☐ pRL-CMV（プロメガ社，#E2261）
　リファレンス用のウミシイタケルシフェラーゼ（Rluc）発現ベクター．
☐ ドナーベクターの作製に必要なベクター類[*1]
　・Bsa I -HF（New England Biolabs社，#R3535S）
　・Kpn I（タカラバイオ社，#1068A）
　・In-Fusion® HD Cloning Kit（タカラバイオ社，#639648）
☐ クローニング試薬，PCR試薬，各種制限酵素

2. SSAアッセイ

☐ HEK293T細胞（ヒト胎児腎細胞）（ATCC，#CRL-11268）
☐ ポリ-L-リジンコートした不透明タイプの96ウェルプレート（イワキ社，#4860-040）
☐ 不透明タイプの96ウェルプレート
☐ D-MEM（ライフテクノロジーズ社，#11965-092）

[*1] TALENの作製法については，参考文献1, 2などを参照されたい．ターゲットローカス1カ所につき2つ以上のTALENペアの作製を推奨する．ヒトES・iPS細胞でTALENを発現させる場合，CAGあるいはEF1αプロモーターを使用すべきであり，CMVプロモーターは不適である．なおSSAアッセイに用いるHEK293T細胞では，CAG/EF1α/CMVプロモーターのいずれも効率的に発現する．

- ☐ Opti-MEM（ライフテクノロジーズ社，#31985062）
- ☐ FBS（ライフテクノロジーズ社，#26140079）
- ☐ Lipofectamine® LTX（ライフテクノロジーズ社，#15338-500）
- ☐ Dual-Glo™ Luciferase Assay System（プロメガ社，#E2920）

  ホタルルシフェラーゼ（Flue）とウミシイタケルシフェラーゼ（Rluc）の基質を含む．

3. iPS細胞へのTALENの導入

- ☐ NEPA21エレクトロポレーター（ネッパジーン社）

  ヒトiPS細胞への遺伝子導入は，FuGENE HD（プロメガ社）などを用いたリポフェクション法や，Neon（ライフテクノロジーズ社），Nucleofector（ロンザ社）などのエレクトロポレーターも使用可能であるが，導入効率および導入後の生存率の点でNEPA21が優れている．

- ☐ 2 mm gapキュベット（ネッパジーン社，#EC-002S）
- ☐ Y-27632（ナカライテスク社）

  ROCK阻害剤．

- ☐ ヒトiPS細胞培地（他項参照）
- ☐ ヒトiPS細胞剥離剤

  TrypLE Select（ライフテクノロジーズ社），CTK溶液，トリプシン/EDTA溶液

- ☐ 薬剤耐性フィーダー細胞

  ネオマイシン耐性SNL細胞，四種薬剤耐性マウス[*2]由来マウス胎仔線維芽細胞（MEF）など．

- ☐ T7 Endonuclease I（New England Biolabs社，#M0302S）

  CEL-I（SURVEYOR Nuclease, Transgenomic社）でも代用できる．

[*2] Tg（DR4）1Jae/J．ジャクソン研究所．ピューロマイシン，ハイグロマイシン．G418と6-チオグアニンの4種薬剤耐性のトランスジェニックマウスである．

プロトコール

1. TALENの切断活性の評価法（SSAアッセイ）

SSAレポーターベクターの作製

❶ pGL4-SSAベクターを，BsaI-HFを用いて37℃で1晩消化する

⬇

❷ アガロースゲル電気泳動し，約5.6 kbのバンドを切り出す．ゲル断片をマイクロチューブに回収し，DNAを抽出する

⬇

❸ TALENの標的配列を含むDNA断片を，合成オリゴ2本のアニーリング（A），またはPCR増幅（B）によって作製する

⬇

❹ DNA断片の作製方法に応じた方法で，上記のBsaI-HF処理したpGL4-SSAベクターに挿入する

 ❹-A 合成オリゴを用いて挿入する場合
  sense鎖を5′-gtcggat（標的配列のsense鎖）aggt-3′とし，antisense鎖を5′-cggtacct（標的配列のantisense鎖）atc-3′とする．これらをアニーリングして上記の線状化ベクターにライゲーションする．

 ❹-B PCR増幅して挿入する場合
  Forwardプライマーの5′側にctagggtctctgtcggatを，Reverseプライマーの5′側にcctaggtctcacggtacctを，それぞれ付加する．PCR産物を線状化したpGL4-SSAベクターと混合し，In-Fusion® HD Cloning Kitで50℃，15分処理する．

⬇

❺ 得られたプラスミドをKpnI処理し，アガロースゲル電気泳動を行う
うまく断片が挿入されていれば，約3.8 kbと約1.8 kbの2本のバンドがみられるはずである[*1]．

HEK293T細胞へのトランスフェクション

❶ 100 mmディッシュ1枚分のHEK293T細胞を，70〜80 %コンフルエントになるように準備しておく[*2]

⬇

❷ 作製したSSAレポーターベクターと，pRL-CMV，および左右のTALEN発現ベクターを混合したDNA溶液を準備しておく[*3]

⬇

❸ ポリ-L-リジンコート96ウェルプレートの各ウェルへ，Opti-MEMを25 μLずつ必要サンプル分加える[*4]

⬇

❹ ❷で準備したDNA溶液を，❸でOpti-MEMを分注したウェルに加え，混合する

⬇

❺ Lipofectoamine® LTXを希釈するためのOpti-MEMを，マイクロチューブに分注する[*5]

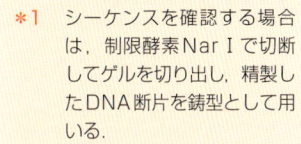

⬇

*1 シーケンスを確認する場合は，制限酵素NarIで切断してゲルを切り出し，精製したDNA断片を鋳型として用いる．

*2 本プロトコールでは，前日にプレートへ細胞を播種しておく必要はない．

*3 ウェルあたり，SSAレポーターが100 ng，pRL-CMVが20 ng，TALEN発現ベクターがそれぞれ200 ngずつとなるように調製するとよい．

*4 ここからの作業はクリーンベンチ内で行う．Opti-MEMは，血清を添加していないD-MEMでも代用できる．プレートはポリ-L-リジンコートでないものも使用可能だが，コート品を使用すればより良好な結果が得られる．

*5 ウェルあたり25 μL分のOpti-MEMが必要となるため，（必要サンプル数）×25 μLを分注すればよい．ただしLipofectoamine® LTXは希釈すると時間が経つごとに活性が低下していくため，一度に希釈するのは20サンプル分程度とする．サンプル数がこれより多い場合は，複数のマイクロチューブに分けて分注する．

❻ 分注したOpti-MEMに，0.7μL/wellとなるようにLipofectoamine® LTXを加えてよく混ぜ，素早く各ウェルへ25μLずつ加えて混合する*6

この作業を必要本数分繰り返し，そのまま室温でインキュベートする．

⬇

❼ 100 mmディッシュの培地をアスピレーターで除き，15％のFBSを含むD-MEMを10 mL加え，電動ピペッターを用いてディッシュ上でピペッティングする*7

⬇

❽ 細胞数をカウントし，6×10^5 cells/mLに調整する

⬇

❾ 最初のウェルにLipofectoamine® LTXを加えてから30分が経過した後に，準備した細胞懸濁液を100μLずつ各ウェルへ加える*8

⬇

❿ 37℃のCO_2インキュベーターで24時間培養する

ルシフェラーゼアッセイ

❶ プレートを回収する30分前に，あらかじめ凍結保存しておいたFlucの基質溶液を必要量取り出し，室温の水に浮かべて溶かしておく*9

⬇

❷ 24時間培養したプレートを取り出し，各ウェルの培地を75μLずつ除く*10

⬇

❸ 融解させたFlucの基質溶液を75μLずつ加える

最後のウェルに基質を加え終えた時点で時間の計測を開始する．

⬇

❹ Rlucの濃縮基質溶液とバッファーとを1：100で混合し，必要量（75μL/well）のRluc基質を調製する*11

⬇

❺ Flucの基質を各ウェルに加えてから10分以上経過した後に，プレートリーダーを用いて発光強度を測定する

⬇

❻ Rlucの基質溶液を75μLずつ各ウェルへ加え，10分以上経過した後に発光強度を測定する*12

---

*6 最初のウェルにLipofectoamine® LTXを加えた時点で時間の計測を始めるとよい．この後30分が経過するまでの間に細胞を準備する必要がある．間に合わないようであれば，あらかじめ下記❼❽の手順で調製した細胞懸濁液を準備してから，❸以降の操作を行うとよい．

*7 HEK293Tは弱接着性であるため，トリプシン処理をせずとも機械的なピペッティングで容易に細胞を剥がすことができる．ただし細胞の凝集を解くために，ピペッティングを何度も繰り返す必要がある．

*8 希釈したLipofectoamine® LTXをウェルへ加えたスピードと同程度の時間を掛けて細胞懸濁液を加えていくと，サンプル間でのインキュベート時間のばらつきがなくなり，安定した結果が得られる．

*9 Dual-Glo™ Luciferase Assay Systemに含まれるFlucの基質は，あらかじめ500μL〜1mL程度ずつマイクロチューブに分注し，−80℃で保存しておくとよい．−20℃では長期保存に耐えられないため注意が必要である．

*10 各ウェルには150μLの培地が入っており，ここで75μLを除くと75μLの培地が残る．ここに直接等量のFluc基質を加える．

*11 Rlucの基質溶液は，必ず用事調製とする．

*12 活性の評価の仕方は実験例で詳しく述べる．

図2 ドナーベクターのデザイン例

ある遺伝子（iPS細胞では発現していない）のエキソン上の■変異を□に修復する場合を例に示す．TALEN認識部位は，修復部位に近い（＜100bp）方が望ましい．相同アームの長さは0.8～1.0kb程度で充分である．ドナーDNAはTALEN結合配列を含まないように注意．含む場合は，塩基配列に変異を導入する．薬剤耐性遺伝子はピューロマイシン耐性またはネオマイシン耐性を推奨する．プロモーターはCAGまたはEF1αプロモーターが望ましい．薬剤選択カセットは後にCre処理で除去できるよう，loxP配列で挟んでおく．薬剤選択カセットは逆向きでも構わない

2. iPS細胞へのTALEN導入

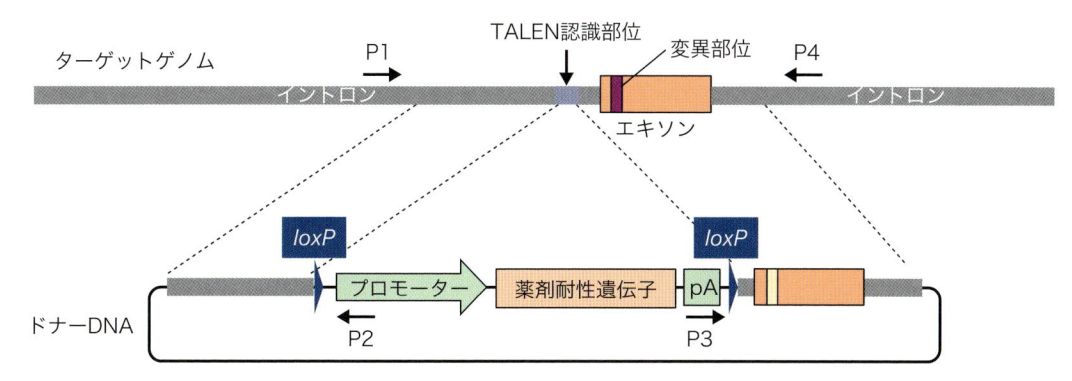

ドナーベクターの構築

ドナーベクターのデザインについては図2を参照．はじめに薬剤選択カセットをもつ発現プラスミドベクターを準備し，その前後にPCR増幅した相同アーム配列を**In-Fusion反応**で挿入すると簡便に構築できる．

NEPA21エレクトロポレーション

筆者らは前述の通りNEPA21によるエレクトロポレーションを行っている（図3A）．複数のパルス波形を組み合わせて遺伝子導入するのが特徴である（図3B）．

❶ ヒトiPS細胞培養培地中へY-27632を最終濃度10μMで添加し，CO_2インキュベーター内で1時間以上培養する

❷ 別に用意した6穴プレートのフィーダー細胞に，Y-27632を10μM含むヒトiPS細胞培地を添加し，37℃のCO_2インキュベーターへ入れて培地を保温しておく

❸ 60 mmディッシュのヒトiPS細胞を5 mL PBSで2回洗浄する

In-Fusion反応：In-Fusion反応は，両末端に15bp程度の相同配列をもたせることにより，目的断片のPCR産物をベクターに簡便かつ迅速にクローニングする方法である．

❹ CTK溶液を0.5 mL添加し，細胞全体に行き渡らせてから，37℃で1〜2分ほどインキュベートする[*13]

⬇

❺ ディッシュを揺らし，フィーダー細胞が剥がれてきたらCTK溶液ごとフィーダー細胞を吸引除去する

⬇

❻ PBSを5 mL加え，なるべくフィーダー細胞を洗い流し吸引除去する[*14]

⬇

❼ TrypLE Select（または0.25％トリプシン/EDTA）を0.5 mL加え，37℃で3〜5分処理し，ヒトiPS細胞コロニーを剥がす[*15]

5分でもコロニーがまだ接着していたら，さらに2〜3分処理してから剥がす．

⬇

❽ ヒトiPS細胞培地（＋Y-27632）を2 mLほど加え，ピペッティングで単細胞までバラバラにする[*16]

⬇

❾ 遠心管に移し，室温で800 rpm（120 G），5分間遠心する

⬇

❿ 上清を捨て，細胞ペレットにOpti-MEM培地を5〜10 mL加え懸濁し，再び室温で800 rpm（120 G），5分間遠心する

⬇

⓫ Opti-MEM培地を適量（〜1 mL）加えて懸濁し，細胞数を計測する

⬇

⓬ 4条件分として，4.0×10^6 細胞を新しい1.5 mLに移し，遠心した細胞ペレットにOpti-MEMを360 μL加えて懸濁する[*17]

＜NEPA21の基本パルス条件＞

表1にわれわれが主に使用している条件を示すが，事前に各自の細胞株において条件検討するのが望ましい．一般的に，穿孔パルスの電圧やパルス幅（表中■部分）が高いほど導入効率が高くなるが，細胞の生存率は下がる（図3C）．一度条件を決めた後は，基本的に同じ電圧条件で導入可能である．

⬇

[*13] iPS細胞コロニーが剥れないように，インキュベーション温度（37℃または室温）と時間（1〜5分）を調整する．

[*14] フィーダー細胞が混入するとDNAを吸収し，iPS細胞への導入効率が下がる．

[*15] トリプシン/EDTAの方が剥離しやすい．AccutaseまたはTrypLE Expressも使用可能であり，株の接着強度により使い分ける．

[*16] 細胞塊が残ると塊内部へは遺伝子導入されない．どうしても大きめの細胞塊が残る場合は，40〜75 μmポアサイズのCell Strainerやナイロンメッシュに通して細胞塊を除去してもよい．

[*17] キュベットあたり，1.0×10^6 cells/90 μL．

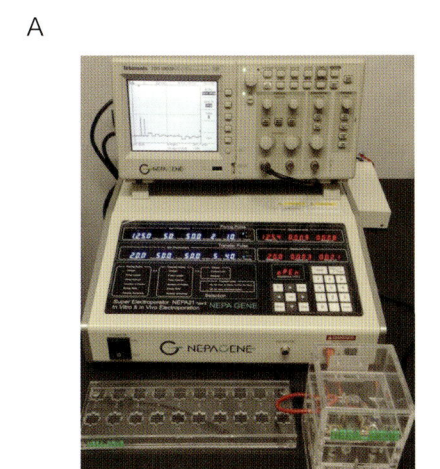

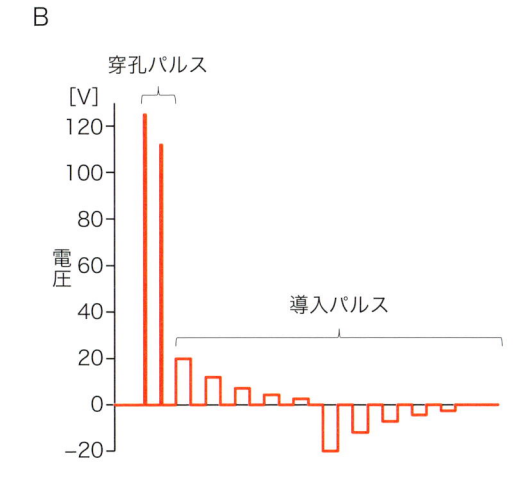

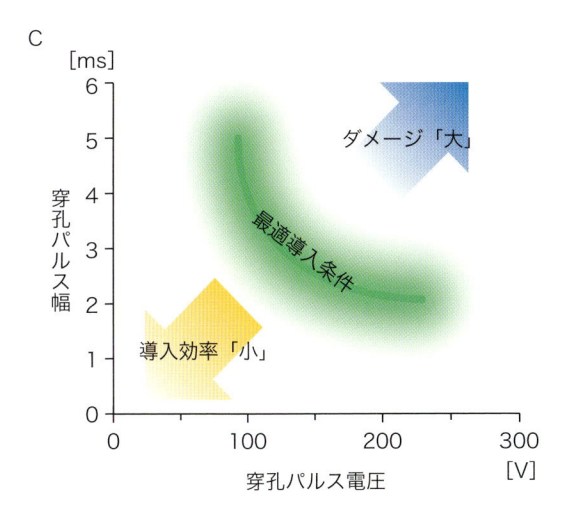

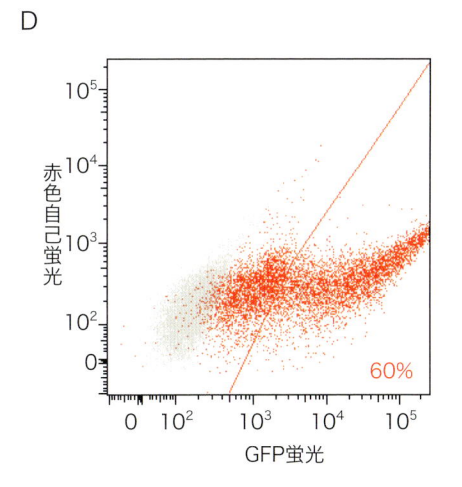

図3 **NEPA21によるヒトES・iPS細胞への遺伝子導入**
A) ヒトES・iPS細胞へ遺伝子導入する際に使用するNEPA21エレクトロポレーター．B) NEPA21エレクトロポレーターは穿孔パルスと導入パルスの二段構えで，かつパルス電圧が徐々に減衰設定可能であるのが特徴．C) 穿孔パルス電圧とパルス幅条件のイメージ図．一般的に，電圧とパルス幅を高くするほど導入効率は上がるが，細胞へのダメージも大きくなる．細胞株ごとに，最大の導入効率で，かつ許容範囲の細胞毒性を持つ条件を見つけることが重要である．D) GFP発現プラスミドを導入した場合の一例

表1 パルス条件

	電圧(V)	パルス幅(ms)	パルス間隔(ms)	回数	減衰率(%)	極性
穿孔パルス (Poring Pulse)	125	5	50	2	10	＋
導入パルス (Transfer Pulse)	20	50	50	5	40	＋/－

⓭ 1.5 mLチューブ４本に表2の要領でプラスミド溶液を10 μLずつ用意し，そこに細胞懸濁液を90 μL添加しよく混ぜる

ドナーDNAの直線化は必要ないようである．

表2 分注例

No.	導入プラスミドDNA	DNA重量
#1	EGFP発現ベクター	10 μg
#2	TALEN発現ベクター Left TALEN発現ベクター Right	5 μg 5 μg
#3	TALEN発現ベクター Left TALEN発現ベクター Right ドナーDNA	5 μg 5 μg 5 μg
#4	パルスなしコントロール	−

⓮ 2 mm gapのキュベットにDNAと細胞の混合液100 μLを添加する*18

キュベットは室温がよい．

*18 泡が入らないように注意．

⓯ キュベット電極用チャンバーにキュベットをセットし，電気パルスを加える

⓰ 抵抗値をメモする

通常は0.030〜0.060 kΩ付近．

⓱ ただちにフィーダー細胞と一緒に温めておいたiPS細胞培地（＋Y-27632）を1 mLほどキュベット内に添加し，細胞を吸い出して準備しておいたフィーダープレートに手早く播く

キュベット付属の先細ピペットを使用してもよい．⓮〜⓱の操作を各キュベットで繰り返す．

⓲ 翌日または翌々日に培地交換

Y-27632は2〜3日間添加し続けた方が細胞の生存率がよい．表2#1のウェルを蛍光顕微鏡またはフローサイトメーターで観察し，EGFPの発現陽性細胞の割合を確認する．

薬剤選択および限界希釈による株選択

❶ エレクトロポレーションした細胞は，4〜7日間培地交換をしながら培養する（選択薬剤なし）

❷ iPS細胞のコロニーが充分大きくなりセミコンフルエントに達したら，CTK処理により細胞を継代する*19

このとき，それぞれのウェルの半分の細胞は，一部をペレットにして回収し，ゲノムDNAを抽出する．約半分の細胞を継代し，表2#2および#3のウェルは適切な薬剤選択を開始する．

*19 細胞を一部凍結保存してもよい．

⬇

❸ 抽出したゲノムDNAにおいて，#2のウェルはTALEN認識サイトを含む領域をPCR増幅する

PCR産物をT7 Endonuclease I処理（T7EIアッセイ）もしくはTALENのスペーサー直下にある制限酵素処理をすることで，切断活性を評価する．

⬇

❹ ❷で抽出したゲノムDNAについて，#3のウェルは図2に示した5′側（P1とP2）および3′側（P3とP4）のプライマーでPCRを行い，バルク状態でドナーDNAのノックイン有無を確認する

ドナーなしのゲノムをネガティブコントロールとして用いる．

⬇

❺ ❷で薬剤選択を行う細胞については，1～2日おきに選択薬剤を添加した培地交換を行い，4～7日ほどで#2のウェルでは細胞が死滅し，#3のウェルではコロニーが回復することを確認する

⬇

❻ 薬剤選択で生き残った細胞をY-27632処理後，CTKおよびトリプシン溶液によって単細胞までバラバラにする（NEPAエレクトロポレーション❸～❽を参照）

⬇

❼ フィーダー細胞を準備した100 mmディッシュ3枚に，それぞれ100個，200個および400個程度の細胞を播種し，単細胞由来のクローンを取得する

⬇

❽ クローンのコロニーが大きくなった時点でコロニーの一部を掻き取り，ゲノムDNAを回収し[5]，❹と同様のPCRでドナーがノックインされたクローンを選択する

トランスフェクションなしのゲノムをネガティブコントロールとして用いる．

⬇

❾ 5′側および3′側の両方で目的サイズにPCR増幅がみられたクローンに対して，P1プライマーおよびP4プライマー（図2）を用いてPCRを行い，ホモかヘテロかを検定する

この際，目的サイズ外のバンドがみられた場合や，野生型のバンド以外がみられない場合は，擬陽性である可能性が高い．

⬇

❿ 選別した複数クローンにおいて，必要に応じてサザンブロットなどの解析を行う

⬇

⓫ 薬剤選択カセットを除去するためには，Cre発現ベクターをNEPA21にて導入し，一過性に発現させる

⬇

⓬ ❻〜❼を繰り返し，P1，P4プライマーなどを用いて薬剤選択カセットが除去されたことを確認する

⚠ トラブルへの対応

■ 遺伝子導入効率が悪い
→導入前のiPS細胞が適切に培養されているかを確認する
綺麗に未分化状態で維持された対数増殖期のiPS細胞で，コロニーが充分形成されているときに遺伝子導入を行う．
→パルス条件が弱すぎる場合は再検討する
→プラスミドDNAをエンドトキシンフリーのカラムキットで精製し，高濃度（2〜10 μg/μL）に調整したものを希釈（1 μg/μL）して使用する
→フィーダー細胞をきちんと除去し，場合によってはフィーダーフリーの条件で継代してから遺伝子導入を行う

■ 遺伝子導入後に細胞が死滅してしまう
→パルス条件が強すぎる場合は再検討する
→導入後に播種するフィーダー細胞の質が悪い
→ROCK阻害剤処理が不充分

■ 薬剤選択を行うと細胞が死滅してしまう
→ドナー薬剤選択カセットが充分発現していない
ドナーのみを導入して薬剤耐性を獲得するか確認する．
→選択薬剤濃度および投与期間を再検討する
→フィーダー細胞も死滅する場合は，薬剤耐性フィーダー細胞を使用する

■ ノックインクローンが得られない
→ドナー配列およびTALENの結合配列をBlastプログラムなどでサーチし，ターゲット部位への特異性を確認する

→TALENがiPS細胞内で充分機能していない可能性があり，CEL-IアッセイやT7EI
アッセイなどで確認する
→検定PCRの条件や，抽出したゲノムの品質を確認する
他のプライマーセットでもPCRを行う．
→遺伝子座やドナーのデザインによっては，100株以上スクリーニングが必要な場合も
ある
TALENとドナーの導入から繰り返し，なるべく複数クローンを取得する．

実験例

1. SSAアッセイ

　ある遺伝子Xに対するTALENの発現ベクターを3種類構築し，SSAアッセイによる活性評価を行った（図4）．活性スコアはFluc/Rlucで算出するが，この値はトランスフェクション効率や細胞の増殖速度，基質の新鮮さなどのさまざまな条件の違いによって，同じTALENを用いても実験ごとに値が変わりうるため，絶対値として評価することはできない．よって，SSAアッセイを行う際には，必ずポジティブコントロールのTALENを加え，ポジティブコントロールの活性に対する相対活性として評価する必要がある．われわれは，参考文

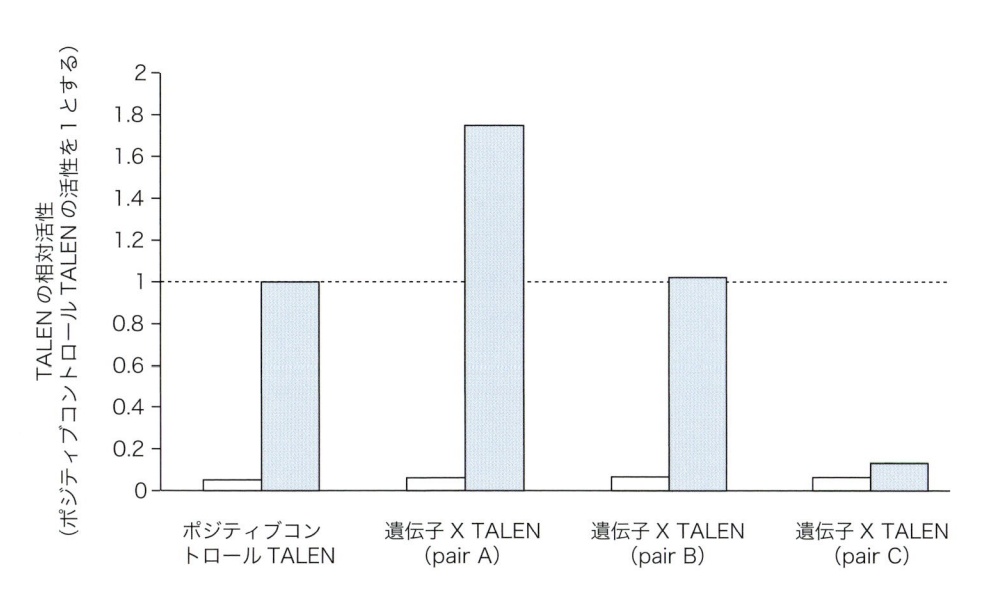

図4　SSAアッセイの結果の例
ポジティブコントロールの活性を1としたときの相対活性値を縦軸に示す．青いバーが目的の活性値であり，白いバーは，導入したTALENとは無関係の標的配列を挿入したレポーターを用いた場合の活性を示している

献2で作製した*HPRT1*_B TALEN-NCをポジティブコントロールとして使用しており，この活性を上回るTALENであれば，iPS細胞でのゲノム編集に使用可能と判断している．図4のケースでは，3ペア作製したうちのペアAとBが，充分な活性を示している．

2. iPS細胞での遺伝子ターゲティング

ヒトiPS細胞への遺伝子導入結果は，GFPの陽性率および生存率で評価する．条件が整っていれば，60～80％の細胞がGFP陽性となり（図3D），4～5日後には充分なコロニー形成が観察される．iPS細胞がトランスフェクションのダメージから回復するのを待って，薬剤選択を開始する．薬剤によって使用濃度が異なるので，あらかじめ予備実験を行っておくこと．われわれは，ピューロマイシンの場合0.5～1.0 μg/mL，ハイグロマイシンの場合20～50 μg/mL，G418の場合100～400 μg/mLといった濃度を使用する場合が多い．薬剤選択後，ターゲット遺伝子座に応じて，充分なコロニー（十数～百個以上）が生存することを確認する．次に限界希釈を行い，単細胞由来コロニーを形成し，ゲノムDNAからPCRでドナーの組換えを検定する．適切なドナーデザイン，高活性のTALENペア，高効率での遺伝子導入といった条件が整えば，90％近い割合でドナーのノックインが観察されることもある．ただし，一定割合でドナー配列が一部組換わっている株も存在するので，サザンブロットやシーケンスによる確認を推奨する．

おわりに

TALENやCRISPR/Casシステムを利用したゲノム編集技術の登場により，狙った部位にDNA損傷を誘導できるようになり，ヒトES/iPS細胞などでのゲノム編集実験の応用範囲が急速に広がっている[3)4)]．一方，これらゲノム編集の際に，予期せぬ部位に変異が導入される可能性も懸念されており，再生医療での利用を視野に入れた研究では慎重に検討する必要がある．特に，CRISPR/Casシステムは類似配列へも変異を導入してしまうことがヒト培養細胞で示されており，注意が必要である[6)]．

いずれにせよ今後，ゲノム編集技術は必須の技術としてますます普及していくと思われる．本項を足がかりに基本技術を習得し，さまざまな研究に役立てていただきたい．

◆ 文献

1) Cermak, T. et al. : Nucleic Acids Res., 39: e82, 2011
2) Sakuma, T. et al. : Genes Cells, 18: 315-326, 2013
3) Hockemeyer, D. et al. : Nat. Biotechnol., 29: 731-734, 2011
4) Ding, Q. et al. : Cell Stem Cell, 12: 238-251, 2013
5) Yusa, K. : Nat. Protocol., 8: 2061-2078, 2013
6) Fu, Y. et al. : Nat. Biotechnol., 31: 822-826, 2013

V 創薬スクリーニング

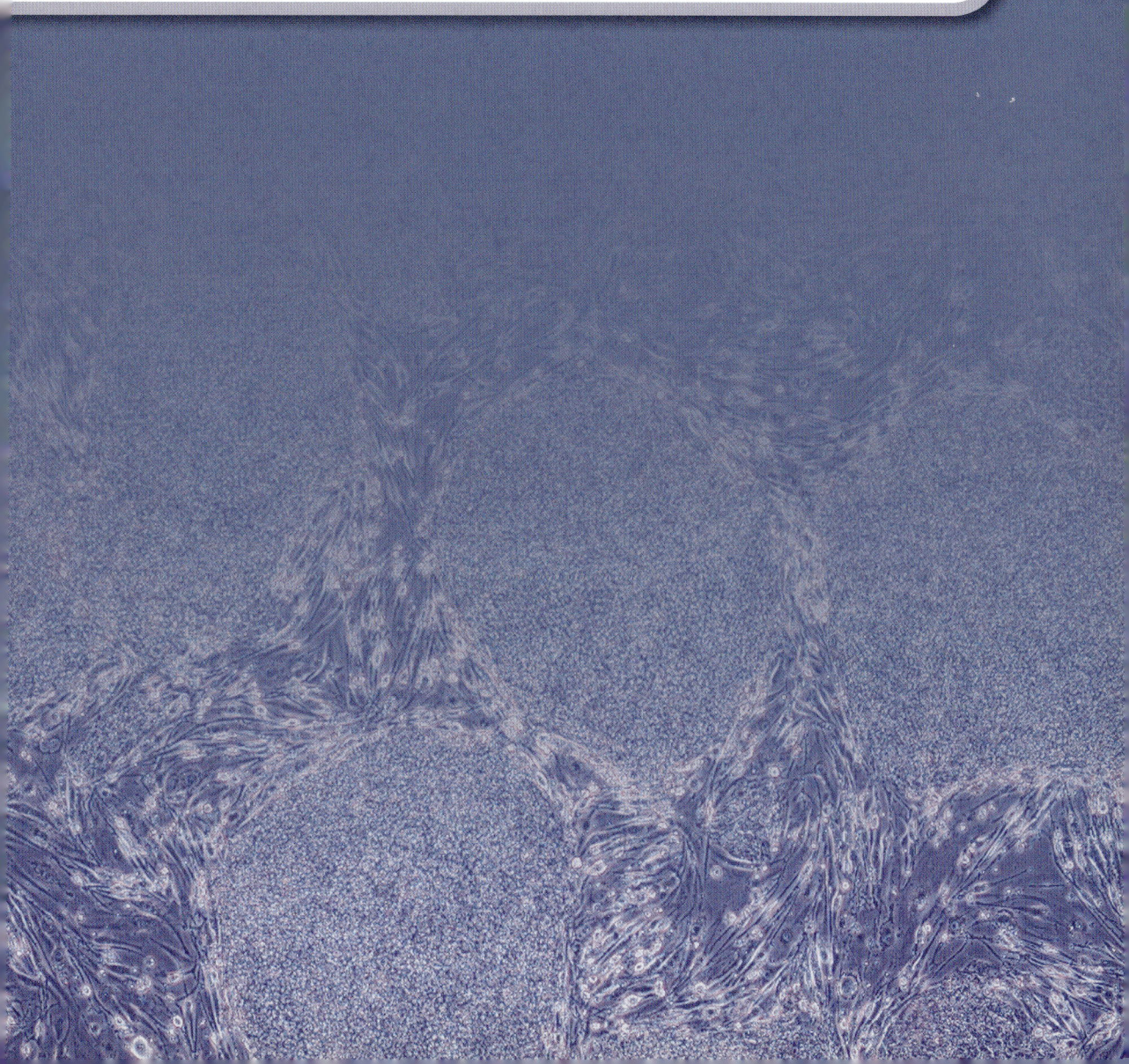

V 創薬スクリーニング

1 ヒト多能性幹細胞を用いた疾患研究と創薬開発の展開

近藤孝之, 井上治久

ヒト多能性幹細胞は, 無限増殖能と多分化能を有しており, 再生医療の材料としての利用だけでなく, 創薬における有効性・安全性の評価系構築への利用が期待されている. 初代培養細胞とは異なり, 無限に増殖することができるため, 大量の安定した細胞リソースとしての役割を果たすことができる. また, 最近数年で, ヒト多能性幹細胞から疾患の標的臓器の細胞へと分化誘導させる技術が飛躍的に発展している. これらを組み合わせることで, 多能性幹細胞は疾患解析や創薬における非常に魅力的な疾患モデルになりうる. 本項では, 特に神経疾患を例として, 多能性幹細胞を用いた疾患解析と薬剤有効性評価研究の背景および最近の動向について紹介したうえで, 今後の展望についても述べたい.

疾患研究の歴史における多能性幹細胞

神経疾患の研究は, 臨床的診断を基盤として, 死後脳を用いた病理学的検討に始まった. 続いて, 疾患を引き起こす遺伝子とその変異の探索研究が1980年代から進んだ. メンデル型の遺伝形式をとる家族性 (遺伝性) 疾患の原因遺伝子として同定された遺伝子を, 不死化細胞株や動物において, 過剰発現もしくは欠失させることで, 疾患病理や臨床症状を模倣するモデル細胞やモデル動物が開発された (疾患モデリング). これらの遺伝子改変疾患モデルは, 現在でも病態探索と創薬開発における中心的存在であり続けている. 一方で, 神経疾患の中でも, 特定の神経細胞に変性・細胞死を生じる神経変性疾患においては, 詳細なメカニズムは未解決の部分が多く, 疾患根治につながる治療選択肢はなく, 対症療法にとどまっている. 既存の遺伝子改変疾患モデルではきわめて高い有効性を示した薬剤であっても, 臨床治験の段階で副作用発露や効果が不充分であることがみられたりする. この背景には, マウスとヒトとの違い以外に, 原因遺伝子の過剰発現・欠失による人工的に拡大された表現型を解析していた可能性が指摘されている. そのため, ヒト患者細胞を用いての神経疾患研究スキームの開発が望まれていたが, 神経系細胞の初代培養細胞の利用は, リソースとしても技術的にもきわめて困難であった.

そのような状況のなか, 1998年にヒトES細胞の樹立が報告され, 続いて本邦でも日本人由来のヒトES細胞が樹立されるようになった. 並行して, ES細胞から神経細胞への分化誘導技術の開発が進められ, このES細胞由来の神経細胞を疾患解析に使う研究がなされてきた[1)2)]. しかし, 倫理面や法的規制での研究応用におけるハードルが存在したことと, ES細胞樹立のための着床前受精卵の供給に限りがあることなどを背景として, 疾患モデリン

グへの利用は限定的であった．これらの問題点を解決できる新技術として，2007年にヒトiPS細胞の樹立法が報告された[3]．そして，患者由来iPS細胞の樹立と疾患モデリングへの応用研究が爆発的に広がった．

ヒト多能性幹細胞を用いた疾患モデリング

多能性幹細胞を用いた疾患モデリングにおいて，標的となる細胞を適切に誘導することは非常に重要である．このような分化誘導技術の開発は，主にヒトES細胞を用いて研究されてきた．そしてこのES細胞で培われた分化誘導技術は，ヒトiPS細胞にもほぼそのまま利用できることがわかり，患者の体細胞から作製したiPS細胞による疾患モデリング研究が始まった．例えば，遺伝性神経疾患患者のiPS細胞からも，大脳皮質神経細胞・運動神経細胞・ドパミン神経細胞など，個々の疾患に応じた神経細胞腫を分化誘導させることで，既知の病態を再現できることが確認された（表）．

一方で，遺伝的背景が明らかでない孤発例の解析は，主にGWAS（Genome-wide association study）手法を用いて，その遺伝的・分子的背景の探索が進められてきた．この孤発例においてさえも，患者iPS細胞から分化誘導した細胞で，疾患表現型の検出もなされるようになってきた[4)〜9)]．今後は遺伝改変疾患モデルではアプローチが不可能であった孤発性疾患に対しても，患者由来iPS細胞を用いた解析から分子病態や疾患マーカーの探索が進む可能性がある．

さらに，ヒト多能性幹細胞から分化誘導した細胞は，既存の細胞株よりも生理的状態に近いことが予測されている．その一例として，アルツハイマー病の治療薬として有望視されていたγセクレターゼ調節薬は，アルツハイマー病関連遺伝子を過剰発現した腫瘍細胞株を用いて開発が進められていた．しかし，この薬剤をヒトES細胞から分化誘導した神経細胞を用いて薬効を評価すると，非常に高濃度でのみようやく効果がみられ，生体薬剤動態を模した低濃度では効果がないことが確認された[10]．このことは，遺伝子改変疾患モデルで積み上げられた病態に対する知見を見直していく必要性を示唆している．

しかしながら，これまでの患者由来iPS細胞による神経疾患研究は，病理学的知見や遺伝子改変・過剰発現モデルで解き明かされてきた病態の再現にとどまるものが多い．この理由として，疾患関連の変異遺伝子を過剰発現もしくは欠失させた従来の細胞モデルの方が，遺伝的な疾患背景を1〜2コピーしかもたないiPS細胞由来の分化誘導細胞よりも，より強い細胞表現型が表出しやすい可能性がある．このような比較的小さな疾患表現型を検出するためには，①より精度の高いiPS細胞維持技術と分化誘導技術を用いること，②疾患表現型検出の感度を上げること，③コントロール・患者それぞれのクローン数を増やすこと，さらには④近年応用が急速に進んでいる遺伝子編集技術を用いること，があげられる[11]．前二者の技術開発は日進月歩で，特に下記に述べる創薬研究への利用において大変重要である．後二者はともに一長一短の箇所があるが，2013年にZFN（Zinc Finger Nuclease）を用いてパーキンソン病の原因遺伝子であるLRRK2のG2019S変異を正常型に改変し，疾患

表 ヒト多能性幹細胞を用いた神経系および筋肉系の疾患モデリングの例

疾患	遺伝子変異	表現型	文献
神経系			
アルツハイマー病	APP E693Δ APP V717L Sporadic	細胞内Aβオリゴマーの蓄積 上清Aβ42/40比の上昇 小胞体ストレス・酸化ストレス 神経栄養因子除去条件下での神経細胞死	文献9
アルツハイマー病	APP duplication	上清Aβ40の増加 リン酸化タウ（T231部位）の増加 GSK3βの活性化	文献6
アルツハイマー病	PS1 A246E PS2 N141I	上清Aβ42/40比の上昇	Yagi, T. et al.：Hum. Mol. Genet., 20：4530-4539, 2011
ダウン症候群	Chr.21 trisomy	上清Aβ40の増加 Aβフィブリルの細胞外蓄積 リン酸化タウ（T231・S396部位）の増加	Shi, Y. et al.：Sci. Transl. Med., 4：124ra29, 2012
前頭側頭型認知症	PGRN S116X	PGRNの発現減少 PI3-Akt経路に比べて，MEK-MAPK経路の活性化	Almeida, S. et al.：Cell Rep., 2：789-798, 2012
前頭側頭型認知症	C9ORF72 intron GGGGCC repeat expansions	神経分化過程におけるGGGGCCリピートの不安定性 RNA fociの形成 Gly-Proペプチドの蓄積（RANTペプチドの蓄積） クロロキン・3-methyladenineへの脆弱性	Almeida, S. et al.：Acta Neuropathol., 126：385-399, 2013
筋萎縮性側索硬化症	TARDBP G298S TARDBP M337V TARDBP Q343R	不溶性画分TDP-43増加 神経突起の短小化	Egawa, N. et al.：Sci. Transl. Med., 4：145ra104, 2012
筋萎縮性側索硬化症	TARDBP M337V	溶性画分TDP-43増加 神経細胞死	Bilican, B. et al.：Proc. Natl. Acad. Sci. USA, 109：5803-5808, 2012
筋萎縮性側索硬化症	TARDBP M337V	溶性画分TDP-43増加 アストロサイト細胞死	Serio, A. et al.：Proc. Natl. Acad. Sci. USA, 110：4697-4702, 2013
筋萎縮性側索硬化症	VAPB P56S	VAPB発現の低下 VAPB陽性封入体 MG-132処理下におけるVAPB不安定性増加	Mitne-Neto, M. et al.：Hum. Mol. Genet., 20：3642-3652, 2011
筋萎縮性側索硬化症	sporadic	TDP-43の細胞内凝集体 リン酸化TDP-43（p S409/410）陽性凝集体	文献8
脊髄性筋萎縮症	SMN1 exon7 deletion	運動神経細胞への分化効率低下 Gem bodyの減少 神経突起の伸展不良	Chang, T. et al.：Stem Cells, 29：2090-2093, 2011
脊髄性筋萎縮症	SMN1 exon7 deletion	運動神経細胞への分化効率低下 Gem bodyの減少	Ebert, A. D. et al.：Nature, 457：277-280, 2009
脊髄性筋萎縮症	SMN1 exon7 deletion	VPA不応例において，VPA応答性の低下 VPA不応例において，CD36の発現増加	Garbes, L. et al.：Hum. Mol. Genet., 22：398-407, 2013
球脊髄性筋萎縮症	AR CAG repeat	DihydrotestosteroneによるAR蓄積	Nihei, Y. et al.：J. Biol. Chem., 288：8043-8052, 2013
パーキンソン病	LRRK2 G2019S	ドパミン神経細胞突起長の短小化 過酸化水素によるTH陽性細胞の脆弱性 6-OHDAによる活性化カスパーゼ3の増加	文献5

疾患	遺伝子変異	表現型	文献
パーキンソン病	LRRK2 G2019S Sporadic	αシヌクレインの蓄積 ドパミン神経細胞突起長の短小化 オートファジー活性の亢進 活性化カスパーゼ3陽性神経細胞の増加	文献7
パーキンソン病	LRRK2 G2019S	ドパミン神経細胞突起長の短小化 6-OHDA・ロテノンによる活性化カスパーゼ3の増加 タウ・リン酸化タウの増加 αシヌクレインの増加 リン酸化ERKの増加	文献12
パーキンソン病	PINK1 V170G	PINK1依存性，PARKINのミトコンドリア局在化とユビキチン化 Mitophagyの異常	Rakovic, A. et al.：J. Biol. Chem., 288：2223-2237, 2013
パーキンソン病	PINK1 Q456X PINK1 V170G	PARKINのミトコンドリア局在化 ミトコンドリア数の減少 PGC-1αの増加	Seibler, P. et al.：J. Neurosci., 31：5970-5976, 2011
パーキンソン病	PINK1 Q456X LRRK2 R1441C LRRK2 G2019S	バリノマイシンによるROS産生の増加 ミトコンドリア呼吸機能異常 軸索内ミトコンドリア輸送のランダム移動化	Cooper, O. et al.：Sci. Transl. Med., 4：141ra90, 2012
パーキンソン病	PARKIN exon 2-4 deletion PARKIN exon 6,7 deletion	酸化ストレスの上昇 αシヌクレインの蓄積	Imaizumi, Y. et al.：Mol. Brain, 6：35,2012
パーキンソン病	SNCA triplication	細胞質・細胞上清中のαシヌクレイン増加	Devine, M. J. et al.：Nat. Commun., 2:440, 2011
パーキンソン病	SNCA triplication	αシヌクレイン増加 過酸化水素による活性化カスパーゼ3の増加	Byers, B. et al.：PLoS One, 6：e26159, 2011
ゴーシェ病	GBA N370S/84GG insertion	αシヌクレイン蓄積 不溶性画分のαシヌクレイン増加	Mazzulli, J. R. et al.：Cell, 146：37-52, 2011
ハンチントン病	HTT CAG repeat	神経栄養因子除去条件下での神経細胞死	Zhang, N. et al.：PLoS Curr., 2：RRN1193, 2010
ハンチントン病	HTT CAG repeat	活性化カスパーゼ3の増加 神経栄養因子除去条件下での神経細胞死	HD iPSC Consortium, Cell Stem Cell, 11:264-278, 2012
ハンチントン病	HTT CAG repeat	活性化カスパーゼ3の増加 相同組換えによるCAGリピート延長の正常化	An, M. C. et al.：Cell Stem Cell, 11:253-263, 2012
脆弱X症候群	FMR1 CGG repeat expansion	FMR1エピゲノム修飾変化 FMRタンパク発現量の低下 神経突起長の短小化	Sheridan, S. D. et al.：PLoS One, 6：e26203, 2011
家族性自律神経失調症	IKBKAP Exon20 skip	異常型スプライシング多型の増加 遊走能異常	Lee, G. et al.：Nature, 461: 402-406, 2009
家族性自律神経失調症	IKBKAP Exon20 skip	IKBAPの発現量低下	文献16
脊髄小脳変性症2型	ATXN2 hetero	神経幹細胞・線維芽細胞のアタキシン2発現量低下 神経細胞の脆弱性	Xia, G. et al.：J. Mol. Neurosci., 51: 237-248, 2013
脊髄小脳変性3型（Machado-Joseph病）	ATXN3 CAG repeat	グルタミン酸刺激による，不溶性画分アタキシン3の増加	Koch, P. et al.：Nature, 480: 543-546, 2011
ドラベ症候群	SCN1A R1645*	GABA作動性神経の活動性低下	Higurash, N. et al.：Mol. Brain, 6: 19, 2013

（次ページへ続く）

表（続き）

疾患	遺伝子変異	表現型	文献
ドラベ症候群	SCN1A F1415I SCN1A Q1923R	発作性脱分極変位の増加	Melko, M. et al.：Hum. Mol. Genet., 22:2984-2991, 2013
ティモシー症候群	CACNA1C G406	THの発現増加 ノルエピネフリン・ドパミン分泌量の増加	Pasca S. P. et al.：Nat. Med.,17:1657-1662, 2011
レット症候群	MECP2 T158M	MeCP2の発現低下 神経幹細胞への分化は正常 成熟神経細胞数への分化効率は減少	Kim, K. Y. et al.：Proc. Natl. Acad. Sci. USA,108: 14169-14174, 2011
レット症候群	MECP2 Q244X MECP2 R308C	MeCP2の発現低下 VLUT1 puncta減少 細胞体サイズの低下 spontanueous firing頻度の減少 EPSP発火頻度の減少	Marchetto, M. C. et al.：Cell,143:527-539, 2010
統合失調症	Sporadic	シナプス形成数の低下 神経突起長の短小化 spontanueous firing頻度正常 EPSP発火頻度正常	文献4
HSV-1 脳炎	UNC93B1 c.1034_1037del4 TLR3 c.1660C>T TLR3 c.2236G>T	dsRNAアナログ投与もしくはHSV1感染による， IFN-β and/or IFN-γ1誘導の障害	Lafaille, F. G. et al.：Nature, 491:769-773, 2012
多発性硬化症	Sporadic	なし	Song, B. et al.：Stem Cell Res., 8: 259-273, 2012
骨格筋系			
Duchenne型筋ジストロフィー	DMD del exons 4-43	なし	Kazuki, Y. et al.：Mol. Ther., 18: 386-393, 2010
ハッチンソン・ギルフォード・プロジェリア症候群	LMNA c.1824C>T （splice alterlation）	低酸素化におけるDNA損傷と細胞死の増加 虚血性マウス後肢障害に対する移植治療での効果が減弱	Zhang, J. et al.：Cell Stem Cell. 8: 31-45, 2011
三好型ミオパチー	DYSF not discribed	ジスフェリンの発現量低下 FM1-43の取り込み増加	Tanaka, A. et al.：PLoS One., 8: e61540, 2013

表現型をレスキューしたという報告がなされた[12]．また，ヒトES細胞やiPS細胞は，維持培養条件の違いやクローン特性の差により，その分化誘導の効率に差が出ることが知られている．この点を克服するため，多能性幹細胞の均質性を評価するための基準づくりも進んでいる[13)14)]．

ヒト多能性幹細胞を用いた創薬

多能性幹細胞を用いた疾患モデリングの，1つのゴールは薬剤を開発することである．この創薬研究においては，ES細胞もしくはiPS細胞から分化誘導した心筋細胞への応用が先行している．これは，洗練された分化誘導系が開発されていること，対象となる機能アッセイ（例えば，QT時間の延長による毒性評価）が比較的安定して行えることなどがあげら

れる[15]．神経疾患においては，神経細胞の機能を直接的にハイスループット評価することは現時点で技術的に難しいが，疾患特異的分子を標的としたスクリーニング研究と新薬開発はすでに報告され始めている[16]．

　一方で，多能性幹細胞を用いた細胞系を用いる場合の課題は，数千～数万の薬剤候補の検討に必要な 1×10^9 オーダーだけの細胞数を供給する目的においては，長期に渡り分化誘導の安定性が得られにくいことがある．この背景として，分化誘導の出発地点を多能性幹細胞（ES細胞およびiPS細胞）においた場合，アッセイに用いる細胞種を誘導し終えるまでに通常複数回の継代ステップと数週間の培養期間を要するためである．これは，分化誘導実験ごとのロット間差に繋がる可能性を意味しており，創薬研究で用いるためには，より少ない操作ステップで，より短い培養期間の分化誘導法開発も併せて進める必要がある．

　最終的に，前臨床試験にヒト多能性幹細胞由来の分化誘導細胞を用いることができれば，生理的疾病状態で薬効と毒性を評価できるだろう．そして，臨床治験段階においても期待通りの薬効が発揮され，副作用リスクを回避できる可能性が高まる．つまりは，新薬開発コスト低減・開発期間短縮を経て，上市までの道のりを迅速化することが期待され，大変有望視されている．

今後の展開への期待

　これまでは多くの場合，多能性幹細胞を用いた疾患モデリングや創薬開発は，平面培養に限られていた．しかし本来，神経組織を含むあらゆる臓器は立体構造をとっているため，分化誘導した細胞がどの程度まで生体内細胞の特性を保有しているかは不明な点が多い．そこで，生理的条件に近い細胞環境を模倣するために，in vitroにおいても三次元の立体培養法の開発が始まっている．例えば，ヒトES細胞もしくはiPS細胞から数ミリの大きさの大脳神経塊をつくり，その中に大脳皮質に特有の層構造を再現したという報告がある[17][18]．現時点では，疾患解析に用いるための安定性・スループットの観点においては改善の余地が残るが，きわめて重要な方向性であり，今後も研究が加速するものと思われる．

　iPS細胞を用いた疾患モデリング研究において，多能性幹細胞から標的分化誘導細胞まで1～3カ月の培養期間を経て，疾患解析を行っている．1～3カ月という培養期間は，in vitroの培養系としては際立って長いといえる．しかし，10カ月間をかけて母胎内で進むヒト正常発生と比較すると，その前半部である器官形成期に相当する段階で疾患解析をしていることになる．そのため，壮年～老年期という数十年の時間を経て発症する神経変性疾患のモデルとしては不充分ではないかという議論がなされてきた．おそらく既報の疾患モデリングでは，培養環境自体が人工的な加速因子となって，疾患表現型を呈している可能性や，臨床症状がなくても遺伝子変異の影響が周産期の時点で始まっている可能性が考えられている．

　しかしながら，神経変性疾患の病理学的特徴であるユビキチン化された異常タンパク質の封入体はこれまでのiPS細胞モデルでの観察は難しいとされてきた．最近，早老症の原因

変異遺伝子を導入することで, *in vitro* での老化を加速させる試みが報告された[19]. 具体的には, パーキンソン病患者のiPS細胞から誘導したドパミン神経細胞内に, 早老症の原因となる変異ラミンA遺伝子由来のプロジェリンを過剰発現させることで, パーキンソン病の病理学的特徴であるレビー小体の再現できたとされている. このような分子的手法による細胞レベルでの老化促進も, 神経疾患のみならずより広い老化関連疾患の創薬開発においても, 重要な役割を担うと考えられる.

これらの技術を用いて, より生理的な病態環境をモデリングすることで, 薬剤有効性評価における, 感度と精度が上がることが期待される.

おわりに

すでに, 国内外でヒト多能性幹細胞を用いた薬剤有効性の研究は爆発的な広がりを見せていが, いまだ黎明期にあるといえる. 患者を対象とした臨床的研究やゲノム解析研究, 既存の細胞・動物モデル研究と, 緊密に連携を取りながらパラダイムシフトを起こし, 疾患の制圧に向けた取り組みが加速されることに期待したい.

◆ 文献

1) Marchetto, M. C. et al.：Cell Stem Cell, 3：649-657, 2008
2) Wada, T. et al.：Stem Cells Transl. Med., 1：396-402, 2012
3) Takahashi, K. et al.：Cell, 131：861-872, 2007
4) Brennand, K. J. et al.：Nature, 473：221-225, 2011
5) Nguyen, H. N. et al.：Cell Stem Cell, 8：267-280, 2011
6) Israel, M. A. et al.：Nature, 482：216-220, 2012
7) Sánchez-Danés, A. et al.：EMBO Mol. Med., 4：380-395, 2012
8) Burkhardt, M. F. et al.：Mol. Cell. Neurosci., 56：355-364, 2013
9) Kondo, T. et al.：Cell Stem Cell, 12：487-496, 2013
10) Mertens, J. et al.：Stem Cell Reports. 2013.
11) Inoue, H. et al.：EMBO J., 2014, in press.
12) Reinhardt, P. et al.：Cell Stem Cell, 12：354-367, 2013
13) Cahan, P. & Daley, G. Q.：Nat. Rev. Mol. Cell Biol., 14：357-368, 2013
14) Koyanagi-Aoi, M. et al.：Proc. Natl. Acad. Sci. USA, ：, 2013
15) Navarrete, E.G. et al.：Circulation, 128：S3-13, 2013
16) Lee, G. et al.：Nat. Biotechnol., 30：1244-1248, 2012
17) Kadoshima, T. et al.：Proc. Natl. Acad. Sci. USA, 110：20284-20289, 2013
18) Lancaster, M. A. et al.：Nature, 501：373-379, 2013
19) Miller, J. D. et al.：Cell Stem Cell, 13：691-705, 2013

V 創薬スクリーニング

2 iPS細胞由来組織細胞を用いた毒性試験

水口裕之,高山和雄

iPS細胞は生命現象の解明や病気のメカニズム解明などの基礎研究における利用だけでなく,再生医療や医薬品開発における創薬研究への応用が期待されている.本項では,創薬研究,特に医薬品開発における毒性試験へのヒトiPS細胞の応用について,心毒性および肝毒性評価系への応用に関する現状と課題について概説する.

はじめに

創薬のプロセスは,一般的に1,000億円超の開発費と10〜15年の期間を要する.その過程で約20,000件の候補化合物の中から薬効,毒性などの評価を経て1つが医薬品として承認を受ける.この過程を迅速化させるための新しい技術の1つとして,iPS細胞技術が注目されている.

医薬品開発過程は,上流からさかのぼると,①疾患のメカニズム解明や創薬ターゲット分子の検索,②スクリーニング系の構築と化合物スクリーニング,③化合物の最適化や薬効評価試験・安全性薬理試験・毒性試験・薬物動態試験,④製造法の最適化(確立)や品質管理試験などのCMC試験,⑤臨床試験,へと続く.ヒトiPS細胞を用いた創薬研究は,大きく分けて特定の病態の反映が期待できる疾患(患者)由来のiPS細胞(疾患iPS細胞)を用いた研究と,健常人由来のiPS細胞を用いた研究に分けられるが,疾患iPS細胞や健常人由来のiPS細胞は主に上記①②③の研究段階に利用可能と期待されている.なお,ヒトiPS細胞自身がこれらの創薬研究に利用されることはほとんどなく,ヒトiPS細胞から特定の細胞に分化させた細胞が利用される.したがって,ヒトiPS細胞が創薬研究に利用できるか否か(あるいはどのような創薬研究に利用できるか)は,ヒトiPS細胞から分化させた細胞の"分化度"に大きく依存しており,未熟な分化細胞では実際のヒトにおける病態や機能を反映していないことが多く,利用できないことになる.

一方,2008〜2010年の間に米国においてフェーズII臨床試験で開発中止になった医薬品候補化合物の開発中止理由は,有効性の欠如(51%),戦略上の問題(29%),毒性(安全性)(19%)となっており[1],毒性の問題は大きなウエートを占めている.また1976〜2005年の間に,毒性が原因で米国市場から撤退した28医薬品の毒性を分類すると,肝毒性(21%),腎毒性(7%)心毒性(7%),**トルサ・デ・ポアン**(21%)となっており[2],トルサ・デ・ポアンを心毒性に含めると,心毒性と肝毒性が主要な毒性であることがわかる.

トルサ・デ・ポアン:心室頻拍.薬物誘発性QT延長を伴う.

表1　ヒトiPS細胞を創薬研究に応用する際の利点

- ヒトES細胞と異なり受精卵を壊す必要がないため、倫理的障壁が小さい
- ヒト細胞であるため、種差を考慮する必要がない
- 生検で採取不可能な組織細胞を作製できる
- ヒトiPS細胞はすべてのヒトから作製可能であるため、個人差や病態差を反映した評価が可能である
- 適切なモデルがない疾患についても、モデル細胞を構築できる
- 疾患によっては、疾患発症前から発症後の過程を追跡することができる

　本項では，健常人由来のiPS細胞を心筋細胞や肝細胞に分化させ，創薬研究過程における毒性試験（安全性試験）に応用する試みを中心に解説する．また，これらの試みの成否は，iPS細胞から作製した心筋細胞や肝細胞の"分化度"に大きく依存することから，分化誘導技術の現状についても簡単に解説する．

iPS細胞由来組織細胞を用いた毒性試験

　上述のように，ヒトiPS細胞から分化させた細胞（特に，心筋，肝細胞など）は医薬品開発研究の最上流の疾患のメカニズム解明や創薬ターゲット分子の検索研究だけでなく，化合物スクリーニングや，薬効評価試験・安全性薬理試験・毒性試験・薬物動態試験などの前臨床試験においても活用が期待されている．細胞を用いた *in vitro* アッセイ系は，薬理作用（有効性）の評価や毒性評価のためにこれまでも活用されてきたが，多くは株化細胞や初代培養（ヒト）細胞を用いたものである．株化細胞はスループット性に優れているが，生体の状態（病態や機能）を必ずしも反映しているとはいえず，一方で初代培養ヒト細胞は高価であり，性質の均一な単一ロットの細胞を安定して入手することが困難であること，さらには組織によっては入手自体が不可能であるという課題がある．また，動物由来の初代培養細胞や動物実験では，"種差の壁"のために，ヒト固有の薬理・毒性作用を見落とす可能性がある．ヒトiPS細胞由来分化誘導細胞は，これらの問題点の克服が期待できることから，大きな注目を集めている（表1）．なお，健常人由来のiPS細胞を用いた創薬研究は，ヒトES細胞を用いた同様の研究が先行しており，以下ではヒトES細胞とiPS細胞の両者を用いた研究について区別せずに紹介する．

ヒトiPS細胞由来心筋細胞を用いた心毒性試験

　ヒトES細胞やiPS細胞から分化させた細胞の応用としては，心筋細胞が研究・開発が最も進んでおり，特に薬物誘発性QT延長アッセイ系をはじめとする心毒性評価系はリプロセル社，ChanTest社，Cellular Dynamics International社などによりすでに実用化されている．

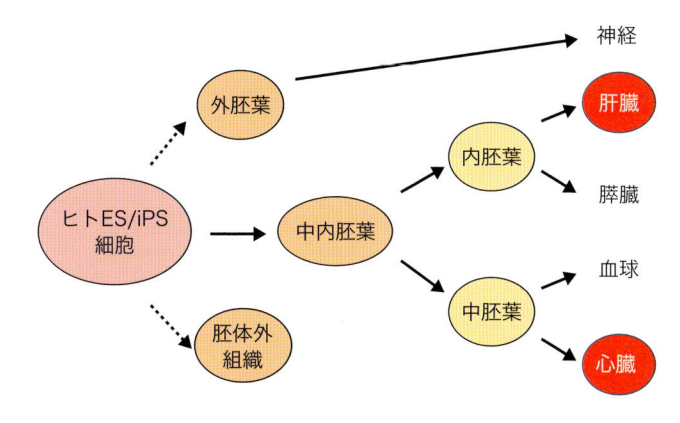

図1 ヒトES・iPS細胞から心臓，肝臓，神経細胞への分化誘導
ヒトES・iPS細胞から心臓（心筋細胞），肝臓（肝細胞），神経細胞などへの分化は，それぞれ中胚葉，内胚葉，外胚葉を通して起こる

1. 薬物誘発性QT延長アッセイ

　薬物誘発性QT延長とは，心室筋の活動電位持続時間に相当する心電図のQT間隔が延長することを特徴とし，致死性不整脈を起こす原因となる．QT延長の主な原因としては，薬剤がK^+チャネルの形成サブユニットであるhERG（human *ether-a-go-go* related gene）チャネルの機能を阻害することであることが明らかとなっている．日米EU医薬品規制調和国際会議（International Conference on Harmonisation：ICH）において制定された安全性薬理試験ガイドラインにおいては，医薬品候補化合物の催不整脈作用，特にQT間隔延長作用の有無を検討することが求められており，hERG遺伝子を導入しhERG K^+チャネルを発現させたHEK293細胞やCHO細胞などを用いて，化合物のhERG K^+チャネルに対する機能抑制作用を調べる試験が安全性薬理試験として推奨されている．

　リプロセル社が開発したQT延長試験（QTempo）は，ヒトiPS細胞由来の拍動心筋細胞を用いて心電図のQT間隔に相当する波形を無侵襲の電気生理学的な手法を用いて測定するcell-based QT延長試験法であり，QT延長だけでなく，拍動数の変化，K^+イオン以外の複数イオンチャネルへの影響も観察できることを特徴としている．hERG遺伝子を導入した株化細胞を用いた従来の試験法と比較し，ヒトiPS細胞由来の拍動心筋細胞は多種多様なイオンチャネルを発現していることなどから，より正確な薬物誘発性QT延長試験が期待できる．

2. ヒトiPS細胞から心筋細胞への分化誘導の現状

　心筋細胞は，ES・iPS細胞から中胚葉を経由して分化誘導される（図1）．ES・iPS細胞から心筋細胞への分化誘導技術開発は比較的進んでおり，胚様体（embryoid body：EB）形成法あるいはnoggin[3]などの液性因子を順次作用させる多段階分化誘導法を用いることで心筋マーカーであるα-actinin, cardiac troponin I, cardiac troponin T, connexin 43, myosin heavy chain 6陽性の細胞を作製できる．南らは，心筋分化を促進できる低分

子化合物をスクリーニングし，ヒトES・iPS細胞から心筋細胞への分化を飛躍的に高める化合物を見出した[4]．また，遠山らは心筋細胞特異的な代謝特性を利用して，分化誘導心筋細胞に用いる培養液からすべての細胞の生存に必須とされるグルコース（ブドウ糖）を除去し，その代替物として心筋細胞だけが利用できる乳酸を培養液に添加することで，未分化細胞の混入が少ない高純度な分化誘導心筋細胞の精製に成功した[5]．一方，分化誘導心筋細胞の増幅に向けては，分化誘導心筋細胞を顆粒球コロニー刺激因子（G-CSF）で作用させることにより，拍動心筋コロニー数が約5倍に増加することが報告されている[6]．しかしながら，ヒトES・iPS細胞由来分化誘導心筋細胞は，ヒト心筋細胞よりも静止膜電位が浅く，一部の成熟心筋マーカー遺伝子の発現量が少ないことなど胎児型に近いことが知られており，より一層の分化誘導技術の改良が必要になっている．

ヒトES細胞由来心筋細胞はCellectis社から，ヒトiPS細胞由来心筋細胞はリプロセル社やCellular Dynamics International社から販売されている．リプロセル社をはじめとしたヒトiPS細胞由来心筋細胞では，上述のQT延長試験に加えて，カルシウムイメージングやパッチクランプなどの試験への応用が確認されており，毒性を評価するうえでのアッセイ方法の選択肢の幅が広がることが期待できる．

ヒトiPS細胞由来肝細胞を用いた毒性試験

肝臓（肝細胞）は生体内外の物質の代謝，解毒，排出などに関与する主要な臓器（細胞）であり，体内に投与された医薬品は主に肝細胞で薬物代謝酵素（シトクロムP450：CYP）により代謝され，抱合系酵素により解毒を受け，トランスポーターにより排出される．肝毒性は医薬品候補化合物の開発中止原因の主要なものであり，正常肝細胞を用いて将来起こりうる高い潜在的毒性発現を研究開発の初期段階に予測できれば，研究開発費の抑制や，より安全性の高い医薬品を効率よく開発することにつながると考えられる．

現在は，主に初代培養ヒト肝細胞（ヒト凍結肝細胞を含む）や肝ミクロソームを用いて，薬剤あるいは反応性代謝物（薬剤が薬物代謝酵素により代謝された代謝物）による細胞傷害性などを試験する毒性試験や，薬物代謝酵素の誘導や阻害などの薬物動態評価試験が施行されている．しかしながら，コストや高機能なヒト肝細胞ロットの安定供給の問題などから，（これらの問題の克服が可能な）ヒトES・iPS細胞由来分化誘導肝細胞を用いた毒性・薬物動態評価系の開発が期待されている．また，薬物代謝酵素の活性は個人差が大きい（例えば市販の薬剤の約50％を代謝することが知られている最も主要な薬物代謝酵素であるCYP3A4では10～100倍の個人差がある）ことが知られており，iPS細胞由来分化誘導肝細胞を用いた場合には，さまざまな個人から樹立したiPS細胞を利用することで，将来的には従来の評価系では検討できなかった個人差や病態差を反映した評価系が開発できる可能性もある．さらに，ヒトES・iPS細胞由来分化誘導肝細胞は肝炎ウイルス（B型肝炎やC型肝炎ウイルス）研究にも有用であり，疾患のメカニズム解明や創薬ターゲット分子の検索研究にも応用が期待されている．

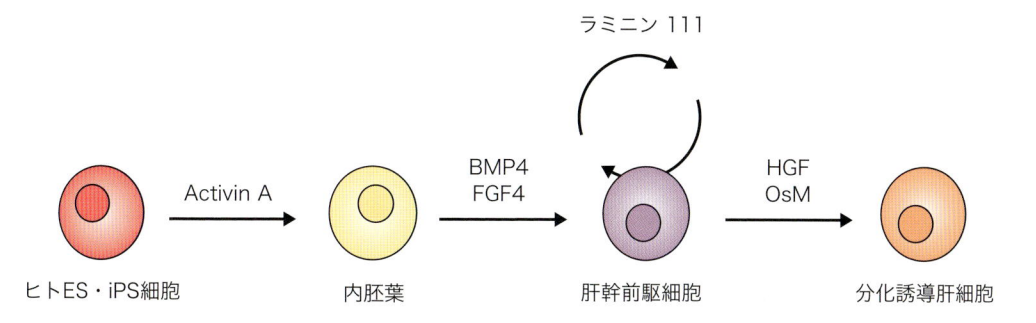

図2 ヒトES・iPS細胞から肝細胞への分化誘導
ヒトES・iPS細胞から肝細胞までの分化は大きく分けて3段階に分けられ，各分化段階に応じてActivin，FGF4，BMP4，HGF，OsMなどの液性因子を添加することにより，肝分化が促進される（本文参照）．また，肝幹前駆細胞の段階で，基底膜としてラミニン111を用いて培養することで肝幹前駆細胞の維持・増幅ができる

1. ヒトiPS細胞から肝細胞への分化誘導の現状

　肝細胞は，ES・iPS細胞から中内胚葉，内胚葉，肝幹前駆細胞を経由して分化誘導される（図1，図2）．ヒトES・iPS細胞から肝細胞への分化誘導研究は，心筋細胞への分化誘導と比べると遅れていたが，ここ数年にかなり技術開発が進展してきた．当初は胚葉体（EB）を経由した方法が用いられていたが，現在は平面培養で分化誘導させる方法が一般的であり，ヒトES・iPS細胞から中内胚葉や内胚葉への分化にはActivin Aなどを，内胚葉から肝幹前駆細胞への分化にはBMP4（bone morphogenetic protein 4）やFGF4（fibroblast growth factor 4）などを，肝細胞の成熟化にはHGF（hepatocyte growth factor）やOsM（オンコスタチンM）などを用いて分化誘導する方法が汎用されている．しかしながら，これらの方法を用いて分化誘導された肝細胞の薬物代謝酵素活性は，初代培養ヒト肝細胞に比べると一般的には1～2オーダー以上低いことが多く，より一層の分化誘導効率の改善が必要である．

2. アデノウイルスベクターを用いた高効率な肝細胞分化誘導法の開発

　われわれは，一過性に効率よく目的遺伝子を発現させることが可能なアデノウイルスベクター（ファイバー領域を改変することで遺伝子導入効率をさらに高めた改良型アデノウイルスベクター）の特徴を最大限に生かして，ヒトiPS細胞から肝細胞への分化過程において，肝臓の発生に重要な遺伝子を，分化の適切な時期に導入することにより，肝細胞への分化効率を飛躍的に高めることに成功した[7)8)]．具体的には，ヒトiPS細胞由来の中内胚葉に対してFOXA2，内胚葉に対してFOXA2とHNF1A，肝幹前駆細胞に対してはFOXA2とHNF1Aといった機能遺伝子を導入することにより，肝細胞への各分化段階での分化効率を高め，培養20日目にして従来の方法に比べ飛躍的に高い薬物代謝能を有した機能性肝細胞を分化誘導できることを見出した[8)]．さらに，これらの分化誘導肝細胞を3次元培養することで肝細胞の成熟化を亢進できること，種々の肝毒性を示す薬剤に対してヒト初代培養肝細胞と同等の細胞障害性を示すことを明らかにし[9)]，*in vitro* 薬物毒性評価系にも応用可

能なヒトiPS細胞由来肝細胞のための分化誘導系の基礎を構築した．また，肝細胞への分化段階の手前に位置する（ヒトES・iPS細胞由来）肝幹前駆細胞を，基底膜としてラミニン111を用いて培養することで，肝幹前駆細胞としての性質を保持したまま細胞増幅できる技術開発にも成功した（図2）[10]．分化誘導肝細胞の薬物代謝酵素の発現は胎児型に近いことが知られており，心筋同様，肝細胞の成熟化を亢進させることが今後の課題である．

すでにリプロセル社は，われわれが開発した分化誘導系を利用して作製したヒトiPS細胞由来分化誘導肝細胞を世界に先駆けて販売し，われわれの分化誘導技術をいち早く実用化している．リプロセル社では細胞の提供だけではなく，本分化誘導肝細胞を用いたCYP酵素活性やCYP誘導試験，毒性試験あるいは顧客のニーズに応じたカスタムサービスを含めた受託試験も行っている．また，Cellectis社もヒトES細胞やヒトiPS細胞由来分化誘導肝細胞の販売を開始している．

おわりに

本項では，ヒトES・iPS細胞を用いた毒性評価研究として，最も研究が進展している心毒性，および肝毒性評価系についての現状を述べたが，心筋細胞や肝細胞は薬効評価系としてもきわめて重要なターゲット細胞である．これらの細胞以外にも，例えば神経細胞や膵臓β細胞，免疫系細胞も，創薬応用を目的に研究が進んでいる．また，現在のところ，分化誘導技術が未成熟な腎臓や小腸由来細胞も，創薬研究には重要なターゲット細胞であり，今後のより一層の基礎研究の発展が期待される．本邦発のiPS細胞技術が，再生医療への応用のみならず，創薬研究の加速化，効率化にもつながり，有効性や安全性に優れたよりよい医薬品が1日も早く患者さんの元に届くことを祈願している．

◆ 謝辞
本項をまとめるにあたり，貴重なご助言をいただきました稲村充博士（リプロセル社）に深謝致します．

◆ 文献
1) Arrowsmith, J. : Nat. Rev. Drug Discov., 10: 328-329, 2011
2) Wilke, R. A. et al. : Nat. Rev. Drug Discov., 6: 904-916, 2007
3) Yuasa, S. et al. : Nat. Biotechnol., 23: 607-611, 2005
4) Minami, I. et al. : Cell Rep., 2: 1448-1460, 2012
5) Tohyama, S. et al. : Cell Stem Cell, 12: 127-137, 2013
6) Shimoji, K. et al. : Cell Stem Cell, 6: 227-237, 2010
7) Takayama, K. et al. : Mol. Ther., 20: 127-137, 2012
8) Takayama, K. et al. : J. Hepatol., 57: 628-636, 2012
9) Takayama, K. et al. : Biomaterials, 34: 1781-1789, 2013
10) Takayama, K. et al. : Stem Cell Rep., 1: 322-335, 2013

◆ 参考図書
1) 高山和雄ほか：最新医学, 68: 141-144, 2013
2) 長基康人ほか：三次元組織化技術を利用したヒトES/iPS細胞から肝細胞への分化誘導法, 遺伝子医学MOOK, in press

索引 INDEX

数字・記号

2i 培養法	70, 73
2次元培養	36, 134
3次元的な組織構造（3次元臓器）	235, 349
3次元培養	134
129系統	70

欧字

A・B

Activin A	191, 349
B6WBF1-W/W^V マウス	271
B27 サプリメント	48
BAC (bacterial artificial chromosome)	318
BAC recombineering で組換えクローンが取得できない	312
BAC ライブラリー	306
barcode 配列	319
BMP4	191, 258, 349
BVSC レポーター	259

C・D

CHIR99021	72
CML	286
c-Myc	10
Cre-*lox*P	288, 289, 294, 295, 299
Cre-*lox*P 組換えにて薬剤耐性クローンが取得できない	312
Cre リコンビナーゼ	289
CRISPR/Cas	324
CYP	348
defined culture condition	49
DKK1	191
DLL1 (Delta-like 1)	179
DLL4	180
Dorsomorphin	191
Doxycyclin 添加後に死細胞が増える	199

E

EB (Embryoid Body)	11, 36
EBNA-1	81
EB が接着してしまう	211
ECM	46, 36
EC 細胞 (Embryonal Carcinoma Cell)	8
EC 細胞同様の性質	9
EpiLCs	258
EpiLC へと分化しない	270
EpiSC	33
EPO	147
ES-sac	153
ES 細胞 (Embryonic Stem Cell)	8, 21, 70
ES 細胞樹立	74
ES 細胞様のコロニーが残る	270
ES 細胞を継代後，細胞が増えない	104
ES 細胞を継代後，分化してしまう	104
ES 細胞を融解後，形成したコロニー数が少ない	104
ES 細胞を融解後，コロニーを形成しない	104
EU GMP の補足文書 Annex 2	45

F〜H

FGF2	191
FGF4	349
FIH (First in Human Clinical)	11
FLP-FRT システム	294, 295, 299
FLP リコンビナーゼ	291
FRT 配列	291, 294, 295
G418 の場合	336
$\gamma\delta$T 細胞	180
GMP	45, 53
Ground state	34
GSK3β	71
HAC	300
HAC/MAC ベクター基本情報	303
HEPA フィルター	55
HGF	349

I

IGF-2	146
In vitro 評価法	249
In vivo 評価法	250
iPS-sac	153, 282
iPS-sac 形成効率が悪い	160

iPS細胞（Induced Pluripotent Stem Cell）
 ······················· 8, 21, 79, 345
iPS細胞ができない ····························· 91
iPS細胞が分化しやすい ······················ 284
iPS細胞のコロニーが生着しない ············ 91
iPS細胞の樹立効率が低い ··················· 284
iPS細胞を融解後，形成したコロニー数が少ない ········ 104
iPS細胞を融解後，コロニーを形成しない ············· 104
iPS細胞を継代後，細胞が増えない ················· 104
iPS細胞を継代後，分化してしまう ················· 104

K〜M

KDR⁺細胞 ····································· 167
Klf4 ··· 10
loxP配列 ····················· 290, 291, 293, 294
MAC ··· 300
MACS法 ····································· 271
MAPキナーゼ ································ 71
Matrigel overlay ···························· 174
MEF細胞 ····································· 81
MHC拘束 ··································· 187
MI ·· 315
MSC ··· 246
MTA（Material Transfer Agreement） ····· 27
MyoD ······································· 194
MyoD遺伝子導入効率が低い ················ 199
MyoD遺伝子導入後の死細胞が多い ·········· 199
MyoD遺伝子導入後の未分化状態の維持が困難 ········· 199

N・O

N2サプリメント ····························· 47
naïve型 ······································· 33
NEPA21の基本パルス条件 ················· 330
NKT細胞 ···································· 180
NODマウス ·································· 70
Notchシグナル ······························ 179
Oct3/4 ·· 10
OP9/DLL1細胞 ····························· 180
Organ-Bud Transplantation Therapy ····· 244
OriP配列 ····································· 81
OsM ··· 349

P

PAC ··· 304
PACへの複数遺伝子のクローニングで
 目的クローンが得られない ············ 312
PACライブラリースクリーニングで
 目的クローンが得られない ············ 312
PD0325901 ··································· 72
PGCLCs ····································· 258
PGCLC誘導効率が低い ···················· 270
PGCs ··· 258
PGC様細胞 ·································· 258
piggyBac ···································· 316
plasmid編 ··································· 304
PMDA ·· 42
primed型 ····································· 33
puroΔtk ····································· 319

R〜T

RMCE（Recombinase-Mediated Cassette Exchange）法
 ················· 288, 294, 295, 296, 297, 299
RT-PCR法 ·································· 250
SB-431542 ······························ 147, 191
SCF ···································· 147, 154
SFEBq法 ······························· 217, 226
Short Tandem Repeat多型解析 ············· 22
Sleeping Beauty ···························· 316
SNL76/7細胞 ································ 81
Sox2 ·· 10
SSAアッセイ ························· 326, 335
TALEN ······································ 324
TALEN導入 ································ 329
Tetシステム ································ 315
TGFβ ·· 32
Tol2 ·· 316
TPO ·· 154

V〜Z

VEGF ·································· 146, 154
VEGFA ······································ 191
WHO TRS 878にある造腫瘍試験の概要 ··· 63
Wnt ··· 32
Y-27632 ····································· 146
ZFN ···································· 324, 339

かな

あ

悪性腫瘍形成 ································· 62

アルカリホスファターゼ染色	249
安全性評価	61
異種移植	40
移植	226, 235
移植後に血液灌流が生じない	243
移植後にタンパク質分泌が確認されない	243
遺伝子改変法	288, 300, 316, 324
遺伝子組換え生物	18, 19
遺伝子治療	41, 313
遺伝子導入	41
遺伝子導入効率が悪い	334
遺伝子導入後に細胞が死滅してしまう	334
遺伝性神経疾患	339
医薬品医療機器総合機構	42
医薬品の製造管理および品質管理の基準に関する省令	45
陰圧のクリーンルーム	56
インフォームド・コンセント	16, 39, 68
ウサギiPS細胞	25
エアーハンドリングユニット	55
衛生管理	53
エピジェネティックリプログラミング	258
エピゾーマルベクター	275
エピブラスト様細胞	258
エレクトロポレーション法	80

か

回収した血小板が少ない	160
核移植クローン	10
核型解析	125
ガラス化法	94, 102
顆粒球	162
カルタヘナ法	19
肝細胞	235
感染性因子の制御	130
肝臓原基	236
肝臓原基が形成されない	243
肝臓原基内部において血管ネットワーク状構造の形成を認めない	243
肝毒性	345
緩慢冷却法	94
間葉系幹細胞	246
基礎研究	14, 21, 31
基礎培地	36
寄託	22
機能検証	271
キメラマウス	9

共培養	37, 153
巨核球	153
巨大な遺伝子	300
キラーT細胞	179
筋ジストロフィーモデルマウス	314
空調システム	54
クロス・コンタミネーション	22
継代	94, 100
継代のタイミングがわからない	161
血管内皮細胞	163, 164, 170
血球への分化効率が低い	285
血小板	153
血小板前駆細胞	145
ゲノム導入効率が低い	322
ゲノム編集	324
献血	144
合成	36
構造設備の完備	53
個人情報の保護に関する法律	18
骨格筋細胞	194
骨格筋細胞へ効率的に分化しない	199
誤認細胞	23
孤発性疾患	339
昆虫相調査	58
コンディショナルノックアウト	288
コンディショナルノックイン	292
コンディションド・メディウム	37

さ

差圧	57
最終分化誘導	249
再生医療	14
再生医療推進法	43
再生医療製品	61
再生医療等安全性確保法案	43
再生医療に関する規制	38
細胞外マトリクス	46, 36
細胞機能	31
細胞障害性T細胞	179
細胞製剤	54
細胞・組織加工医薬品	41
細胞治療	313
細胞バンク	21
細胞プロセシング	45
作業員の教育	53
作業管理	53

サプリメント	36
さまざまな形態のsacが観察された	160
始原生殖細胞	258
次世代シーケンサー	66
疾患細胞	275
疾患特異的iPS細胞	26
疾患モデリング	338
シトクロムP450	348
重度免疫不全マウス	66
充分な血液細胞の分化誘導が得られない	140
腫瘍細胞	275
主要組織適合抗原	144
腫瘍による物理的障害	62
腫瘍由来iPS細胞	275
初期化用プラスミドベクター	81
心筋細胞	188, 342
心筋細胞への分化誘導ができない	192
神経幹細胞	202, 217, 226
迅速化	343, 345
心毒性	345
ストローマ細胞	179
すべてのクローンでプラスミドが検出される	91
精子形成	271
成熟赤血球	145
成熟白血球	145
清浄度区分	54
生殖細胞	17, 19
成長因子	36
正の選択	187
生物由来原料基準	40
赤血球	144, 162
赤血球系細胞誘導法	150
ゼノフリー	48
線維芽細胞	79
全血球系細胞	145
染色体異常	28
先制医療	12
センダイウイルスベクター	79
臓器原基	236
造血幹細胞	134
造腫瘍性	61
造腫瘍性試験国際ガイドライン	63
相同組換えクローンがなかなか得られない	292
挿入型Cre loxPにて目的の組換え体が取得できない	312
挿入型クローニング	304
創薬	225, 338, 342, 345
組織内カルシウムの検出	249

た

大脳皮質神経細胞	217
ダイレクトリプログラミング	31
多分化能	116
単一分散後の生存率が極端に悪い	112
単核球	80
単層ストローマ細胞	180
治験	38
知的財産権	27
中内胚葉	246
定量RT-PCR	64
テトラサイクリン応答性 *piggyBac* ベクター	194
転座型クローニング	309
天然化合物	36
透過電顕	249
凍結	94
動物へ移植した細胞が生着しない	212
特性解析	115
毒性試験	345
匿名化	18
ドパミン神経細胞	226
トランスクロモソミックマウス	314
トランスジェニック	288, 300, 316, 324
トランスポゾン	316

な

内部細胞塊	74
軟寒天コロニー形成試験	65
難治性心臓疾患	188
ニューロスフェアができない	211
ニューロスフェアがフラスコの底面に接着してしまう	211
ニューロスフェア中の非神経系の細胞が多い	212
ノックアウト	32, 288
ノックインクローンが得られない	334

は

ハイグロマイシンの場合	336
胚性がん細胞	8
胚盤胞補完法	11, 31
培養施設	53
胚様体	11, 36
ヒトES細胞	14, 15, 25, 38, 144, 153, 188, 217, 338
ヒトES細胞の樹立及び分配に関する指針	15

ヒトiPS細胞		マスター転写因子	33, 34, 37
……14, 26, 38, 144, 153, 170, 179, 188, 194, 217, 338		末梢血	79
ヒト幹細胞を用いる臨床研究に関する指針	39	全く誘導できない	149
ヒトゲノム・遺伝子解析研究に関する倫理指針	18	マルチインテグレースシステム	315
ヒト受精胚	16	慢性骨髄性白血病	286
ヒト人工染色体	300	未受精卵	16
ヒト多能性幹細胞加工製品	63	未分化iPS細胞が再播種後に生着しない	177
ヒト胚	15	未分化細胞が分化誘導期の中盤で増える	199
ピューロマイシンの場合	336	未分化性維持	116
標準化	21	無血清凝集浮遊培養法	11
標準化細胞	27	無血清培養法	44, 47
標準阻害剤キット	36	免疫手術	75
品質管理	115	免疫染色法	167

や

薬剤選択を行うと細胞が死滅してしまう	334
薬事戦略相談制度	42
薬事法	40, 43
薬物代謝酵素	348
薬物誘発性QT延長アッセイ系	347
融解	94, 97
有効性評価	338
誘導効率が低い	149
輸血	144
陽圧のクリーンルーム	55, 56

品質評価	61
フィーダー細胞	44, 80, 94
フィーダーフリー培養	44, 106
フィーダーフリー培養で細胞が生育しない	270
部位特異的組換え酵素システム	288
不完全な組換え体が得られた	298
複数の遺伝子	300
不死化B細胞株	93
不死化技術確立	162
浮遊培養法	36, 153
プラスミド	79
フローサイトメトリー	64, 167, 272
分化効率	31
分化誘導	134, 144, 153, 163, 179, 188, 194, 202, 217, 226, 235, 246, 258, 275
分化誘導4日目以降に細胞が剥がれる	177
ヘルシンキ宣言	17
変異型loxP配列	296
防虫防鼠対策	58
骨	246

ら

ラットiPS細胞	25
卵形成	271
リスク評価	68
リスクマネジメント立案	68
立体培養	343
リポフェクション法を介したRMCE法が分化能に影響する	298
臨床応用	38, 44, 53, 61
臨床研究	38
倫理審査委員会（倫理委員会）	17, 39
レトロウイルス	318
レポーター遺伝子座	34

ま

マイコプラズマ汚染	22
マイトマイシンC	81
マウスES細胞株	24, 164
マウスiPS細胞	25
マウス人工染色体	300
マウステラトーマ	9
マクロファージ	162

執筆者一覧

◆監　修
中辻憲夫　　　京都大学物質−細胞統合システム拠点

◆編　集
末盛博文　　　京都大学再生医科学研究所胚性幹細胞研究分野

◆執筆者 [五十音順]

青井貴之	神戸大学大学院医学研究科iPS細胞応用医学分野
阿部智志	鳥取大学大学院医学系研究科生体機能医工学講座
荒井俊也	東京大学大学院医学系研究科血液・腫瘍内科学
幾野　毅	京都大学iPS細胞研究所増殖分化機構研究部門/京都大学大学院医学研究科心臓血管外科学
池谷　真	京都大学iPS細胞研究所
井上治久	京都大学iPS細胞研究所
上田利雄	先端医療振興財団再生医療実現拠点ネットワークプログラム開発支援室
江藤浩之	京都大学iPS細胞研究所臨床応用部門
大澤光次郎	京都大学iPS細胞研究所疾患再現研究分野
大塚　哲	理化学研究所発生再生科学総合研究センター多能性幹細胞研究プロジェクト
大塚正人	東海大学医学部基礎医学系
岡田洋平	慶應義塾大学医学部生理学教室/愛知医科大学医学部神経内科
岡野栄之	慶應義塾大学医学部生理学教室
沖田圭介	京都大学iPS細胞研究所初期化機構研究部門
押村光雄	鳥取大学大学院医学系研究科生体機能医工学講座/鳥取大学染色体工学研究センター
角田　茂	東京大学大学院農学生命科学研究科獣医学専攻
香月康宏	鳥取大学大学院医学系研究科生体機能医工学講座/鳥取大学染色体工学研究センター
川瀬栄八郎	京都大学再生医科学研究所胚性幹細胞研究分野
河本　宏	京都大学再生医科学研究所再生免疫学分野
菊地哲広	京都大学iPS細胞研究所臨床応用研究部門
黒川峰夫	東京大学大学院医学系研究科血液・腫瘍内科学
國府　力	大阪大学大学院医学系研究科環境・生体機能学
近藤孝之	京都大学iPS細胞研究所
斎藤通紀	京都大学大学院医学研究科機能微細形態学分野
佐久間哲史	広島大学大学院理学研究科数理分子生命理学専攻
櫻井英俊	京都大学iPS細胞研究所臨床応用研究部門
佐藤陽治	国立医薬品食品衛生研究所遺伝子細胞医薬部/先端医療振興財団/名古屋市立大学大学院薬学研究科/大阪大学大学院薬学研究科
庄子栄美	京都大学iPS細胞研究所臨床応用研究部門/京都大学再生医科学研究所再生増殖制御学分野
末盛博文	京都大学再生医科学研究所胚性幹細胞研究分野
菅　三佳	医薬基盤研究所難病・疾患資源研究部ヒト幹細胞応用開発室

鈴木直也	京都大学iPS細胞研究所疾患再現研究分野
関根圭輔	横浜市立大学大学院医学研究科臓器再生医学
高橋　淳	京都大学iPS細胞研究所臨床応用研究部門
高橋良輔	京都大学大学院医学研究科臨床神経学
高山和雄	大阪大学大学院薬学研究科分子生物学分野/医薬基盤研究所肝細胞分化誘導プロジェクト/大阪大学大学院薬学研究科附属創薬センターiPS肝毒性・代謝ユニット
竹田潤二	大阪大学大学院医学系研究科環境・生体機能学
武部貴則	横浜市立大学大学院医学研究科臓器再生医学
谷口英樹	横浜市立大学大学院医学研究科臓器再生医学
戸口田淳也	京都大学再生医科学研究所/京都大学iPS細胞研究所
中木文雄	京都大学大学院医学研究科機能微細形態学分野
中島啓行	先端医療振興財団再生医療実現拠点ネットワークプログラム開発支援室/国立医薬品食品衛生研究所遺伝子細胞医薬部
中村　壮	京都大学iPS細胞研究所臨床応用部門
中村幸夫	理化学研究所バイオリソースセンター細胞材料開発室
丹羽仁史	理化学研究所発生再生科学総合研究センター多能性幹細胞研究プロジェクト
林　克彦	京都大学大学院医学研究科機能微細形態学分野
平井雅子	京都大学再生医科学研究所胚性幹細胞研究分野
寛山　隆	理化学研究所バイオリソースセンター細胞材料開発室
福田恵一	慶應義塾大学医学部循環器内科
藤岡　剛	理化学研究所バイオリソースセンター細胞材料開発室
古江-楠田美保	医薬基盤研究所難病・疾患資源研究部ヒト幹細胞応用開発室/京都大学再生医科学研究所胚性幹細胞研究分野
堀田秋津	京都大学iPS細胞研究所初期化機構研究部門/京都大学物質-細胞統合システム拠点
堀江恭二	奈良県立医科大学生理学第二
升井伸治	京都大学iPS細胞研究所初期化機構研究部門
増田喬子	京都大学再生医科学研究所再生免疫学分野
松永太一	京都大学iPS細胞研究所増殖分化機構研究部門
松本佳久	京都大学iPS細胞研究所
松山晃文	先端医療振興財団再生医療実現拠点ネットワークプログラム開発支援室
水口裕之	大阪大学大学院薬学研究科分子生物学分野/医薬基盤研究所肝細胞分化誘導プロジェクト/大阪大学大学院薬学研究科附属創薬センターiPS肝毒性・代謝ユニット/大阪大学臨床医工学融合研究教育センター
宮崎隆道	京都大学再生医科学研究所胚性幹細胞研究分野
八代嘉美	京都大学iPS細胞研究所上廣倫理研究部門
安田　智	国立医薬品食品衛生研究所遺伝子細胞医薬部
山下　潤	京都大学iPS細胞研究所増殖分化機構研究部門
山本　卓	広島大学大学院理学研究科数理分子生命理学専攻
湯浅慎介	慶應義塾大学医学部循環器内科
李　紅梅	京都大学iPS細胞研究所初期化機構研究部門

◆ 監修プロフィール ◆

中辻憲夫（なかつじ のりお）

1972年京都大学理学部卒業，1977年京都大学理学博士．米国や英国など海外で研究活動のち国立遺伝学研究所教授や京大再生医科学研究所教授などを歴任．マウス，サル，ヒト胚性幹細胞（ES細胞）をはじめ，生殖細胞や神経細胞などの発生分化と幹細胞研究を進めてきた．国内で最初にヒトES細胞株の樹立に成功し分配体制を確立した研究チームを率いた．2007年から文部科学省による世界トップレベル研究拠点の1つであるiCeMS初代拠点長として，細胞科学と物質科学を統合した新たな学際領域の創出を推進し，真に国際的な研究組織を構築するなど，多彩な経歴を活かすとともに，ES・iPS細胞を用いた再生医療実用化に必要な技術開発や新薬開発に応用する研究を続けている．

◆ 編集プロフィール ◆

末盛博文（すえもり ひろふみ）

1984年京都大学理学部卒業．明治乳業を経て2000年から京都大学再生医科学研究所．2002年同研究所附属幹細胞医学研究センター霊長類胚性幹細胞研究領域助教授，2012年同研究所胚性幹細胞研究分野分野主任准教授（理学博士）．マウスに始まるES細胞研究の黎明期から，一貫してES細胞研究にかかわり続けてきた．iPS細胞作成技術の開発によりES・iPS細胞の臨床利用が注目されるようになったがほんとうの意味での治療法の確立までにはまだまだ課題が多い．

実験医学別冊

ES・iPS細胞実験スタンダード
再生・創薬・疾患研究のプロトコールと臨床応用の必須知識

2014年3月5日 第1刷発行	監　修	中辻憲夫
	編　集	末盛博文
	発行人	一戸裕子
	発行所	株式会社　羊　土　社
		〒101-0052
		東京都千代田区神田小川町2-5-1
	TEL	03（5282）1211
	FAX	03（5282）1212
© YODOSHA CO., LTD. 2014	E-mail	eigyo@yodosha.co.jp
Printed in Japan	URL	http://www.yodosha.co.jp/
	装　幀	日下充典
ISBN978-4-7581-0189-9	印刷所	株式会社加藤文明社

本書に掲載する著作物の複製権，上映権，譲渡権，公衆送信権（送信可能化権を含む）は（株）羊土社が保有します．
本書を無断で複製する行為（コピー，スキャン，デジタルデータ化など）は，著作権法上での限られた例外（「私的使用のための複製」など）を除き禁じられています．研究活動，診療を含み業務上使用する目的で上記の行為を行うことは大学，病院，企業などにおける内部的な利用であっても，私的使用には該当せず，違法です．また私的使用のためであっても，代行業者等の第三者に依頼して上記の行為を行うことは違法となります．

JCOPY ＜（社）出版者著作権管理機構 委託出版物＞
本書の無断複写は著作権法上での例外を除き禁じられています．複写される場合は，そのつど事前に，（社）出版者著作権管理機構（TEL 03-3513-6969，FAX 03-3513-6979，e-mail：info@jcopy.or.jp）の許諾を得てください．

「ES・iPS細胞実験スタンダード」広告 INDEX

<ア>
アフィメトリクス・ジャパン(株)……後付8
(株)医学生物学研究所……………後付9
エッペンドルフ(株)………………後付12

<カ>
カールツァイスマイクロスコピー(株)
　……………………………………後付15
興研(株)……………………………後付6

<タ>
東京化成工業(株)…………………後付4

<ナ>
(株)ニチリョー……………………後付10
(株)ニッピ…………………………後付3
ネッパジーン(株)………後付13～14

<ハ>
(株)ベリタス………………………後付5

<マ>
ミルテニーバイオテク(株)………後付11

<ラ>
ライフテクノロジーズジャパン(株)
　…………………………後付16～17
ロンザジャパン(株)
　……………後付1～2（記事広告）

<ワ>
和光純薬工業(株)…………………後付7

（五十音順）

広告資料請求サービス

【PLEASE COPY】

▼広告製品の詳しい資料をご希望の方は、この用紙をコピーしFAXでご請求下さい。

	会社名	製品名	要望事項
①			
②			
③			
④			
⑤			

お名前（フリガナ）	TEL.　　　　　　FAX.
	E-mailアドレス
勤務先名	所属

所在地（〒　　　　）

ご専門の研究内容をわかりやすくご記入下さい

FAX：03(3230)2479　E-mail：adinfo@aeplan.co.jp　HP：http://www.aeplan.co.jp/
広告取扱　エー・イー企画

「実験医学」別冊
ES・iPS細胞実験スタンダード

4D-Nucleofector™ を用いた臍帯血細胞からのヒトiPS細胞の樹立

By Inbar Friedrich Ben Nun, Xu Yuan, Patrick Walsh, Amy Burkall, Don Paul Kovarcik and Thomas Fellner,

Lonza Walkersville, Inc., Walkersville, MD, USA

編集：ロンザジャパン株式会社

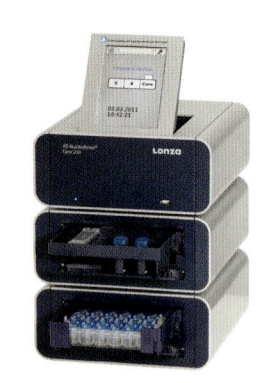

要旨

2007年、京都大学の山中伸也教授らは、成人の体細胞から胚性幹(ES)細胞様に変換することに世界で初めて成功した[1]。当初、山中博士のチームは、ヒト人工多能性幹(iPS)細胞の樹立に不可欠な、細胞の初期化に必須の転写因子の導入に、ウイルスベクターを用いていた。しかしながら、ウイルスベクターを用いた遺伝子導入では、ウイルス自身の遺伝子が宿主ゲノムに取り込まれ、異常な遺伝子発現を引き起こす可能性がある。このため、その後の研究ではウイルスの組み込みに依存しない手法開発が進められてきた。本研究レポートは、ロンザ社の 4D-Nucleofector™ システムを用いて、転写因子を含むウイルス非依存性ベクターを臍帯血由来 $CD34^+$ 細胞に導入し、14日以内にヒトiPS細胞コロニーを得る方法および得られた細胞の性質について紹介する。

なお、本記事は LONZA Resouce note の内容を要約したものであり、追加情報については、本編を参照されたい。

材料と方法

細胞培養

臍帯血由来 $CD34^+$ 細胞 (Lonza、2C-101) は、無血清培地 (SFM) にて 4-5日培養後、4D-Nucleofector™ システム (Lonza、AAF-1001B、AAF-1001X) にて遺伝子導入を行った。

ベクター

pEB-C5 および pEB-Tg エピソーマルベクターをヒト iPS 細胞樹立に使用した。pEB-C5 プラスミドは Oct3/4、Sox2、Klf4、c-Myc および Lin28 の5つのマウス cDNA をコードしている[2]。pEB-Tg プラスミドは SV40 Large T 抗原をコードしている。

4D-Nucleofector™ による遺伝子導入

4D-Nucleofector™ を用いて1サンプルにつき 10^6 個の $CD34^+$ 細胞を、8 μg の pEB-C5 および 2 μg の pEB-Tg ベクターを含む 100 μl の P3 初代細胞 4D-Nucleofector™ 試薬に浮遊させ、プログラム EO-117 にてヌクレオフェクションを行った。導入後、キュベットに温めた SFM を 0.5 ml 添加し、予め 1.5 mL の培地を分注した 12 ウェルプレートに播種した。

ヒト iPS 細胞の樹立

$CD34^+$ 細胞からのヒト iPS 細胞の樹立は以前に報告されている方法に習い行った[3]。早い場合にはトランスフェクション6日後にコロニーが観察された。

樹立 iPS 細胞のゲノムへのプラスミドの挿入および核型分析

Lonza ヒト iPS 細胞に外因性のプラスミド DNA が挿入されていないことを確認するために、エピソーマルベクターに特異的な 3 組のプライマーを用いて、ヒト iPS 細胞のゲノム DNA にポリメラーゼ連鎖反応 (PCR) により、プラスミドの染色体への挿入の有無を確認した。Lonza ヒト iPS 細胞の核型解析は Cell Line Genetics, Inc. (Madison、WI) にて行った。

Lonza ヒト iPS 細胞の特性評価

免疫組織染色：ヒト iPS 細胞は4％パラホルムアルデヒドで固定し、抗 SSEA4 抗体 (Millipore、MAB4303)、抗 TRA-1-60 抗体 (Millipore、MAB4360)、抗 OCT3/4 抗体 (Abcam、19857)、抗 NANOG 抗体 (R&D Systems、AF1997) で染色した。アルカリフォスファターゼ活性は Alkaline Phosphatase Kit II (Stemgent、00-0055) により測定した。未分化のヒト iPS 細胞を 1mg/ml のコラゲナーゼ IV でプレートより剥離し、胚葉体 (EB) を形成させ、以下に示す三胚葉のマーカーで染色した：ウサギ抗ヒトα-1 フェトプロテイン (AFP) ポリクローナル抗体 (Dako、A000829)、抗チューブリンβ III モノクローナル抗体 (TUJ1) (Millipore、MAB1637)、マウス抗平滑筋アクチン抗体 (Millipore、CBL171)。

フローサイトメトリー解析：フローサイトメトリーには以下の抗体を使用した：マウス抗ヒト SSEA4-PE (BD、560128)、マウス抗ヒト TRA-1-60-PE (BD、560193)、マウス抗ヒト TRA-1-81-PE (BD、560161)。

結果

エピソーマルベクターと 4D-Nucleofector システムを用いて行うヒト臍帯血由来 $CD34^+$ 細胞の効果的な初期化

凍結ヒト臍帯血由来 $CD34^+$ 細胞は融解し、4D-Nucleofector にてエピソーマルベクターを導入するまでに、SFM にて 4-5日培養した。$CD34^+$ 細胞は材料と方法の項に記載した通りの方法で初期化した。遺伝子導入を行った細胞は MEF フィーダー細胞上に播種し、早いもので遺伝子導入後6日目には小さなコロニーを観察することができた (Figure 1)。

4–5 Days	Day 0	Day 2	Day 3	Day 6	Day 10	Days 13–16
Revive and culture $CD34^+$ cells	Transfect the plasmids	Plate onto MEF feeders	Use hESC medium + NaB	Colonies appear	Use MEF-CM	Pick colonies

Figure 1
2種類のエピソーマルベクターの遺伝子導入にて臍帯血由来$CD34^+$細胞を初期化するスケジュール。臍帯血由来$CD34^+$細胞に、Lonza社製4D-Nucleofector™でpEB-C5およびpEB-Tgベクターを共遺伝子導入した。MEFフィーダー細胞上に播種した後、6日後に小さなコロニーが確認できた。13日後にはピックアップ可能なサイズの複数のコロニーが確認できた。

PR 記事

Lonza

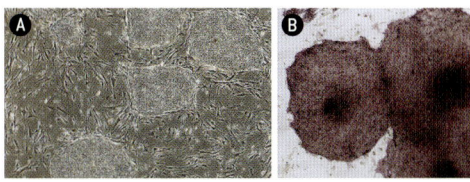

Figure 2
LonzaヒトiPS細胞はヒトES細胞と同様のコロニーを形成し（A）、アルカリフォスファターゼ活性を有した（B）。

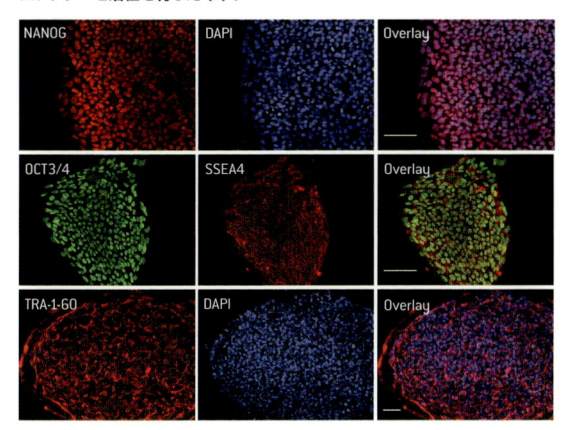

Figure 3
LonzaヒトiPS細胞は、転写因子であるNANOGおよびOCT3/4と、表面マーカーであるSSEA4およびTRA-1-60を発現していた。細胞は固定し、NANOG（上段、赤）、OCT3/4（中段、緑）、SSEA4（中段、赤）、TRA-1-60（下段、赤）にて染色した。DAPI：青：スケールバー100 μm。

Lonza ヒト iPS 細胞は自己複製能を有し、ヒト ES 細胞様の特徴を示す

樹立された Lonza ヒト iPS 細胞は、ES 細胞と類似した平坦なコロニーを形成し（Figure 2A）、これらの細胞はアルカリフォスファターゼ活性を示した（Figure 2B）。また、これらのコロニーは OCT3/4 と NANOG という多能性を維持する転写因子を発現していた（Figure 3）。このような内因性 NANOG の発現の活性化は、CD34$^+$ 細胞の初期化が成功していることを示している。さらに、フローサイトメトリーと免疫染色により、ヒト ES 細胞の表面マーカーである SSEA4、TRA-1-60 および TRA-1-81 の発現も確認された。

Lonza ヒト iPS 細胞は三胚葉を形成する細胞に分化することができる

In vitro での分化誘導後、ニューロン特異的なβチューブリン III、α-フェトプロテイン、平滑筋アクチンの発現を確認した。Figure 4 に示す通り、Lonza ヒト iPS 細胞はニューロン（外胚葉）、α-フェトプロテイン陽性細胞（内胚葉）、平滑筋細胞（中胚葉）に分化することができ、ヒト ES 細胞に似た分化能を示した。

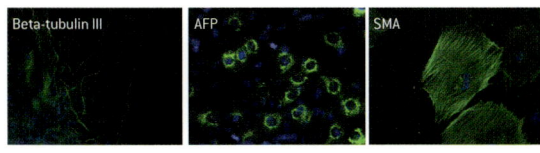

Figure 4
LonzaヒトiPS細胞は三胚葉を形成する細胞に分化する。LonzaヒトiPS細胞から分化した細胞がEBを形成することを示す。左から右：β-チューブリンIII陽性ニューロン（緑）、AFP陽性細胞（緑）、SMA陽性細胞（緑）。DAPI：青：スケールバー100 μm。

Lonza ヒト iPS 細胞は正常核型を維持しており、また外因性エピソーマル DNA を含んでいない

樹立した 4 系統の iPS 細胞は継代 7、16、18 継代目に核型解析（Cell Line Genetics,Inc.）を行った。全ての 4 つのヒト iPS 細胞株は正常核型を示し、ゲノム安定性を維持していた。
CD34$^+$ 細胞に導入されたエピソーマルベクターがゲノムに挿入されていないことを確認するために、異なる継代回数（5-7 継代）にある異なるヒト iPS 細胞株から gDNA を採取し、PCR によるエピソーマル DNA 断片の有無を確認した。その結果、ヒト iPS 細胞由来 gDNA からはエピソーマル DNA 断片の増幅は見られず、樹立されたヒト iPS 細胞株にエピソーマルベクター由来遺伝子が含まれていないことを確認した。

参考文献

1. Takahashi, K. and S. Yamanaka, Induction of pluripotent stem cells from mouse embryonic and adult fibroblast cultures by defined factors. *Cell*, 2006; 126(4); 663-676.
2. Chou, B.K., et al., Efficient human iPS cell derivation by a non-integrating plasmid from blood cells with unique epigenetic and gene expression signatures. *Cell Res.* 21(3); 518-529.
3. Mack, A., et al., Generation of induced pluripotent stem cells from CD34$^+$ cells across blood drawn from multiple donors with non-integrating episomal vectors. *PlosOne*, 2011; 6(11).

関連製品

装置

カタログ番号	製品名	価格（円）
AAF-1002B	4D-Nucleofector™ コアユニット	1,000,000
AAF-1002X	4D-Nucleofector™ X ユニット	1,450,000
AAF-1002Y	4D-Nucleofector™ Y ユニット	1,700,000

細胞

カタログ番号	製品名	価格（円）
2C-101	ヒト臍帯血 CD34$^+$ 前駆細胞、≧ 1×10^6	390,000
2C-101A	ヒト臍帯血 CD34$^+$ 前駆細胞、≧ 5×10^5	330,000
2C-101B	ヒト臍帯血 CD34$^+$ 前駆細胞、≧ 1.0×10^5	170,000

＊骨髄由来CD34$^+$ 細胞、あるいはその他の製品は下記にお問い合わせください。

ロンザジャパン株式会社

バイオサイエンス事業部

〒104-6591 東京都中央区明石町8-1 聖路加タワー 39階

受注・在庫照会　TEL：03-6264-0620

セールス　TEL：03-6264-0660
　　　　　E-mail：bioscience.sales.jp@lonza.com

技術サポート　TEL：03-6264-0663
　　　　　　E-mail：bioscience.technicalsupport.jp@lonza.com

http://www.lonzabio.jp/

ニッピが製造販売する
再生医療用研究試薬

iMatrix-511

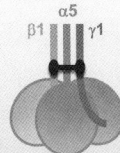

細胞培養基質
ラミニン511E8断片の高純度精製品
ES/iPS細胞を培養する場合には、
フィーダーフリー、シングルセル継代が可能です。

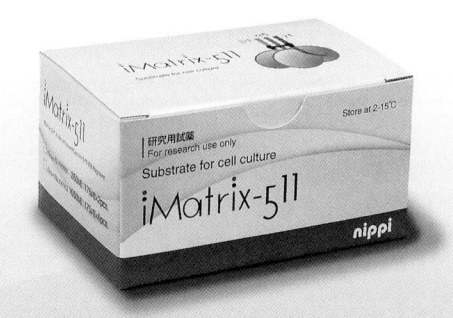

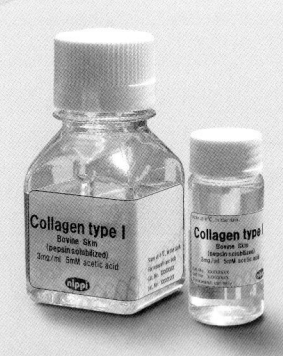

研究試薬用コラーゲン

- 豊富なラインアップで用途に応じたコラーゲンを選択可能
- フィルター濾過済み(0.45μm)でそのまま培養に使用可能
- 扱いやすい濃度設定(0.5~3mg/ml)
- 生理的な条件で線維を形成します
- 優れた細胞接着性

LINEUP

コラーゲン タイプI
　ウシ真皮由来(酸抽出) 3mg/ml
　ウシ真皮由来(ペプシン可溶化) 3mg/ml
　ウシ腱由来(ペプシン可溶化) 3mg/ml

コラーゲン タイプIII
　ウシ真皮由来(ペプシン可溶化) 3mg/ml

コラーゲン タイプIV
　ウシレンズ由来(酸抽出) 0.5mg/ml

コラーゲン タイプI
　ブタ真皮由来(ペプシン可溶化) 3mg/ml
　ブタ腱由来(ペプシン可溶化) 3mg/ml
　ラット真皮由来(ペプシン可溶化) 2mg/ml
　ダチョウ腱由来(ペプシン可溶化) 3mg/ml
　ニワトリ真皮由来(ペプシン可溶化) 2mg/ml
　テラピア(魚)真皮由来(ペプシン可溶化) 3mg/ml

低エンドトキシンゼラチン

豚皮由来／無菌／低エンドトキシン(10EU/g以下)

- 従来のゼラチンに比べて、大幅にエンドトキシンを低減させています。
- エンドトキシンと強く反応する免疫系に対して不活性です。

PCサイトの閲覧が可能な機種で、関連のHPをQRコードからご利用いただけます。
http://www.nippi-inc.co.jp
※アクセスしていただく際の接続料、通信料はお客様のご負担となります。

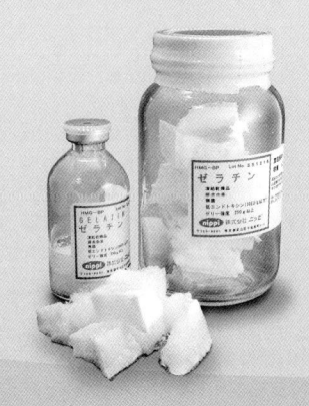

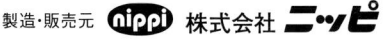

製造・販売元　株式会社ニッピ
バイオマトリックス研究所 プロテインエンジニアリング室
〒120-8601 東京都足立区千住緑町1-1-1　TEL. 03-3888-5184

再生医学研究用試薬

(New) AICAR (=Acadesine)	50mg 6,000円 [A2528]	
(New) 2-(2-Amino-3-methoxyphenyl)chromone (=PD98059)	10mg 11,500円 [A2529]	
L-Ascorbic Acid	25g 1,600円 / 500g 5,800円 [A0537]	
5-Azacytidine	100mg 5,000円 / 1g 25,900円 [A2033]	
(New) 5-Aza-2'-deoxycytidine	20mg 9,800円 / 100mg 34,300円 [A2232]	
Betulinic Acid	100mg 12,500円 / 1g 59,500円 [B2836]	
(New) BIO	5mg 11,400円 / 25mg 39,800円 [B4006]	
(New) Bucladesine Sodium Salt	25mg 7,500円 [D4228]	
(New) Cyclic Pifithrin-α Hydrobromide	20mg 30,000円 / 100mg 95,000円 [C2826]	
(New) DAPT	25mg 30,000円 [D4257]	
(New) 5-(4-Ethylbenzylidene)rhodanine (=10058-F4)	25mg 10,000円 [E0959]	
(New) Fasudil Hydrochloride	100mg 15,000円 [F0839]	
Fluoxetine Hydrochloride	1g 5,300円 / 5g 16,400円 [F0750]	
(New) Jervine	10mg 35,000円 [J0009]	
(New) Metformin Hydrochloride	25g 8,000円 / 100g 23,800円 [M2009]	
(New) Myoseverin	10mg 11,000円 [M2373]	
L-O-Phosphoserine	5g 5,200円 / 25g 16,000円 [P0773]	
Retinoic Acid	1g 10,900円 / 5g 37,100円 [R0064]	
Spermine Tetrahydrochloride	5g 20,400円 / 25g 70,800円 [B1468]	
Trichostatin A	10mg 36,700円 [T2477]	

上記の製品はすべて"試薬"です。試験・研究用にご使用ください。　各製品の詳細はホームページで ▶ ▶ 再生医学

東京化成工業株式会社

お問い合わせは　東京化成販売(株)　Tel: 03-3668-0489　Fax: 03-3668-0520
　　　　　　　　　大阪営業所　　　　 Tel: 06-6228-1155　Fax: 06-6228-1158
www.TCIchemicals.com/ja/jp/　twitter.com/TCI_J　facebook.com/tci.jp

---

羊土社おすすめ書籍

実験医学 別冊　最強のステップUPシリーズ
直伝！フローサイトメトリー
面白いほど使いこなせる！

デジタル時代の機器の原理・操作方法と，
サンプル調製およびマルチカラー解析の成功の秘訣

中内啓光／監
清田 純／編

完全デジタル化を迎えたフローサイトメトリーについて，基本原理から最先端の活用法までを日本の第一人者が直伝！実験を成功に導くサンプル調製のコツや，目的の細胞を解析・分取するための実践的手法が満載！

- 定価（本体 5,800円＋税）
- B5判　■ 278頁
- ISBN 978-4-7581-0188-2

実験医学 別冊
もっとよくわかる！
幹細胞と再生医療

長船健二／著

臨床医を経て，浅島研，メルトン研で研鑽を積み，京大iPS研究所にラボを構える現役研究者の書き下ろし！未来の研究者へ向け，最新知見まで現場の感触をふまえながら丁寧に解説．拡大し続けるES・iPS細胞研究が整理できる！

- 定価（本体 3,800円＋税）
- B5判　■ 174頁
- ISBN 978-4-7581-2203-0

発行　**羊土社 YODOSHA**　〒101-0052　東京都千代田区神田小川町2-5-1　TEL 03(5282)1211　FAX 03(5282)1212
E-mail : eigyo@yodosha.co.jp
URL : http://www.yodosha.co.jp/

ご注文は最寄りの書店，または小社営業部まで

VERITAS PRODUCT

多能性幹細胞研究に大活躍！
ES/iPS 細胞研究用 製品ラインナップ

維持培養

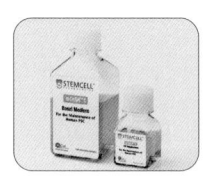

- **フィーダー不要！ 維持用培地**
  mTeSR™1：" Defined "、世界標準

  TeSR™-E8™：" Defined "、低タンパク (8 要素)
  Vitronectin-XF™ との組み合わせ

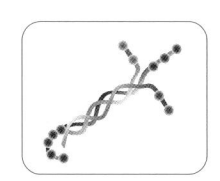

- **Laminin-521　～最も注目の基底膜！～**
  ヒトリコンビナントラミニン
  トリプシンの処理後の ROCK インヒビター処理不要
  シングルセルからの継代培養
  ヒト多能性幹細胞の増殖速度がアップ!!

胚様体（EB）形成

- **サイズ・形が均一な胚様体形成用プレート**
  AggreWell™

分化誘導

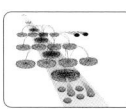

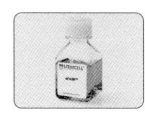

- **コンビナトリアルケミストリーを応用した培養条件最適化**
  CombiCult®

- **ヒト多能性幹細胞からの分化用培地**
  STEMdiff™シリーズ

- **多能性幹細胞の凍結保存**
  mFreSR™、CryoStor™CS10

株式会社 ベリタス

〒105-0001 東京都港区虎ノ門 2-7-14 八洲ビル
TEL.03-3593-3211(代)　FAX.03-3593-3216
E-mail: veritas@veritastk.co.jp
http://www.veritastk.co.jp/

KOKEN

ゲノム研究は
オープンスーパークリーンの時代へ

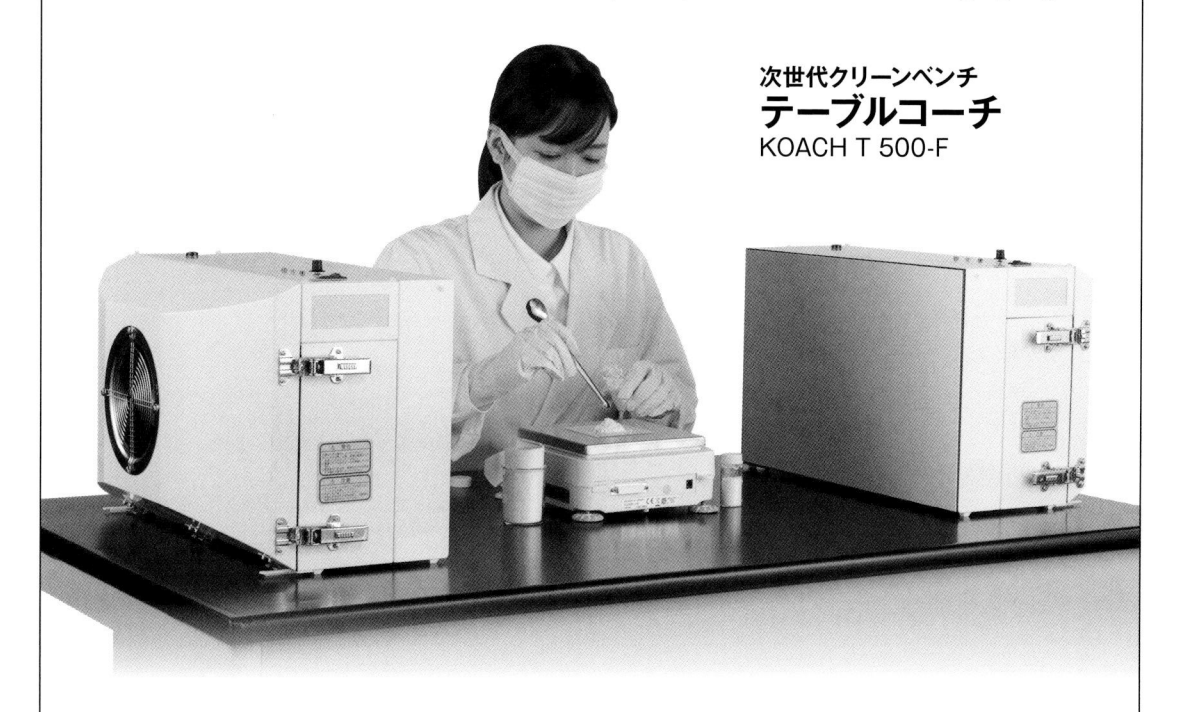

次世代クリーンベンチ
テーブルコーチ
KOACH T 500-F

最高レベルの清浄度を数十秒で形成

清浄度が不安定なせいで失敗したことはありませんか。
テーブルコーチが形成する清浄空間は最高レベルの**ISOクラス1**なので、
全ゲノム増幅等の高レベルな作業にも対応できます。

囲わないから作業がしやすい

手元だけでなく上部も奥側もまったく囲われていません。
つまり物や手を差し入れる顕微鏡・分注作業などであっても楽に行えます。
しかも囲わないから**コンタミナントを素早く排出**できるので清浄度の維持管理も簡単です。

使いたい場所でスーパークリーンを形成

クリーンベンチは壁際にあるものと思っていませんか。
テーブルコーチは**好きな場所に設置**できるからスペースを有効活用できます。

クリーン、ヘルス、セーフティで社会に
興研株式会社
〒102-8459 東京都千代田区四番町7番地
TEL.03(5276)1931 FAX.03(3265)1976

オープンクリーンシステム 検索

ES・iPS細胞研究用試薬

iPS細胞へのリプログラミング誘導,ES・iPS細胞の未分化能維持に!!

2007年のマウスiPS細胞樹立の発表後、iPS細胞研究に関わる文献が数多く報告されています。和光純薬では、種々の文献内でES・iPS細胞の未分化能維持や分化誘導に関わると報告されている低分子化合物をラインアップしています。是非ご利用下さい。

Y-27632

ES細胞、iPS細胞の細胞分散時や凍結保存後の細胞生存率が向上する

(Ito, H., et al.: Liver Int., **32**, 592 (2012).)
(Kawamata, M., et al.: Proc. Natl. Acad. Sci. USA., **107**, 14223 (2010).)
(Claassen, DA., et al.: Mol. Reprod. Dev., **76**, 722 (2009).)
(Martin-Ibanez, R., et al.: Hum. Reprod., **23**, 2744 (2008).)
(Watanebe, K., et al.: Nat. Biotechnol., **25**, 681 (2007).)
(Sakamoto, K., et al.: J. Pharmacol. Sci., **92**, 56 (2003).)
(Nishimaru, K., et al.: J. Pharmacol. Sci., **92**, 424 (2003).)
(Uehata, M., et al.: Nature, **389**, 990 (1997).)

※本品は田辺三菱製薬株式会社のライセンスに基づき販売しています。

CHIR99021　PD0325901

2種をともに使用するとES細胞の未分化能を維持したまま効率よく培養できる

(Ying, QL., et al.: Nature, **453**, 519 (2008))

PD0325901　SB431542　Thiazovivin

3種をともに使用すると、iPS細胞へのリプログラミング効率を200倍以上改善し、リプログラミングに必要な期間を短縮することができる

(Lin, T., et al.: Nature Methods, **6**, 805 (2009))

CHIR99021　PD184352　SU5402

3種をともに使用するとES細胞の未分化能を維持したまま効率よく培養できる

(Ying, QL., et al.: Nature, **453**, 519 (2008))

Ready-To-Useの溶液タイプもご用意しております!

コードNo.	品名	規格	容量
558-00551	CHIR99021【CT99021】	−	10mg
162-25291	PD0325901	細胞生物学用	5mg
168-25293	PD0325901	細胞生物学用	25mg
166-25951	10mmol/L PD0325901 DMSO Solution	細胞培養用	300μL
169-25181	PD184352	細胞生物学用	5mg
192-16541	SB431542	細胞生物学用	5mg
198-16543	SB431542	細胞生物学用	25mg
195-17251	10mmol/L SB431542 DMSO Solution	細胞培養用	1mL
193-16071	SU5402	細胞生物学用	1mg
198-17241	5mmol/L SU5402 DMSO Solution	細胞培養用	300μL
202-18011	Thiazovivin	細胞生物学用	1mg
208-18013	Thiazovivin	細胞生物学用	5mg
204-19551	10mmol/L Thiazovivin DMSO Solution	細胞培養用	300μL
257-00511	Y-27632	細胞生物学用	1mg
253-00513	Y-27632	細胞生物学用	5mg
251-00514	Y-27632	細胞生物学用	25mg
253-00591	5mmol/L Y-27632 Solution	細胞培養用	300μL

▶ 上記製品以外にも関連製品を用意しています。　http://www.wako-chem.co.jp/siyaku/product/life/ES_iPS/index.htm

ご購入に際し製品情報(適用法規・保管条件など)のご確認は、当社総合カタログおよび検索サイト(siyaku.com)をご参照ください。

和光純薬工業株式会社

本　社： 〒540-8605　大阪市中央区道修町三丁目1番2号
東京支店： 〒103-0023　東京都中央区日本橋本町二丁目4番1号
営　業　所： 北海道・東北・筑波・藤沢・東海・中国・九州

問い合わせ先
フリーダイヤル： 0120-052-099　フリーファックス： 0120-052-806
URL： http://www.wako-chem.co.jp
E-mail： labchem-tec@wako-chem.co.jp

転写因子やDC関連抗体のパイオニア
eBioscience

affymetrix
eBioscience

Stem Cells Research

Human Nestin

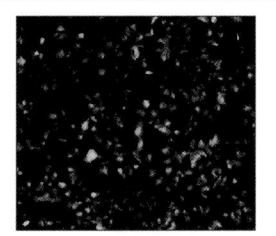

ヒト幹細胞(NSC line l6 1B)培養時に10ng/mlのヒトLIFを使用しました。5代継代後の細胞を5μg/mlのAlexa Fluor® 488標識ヒトNestin(cat. no. 53-9843)を用い免疫組織染色で特異性を確認しました。約100%の細胞がNestin陽性でした。

* Image provided courtesy of Xianmin Zeng, Buck Institute in San Francisco, CA

Oct 3/4

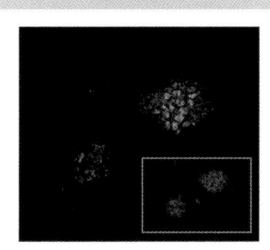

マウスES細胞を抗マウス/ヒトOct 3/4 (Cat. No. 14-5841)(green)、抗マウス/ヒト SSEA-1 (Cat. No. 14-8813)(red)、DAPI (inset)で染色しました。

* Images provided courtesy of Sean Morrison, University of Michigan.

Recombinant Mouse LIF

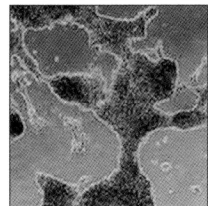

eBioscience® 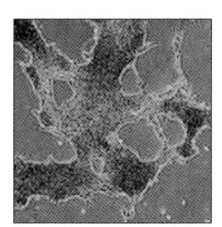 / Competitor M

ESC(アルカリホスファターゼアッセイで多能性を確認)細胞培養でのeBioscience マウスLIF(左; cat. no. 34-8521、5 ng/ml)と競合品M(右；5 mg/ml)を比較しました。

Mouse Hematopoietic Lineage Flow Cocktail

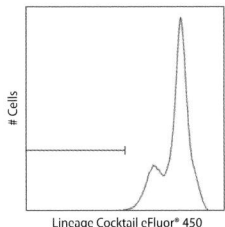

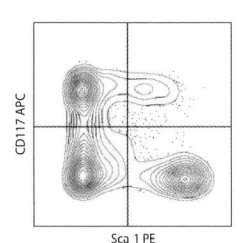

C57Bl/6マウスの骨髄細胞をマウスHematopoietic Lineage Flow Cocktail、APC標識抗マウスCD117 (cat. no. 17-1171)およびPE標識マウスSca-1 (cat. no. 12-5981)で染色しました。リンパ球ゲート内の生細胞を解析に使用しました。右のプロットは左のヒストグラムで示されるリネージ陰性のゲート内の細胞を表示しています。

FEATURING

ANTIBODIES
- Bcl-2
- BMI-1
- C-Myc
- EZH2
- CD34
- CD59 (Protectin)
- CD117/c-Kit
- CD133 (Prominin-1)
- CD150
- CD324 (E-Cadherin)
- Musashi
- NCAM (CD56)
- Nestin
- Notch-1
- OCT 3/4
- Sca-1 (Ly6A/E)
- SSEA-1
- TNFRSF8 (CD30)
- TRA-1-60
- TRA-1-81
- Thy1.1 (CD90.1)

RECOMBINANT PROTEINS
- B18R
- BMP-2
- FGF acidic (FGF-1)
- FGF basic (FGF-2)
- G-CSF
- LIF
- SCF
- SHH

SUPPORT PRODUCTS
- Accumax™ Cell Aggregate Dissociation Medium
- Accutase™ Enzyme Cell Detachment Medium

---

eBioscience製品に関するお問合せ
<在庫や納期に関するお問合せ> eBioscience Hotline Tel 03-6430-4070
<見積もりやご注文に関するお問合せ> 営業部 Tel 03-6430-4020 または、salesjapan@affymetrix.com
<学術的なお問合せ> テクニカルサポート Tel 03-6430-4030 または、supportjapan@affymetrix.com

アフィメトリクス・ジャパン株式会社 〒105-0013 東京都港区浜松町1-24-8 ORIX浜松町ビル7階
TEL：03-6430-4100 E-mail：salesjapan@affymetrix.com 日本HP：http://www.affymetrix.co.jp/ebio/ 米国HP：http://ebioscience.com/

＜後付8＞

CytoTune®-iPS 2.0

サイトチューン 2.0

誘導効率の向上
◎ これまで誘導しにくかった一部のヒト細胞株やマウス細胞にも対応！
◎ 末梢血血球細胞からの誘導も本製品でOK！お値打ちになりました！

誘導因子の脱落までの期間が短縮
◎ 研究や材料調達の迅速化・効率化へ！

誘導時の細胞傷害性が低下
CytoTune®-iPS は ホストゲノムに傷をつけず かつ高効率に iPS細胞を樹立できる手法として、種々の研究や臨床応用への期待をもって広くご利用いただいております。

幅広い細胞に対応可能
誘導因子を残さない

CytoTune®-iPS の特徴が、さらに改良されました！

より高くなったリプログラミング効率

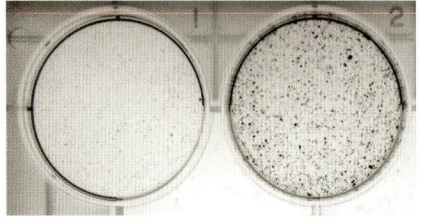

CytoTune®-iPS 1.0　　CytoTune®-iPS 2.0
マウス MEF から樹立された iPS 細胞コロニー
15 days post infection 5x10^5 cells/well

ベクター消失した iPS コロニーの割合
（BJ 細胞での実施例）

CytoTune®-iPS 1.0
CytoTune®-iPS 2.0

継代数

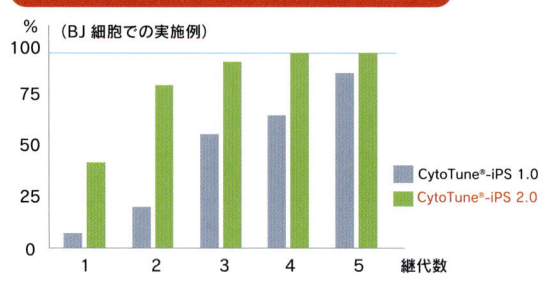

わずか 2 継代で 80% 以上のコロニーがベクターを消失します。

CytoTune®-iPS 2.0
iPS 細胞作製キット

CytoTune®-iPS 2.0 の詳細情報は、MBL ライフサイエンスサイトでご覧ください！
トップページのバナーをクリック！　http://ruo.mbl.co.jp/

発売元・販売元
株式会社 医学生物学研究所
http://ruo.mbl.co.jp/

発売元
iPS アカデミアジャパン株式会社
http://ips-cell.net

＜問い合わせ先＞
◎基礎試薬グループ
〒460-0008　名古屋市中区栄4丁目5番3号 KDX名古屋栄ビル10階
TEL: (052) 238-1904　FAX: (052) 238-1441　E-mail: support@mbl.co.jp

70th Anniversary

NICHIRYO
FUTURE LIFESCIENCE PARTNER

おかげさまで、
ニチリョーは70周年。

Nichipet EX II
オートクレーブ滅菌・UV照射を可能にした
ニチペットシリーズのベストセラーモデル

NICHIRYO Le
超軽量・お手軽価格の
スターターモデル

Nichipet EX Plus II
溶剤に対する耐薬品性に優れた
有機溶媒対応モデル

Nichipet Premium
壊れない・変わらない・疲れない
ニチペットシリーズこだわりの逸品

それは、4つの革新。

株式会社 **ニチリョー**　☎ **0120-66-9199**　E-mail：info@nichiryo.co.jp　URL：www.nichiryo.co.jp

東京営業本部
〒101-0054 東京都千代田区神田錦町1-10-1 サクラビル3F
TEL：03-6273-7651　FAX：03-6273-7944

大阪営業所
〒532-0003 大阪市淀川区宮原4-4-63 新大阪千代田ビル別館10F
TEL：06-6391-1057　FAX：06-6391-1058

九州サービスセンター
〒813-0034 福岡県福岡市東区多ノ津4-14-20
TEL：092-629-8164　FAX：092-622-0166

※掲載の製品仕様は、予告なく変更する場合があります。予めご了承ください。

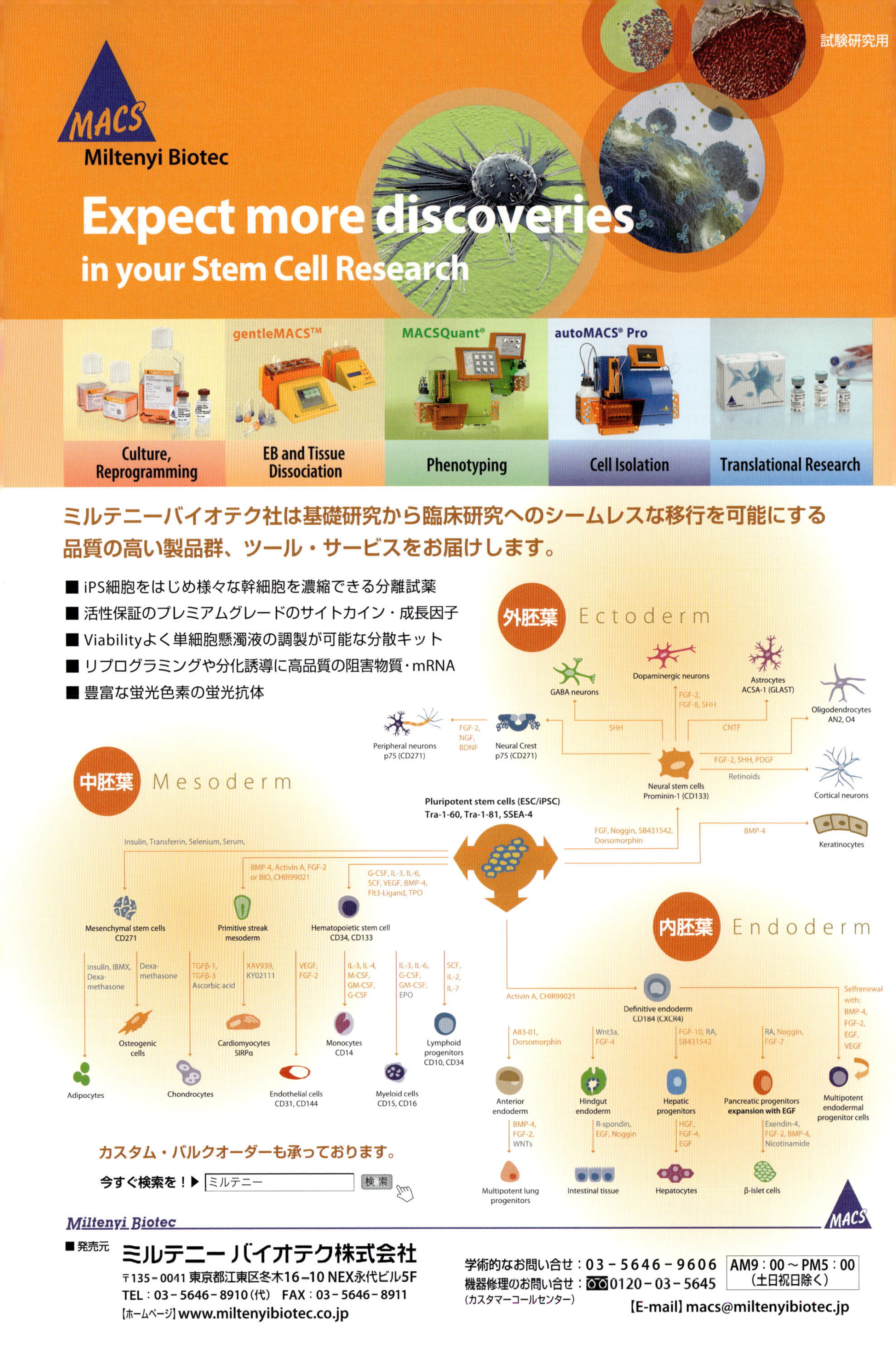

Miltenyi Biotec

Expect more discoveries
in your Stem Cell Research

試験研究用

| Culture, Reprogramming | gentleMACS™ EB and Tissue Dissociation | MACSQuant® Phenotyping | autoMACS® Pro Cell Isolation | Translational Research |

ミルテニーバイオテク社は基礎研究から臨床研究へのシームレスな移行を可能にする品質の高い製品群、ツール・サービスをお届けします。

- iPS細胞をはじめ様々な幹細胞を濃縮できる分離試薬
- 活性保証のプレミアムグレードのサイトカイン・成長因子
- Viabilityよく単細胞懸濁液の調製が可能な分散キット
- リプログラミングや分化誘導に高品質の阻害物質・mRNA
- 豊富な蛍光色素の蛍光抗体

外胚葉 Ectoderm
GABA neurons / Dopaminergic neurons / Astrocytes ACSA-1 (GLAST) / Oligodendrocytes AN2, O4
Peripheral neurons p75 (CD271) / Neural Crest p75 (CD271) / Neural stem cells Prominin-1 (CD133) / Cortical neurons / Keratinocytes
FGF-2, NGF, BDNF / SHH / FGF-2, FGF-8, SHH / CNTF / FGF-2, SHH, PDGF / Retinoids / BMP-4

中胚葉 Mesoderm
Pluripotent stem cells (ESC/iPSC) Tra-1-60, Tra-1-81, SSEA-4
FGF, Noggin, SB431542, Dorsomorphin
Insulin, Transferrin, Selenium, Serum,
BMP-4, Activin A, FGF-2 or BIO, CHIR99021
G-CSF, IL-3, IL-6, SCF, VEGF, BMP-4, Flt3-Ligand, TPO

Mesenchymal stem cells CD271 / Primitive streak mesoderm / Hematopoietic stem cell CD34, CD133

Insulin, IBMX, Dexa-methasone / Dexa-methasone / TGFβ-1, TGFβ-3 Ascorbic acid / XAV939, KY02111 / VEGF, FGF-2 / IL-3, IL-4, M-CSF, GM-CSF, G-CSF / IL-3, IL-6, G-CSF, GM-CSF, EPO / SCF, IL-2, IL-7

Osteogenic cells / Cardiomyocytes SIRPα / Monocytes CD14 / Lymphoid progenitors CD10, CD34
Adipocytes / Chondrocytes / Endothelial cells CD31, CD144 / Myeloid cells CD15, CD16

内胚葉 Endoderm
Activin A, CHIR99021
Definitive endoderm CD184 (CXCR4)
Selfrenewal with: BMP-4, FGF-2, EGF, VEGF
A83-01, Dorsomorphin / Wnt3a, FGF-4 / FGF-10, RA, SB431542 / RA, Noggin, FGF-7
Anterior endoderm / Hindgut endoderm / Hepatic progenitors / Pancreatic progenitors expansion with EGF / Multipotent endodermal progenitor cells
BMP-4, FGF-2, WNTs / R-spondin, EGF, Noggin / HGF, FGF-4, EGF / Exendin-4, FGF-2, BMP-4, Nicotinamide
Multipotent lung progenitors / Intestinal tissue / Hepatocytes / β-Islet cells

カスタム・バルクオーダーも承っております。

今すぐ検索を！▶ ミルテニー [検索]

Miltenyi Biotec

■発売元 ミルテニーバイオテク株式会社
〒135-0041 東京都江東区冬木16-10 NEX永代ビル5F
TEL：03-5646-8910（代）　FAX：03-5646-8911
【ホームページ】www.miltenyibiotec.co.jp

学術的なお問い合せ：03-5646-9606
機器修理のお問い合せ：0120-03-5645
（カスタマーコールセンター）

AM9：00～PM5：00
（土日祝日除く）

【E-mail】macs@miltenyibiotec.jp

eppendorf

The Gentle Force

ピエゾアシストマイクロマニピュレーション Eppendorf PiezoXpert®

マイクロインジェクションやマイクロマニピュレーションにおける細胞膜の穿刺が容易になり、細胞形状の変化が小さくなるため、細胞へのダメージを抑えられます。ES 細胞や iPS 細胞のトランスファーなどにおいて、どなたでも簡単に再現性と生存率を改善できます。

> ピエゾインパクトの強さを 50 段階で設定でき、再現性のある結果が得られます。
> キャピラリーにピエゾの微振動をロスなく伝導し、効果的に細胞膜を穿刺します。
> 接地面積が B5 サイズ以下で、アクチュエーターもコンパクトなので、限られたスペースでも設置できます。

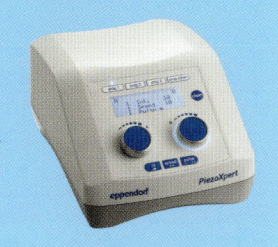

www.eppendorf.com
101-0031　東京都千代田区東神田 2-4-5　Tel: 03-5825-2361　Fax: 03-5825-2365　E-mail: info@eppendorf.jp
Eppendorf®, the Eppendorf logo and Eppendorf PiezoXpert® are registered trademarks of Eppendorf AG, Germany.
All rights reserved, including images and graphics. Copyright © 2014 by Eppendorf AG.

In Vitro&In Vivoエレクトロポレーション

最強の遺伝子導入装置、現る

最新テクノロジーにより、超高性能・小型化・軽量化を実現

スーパーエレクトロポレーター NEPA 21 Type II

* 下位機種 CUY21 シリーズ（CUY21SC・CUY21Pro-Vitro）のアプリケーションに全て対応しております。

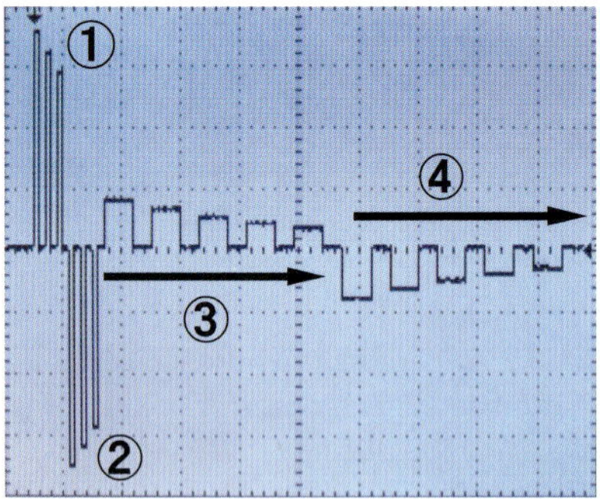

◆ 原 理

4ステップ式マルチパルス方式に減衰率設定機能（0～99%）が加わりエレクトロポレーションがさらに進化しました！！

細胞へのダメージを軽減して、導入効率が大幅に向上しました。

① ポアーリングパルス（高電圧・短時間・複数回・減衰率設定）：
　細胞膜に、微細孔を開けます。
　パルスを複数回・減衰率設定する事により、細胞へのダメージを軽減。
② 極性切替したポアーリングパルスにより、組織へのEPにも対応。
③ トランスファーパルス（低電圧・長時間・複数回・減衰率設定）：
　遺伝子や薬剤を複数回に渡り細胞内に送り込みます。
④ 極性切替したトランスファーパルスにより、さらに導入効率が向上。

ES/iPS 細胞 キュベット　アプリケーション

ネッパジーン社が開発したNEPA21 スーパーエレクトロポレーターは、独自の4ステップ式マルチパルス方式に減衰率設定機能が加わり、遺伝子導入が困難と言われるES細胞・iPS細胞やプライマリー細胞（初代細胞）へも高生存率・高導入効率を実現しました。

また、高価な専用試薬・バッファーは使用しないので、膨大なランニングコストが掛からず大変経済的です。

ヒトiPS細胞 GFP導入例	ヒトES細胞 GFP導入例	マウスES細胞 GFP導入例
導入後7日：継代後もコロニーで発現	導入後7日（左）：良好な状態のコロニー	導入後48時間：高い導入効率を観察

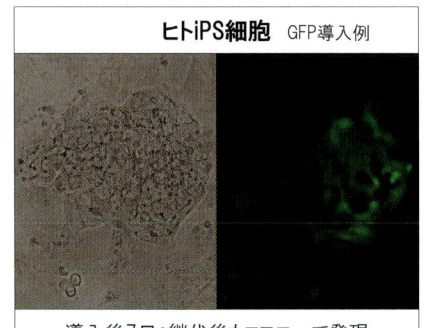

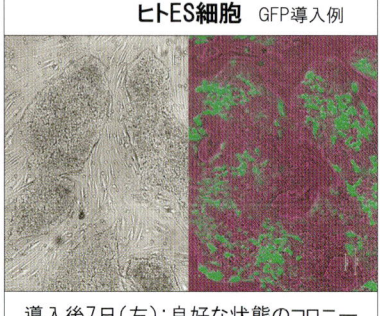

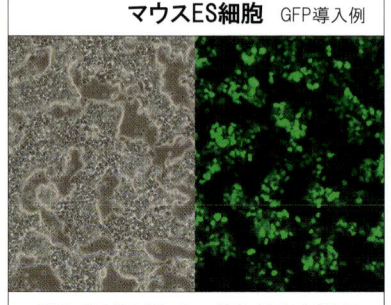

ネッパジーン株式会社
〒272-0114　千葉県市川市塩焼 3-1-6
Tel：047-306-7222　Fax：047-306-7333
http://www.nepagene.jp
info@nepagene.jp

プライマリー細胞・株化細胞　キュベット アプリケーション

遺伝子導入が困難と言われるプライマリー細胞（初代細胞）や株化細胞でも、脅威の生存率・導入効率を実現しました。

BMMC　プライマリーマウス骨髄由来肥満細胞（マスト細胞）

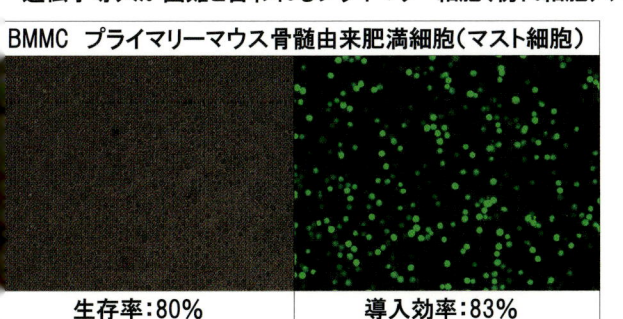

生存率：80%　　導入効率：83%

Jurkat　ヒト白血病由来T細胞

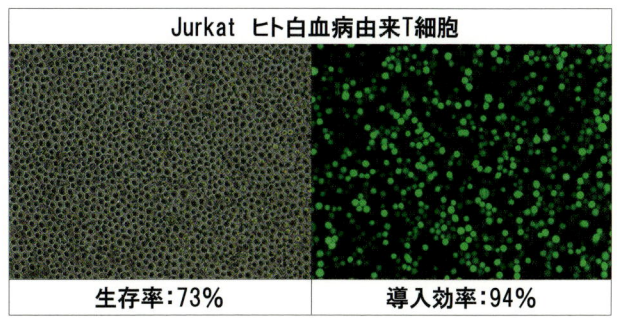

生存率：73%　　導入効率：94%

In Vitro 付着細胞用脚付電極　アプリケーション

NEPA21 と付着細胞用脚付電極を組み合せることにより、マルチウェルディッシュ上で、**付着状態（接着状態）の細胞**に**直接遺伝子導入**が可能です。　神経細胞等の剥がせない細胞に最適！！

● エレクトロポレーション法による初代培養神経細胞（接着状態）への遺伝子導入

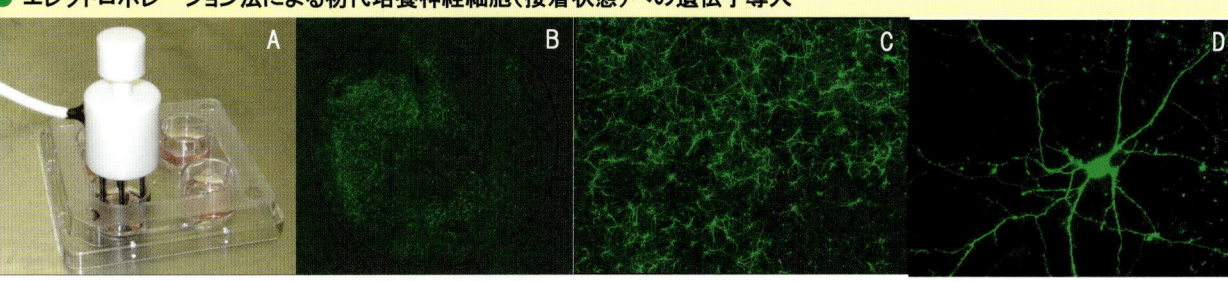

A　B　C　D

マウスE15胎仔の大脳皮質より調整後6日間培養した初代培養神経細胞に、付着状態でpCAGGS-EGFPプラスミドの遺伝子導入を試みた。
図A：4ウェルディッシュ（NUNC社）上で、CUY900-13-3-5（付着細胞用脚付電極　24ウェル・4ウェル用）を使用してエレクトロポレーション
図B：エレクトロポレーション後、2日間培養した神経細胞のEGFP抗体染色画像
図C：図Bの拡大写真　初代培養神経細胞（接着状態）に高い導入効率でGFPが発現している。
図D：図Cの拡大写真（40倍）　神経突起がよく観察できる。

In Vivo アプリケーション

NEPA21 とネッパジーン社の豊富な電極を組み合せることにより、**アダルトマウス・ラット組織**（筋肉・肝臓・皮膚・精巣・卵巣・眼球・膀胱・腎臓・脳・網膜・角膜）・植物種子に**直接遺伝子導入**が可能！

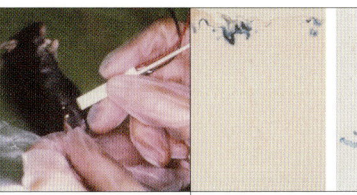

マウス筋肉　マウス皮膚　マウス精巣　ラット網膜　ミツバチ脳　カイコ卵

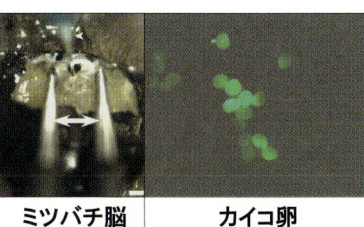

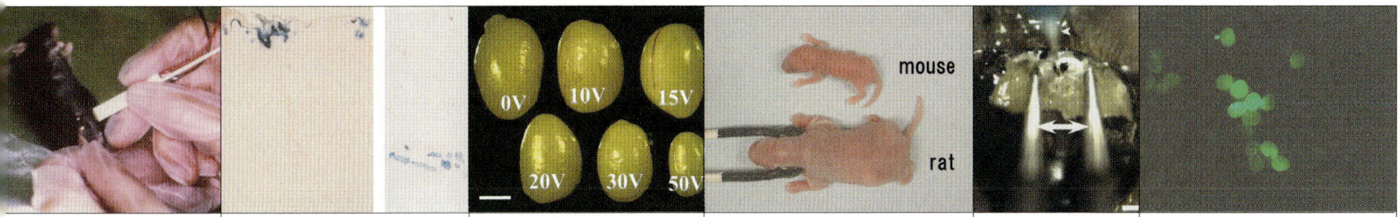

In Utero アプリケーション

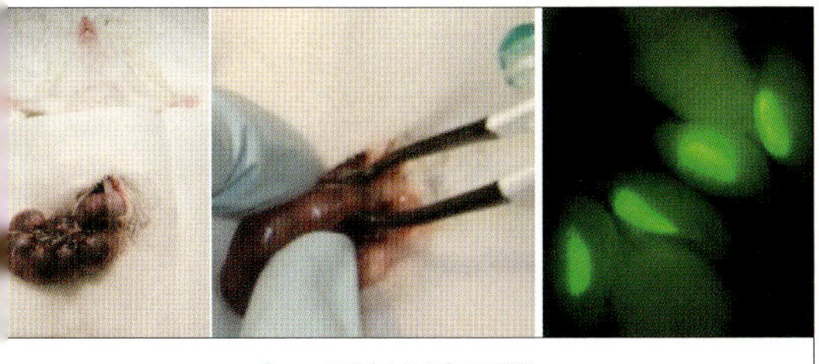

マウス子宮内胎児脳

Ex Vivo アプリケーション

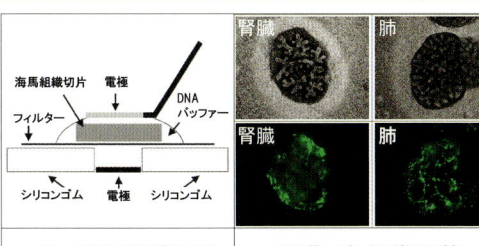

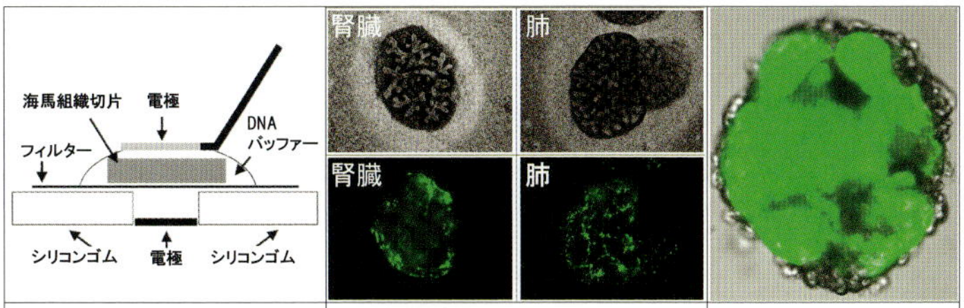

マウス海馬組織切片　腎臓・肺 組織原基　ランゲルハンス島

ネッパジーン株式会社
〒272-0114　千葉県市川市塩焼 3-1-6
Tel：047-306-7222　Fax：047-306-7333
http://www.nepagene.jp
info@nepagene.jp

生細胞観察を追及した倒立顕微鏡
Primo Vert / Primo Vert Monitor

細胞チェック用に設計された倒立顕微鏡 "Primo Vert"
卓越した操作性と光学性能を魅力的なデザインと価格で実現しています。

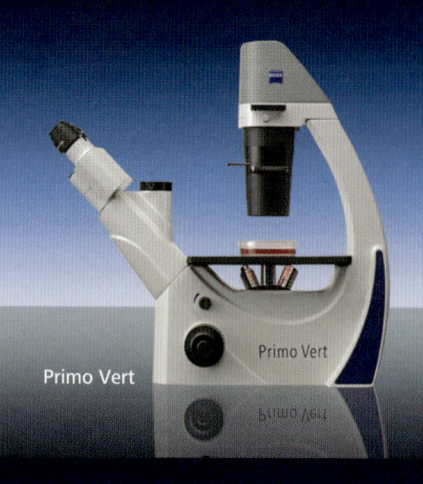

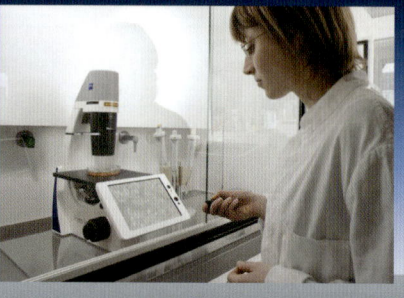

Primo Vert

Primo Vert Monitor
観察をモニタに統合することで、観察人数や姿勢、設置場所の自由度を高めました。顕微鏡をクリーンベンチ内に設置することも可能になり、より安全・確実な培養を実現できます。

染色体解析のための光学顕微鏡システム
Metafer / Ikaros / Isis

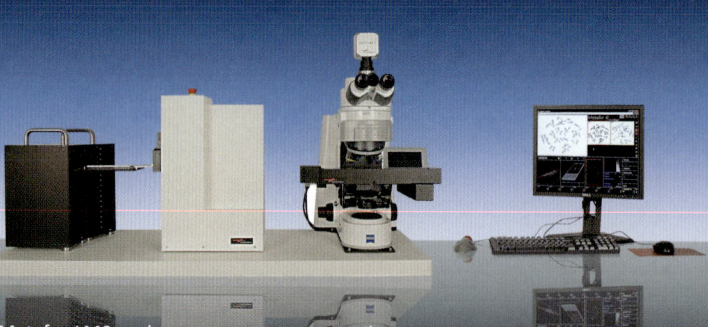

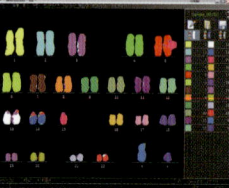

Metafer / MSearch
メタフェーズ高速自動検索
- 透過光試料のスライドガラス全面を2分以内でスキャン
- 蛍光顕微鏡を制御してのスキャンにも対応

Ikaros
染色体核型解析システム
- ギムザや各種バンドでのカリオタイピング
- 自動・半自動での染色体数カウント

Isis
FISH画像解析システム
- 専用プローブによる染色体異常解析
- 転座やマーカー染色体の視覚化
- マルチカラーバンドでのクラス内再構成や切断点解析

カールツァイスマイクロスコピー株式会社
Tel 03-3355-0332　E-mail microscopy.ja@zeiss.com
URL http://www.zeiss.co.jp/microscopy
営業所：東京／大阪／名古屋／福岡／仙台

ZEISS
We make it visible.

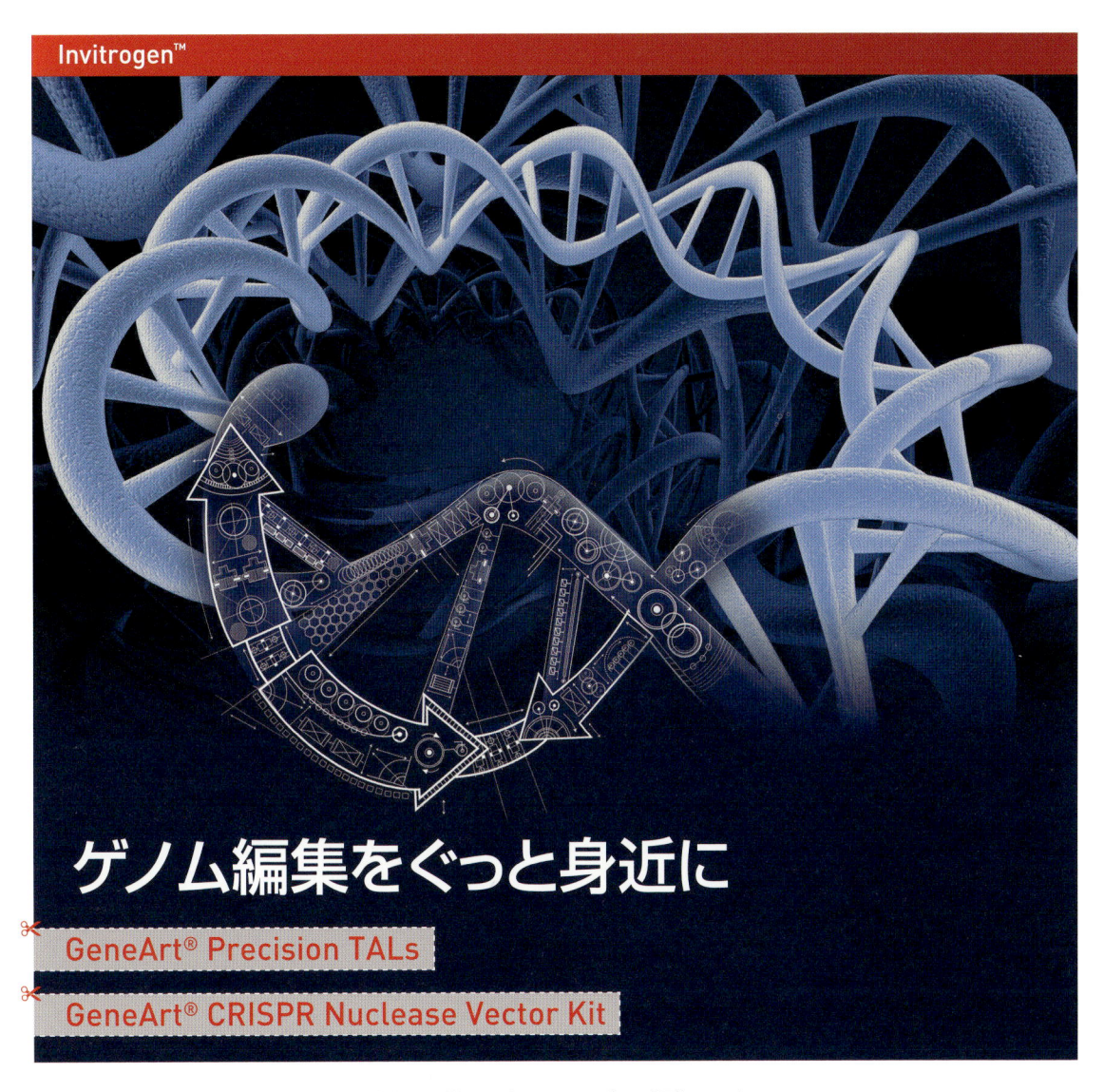

Invitrogen™

ゲノム編集をぐっと身近に

✂ GeneArt® Precision TALs

✂ GeneArt® CRISPR Nuclease Vector Kit

GeneArt® Precision TALs は、高精度で、様々に応用できるゲノム編集ツール。
Fok I ヌクレアーゼ含め多様な機能ドメインを融合したベクターを
4 週間という圧倒的スピードでお届けします。

新発売 GeneArt® CRISPR Nuclease Vector Kit は、哺乳類細胞での複数ターゲットのゲノム編集に。
ご自身でのクローニングでコストを抑え、次々と生まれる知りたい気持ちに応えます。
目的に応じて選べるツールが、ゲノム編集をますますぐっと身近にします。

詳細はこちらをご覧ください。

TALs www.lifetechnologies.com/tals
CRISPR www.lifetechnologies.com/crispr

facebook.com/LifeTechnologiesJapan @LifetechJPN

研究用にのみ使用できます。診断目的およびその手続き上での使用は出来ません。記載の社名および製品名は、弊社または各社の商標または登録商標です。
標準販売条件はこちらをご覧ください。www.lifetechnologies.com/TC
©2014 Life Technologies Japan Ltd,. All rights reserved. Printed in Japan.

ライフテクノロジーズジャパン株式会社
本社：〒108-0023　東京都港区芝浦 4-2-8　　TEL：03-6832-9300　FAX：03-6832-9580
www.lifetechnologies.com

life technologies™

ヒト ES/iPS 細胞実験に Essential な培地

Gibco® Essential 8™ 培地

より安定的なフィーダーフリー、
ゼノフリー培養をより高いコストパフォーマンスで！

- 必要最低限の8つの成分のみ使用
- さらにゼノフリー、フィーダーフリーなので、ロット間変動リスクが低い
- 米国 cGMP に準拠して製造

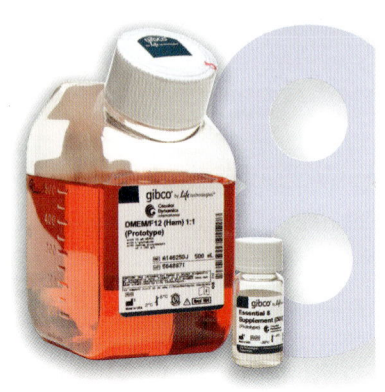

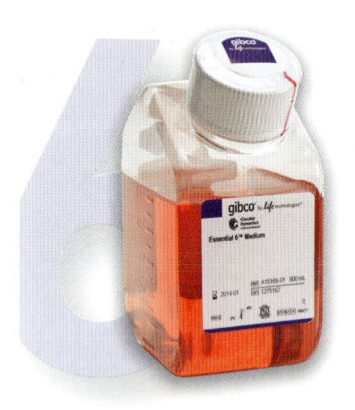

Gibco® Essential 6™ 培地

リプログラミングおよび分化も
ゼノフリー、フィーダーフリー環境で！

- Essential 8™培地より、TGFβおよび bFGF を除去
- TGFβを除くことで、リプログラミングが可能に
- bFGF を除くことで、胚様体形成および分化が可能に
- Essential 6™培地をベースに、自由に成長因子を調整可能

Vitronectin (VTN-N)

Essential 培地に最適化されたゼノフリー基質

- James Thomson 研究室でデザインされ Essential 培地に最適化
- 組成が明らかなので ES/iPS 細胞培養の変動性を低減
- 経済的で高いスケーラビリティ

ライフテクノロジーズの便利な幹細胞カタログはこちらからダウンロードできます。
www.lifetechnologies.com/catalog

Ordering Information

製品名	サイズ	製品番号	価格*
Essential 8™ 培地	500 mL	A1517001	¥ 19,800
Essential 6™ 培地	500 mL	A1516401	¥ 15,800
Vitronectin, Truncated Recombinant Human (VTN-N)	1 mL	A14700	¥ 5,000

* 記載価格は 2014 年 1 月現在の価格です。消費税は含まれていません。価格は予告なしに変更する場合がありますのであらかじめご了承ください。

facebook.com/LifeTechnologiesJapan @LifetechJPN

研究用にのみ使用できます。診断目的およびその手続き上での使用は出来ません。記載の社名および製品名は、弊社または各社の商標または登録商標です。
標準販売条件はこちらをご覧ください。www.lifetechnologies.com/TC
©2014 Life Technologies Japan Ltd,. All rights reserved. Printed in Japan.

ライフテクノロジーズジャパン株式会社
本社：〒108-0023　東京都港区芝浦 4-2-8　　TEL：03-6832-9300　FAX：03-6832-9580
www.lifetechnologies.com

life technologies™